● 高等学校水利类专业教学指导委员会
● 中国水利教育协会　　　　　　　　共同组织编审
● 中国水利水电出版社

高等学校水利学科专业规范核心课程教材·水利水电工程

普通高等教育"十一五"国家级规划教材

全国水利行业规划教材

建筑材料（第7版）

主编　武汉大学　方坤河　何　真

主审　河海大学　梁正平

U0238160

中国水利水电出版社
www.waterpub.com.cn

内 容 提 要

　　本书主要讲述水利水电建设工程、水运工程、工业与民用建筑工程、道路工程中常用的各种建筑材料的成分、生产过程、技术性质、质量检验、使用及运输保管等的基本知识，其中以技术性质、质量检验及合理使用为重点。全书内容共分 10 章，即：建筑材料的基本性质，无机胶凝材料，水泥混凝土，建筑砂浆，沥青及沥青混合料，建筑钢材，墙体材料和屋面材料，防水材料，绝热、吸声及装饰材料，建筑材料试验。本书全部按现行国家标准、行业标准和最新规范编写。

　　本书可作为高等学校水利水电工程，农业水利工程，港口、航道与海岸工程，土木工程，工程力学等专业的教材和教学用书，也可供相关大专及中等专业学校的教师和工程技术人员参考。

图书在版编目（CIP）数据

建筑材料/方坤河，何真主编．—7 版．—北京：
中国水利水电出版社，2015.1（2024.6 重印）．
高等学校水利学科专业规范核心课程教材．水利水电
工程 普通高等教育"十一五"国家级规划教材 全国水
利行业规划教材
ISBN 978-7-5170-2952-6

Ⅰ.①建… Ⅱ.①方…②何… Ⅲ.①建筑材料-高
等学校-教材 Ⅳ.①TU5

中国版本图书馆 CIP 数据核字（2015）第 028349 号

书　　名	高等学校水利学科专业规范核心课程教材·水利水电工程 普通高等教育"十一五"国家级规划教材 全国水利行业规划教材 **建筑材料**（第 7 版）
作　　者	主编 武汉大学 方坤河 何 真 主审 河海大学 梁正平
出版发行	中国水利水电出版社 （北京市海淀区玉渊潭南路 1 号 D 座　100038） 网址：www.waterpub.com.cn E-mail：sales@mwr.gov.cn 电话：（010）68545888（营销中心）
经　　售	北京科水图书销售有限公司 电话：（010）68545874、63202643 全国各地新华书店和相关出版物销售网点
排　　版	中国水利水电出版社微机排版中心
印　　刷	天津嘉恒印务有限公司
规　　格	184mm×260mm　16 开本　21.5 印张　510 千字
版　　次	1979 年 6 月第 1 版　1979 年 6 月第 1 次印刷 2015 年 1 月第 7 版　2024 年 6 月第 8 次印刷
印　　数	38001—40000 册
定　　价	**58.00 元**

总 前 言

随着我国水利事业与高等教育事业的快速发展以及教育教学改革的不断深入，水利高等教育也得到很大的发展与提高。与1999年相比，水利学科专业的办学点增加了将近一倍，每年的招生人数增加了将近两倍。通过专业目录调整与面向新世纪的教育教学改革，在水利学科专业的适应面有很大拓宽的同时，水利学科专业的建设也面临着新形势与新任务。

在教育部高教司的领导与组织下，从2003年到2005年，各学科教学指导委员会开展了本学科专业发展战略研究与制定专业规范的工作。在水利部人教司的支持下，水利学科教学指导委员会也组织课题组于2005年底完成了相关的研究工作，制定了水文与水资源工程，水利水电工程，港口、航道与海岸工程以及农业水利工程四个专业规范。这些专业规范较好地总结与体现了近些年来水利学科专业教育教学改革的成果，并能较好地适用不同地区、不同类型高校举办水利学科专业的共性需求与个性特色。为了便于各水利学科专业点参照专业规范组织教学，经水利学科教学指导委员会与中国水利水电出版社共同策划，决定组织编写出版"高等学校水利学科专业规范核心课程教材"。

核心课程是指该课程所包括的专业教育知识单元和知识点，是本专业的每个学生都必须学习、掌握的，或在一组课程中必须选择几门课程学习、掌握的，因而，核心课程教材质量对于保证水利学科各专业的教学质量具有重要的意义。为此，我们不仅提出了坚持"质量第一"的原则，还通过专业教学组讨论、提出，专家咨询组审议、遴选，相关院、系认定等步骤，对核心课程教材选题及其主编、主审和教材编写大纲进行了严格把关。为了把本套教材组织好、编著好、出版好、使用好，我们还成立了高等学校水利学科专业规范核心课程教材编审委员会以及各专业教材编审分委员会，对教材编纂与使用的全过程进行组织、把关和监督。充分依靠各学科专家发挥咨询、评审、决策等作用。

  本套教材第一批共规划 52 种，其中水文与水资源工程专业 17 种，水利水电工程专业 17 种，农业水利工程专业 18 种，计划在 2009 年年底之前全部出齐。尽管已有许多人为本套教材作出了许多努力，付出了许多心血，但是，由于专业规范还在修订完善之中，参照专业规范组织教学还需要通过实践不断总结提高，加之，在新形势下如何组织好教材建设还缺乏经验，因此，这套教材一定会有各种不足与缺点，恳请使用这套教材的师生提出宝贵意见。本套教材还将出版配套的立体化教材，以利于教、便于学，更希望师生们对此提出建议。

高等学校水利学科教学指导委员会

中国水利水电出版社

2008 年 4 月

第 7 版前言

建筑材料是土木建筑工程的重要物质基础，凡从事工程建设的技术人员和专家都需要具备一定的建筑材料知识。《建筑材料》是技术基础课，既要为学生将来解决工程中的实际问题提供一定的基本理论知识和实验技能，也要为他们学习专业课提供必要的基础知识。本书第 1～6 版出版以来受到了各校师生的欢迎，也得到了广大工程技术人员的好评。本书第 5 版于 2006 年被教育部批准为普通高等教育"十一五"国家级规划教材。2007 年，全国水利学科教学指导委员会决定，将本书列为高等学校水利学科专业规范核心课程教材。

根据普通高等教育"十一五"国家级规划教材及水利学科核心教材的要求，本书第 7 版保持了第 5 版、第 6 版的基本内容，尽量反映近年来建筑材料科研、生产及工程应用等方面的最新成果，按现行国家标准、部级及行业标准和规范进行编写，并对其中部分章节进行了调整。本书主要讲述水利水电建筑工程、水运工程、工业与民用建筑工程中常用的建筑材料的成分、生产过程、技术性质、质量检验、使用及运输保管等基本知识。

本书为高等学校水利水电工程，农业水利工程，港口、航道与海岸工程，土木工程，工程力学等专业的教材和教学用书，也可作为工程技术人员的参考书。

本书由武汉大学等院校的教师分工编写。1979 年出版的第 1 版和 1985 年出版的第 2 版由武汉水利电力学院王国欣主编，大连工学院王庆寿主审，参加编写的有武汉水利电力学院李鸿恩、白福来、牛光庭及李亚杰，陕西机械学院叶淑君、丁朴荣，成都工学院李玉德及华东水利学院谢年祥、林毓梅及卢瑞珍等同志。

1993 年出版的第 3 版由武汉水利电力学院牛光庭、李亚杰主编，大连理工大学王庆寿主审，参加编写人员及分工与第 2 版相同。

2001 年出版的第 4 版由武汉大学李亚杰主编，河海大学梁正平主审，参与编写的有武汉大学李亚杰、曾力、何真、方坤河及西安理工大学张浩博、河海大学肖玉明等同志。

2007 年出版的第 5 版及 2009 年出版的第 6 版由武汉大学李亚杰、方坤河主编，河海大学梁正平主审。参加编写的人员及分工如下：武汉大学李亚杰编写绪论、第 1 章、第 8 章、第 9 章、第 12 章、第 14.9 节及附录 1、附录 2、附录 3，曾力编写第 2 章、第 10 章，何真编写第 3 章、第 4 章，方坤河编写第 5 章；西安理工大学张浩博编写第 6 章、第 7 章及第 14.6～14.8 节；河海大学肖玉明编写第 11 章、第 13 章及第 14.1～14.5 节和第 14.10 节。

第 7 版由武汉大学方坤河、何真主编，河海大学梁正平主审。参加编写的人员及分工如下：武汉大学刘数华编写第 1 章，何真编写第 2 章、第 7 章，方坤河编写绪论、第 3 章（与曾力共同编写）及附录 1、附录 2、附录 3，吴定燕编写第 6 章、第 9 章，阮燕编写第 8 章；西安理工大学张浩博编写第 4 章、第 5 章及第 10 章的 10.6～10.8 节；武汉大学杨华山编写第 10 章的 10.1～10.5 节和 10.9 节。

在本书编写过程中，许多同志提出过宝贵建议和修改意见，得到了老一辈作者的大力支持和帮助，使本书质量得到很大提高。梁正平教授对初稿提出了许多宝贵意见和很好的建议，在此，特向他们表示衷心感谢。

由于我们的水平有限，书中难免存在不足之处，恳请各校师生和读者批评指正。

编者

2014 年 7 月

第 1 版前言

本书是根据 1978 年 1 月水利电力部召开的教学计划和教材规划座谈会的要求，按照 1978 年 4 月建筑材料教材编写大纲讨论会所拟定的教材编写大纲编写的，作为高等学校水利水电工程建筑专业、农田水利工程专业、水道及港口工程建筑专业的教材，也可作为水利类其他各专业的教学用书。

由于建筑材料试验是建筑材料课程的重要组成部分，为学习使用方便起见，建筑材料试验的内容也包括在本书中，一并出版。

本书在编写过程中，力求贯彻"少而精"的原则，注意加强基本理论的阐述及基本技能的培养。主要讲述了水利工程中常用的各项主要建筑材料，其中重点突出了水泥、水泥混凝土、沥青及沥青防水材料等有关部分的内容及其试验，对近年来国内外出现的新型材料（如合成高分子材料等）亦作了一定的介绍。对于某些章节，采用小字排印，以供不同专业根据情况选用。

书中引用的有关技术标准及试验规程，均采自现行的技术规范。随着科学技术的不断发展，对原有规范将不断进行修订。因此，国家颁布新的规范时，应以新的技术标准及试验规程为准。

本书由下列院校的教师分工编写：武汉水利电力学院王国欣、李鸿恩、白福来、牛光庭同志负责编写绪论、第 1～4 章及第 9 章，并担任全书主编；西北农学院叶淑君、丁朴荣同志负责编写第 5、第 6 章及试验第 6 部分的第（五）、（六）项、试验第 7 部分；成都工学院李玉德同志负责编写第 7、第 8 章；华东水利学院谢年祥、林毓梅同志负责编写试验第 1～5 部分、试验第 6 部分的（一）～（四）项、试验第 8 部分。

本书由大连工学院王庆寿同志担任主审。

全书的绘图工作由武汉水利电力学院杨玉琦同志担任。

对于本书存在的缺点和不妥之处，希望各院校师生及读者提出宝贵意见。

编者

1978 年 12 月

目 录

绪　　论

建筑材料是指土木建筑工程（水利、水运、房屋、道路、桥梁等）中所应用的材料。通常按材料的组成分为三大类：第一类是无机材料，它又可分为无机非金属材料（也称矿物质材料）和金属材料；第二类为有机材料，包括天然植物材料、沥青材料和合成高分子材料等；第三类是复合材料，它是由两种或两种以上不同性质材料人工复合成的多相材料，例如由金属与矿物质材料复合的钢筋混凝土材料，由无机材料与合成高分子材料复合的聚合物混凝土及玻璃纤维增强塑料（又名玻璃钢），由两种不同性质的矿物质材料复合的水泥混凝土及由两种有机材料复合的沥青防水卷材等。在水利、水运工程中，应用较多的是水泥、混凝土、钢材、沥青材料等。

建筑工程中常按建筑材料的功能将其分为结构材料、防水材料、装饰材料、防护材料及隔热保温材料等。

建筑材料是土木建筑工程的重要物质基础。在任何一项建筑工程中，用于建筑材料的投资都占有很大的比重。同时，建筑材料的品种、质量与规格，直接影响着工程结构形式和施工方法，决定着工程的坚固、耐久、适用、美观和经济性。因此，凡从事建筑工程的技术人员和专家——建筑师，建筑经济师，勘测、设计、施工或试验研究的工程师，都会随时接触到有关建筑材料问题，例如材料的调查与勘探、材料的选择使用、性能改进及新型材料的研究与试验等，均需具有一定的建筑材料知识才能承担这些任务。

建筑材料的发展是随着人类社会生产力和国民经济不断发展而发展的；与建筑技术的进步有着不可分割的联系，它们相互推动又相互制约。国民经济建设的发展直接促进了建筑材料的生产和技术进步，对建筑材料的品种、质量不断提出更高、更新的要求。建筑物的结构形式及施工方法受到建筑材料性能的制约，建筑工程中许多技术问题的解决往往依赖于建筑材料问题的突破，新型建筑材料的出现又促进了结构设计和施工技术的革新。国民经济建设的发展要求建筑材料工业不断高速发展，而建筑材料工业又是一个耗费自然资源和能源的大户，它既可大量吸纳工农业废料，也可产生大量废气、烟尘等，对环境造成有利或不利的影响。因此，建筑材料生产及科学技术的发展，对于社会主义现代化建设具有重要作用。

改革开放以来，我国建筑材料工业有了巨大发展，基本解决了建筑材料生产不能满足建筑工程需要的被动局面。多年来，在实现现代化的建设过程中，建筑工程的规模不断扩大，对建筑材料的需要不仅数量大，更对其品种、规格及质量的要求越来越高，我国许多重要建筑材料的年产量已经位居世界前列。但传统的生产增长方式使我国在资源、能源及生态环境等方面付出了沉重代价。当前，资源相对短缺及环境保护问题已成为制约国民经济发展的关键。因此，突破资源及生态环境的制约，建立循环节约型的可持续发展的生产方式，在建筑工程及建筑材料行业是刻不容缓的重要课题。为此，必须研究和生产高性能、多功能新型建筑材料，特别是新型复合材料，使建筑材料的品种、质量和配套水平显著提高，以适应现代建筑工程发展的要求。例如：研究和发展具有保温隔热及热存储性能的新型墙体材料，以满足建筑节能的需要；大力发展利用工农业废料及再生资源的建筑材料，以利于循环型经济的发展；研究开发节约能源、减少污染、保护环境的新材料和生产工艺，淘汰浪费土地的烧结黏土砖和高污染、高耗能的小水泥以及各种落后的建材生产工艺；利用现代科学技术手段和方法，开展建筑材料理论、试验技术及测试方法的研究，使建筑材料工业尽快达到现代化，并朝着按指定性能设计、生产新材料的方向前进，让建筑材料行业沿着全面贯彻科学发展观，构建人与自然和谐的可持续发展道路快速前进。

产品标准化是现代社会化大生产的产物，是组织现代大生产的重要手段，也是科学管理的重要组成部分。建筑材料的技术标准是产品质量的技术依据，生产企业必须按标准生产合格产品；使用者应按标准选用材料，按规范进行工程的设计与施工，以保证工程的优质、高速、低成本。同时，技术标准还是供需双方进行质量检查、验收的依据。

我国的技术标准分为国家标准、行业标准、地方标准和企业标准。技术标准的表示方法由标准名称、代号、标准号、年代号组成：国家标准代号为 GB 及 GB/T（推荐标准）；建设部行业标准代号为 JG；水利标准代号为 SL；电力行业标准代号为 DL；国家建材行业标准代号为 JC 等。例如：GB 175—2007《通用硅酸盐水泥》、GB 200—2003《中热硅酸盐水泥、低热硅酸盐水泥、低热矿渣硅酸盐水泥》、GB/T 50107—2010《混凝土强度检验评定标准》、JC 714—1996《快硬硫铝酸盐水泥》、JGJ 55—2011《普通混凝土配合比设计规程》、DL/T 5082—1998《水工建筑物抗冰冻设计规范》、DL/T 5112—2009《水工碾压混凝土施工规范》、SL 319—2005《混凝土重力坝设计规范》、GB/T 5223—2002《预应力混凝土用钢丝》；SL 432—2008《水利工程压力钢管制造安装及验收规范》、DL/T 5207—2005《水工建筑物抗冲磨防空蚀混凝土技术规范》等。

随着建筑材料科研及生产的发展，建筑材料技术标准也不断变化。根据需要，国家每年都发布一批新的技术标准，修订或废止一些旧的标准，并逐步与国际标准相接轨。

对于建筑材料使用者，熟悉和运用建筑材料技术标准有着十分重要的意义。除了在选用材料时必须严格执行技术标准外，使用代用材料时必须按标准进行试验和论证，对于新材料还必须经过技术鉴定。此外，在选择和使用材料时，需要合理用材、节约用材，做到保证质量、技术可行、经济合理、节约资源、有利环保。

本书着重讲述在水利水电工程、工业与民用建筑工程及水运工程中常用的各种建筑材料。既为学生学习专业课程提供必要的基础知识，也为工程技术人员解决实际工程中的建筑材料问题提供一定的基本理论知识和基本试验技能。

《建筑材料》是一门技术基础课，在学习过程中，应以材料的技术性质、质量检验及其在工程中的应用为重点，并需注意材料的成分、构造、生产过程等对其性能的影响，掌握各项性能间的有机联系。对于现场配制的材料，如水泥混凝土、沥青混凝土等，应掌握其配合设计的原理及方法。学习中，必须贯彻理论联系实际的原则，重视试验课及习题作业。建筑材料试验是本课程的重要教学环节，通过试验操作及对试验结果的分析，一方面可以丰富感性认识，加深理解，另一方面对于培养科学试验的技能及提高分析问题、解决问题的能力，也具有重要作用。

第1章　建筑材料的基本性质

建筑材料在建筑物中承担各种不同的作用，要求具有相应的性质，例如，承重构件的材料要求一定的强度和刚度，防水材料要有不透水的性质，隔热保温材料应具有不易传热的性质等。同时，建筑物在使用过程中，还经常受到各种环境因素的作用，使材料逐渐遭受破坏，如风、雨和日晒等大气因素的作用，水流和泥沙的冲刷作用，温、湿度变化及冻融作用，环境水或空气中所含有害成分的化学侵蚀作用等。因此，材料在满足建筑物所要求的功能性质的同时，还需具有抵抗这些破坏作用的性质，以保证在所处环境中经久耐用。

在工程实践中，选择、使用、分析和评价材料，通常是以其性质为基本依据的。所谓材料的性质是指在负荷与环境因素联合作用下材料所具有的属性。因此，工程中讨论的材料各种性质都是在一定环境条件下测试的各种性能指标。

建筑材料的性质，可分为基本性质和特殊性质两大部分，材料的基本性质是指土木工程中通常必须考虑的最基本的、共有的性质；材料的特殊性质则是指材料本身不同于别的材料的性质，是材料具体的使用特点的体现。本章将具有共同性和比较重要的材料性质作为基本性质重点论述，各类材料的特殊性质及工艺性质将分别在有关章节中介绍。

1.1　材料的组成、结构与构造

材料的组成、结构与构造是决定材料性质的内部因素。

1.1.1　材料的组成

材料的化学组成即材料的化学成分，是指构成材料的化学元素及化合物的种类和数量。通常金属材料以化学元素含量百分数表示，无机非金属材料以元素的氧化物含量表示，有机高分子材料常以构成高分子材料的一种或几种低分子化合物（单体）来表示。材料的化学成分直接影响材料的化学性质，也是决定材料物理性质及力学性质的重要因素。因此，材料种类常按其化学组成来划分。

材料的矿物组成是指组成材料的矿物种类和数量。所谓矿物，是指具有一定化学成分和一定结构及物理力学性质的物质或单质的总称。矿物是构成岩石及各类无机非金属材料的基本单元。例如，花岗岩的矿物组成主要是石英和长石，石灰岩的矿物组成为方解石。材料的矿物组成直接影响无机非金属材料的性质，材料的化学组成相同但矿物组成不同也会导致性质的巨大差异。

有机高分子材料分子组成的基本单元为链节。所谓链节，是由一种或几种低分子化合物按特定结构构成的基本单元，链节的多次重复即构成合成高分子材料。例如，聚氯乙烯的链节为氯乙烯，其重复次数称为聚合度。

1.1.2　材料的结构

材料的结构是指材料的微观组织状况，可分为微观结构和显微结构两个层次。

1.1.2.1　微观结构

微观结构是指能用电子显微镜观察到的材料组成及结构，如原子、分子的排列方式、结合状况等。材料的微观结构可分为晶体、非晶体。

（1）晶体。

晶体是由质点（原子、离子或分子）在三维空间作有规律的周期性重复排列（远程有序）而形成的固体，具有特定的几何外形和固定的熔点。质点的这种规则排列构架称为晶格。构成晶格的最基本的几何单元称为晶胞。晶体就是由大量形状、大小和位向完全相同的晶胞堆砌而成，故晶体结构取决于晶胞的类型及尺寸。

晶体的物理力学性质除与其质点的本性及其晶体结构形态有关外，还与质点间结合力有关，这种结合力称为结合键，可分为离子键、共价键、金属键和分子键四种。不同种类的晶体所构成的材料表现出不同的性质。

按组成材料的晶体质点及结合键的不同，晶体可分为如下几种：

1）离子键和离子晶体。由正、负离子间的静电引力所形成的离子键构成的晶体称为离子晶体。离子键的结合力比较大，故离子晶体一般比较稳定，具有较高的强度、硬度和熔点，但较脆，其固体状态是电、热的不良导体，熔、溶状态时可导电。

2）共价键和原子晶体。共价键的特点是两个原子共享价电子对，由原子以共价键构成的晶体为共价晶体（或称原子晶体），如石英、金刚石等。共价键的结合力很大，故原子晶体具有高强度、高硬度和高熔点。但塑性变形能力很差，只有将共价键破坏才能使材料产生永久变形。通常为电、热的不良导体。

3）金属键和金属晶体。金属键结合的特点是价电子的"公有化"。由金属阳离子组成晶格，自由电子运动其间，阳离子与自由电子形成金属键，金属键的结合力较强。金属晶体的晶格一般是排列密集的晶体结构，如铁的体心立方体结构，故金属材料一般密度较大。金属晶体有较高的硬度和熔点，具有很好的塑性变形性能，并具有导电和传热性质。

4）分子键和分子晶体。分子键也称分子间范德华力，是存在于中性原子或分子之间的结合力，本质上是一种物理键。以分子键结合起来的晶体称为分子晶体，如合成高分子材料中长链分子之间由范德华力结合的晶体。分子键结合力很弱。分子晶体具有较大的变形性能，熔点很低，为电、热的不良导体。一般分子晶体大部分属于有机化合物。

分子键是普遍存在的，但当有前述其他化学键存在时，它会被遮盖而被忽略。对由数个分子或由多个分子组成的微细颗粒或超微细颗粒（如纳米颗粒），其间范德华力的作用则是很重要的。

此外，还有一种特殊的分子键——氢键，它是由氢原子与 O、F、N 等原子相结合时形成的一种附加键。氢键是一种物理键，但比范氏键强。水、冰中都有氢键，硼酸为氢键晶体。

由于质点在各方向上的排列的规律和数量不同，单晶体具有各向异性的性质，但实际应用的材料是由细小的晶粒杂乱排列组成的，其宏观性质常表现为各向同性。无机非金属材料的晶体，其键的构成不是单一的，往往是由共价键、离子键等共同联结，其性质差异较大。

（2）非晶体。

非晶体结构又称无定形结构或玻璃体结构。它与晶体的区别在于质点排列没有一定规律性（或仅在局部存在规律性，也称近程有序）。非晶体没有特定的几何外形，是各向同性的，也没有固定的熔点，如石英玻璃等。

由于玻璃体凝固时没有结晶放热过程，在内部储积着大量内能，因此，它是一种不稳定的结构，可逐渐地发生结构转化。它具有较高的化学活性，在一定条件下容易与其他物质发生化学反应，这类材料如火山灰、粒化高炉矿渣等。

材料的微观结构形式与主要特征见表1.1。

表 1.1　　　　　　　　　　　材料的微观结构形式与主要特征

微 观 结 构			常 见 材 料	主 要 特 征
晶体	原子、离子、分子按一定规律排列	离子晶体（离子键）	氯化钠、石膏、石灰岩	强度、硬度、熔点较高，但波动大。部分可溶，密度中等
		原子晶体（共价键）	金刚石、石英	强度、硬度、熔点高，密度较小
		金属晶体（库仑引力）	铁、钢、铜、铝及合金	强度、硬度变化大，密度大
		分子晶体（分子键）	蜡、斜方硫、萘	强度、硬度、熔点较低，大部分可溶，密度小
非晶体（玻璃体）	原子、离子、分子以共价键、离子键或分子键结合，但为无序排列		玻璃、矿渣、火山灰、粉煤灰	无固定的熔点和几何形状，与同组成的晶体相比，强度、化学稳定性、导热性、导电性较差，各向同性

1.1.2.2　显微结构

显微结构是指用光学显微镜可以观察到的材料组成及结构。一般可分辨的范围是 $0.001 \sim 1mm$。

材料在这一层次上的组成及其聚集状态对其性质有重要影响。例如，水泥混凝土材料可以分为水泥基体相、骨料分散相、界面相及孔隙等，它们的状态、数量及性质将决定水泥混凝土的物理力学性质；又如木材，可以分为木纤维、导管及髓线等，它们的分布、排列状况不同，使木材在宏观上形成年轮、弦向与径向、顺纹与横纹等性能的差异；钢铁材料在显微镜下可以观察到铁素体晶粒、不同状态的珠光体、渗碳体及石墨等，它们是决定钢铁性质的关键因素。

1.1.2.3　微粉、超微颗粒及胶体

（1）微粉。

微粉是指粒径在 $0.0001 \sim 0.1mm$ 之间的各种矿物或金属粉末，通常属散粒的显微层次。

将宏观物体破碎成微粉，其比表面积随粒径减小而增大，可加快颗粒溶解及表面化学反应速度，也可消除宏观物体裂纹、内部孔隙等构造缺陷，是进行材料密度测量的重要手段。

（2）超微颗粒。

超微颗粒是指粒径在 $10^{-6} \sim 10^{-4}mm$ 之间的各种微粒（金属或非金属、晶体或非晶体

等）。它一般大于微观尺度的原子团，小于通常的微粉。其性质既不同于单个原子或分子，又不同于粗粒固体，称为纳米微粒，由它可构成各种纳米材料。

纳米微粒的内核为颗粒组元（保持原晶格和微观结构），微粒表层为界面组元。在不饱和键或悬键作用下，物质表面原子的晶格排列、尺寸等都发生变化，致使界面组元的物理力学性质与颗粒组元不同。当微粒的尺寸进入纳米量级时，它有很大的比表面积，表面原子数增多，界面组元所占体积分数显著增大，表面能和表面张力显著增加，其本身和由它构成的各种材料，具有传统材料所不具备的许多优越物理力学性质。

由于用纳米微粒制成的固体材料具有很大的界面，且界面原子排列混乱，在外力作用下，这些原子容易迁移。因此，由纳米氧化物经压密和烧结制得的纳米陶瓷材料表现出很好的韧性和一定的延展性。

对于金属材料，随晶粒减小，其硬度明显提高。如纳米尺寸的铁，晶粒尺寸由 100nm 减到 6nm 时，硬度增大了 4～5 倍。

在石膏中掺入纳米氧化锌及金属过氧化物粒子后，可制成色彩鲜艳、不易褪色的石膏制品，并有优异的抗菌性能，是优良的装饰材料。

在陶瓷中掺入纳米氧化锌，可使制品的烧结温度下降，能耗降低，所得制品光亮如镜，并有抗菌除臭和分解有机物的自洁功能。掺有纳米氧化锌的玻璃，可抗紫外线、耐磨、抗菌和除臭。

在金属材料表面镀以非晶态纳米镍—磷合金薄膜，由于该镀层不存在晶界和晶界缺陷（位错、空穴、成分偏析等），使易于发生点蚀、晶间腐蚀、应力腐蚀等的结构消失，从而使基体金属材料表面的性质得到改善。该镀层构成了具有极强防腐蚀性能的金属防护膜。

在塑料、橡胶和树脂中加入纳米矿物质第二相，可有效地改善其各种性能。如增加塑料的强度、表面硬度、改善阻燃性及热学性能等。

此外，纳米材料的热学、电学、光学及磁学等许多性能都不同于一般材料，具有优异的特殊性质。

（3）胶体。

胶体是指超微颗料在介质中形成的分散体系，一般属于非晶体。当胶体的物理力学性质取决于介质时，此种胶体称为溶胶。溶胶具有可流动的性质。

由于微粒具有很大的表面积和表面能，当其数量较多（胶体浓度大）或在其物理化学作用下，颗粒相互吸附凝聚会形成网状结构。此时，胶体反映出微粒的物理力学性质称为凝胶。

凝胶体中颗粒之间由范德华力结合。在搅拌、振动等剪切力的作用下，结合键很容易断裂，使凝胶变为溶胶，黏度降低，重新具有流动性。但静置一定时间后，溶胶又会慢慢地恢复成凝胶，这一转变过程可以反复多次。凝胶—溶胶这种互变的性质称为触变性。

上述有关胶体的各种性质，随微粒尺寸的减小而更为突出，粒径不十分小的微粉颗粒也会在一定程度上表现出胶体各种性质，如含水较多的水泥浆体具有溶胶性质，开始初凝的水泥浆具有凝胶性质及触变性。

1.1.3　材料的构造

材料的构造是指材料的宏观组织状况，如岩石的层理、木材的纹理、钢铁材料中的气孔、钢锭中表层与中心部位化学成分的偏析以及钢材中的裂纹等。材料的性质与其构造有密切关系。这一层次主要研究和分析材料的组合与复合方式、组成材料的分布情况、材料中的孔隙构造、材料的构造缺陷等。

构造致密的材料强度高；疏松多孔的材料密度低，强度也较低；层状或纤维状构造的材料是各向异性的。

多孔材料的各种性质，除与材料孔隙率的大小有关外，还与孔隙的构造特征有关。材料中的孔隙，有与外界相连通的开口孔隙和与外界隔绝的闭口孔隙。孔隙本身又按粗细分为极细孔隙（孔径 $D<0.01$mm）、细小孔隙（孔径 $D<1.0$mm）、粗大孔隙（孔径 $D>1.0$mm）。

对于开口孔隙，粗大孔隙水分易于透过，但不易被水充满；极细孔隙，水分及溶液易被吸入，但不易在其中流动；介于二者之间的毛细孔隙，既易被水充满，水分又易在其中渗透，它对材料的抗渗性、抗冻性及抗侵蚀性有不利影响。

闭口孔隙不易被水分及溶液侵入，对材料的抗渗、抗冻及抗侵蚀性能的影响较小，有时还可起有益的作用。适当增加材料中密闭孔隙的比例、阻断连通孔隙，则可部分抵消冰冻的体积膨胀，在一定范围内提高材料的抗渗性、抗冻性。

随着孔隙率的增大，材料表观密度减小，强度下降。含有大量分散不连通孔隙的材料，常有良好的保温隔热性能。含有大量与外界连通的微孔或气泡的材料，能吸收声波能量，可作为吸声材料。

1.2　材料的密度、表观密度和孔隙率

1.2.1　密度

密度是指材料在绝对密实状态下单位体积的质量。材料的密度可按式（1.1）计算，即

$$\rho = \frac{m}{V} \tag{1.1}$$

式中：ρ 为密度，g/cm^3；m 为材料在干燥状态下的质量，g；V 为干燥材料在绝对密实状态下的体积，或称绝对体积，cm^3。

1.2.2　表观密度

材料在自然状态下（包含孔隙）单位体积的质量称为材料的表观密度。材料表观密度可按式（1.2）计算，即

$$\gamma = \frac{m}{V_0} \tag{1.2}$$

式中：γ 为表观密度，kg/m^3（g/cm^3）；m 为材料的质量，kg（g）；V_0 为材料在自然状态下的体积，m^3（cm^3）。

每种材料的密度是固定不变的。当材料含有水分时，其自然状态下质量、体积的变化会导致表观密度的改变，故对所测定的材料而言，其表观密度必须注明含水状态。材料的含水状态有干燥、气干、饱和面干和湿润四种。通常，材料表观密度是指在气干状态（长

期在空气中存放的干燥状态）下的表观密度，材料在完全干燥状态下测得的表观密度称为干表观密度，材料在潮湿状态下测得的表观密度称为湿表观密度。

1.2.3　孔隙率

孔隙率是指材料中孔隙体积占总体积的百分比。材料的孔隙率 P 按式（1.3）计算，即

$$P = \frac{V_0 - V}{V_0} \times 100\% = (1 - \frac{\gamma}{\rho}) \times 100\% \tag{1.3}$$

密度、表观密度与孔隙率可反映材料最基本的物理状态。密度和表观密度可用来估算材料的体积和质量。材料孔隙率的大小反映出材料结构（或构造）上的差异。工程上，一般通过测定材料的密度和表观密度来计算材料的孔隙率。对保温隔热材料和吸声材料，要求其孔隙率大；而高强度的材料，则要求孔隙率小。

几种常用材料的密度、表观密度及孔隙率的约值见表 1.2。

表 1.2　　　　　　　　　　　几种常用材料的密度、表观密度及孔隙率

材　　料	密　度 ρ/（g/cm³）	表观密度 γ/（kg/m³）	孔隙率/%
建筑钢	7.85	7850	0
铝合金	2.70～2.90	2700～2900	0
花岗岩	2.60～2.90	2500～2800	0.5～1.0
石灰岩	2.45～2.75	2200～2600	0.5～5.0
普通黏土砖	2.50～2.80	1500～1800	20～40
松木	1.55	380～700	55～75
普通玻璃	2.50～2.60	2500～2600	0
普通混凝土	—	2300～2500	3～20
石油沥青	0.95～1.10	—	—
沥青混凝土	—	2200～2400	2～6
天然橡胶	0.91～0.93	910～930	0
聚氯乙烯树脂	1.33～1.45	1330～1450	0

1.2.4　散粒材料的视密度、堆积表观密度及空隙率

砂、石子及水泥等散粒状材料，在测定其密度时，常采用排液置换法测定颗粒体积，所得体积一般包含颗粒内部的闭口孔隙体积，并非颗粒绝对密实体积。此时按式（1.1）计算所得的结果，也不是散粒材料的真实密度，故将此密度称为视密度 ρ'。

由于所测得的颗粒体积包含颗粒内部闭口孔隙体积，因而大于颗粒的密实体积，小于颗粒的自然体积，故其颗粒真实密度 ρ＞颗粒材料视密度 ρ'＞颗粒的表观密度 γ。

散粒材料的堆积表观密度 γ' 是指它们在自然堆放状态下单位体积的质量。堆积表观密度也可按式（1.2）计算。

由于散粒材料堆放的紧密程度不同，堆积表观密度又可分为疏松堆积表观密度、振实堆积表观密度及紧密堆积表观密度三种。

利用式（1.3）可计算散粒材料的空隙率。式中的表观密度以堆积表观密度代入，密

度以视密度代入。所得结果是散粒材料颗粒之间的空隙和开口孔隙占总体积的百分率。

1.3 材料的力学性质

材料的力学性质，是指材料在外力作用下有关变形性质和抵抗破坏的能力。

1.3.1 材料的变形性质

材料的变形性质是指材料在荷载作用下发生形状及体积变化的有关性质。主要有弹性变形、塑性变形、横向变形与体积变化、徐变及松弛等。

（1）弹性变形与塑性变形。

弹性变形是指材料在外荷作用下产生、卸荷后自行消失的变形。发生弹性变形的原因是材料受外荷后质点间的平衡位置发生了改变，但此时外力尚未超过质点间的最大结合力，外力所做功转变为内能（弹性能），外荷除去后，内能释放，质点恢复到原平衡位置，变形即消失。

塑性变形是指在外荷去除后，材料不能自行恢复到原有的形状而保留的变形，也称为残余变形。

材料自开始承受荷载至受力破坏前所发生的变形中既有弹性变形部分，又有塑性变形部分。破坏前发生有显著塑性变形时称为塑性破坏，其变形及破坏过程称为塑性行为；破坏前无显著塑性变形（主要为弹性变形）时称为脆性破坏，其破坏过程称为脆性行为。

材料破坏时是呈现塑性行为还是呈现脆性行为，除取决于自身成分、组织、构造等因素外，还与受荷条件（环境温、湿度等）、试件尺寸、加荷速度及荷载类型等因素有关。需要指出的是，完全的弹性材料或塑性材料是没有的，大多数材料在受力变形时，既有弹性变形，也有塑性变形，只是在不同的受力阶段变形的主要表现形式不同。有的材料如钢材，在受力不大的情况下表现为弹性变形，而在受力超过一定限度后，就表现为塑性变形；有的材料如混凝土，受力后弹性变形和塑性变形几乎同时产生。

在规定的温度、湿度及加荷方式和加荷速度条件下，对标准尺寸的试件施加荷载，若材料破坏时表现为塑性破坏者称为塑性材料，如低碳钢、铜、铝、沥青等；表现为脆性破坏者称为脆性材料，如砖、石料、混凝土等。当受荷条件、试件尺寸及荷载类型改变时，材料破坏时所表现的破坏行为也会发生变化。如砖、石料、混凝土等脆性材料，在高温、高压及持久荷载条件下，也可能呈现塑性破坏；沥青材料，在低温及快速加荷时，则是脆性破坏；玻璃或石料等通常为脆性破坏，当制成玻璃纤维或矿物纤维时，则呈现出塑性行为。

（2）横向变形与体积变化。

材料受拉伸（或压缩）时，除了产生轴向变形外，还产生横向变形。受压时轴向缩短而横向膨胀；受拉时，则与之相反。横向变形的大小，用横向应变 ε_1 与轴向应变 ε 比值的绝对值来表示，称为泊松系数（或泊松比）μ。计算式为

$$\mu = \left| \frac{\varepsilon_1}{\varepsilon} \right| \tag{1.4}$$

材料受拉伸（或压缩）时，会发生体积变化。体积应变 θ 可用式（1.5）计算，即

$$\theta = \frac{V_B - V_0}{V_0} = \varepsilon(1 - 2\mu) \tag{1.5}$$

式中：V_B 为材料变形后的体积；V_0 为材料变形前的体积。

在弹性变形条件下，材料泊松比为常数。对于疏松多孔的材料，泊松比很小，如软木、泡沫塑料等。钢铁材料泊松比约为 0.3，混凝土材料泊松比为 0.15～0.25。当材料为塑性变形或接近断裂时，泊松比接近于 0.5，体积变形接近于 0。

（3）徐变与应力松弛。

固体材料在持久荷载作用下，变形随时间的延长而逐渐增长的现象称为徐变。产生徐变的原因，非晶体材料是由于在外力作用下发生了黏性流动，而晶体材料是由于晶格位错运动及晶体的滑移。

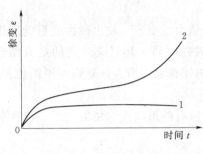

图 1.1　材料的徐变曲线

徐变的发展与材料所受应力大小有关。当应力未超过某一极限值时，徐变的发展随时间延长而减小，最后材料的变形停止增长，如图 1.1 的曲线 1 所示。当应力达到或超过某一极限值后，徐变的发展随时间延长而增加，最后导致材料破坏，如图 1.1 的曲线 2 所示。

材料的徐变还与环境温度和湿度有关。混凝土、岩石等材料，当环境温度越高、湿度越大时，其徐变量越大；木材的湿度越大，徐变量越大；钢铁材料在高温下徐变特别显著。

材料在持久荷载作用下，若所产生的变形因受约束而不能增长时，则其应力将随时间延长而逐渐减小，这一现象称为应力松弛。应力松弛产生的原因，是由于随着荷载作用时间延长，材料内部塑性变形逐渐增大、弹性变形逐渐减小（总变形不变）而造成的。材料所受应力水平越高，应力松弛越大；温度、湿度越大，应力松弛也越大。

1.3.2　材料的强度

材料的强度是指材料在外力（荷载）作用下发生破坏时的应力，反映了材料抵抗破坏的能力。

1.3.2.1　材料的静力强度

在静荷载作用下，材料达到破坏前所承受的应力极限值称为材料静力强度（简称材料强度或极限强度）。按作用荷载的不同，分为抗拉强度、抗压强度、抗弯强度（或抗折强度）及抗剪强度等。

（1）材料强度试验。

材料强度的测定常用破坏性试验方法来进行，即将材料制成试件，置于试验机上，按规定速度缓慢且均匀地加荷，直到试件破坏。根据破坏时的荷载值可求得材料强度。

抗压、抗拉及抗剪强度，计算公式为

$$f = F/A \tag{1.6}$$

式中：f 为材料抗压、抗拉或抗剪强度，MPa；F 为破坏时荷载，N；A 为试件受拉、压或剪力的断面面积，mm^2。

材料的抗弯强度试验：将材料制成矩形断面的小梁试件，可在梁的中间加一个或两个集中荷载，直至破坏，并按式（1.7）或式（1.8）[1] 计算抗弯强度。

当中间加一个集中荷载时，见图1.2（a），抗弯强度按式（1.7）计算，即

$$f_m = \frac{3FL}{2bh^2} \tag{1.7}$$

当在两支点间加两个对称的集中荷载时，见图1.2（b），抗弯强度按式（1.8）计算，即

$$f_m = \frac{3F(L-a)}{2bh^2} \tag{1.8}$$

式中：f_m 为抗弯强度，MPa；F 为破坏荷载，N；L 为梁的跨度，mm；b 为梁截面的宽，mm；h 为梁截面的高，mm；a 为两集中荷载间的距离，mm。

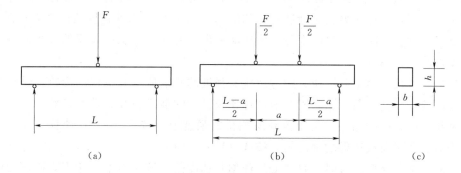

图 1.2　抗弯强度试验示意图

（a）中间加一个集中荷载；（b）中间加两个对称荷载；（c）试件截面

材料的强度与其组成和构造有关。不同种类的材料抵抗外力的能力不同，同类材料当其内部构造不同时，其强度也不同。致密度越高的材料，强度越高。同类材料抵抗不同外力作用的能力也不相同，尤其是内部构造非匀质的材料，其不同外力作用下的强度差别很大。如混凝土、砂浆、砖、石和铸铁等，其抗压强度较高，而抗拉、弯（折）强度较低；钢材的抗拉、抗压强度都较高。

多数建筑材料是根据其强度大小，划分成若干个不同的强度等级或标号，它对掌握材料的性质、结构设计、材料选用及控制工程质量等是十分重要的。

（2）试验因素对材料强度数值的影响。

材料强度的测定结果受到诸多因素的影响，主要有：①试件的形状、尺寸、表面状况；②测试时试件的温度及湿度；③试验加荷速度及试验装置情况等。

以脆性材料单轴抗压强度试验为例。若采用棱柱体或圆柱体试件（一般高度为边长或直径的2～3倍），其抗压强度比立方体小；形状相似时，小试件的抗压强度试验值高于大试件试验值；试件受压面上有凸凹不平或掉角等缺损时，将引起局部应力集中而降低强度试验值。

---

[1] 为材料力学公式，当材料处于弹性极限内，这两个公式所得的应力值为真实值；但材料接近破坏时，已超出弹性范围，故按这两个公式计算的结果，并非材料破坏时的真实应力值。

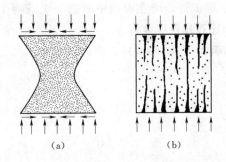

图 1.3　脆性材料立方体试件受压破坏特征

(a) 有摩擦阻力影响；(b) 无摩擦阻力影响

出现这种现象是因为，试件受压时，试验机压板和试件承压面紧紧相压，接触面上产生的横向摩擦阻力制约着试件横向膨胀变形，抑制了试件的破坏。越接近承压面，横向摩擦阻力的影响越大。所以高度小的试件所得强度试验值较高，试件破坏形状呈两顶角相接的截锥体，如图 1.3 (a) 所示；高度较大的试件，强度试验值较低，试件破坏时中间为纵向裂缝，两端呈截锥状体。试件高度越高，中间部位所占比例越大，其强度试验值越低。若在承压面上涂以润滑剂，则由于摩擦阻力几近于 0，试件横向能够自由膨胀，在垂直于加荷方向上发生拉伸应变，当其超过极限变形值时，试件呈纵向裂缝破坏，如图 1.3 (b) 所示，其强度值将大为降低。

当试件尺寸较小时，材料内部各种构造缺陷出现的几率随试件体积的减少而减少，小试件强度试验值较高。

试件形状、尺寸因素对抗拉、拉弯及抗剪强度的测定值也有类似的影响。试件尺寸较小者强度试验值较高；断面相同时，短试件比长试件的强度值高；截面形状、大小相同的梁，跨度相等时，中间加一个集中荷载所测得的强度值〔按式 (1.7) 计算〕大于两支点间加两个对称集中荷载所得的强度值〔按式 (1.8) 计算〕。

试验时的加荷速度较快时，材料变形的增长速度落后于应力增长速度，破坏时的强度值偏高；反之，强度试验值偏低。采用刚度大的试验机进行强度测试，所得的强度值也较高。

材料强度的试验值与试验时的温度及材料含水状况有关。一般来说，温度升高强度将降低。例如钢材及沥青材料，温度对其强度都有明显影响。材料中含有水分时，其强度比干燥时低，例如砖、木材及混凝土等材料吸水潮湿后，其强度显著降低。

上述各种因素对强度试验结果影响的程度与材料的种类有关。例如：脆性材料受试件形状、尺寸的影响大于塑性材料；沥青材料受温度的影响特别显著；砖及木材等则应特别注意含水状况对强度试验结果的影响。

(3) 材料的强度等级。

材料强度的试验结果，与其试验条件密切相关。为了获得可以进行对比的强度值，在进行材料强度测定时，必须严格遵照国家标准所规定的试验方法进行。按标准试验方法测定的几种常用材料强度值见表 1.3。

表 1.3　　　　　　　　　　几种常用材料的强度

材　料	强　度/MPa			材　料	强　度/MPa		
	抗　压	抗　拉	抗　弯		抗　压	抗　拉	抗　弯
花岗岩	120.0～250.0	5.0～8.0	10.0～14.0	松木（顺纹）	30.0～50.0	80.0～120.0	60.0～100.0
普通黏土砖	7.5～15.0	—	1.8～2.8	建筑钢	230.0～600.0	230.0～600.0	—
普通混凝土	7.5～60.0	1.0～4.0	1.5～6.0				

　　每一种材料由于品质的不同，其强度值有很大差别。为了生产和使用的方便，国家标准规定，材料按静力强度的高低划分为若干等级。砖、混凝土等脆性材料，其抗压强度最高，抗拉强度最低，抗弯及抗剪强度也较低，主要用于承受压力的构件，故按静力抗压强度的高低划分为若干强度等级，如普通混凝土有 C20、C30、…、C60 等。建筑钢材抗拉、抗压及抗弯强度大致相等，抗剪强度最低，它们既可承受压力也可承受弯曲或拉力，故按静力拉伸屈服强度划分强度等级，如 Q215、Q235、Q345 等。

1.3.2.2　材料的持久强度及疲劳极限

　　在"静力强度"中所讨论的材料强度，是材料在承受短期荷载条件下具有的强度，也称为暂时强度。材料在承受持久荷载下的强度称为持久强度。结构物中材料所承受的荷载，大多为持久荷载，如结构自重、固定设备的荷载等，故在工程中必须考虑持久强度。由于材料在持久荷载下会发生徐变，使塑性变形增大，所以持久强度都低于暂时强度，如木材的持久强度仅为其暂时强度的 60% 左右。

　　当材料所承受的荷载随时间而交替变化时，其应力也随时间而交替变化。这种交变应力超过某一极限且多次反复作用后，即会导致材料破坏，该应力极限值称为疲劳极限。疲劳破坏与静力破坏不同，它常在没有显著变形的情况下突然断裂（即使是塑性很好的材料也是如此）。疲劳极限远低于静力强度，甚至低于屈服强度。疲劳极限是通过试验测定的。在规定的应力循环次数下，所对应的极限应力即为疲劳极限。对于混凝土及一般钢材，通常规定应力循环次数为 $10^6 \sim 10^8$ 次。混凝土的抗压疲劳极限约为静力抗压强度的 $50\% \sim 60\%$，Q235 钢的抗拉疲劳极限约为抗拉极限强度的 28% 左右。

1.3.2.3　材料的理论强度

　　结构完整的理想固体材料所具有的强度称为该材料的理论强度，它仅取决于构成该材料的各质点（离子、原子或分子）间的相互作用力。

　　现以分子结构材料为例，讨论其理论强度。两分子质点间相互作用力与两质点间距离的关系如图 1.4 所示。

　　材料未受荷载时，两质点间距为 d_0，其间吸引力为 P_1，排斥力为 P_2，合力 $P = P_1 + P_2 = 0$。此时两质点间距称为稳定平衡距离。

　　当材料受到拉伸荷载时，在拉伸变形的方向上，$d > d_0$，合力 P 为引力，阻止两质点远离。当质点间距离达到 d_m 时，其合力为最大值 P_m。在单位面积内，所有各质点间的 P_m 之和，即为材料的理论抗拉强度 f_m。d_0 处的曲线斜率，即为材料的理论弹性模量，$E = \tan\alpha$。

　　当材料受到压缩荷载时，在与压缩变形相同的方向上，两质点靠近（$d < d_0$），并引起材料内部斥力 P_2 大于引力 P_1，合力 P 为排斥力，阻止两质点靠近。由图 1.4 可

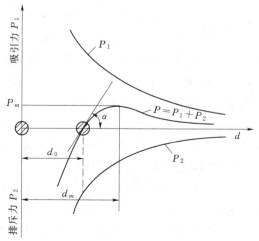

图 1.4　两质点间结合力示意图

以看出，当两质点不断靠近时，P（排斥力）将不断增大，排斥力 P 与压缩荷载相平衡，材料不会破坏。因此，材料在单轴压力作用下的破坏，是由于在压缩力垂直方向上产生横向膨胀而引起拉应力或斜面上的剪切应力造成的。

材料断裂时，外力既要克服质点间的结合力，又需提供形成新界面的表面能，由此可以得出材料的理论抗拉强度近似表达式为

$$f_m = \sqrt{\frac{E\gamma}{d_0}} \tag{1.9}$$

式中：f_m 为材料理论抗拉强度；E 为材料的弹性模量；γ 为材料的表面能；d_0 为组成材料质点间的距离。

由式（1.9）可以看出，欲提高材料的抗拉强度，则应设法提高弹性模量 E 及表面能 γ，并使材料更密实以减小质点间距离 d_0。通常认为 $\gamma = d_0 E/100$，故 $f_m \approx E/10$。

在自然界中，各种材料都有结构及构造缺陷，如晶格缺陷、杂质的混入、存在孔穴及微裂缝等。因此，在比理论强度小得多的应力下就可引起晶格滑移或断裂，由于裂缝尖端处存在应力集中，故在较小应力下可使裂缝不断扩大、延伸。这些因素都使实际破坏应力极大地降低，材料的实际强度远低于上述理论强度值。例如，抗压强度为 30MPa 的混凝土，弹性模量约为 3×10^4 MPa，理论抗拉强度为 3×10^3 MPa，而实际抗拉强度仅有 3.0MPa 左右。

1.3.3　材料的冲击韧性

韧性指材料在振动或冲击荷载作用下能吸收较大的能量，并产生较大的变形而不破坏的性质，具有这种性质的材料称为韧性材料，如低碳钢、低合金钢、塑料、橡胶、木材和玻璃钢等。材料的冲击韧性以试件受冲击时单位体积或单位面积内所能够吸收的冲击功来表示。根据冲击荷载作用方式的不同，可分为冲击受压及冲击弯曲等。对于冲击受压，常以试件破碎时单位体积所消耗的功作为冲击韧性指标；对于冲击弯曲，常以小梁试件断裂时单位面积上所消耗的功作为冲击韧性指标。

韧性材料在外力作用下会产生明显的变形，变形随外力的增大而增大，外力所做的功转化为变形能被材料所吸收，以抵抗冲击的影响。材料在破坏前所产生的变形越大，所能承受的应力越大，其所吸收的能量就越多，材料的韧性就越强。脆性材料受冲击后容易碎裂；强度低的材料不能承受较大的冲击荷载，材料冲击韧性可以反映材料既具有一定强度，又具有良好的受力变形的综合性能。用于道路、桥梁、轨道、吊车梁及其他受振动影响的结构，应选用韧性较好的材料。

砖、石料等脆性材料的韧性较小。低碳钢、木材、钢筋混凝土、沥青混凝土及合成高分子材料等具有一定强度，并能承受显著变形，其冲击韧性较高。

1.3.4　材料的硬度、磨损及磨耗

材料抵抗其他较硬物体压入的能力称为硬度。材料的硬度与其键性有关，一般共价键、离子键及某些金属键结合的材料硬度较大。硬度大的材料耐磨性较高，不易加工。

材料受外界物质的摩擦作用而造成质量和体积损失的现象称为磨损。材料同时受到摩擦和冲击两种作用而造成的质量和体积损耗现象称为磨耗。道路工程所用路面材料，必须

考虑抵抗磨损及磨耗的性能。在水利工程中，如滚水坝的溢流面、闸墩和闸底板等部位，经常受到挟砂高速水流的冲刷作用或水底挟带石子的冲击作用而遭受破坏。这些部位都需要考虑材料抵抗磨损及磨耗的性能。

材料的硬度较大、韧性较高、构造较密实时，其抗磨损及磨耗的能力较强。

1.4 材料与水有关的性质

1.4.1 亲水性与憎水性

固体材料在空气中与水接触时，按其是否易被水润湿分为亲水性材料和憎水性材料两类。两类材料与水接触时，气—液界面有着不同的状态。当液滴与固体在空气中接触达到平衡时，可出现如图 1.5 所示的两种状态。

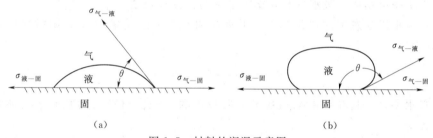

图 1.5　材料的润湿示意图

（a）亲水性材料；（b）憎水性材料

图 1.5 中，$\sigma_{气-固}$、$\sigma_{气-液}$ 及 $\sigma_{液-固}$ 分别表示气—固、气—液及液—固界面间的界面张力，θ 为接触角，即从三相接触点，沿液—气表面所引切线与固—液表面所形成的夹角。从图 1.5 可以明显看出，液体能否润湿固体与接触角大小有关，当三力达到平衡时具有以下关系

$$\sigma_{气-固}=\sigma_{液-固}+\sigma_{气-液}\cos\theta$$

或

$$\cos\theta=\frac{\sigma_{气-固}-\sigma_{液-固}}{\sigma_{气-液}}\times100\%$$

显然，接触角的大小与各界面张力有关，当 $\sigma_{气-固}-\sigma_{液-固}=\sigma_{气-液}$ 时，$\cos\theta=1$，$\theta=0°$，液体完全润湿固体；当 $\sigma_{气-固}-\sigma_{液-固}>0$，但小于 $\sigma_{气-液}$ 时，$0<\cos\theta<1$，$\theta<90°$，则液体能润湿固体。也就是说，固体与液体接触界面上的张力小于固体与气体接触界面上的张力（即固体表面张力）时，液体能润湿固体，表现为亲水性。当 $\sigma_{气-固}-\sigma_{液-固}\leqslant0$，$\theta\geqslant90°$，则液体不能润湿固体。即固体与液体接触界面上的界面张力大于固体界面张力时，则液体不能润湿固体，表现为憎水性。

建筑材料中石材、金属、水泥制品、陶瓷等无机材料和部分木材为亲水性材料，沥青、塑料、橡胶和油漆等为憎水性材料。

亲水性材料能通过毛细管作用，将水分吸入材料内部。憎水性材料一般能阻止水分渗入毛细管中，故能降低材料的吸水作用。憎水性材料不仅可用作防水材料，而且还可用于亲水材料的表面处理，以降低其吸水性。

1.4.2　吸水性

材料吸收水分的性质称为吸水性。由于材料的亲水性及开口孔隙的存在，大多数材料具有吸水性，故材料中常含有水分。材料中含水的多少以含水率表示。含水率为材料中所含水的质量占材料干燥质量的百分比。

材料在潮湿空气中吸收水分的性质称为吸湿性，材料的吸湿性是可逆的。干的材料在空气中能吸收空气中的水分，而逐渐变湿；湿的材料在空气中能失去水分，而逐渐变干，最终材料中的水分将与周围空气的湿度达到平衡，这时的材料处于气干状态。当空气的湿度保持稳定时，材料中的湿度会与空气的湿度达到平衡，也即材料的吸湿与干燥达到平衡，这时的含水率称为平衡含水率。平衡含水率不是固定不变的，它随着环境温度与湿度的改变而改变。

材料吸水达到饱和状态时的含水率称为材料的吸水率。吸水率是衡量材料吸水性大小的指标。吸水率可用质量吸水率和体积吸水率两种方式表达。

设材料在干燥状态下的质量为 G，吸水饱和状态下的质量为 G_1，则材料质量吸水率 W_m 的计算式为

$$W_m = \frac{G_1 - G}{G} \times 100\%$$
(1.10)

体积吸水率是材料在吸水饱和状态下所吸水的体积占材料自然状态下的体积的百分比，计算式为

$$W_v = \frac{\dfrac{G_1 - G}{\rho_w}}{V_0} \times 100\%$$
(1.11)

式中：V_0 为材料在自然状态下的体积；ρ_w 为水的密度，一般按 1.0g/cm^3 计。

将式（1.11）与式（1.10）相除，可得 W_v 与 W_m 的关系为

$$W_v = \frac{\gamma W_m}{\rho_{水}}$$
(1.12)

式中：γ 为材料的干表观密度。

通常，吸水率均指质量吸水率，但体积吸水率能更直观地反映材料吸水程度。

材料的吸水性不仅取决于材料本身的亲水性，还与其孔隙率的大小及孔隙特征有关。水分通过材料的开口孔隙吸入，通过连通孔隙渗入其内部，通过润湿作用和毛细管作用等因素将水分存留住。因此，具有较多细微连通孔隙的材料，其吸水率较大；而具有粗大孔隙的材料，虽水分容易渗入，但也仅能润湿孔壁表面，不易在孔内存留，其吸水率并不高；致密材料和仅有闭口孔隙的材料是不吸水的。

各种材料的吸水率相差很大，例如：密实新鲜花岗岩的质量吸水率为 $0.1\%\sim0.7\%$、普通混凝土为 $2\%\sim3\%$、普通黏土砖为 $8\%\sim20\%$，而木材及其他轻质材料的质量吸水率常大于 100%。

水对材料有许多不良的影响，它使材料的表观密度和导热性增大，强度降低，体积膨胀，易受冰冻破坏，因此材料吸水率大是不利的。

1.4.3　耐水性

材料受水的作用后不损坏，其强度也不显著降低的性质称为耐水性。材料吸水后，水

分会吸附到材料内物质微粒的表面，减弱微粒间的结合力，从而致使其强度下降，这是吸水材料性质变化的重要特征之一。如果材料中含有某些易被水溶解或软化的物质（如黏土、石膏等），则强度降低更为严重。材料的耐水性以软化系数 $K_{软}$ 表示：

$$K_{软} = \frac{材料在水饱和状态下的抗压强度}{材料在干燥状态下的抗压强度}$$

由此可知，$K_{软}$ 值表示的是材料浸水后强度降低的程度。

有时耐水性是选择材料的重要依据，工程中通常将 $K_{软} > 0.85$ 的材料看作是耐水材料。经常位于水中或受潮严重的重要结构，其材料的软化系数不宜小于 $0.85 \sim 0.90$；受潮较轻或次要结构，材料软化系数也不宜小于 $0.70 \sim 0.85$。

1.4.4 抗渗性

材料抵抗压力水渗透的性能称为抗渗性。材料的抗渗性与其孔隙率及孔隙特征有关。绝对密实的材料、具有封闭孔隙或极细孔隙的材料，实际上是不透水的。材料毛细管壁的亲水或憎水也对抗渗性有一定影响。

材料抗渗性常用渗透系数来表示。根据达西定律，在一定时间内，透过材料的水量与材料过水断面积及水头差成正比，与材料的厚度成反比，即 $Q = K \dfrac{H}{d} At$，从而有

$$K = \frac{Q}{At} \cdot \frac{d}{H} \tag{1.13}$$

式中：K 为渗透系数，mm/s 或 mL/（$cm^2 \cdot s$）；Q 为透水量，mL；A 为透水面积，cm^2；d 为材料厚度，cm；H 为水头差，cm；t 为透水时间，s。

混凝土材料的抗渗性也可用抗渗等级（参见 5.2 节）来表示。

水工建筑物和某些地下建筑物，因常受到压力水的作用，所用材料应具有一定的抗渗性。作为防水材料，一般也要求有较高的不透水性。工程上常采用降低孔隙率提高密实度、提高闭口孔隙比例、减少裂缝或进行憎水处理等方法来提高材料的抗渗性。

1.5 材 料 的 耐 久 性

材料的耐久性是指其在长期的使用过程中，能抵抗环境的破坏作用，并能保持原有性质不破坏的一项综合性质。工程上通常用材料抵抗使用环境中主要影响因素的能力来评价耐久性，如抗渗性、抗冻性、抗磨损和抗碳化等性质。

环境对材料的破坏作用可分为物理作用、化学作用和生物作用。物理作用主要有干湿交替、温度变化、冻融循环等，这些变化会使材料体积产生膨胀或收缩，或导致内部裂缝的扩展，长久作用后会使材料产生破坏；化学作用主要是指材料受到酸、碱、盐等物质的水溶液或有害气体的侵蚀作用，使材料的组成成分发生质的变化而引起材料的破坏，如钢材的锈蚀、混凝土的侵蚀等；生物作用主要是指材料受到虫蛀或菌类的腐朽作用而产生的破坏，如木材等一类的有机质材料常会受到这种破坏作用的影响。材料的耐久性与破坏因素的关系见表1.4。

表 1.4　　　　　　　　　　　　　　材料的耐久性与破坏因素的关系

破 坏 原 因	破 坏 作 用	破 坏 因 素	评 定 指 标	常 用 材 料
渗透	物理	压力水	渗透系数、抗渗等级	混凝土、砂浆
冻融	物理	水、冻融作用	抗冻等级	混凝土、砖
磨损	物理	机械力、流水、泥沙	磨蚀率	混凝土、石材、钢材
热环境	物理、化学	冷热交替、晶型转变	—	耐火砖
燃烧	物理、化学	高温、火焰	—	防火板
碳化	化学	CO_2、H_2O	碳化深度	混凝土
化学侵蚀	化学	酸、碱、盐	—	混凝土
老化	化学	阳光、空气、水、温度	—	塑料、沥青
锈蚀	物理、化学	H_2O、O_2、Cl^-	电位锈蚀率	钢材
腐朽	生物	H_2O、O_2、菌类	—	木材、棉、毛
虫蛀	生物	昆虫	—	木材、棉、毛
碱—骨料反应	物理、化学	R_2O、H_2O、SiO_2	膨胀率	混凝土

耐久性是材料的一项综合性质。某种材料是否具有耐久性，必须针对所处环境条件来讨论。这是由于：一方面，到目前为止尚没有一种材料能够对上述各种破坏作用都具有很强的抵抗能力；另一方面，工程所处环境常常不是发生一种形式的破坏，一般都是两种或几种因素耦合作用产生破坏，但几乎不可能同时发生上述的全部破坏作用。

下面着重阐述材料的抗冻性。

材料的抗冻性是指材料在水饱和状态下，能经受多次冻融而不产生宏观破坏，同时微观结构不明显劣化，强度也不严重降低的性能。

1.5.1　冰冻对材料的破坏作用

冰冻对材料的破坏作用与材料组织结构及其含水状况有关。水结冰时体积增大 9%，其破坏作用可概括为冰胀压力作用、水压力作用及显微析冰作用三种。

（1）冰胀压力作用。

孔隙中水的冰点随孔径减小而降低，故极细孔隙中的水在一般情况下不会结冰。粗大气孔，水易进易出，不易充满其中。水结冰时的破坏作用，主要发生在充满了水的较粗孔隙内和毛细孔隙内。当材料孔隙中充满水并快速冰结时，在孔隙内将产生很大的冰胀压力，使毛细管壁受到拉应力，导致材料破坏。冰胀压力的大小及破坏作用程度，取决于材料孔隙的水饱和程度及材料的抗变形能力。如果材料很脆、强度较低，内部孔隙基本上为充满水的毛细孔隙或较粗孔隙，则当冰冻时降温较快且受冻温度也较低时，仅有一次或极少几次的冻融即可导致材料破坏。强度较低的灰砂砖被冰冻破坏即是如此。

（2）水压力作用。

大多数岩石、混凝土及砂浆等材料内部含有各种类型的孔隙，其充水程度也不尽相同。当其受冻降温时，不同直径的孔隙内的水逐渐结冰，并伴随着体积增加，在某些孔隙内已结冰的水发生体积膨胀，迫使尚未结冰的多余水移向附近气泡或试件边缘。在这一过程中产生水压力，使孔壁受到拉应力，造成材料体积膨胀。当冰融化时，材料体积收缩，但会留下部分残余变形。经多次冻融后，材料将会遭到破坏。

水压力作用的大小取决于多余水量排向气孔或边缘的难易程度及降温速率。气孔间隔小，材料透水性好，结冰速率低时，水压力很快被消纳，残余膨胀小（或无），材料是耐冻的；反之，则破坏严重。

（3）显微析冰作用。

材料孔隙中的水一般为盐类的稀溶液，一旦结冰，则析出纯冰并使溶液浓度提高。此时，若相邻较细孔中尚未结冰并仍存在着原浓度的溶液，则产生了浓度差，水则向已结冰区域迁移并迅速结冰。同时，对纯水而言，当温度下降时其表面张力增大，水也会向孔径较大的孔隙转移，并使已结的冰晶增大，称为析冰现象。

当材料中所含孔隙较少并已充满水时，析冰作用使水向较粗一级的孔隙内迁移，使较粗毛细孔隙内水分增多、冰晶增大，致使冰胀压力和水压力作用更为严重，此时析冰现象使冻融破坏作用加剧。

当材料中含有较多的、未被水充满的气孔时，析冰作用可使较细一级孔隙内的水减少，而在未充满水的气孔内冰晶虽有增大，但因其未充满气孔，故不会产生体积膨胀或破坏作用，这时析冰现象会使冰胀压力和水压力的破坏作用减弱。

综合以上分析不难看出，某一材料是否容易被冰冻破坏，与冻结温度、冻结速度及冻融频繁程度等因素有关。温度越低、降温越快、冻融间隔时间越短，材料越易破坏。处于建筑物水位变化区的材料，在寒冷季节交替地受到水饱和与冻融作用，其破坏最为严重。此时建筑物的耐久性主要取决于材料的抗冻性。

1.5.2 材料的抗冻性

材料的抗冻性常用抗冻等级[1]来表示。

材料抗冻等级是指标准尺寸的材料试件在水饱和状态下，经受标准的冻融作用后，其强度不严重降低、质量不显著损失、性能不明显下降时，所经受的冻融循环次数。常用 Fn 表示，其中 n 表示材料能承受的最大冻融循环次数。

由冰冻对材料破坏作用的分析可知，材料抵抗冻融破坏作用的能力与其孔隙率及孔隙特征和孔隙内充水饱和程度有关，并受到材料变形能力、抗拉强度及耐水性的影响。材料的孔隙特征及孔隙内水饱和程度，直接影响材料受冰冻破坏作用的程度。绝对密实或孔隙率极小的材料，一般是耐冻的；材料内含有大量封闭、球形、间隙小且未充满水的孔隙时，冰冻破坏作用也较小，抗冻性较好。材料的强度越高、韧性越好、变形能力越大，对冰冻破坏作用的抵抗能力越强，抗冻性较好。材料软化系数大者，抗冻性也较好。一般认为软化系数小于 0.8 的材料，其抗冻性不良。

此外，抗冻性良好的材料，抵抗干湿变化及温度变化等风化作用的性能也较强，所以抗冻性可作为矿物质材料抵抗环境物理作用的耐久性综合指标。因此，处于温暖地区的结构物，为了抵抗风化作用，对材料也应提出一定的抗冻性要求。

---

[1] 抗冻等级的意义，参看 3.2 节。

1.6 材料与热有关的性质

1.6.1 导热性

材料传导热量的性质称为导热性。材料导热性的大小用导热系数表示

$$\lambda = \frac{Qd}{AZ\Delta t} \tag{1.14}$$

式中：λ 为导热系数，W/（m·K）；Q 为通过材料的热量，J；d 为材料厚度或传导的距离，m；A 为材料传热面积，m^2；Z 为导热时间，s；Δt 为材料两侧的温度差，K。

材料的导热系数越小，其热传导能力越差，绝热性能越好。工程上把 $\lambda < 0.23$W/（m·K）的材料称为绝热材料。影响材料导热性的因素很多，其中最主要的有材料的孔隙率、孔隙特征及含水率等。当材料中含有较多闭口孔隙时，其导热系数较小，材料的隔热绝热性较好；当材料内部含有较多粗大、连通的孔隙时，则空气会产生对流作用，使其传热性大大提高。水的导热性大大超过空气，因而当材料吸水或吸湿后，其导热系数增加，导热性提高，隔热绝热性降低。若水结冰，其导热性进一步增大。对于纤维结构的材料，顺纤维方向的导热性比横纤维方向的大。晶体材料的导热性大于非晶体材料。金属晶体导热性大于离子晶体及原子晶体，分子晶体的导热性最小。

材料的导热性对建筑物的隔热和保温具有重要意义。几种材料的导热系数见表 1.5。

1.6.2 比热及热容量

材料具有受热时吸收热量、冷却时放出热量的性质。当材料温度升高（或降低）1K时，所吸收（或放出）的热量称为该材料的热容量（J/K）。1kg 材料的热容量称为该材料的比热。材料的比热可用式（1.15）、式（1.16）表示，即

$$Q = CG(t_2 - t_1) \tag{1.15}$$

或

$$C = \frac{Q}{G(t_2 - t_1)} \tag{1.16}$$

上两式中：Q 为材料吸收或放出的热量，J；C 为材料的比热，J/（kg·K）；G 为材料的质量，kg；$t_2 - t_1$ 为材料受热（或冷却）前后的温度差，K。

材料的热容量对保持室内的温度稳定有很大意义。热容量高的材料，能在热流变化、采暖、空调不均衡时，缓和室内温度的波动，屋面材料宜选用热容量值大的材料。冬季或夏季施工对材料进行加热或冷却处理时，均需考虑材料的热容量。表 1.5 也列出了几种材料的比热值。

表 1.5 　　　　　　　几种材料的导热系数、比热及线膨胀系数

材　　料	导热系数/［W/（m·K）］	比热/［×10²J/（kg·K）］	线膨胀系数/（×10⁻⁶/K）
钢	58	4.6	10～12
花岗岩	2.80～3.49	8.5	5.60～7.34
普通混凝土	1.50～1.86	8.8	5.8～15
普通黏土砖	0.42～0.63	8.4	5～7

续表

材　料		导热系数/［W/（m・K）］	比热/［×10²J/（kg・K）］	线膨胀系数/（×10⁻⁶/K）
泡沫混凝土		0.12～0.20	11.0	—
普通玻璃		1.10	8.4	8～10
松木	顺纹	0.35	25	—
	横纹	0.17		—
泡沫塑料		0.03～0.04	13～17	—
石膏板		0.19～0.24	9～11	—
水		0.55	42	—
密闭空气		0.023	10	—

　　墙体材料的热学性能对建筑节能具有重要意义。建筑物外墙的墙体材料，既要导热性低、具有隔热、保温功能及防水性能，又要具有较大的热容量，以提高建筑物内部温度稳定性，节约冬季取暖及夏季降温过程中的能耗。为同时满足导热性和热容量两方面的要求，常采用在热容量大的墙体材料外表面覆盖一层导热性低并具有防水功能的新型复合材料。

1.6.3　温度变形

　　温度变形是材料在温度变化时产生的体积变化。多数材料在温度升高时体积膨胀、温度下降时体积收缩。温度变形在单向尺寸上的变化称为线膨胀或线收缩，一般用线膨胀系数来衡量

$$\alpha = \frac{\Delta L}{(T_2 - T_1)L} \tag{1.17}$$

式中：α 为材料在常温下的平均线膨胀系数，1/K；ΔL 为材料的线膨胀或线收缩量，mm；$T_2 - T_1$ 为温度差，K；L 为材料原长，mm。

　　不同材料的线膨胀系数列于表1.5。材料的线膨胀系数越小，则温度变形越小，由此产生的温度应力也越小；反之则带来更大的温度应力。此外，在复合材料中，不同组成材料的线膨胀系数相近时，在温度变化下的温度变形相协调，有利于材料的整体作用，如钢筋混凝土中的钢材和混凝土。

复 习 思 考 题

　　1. 名词解释：

　　（1）密度；（2）密实度；（3）孔隙率；（4）空隙率；（5）吸水率；（6）含水率；（7）平衡含水率；（8）体积吸水率；（9）质量吸水率；（10）强度；（11）弹性；（12）韧性；（13）耐水性；（14）耐久性；（15）抗冻性；（16）塑性；（17）脆性；（18）硬度；（19）疲劳极限；（20）纳米材料；（21）胶体；（22）玻璃体；（23）溶胶；（24）凝胶；（25）超微颗粒；（26）触变性。

　　2. 胶体结构的材料具有（　　）特性。

(a) 各项同性，并有较强的导热导电性　　(b) 各向同性，并有较强的黏结性

(c) 各向异性，并有较强的导热导电性　　(d) 各向同性，无黏结性

3. 当材料的孔隙率增大时，材料的密度如何变化（　　）。

(a) 不变　　　　(b) 变小　　　　(c) 变大　　　　(d) 无法确定

4. 散粒材料的颗粒密度为 ρ、视密度 ρ'、颗粒表观密度为 γ，则存在下列关系（　　）。

(a) $\rho > \gamma > \rho'$　　(b) $\rho' > \rho > \gamma$　　(c) $\gamma > \rho' > \rho$　　(d) $\rho > \rho' > \gamma$

5. 吸声材料的孔隙特征应该是（　　）。

(a) 均匀而密闭　　(b) 小而密闭　　(c) 小而连通、开口　　(d) 大而连通、开口

6. 某一建筑材料的孔隙率增大时，其（　　）。

(a) 密度降低，表观密度、强度降低，吸水率增加

(b) 密度、表观密度、强度增加，吸水率降低

(c) 密度不变，表观密度、强度降低，吸水率不定

(d) 密度不变，表观密度增加，强度降低，吸水率不定

7. 下列哪些因素会使得混凝土的抗压强度测试结果增大（　　）。

(a) 降低加载速率　　(b) 减小试样体积　　(c) 提高试样的长径比　　(d) 吸湿

8. 材料属憎水性或亲水性，以其（　　）。

(a) 孔隙率％为 0 或 >0 划分　　　　(b) 润湿角 $\theta > 180°$ 或 $\leqslant 180°$ 划分

(c) 填充率％为 100 或 <100 划分　　(d) 润湿角 $\theta > 90°$ 或 $\leqslant 90°$ 划分

9. 含水 5％ 的湿砂 100g，其中含水的重量是（　　）。

(a) 5g　　　　(b) 4.76g　　　　(c) 5.26g　　　　(d) 4g

10. 下列与材料的孔隙率没有关系的性能是（　　）。

(a) 强度　　　　(b) 绝热性　　　　(c) 密度　　　　(d) 耐久性

11. 以下哪项不是影响材料抗冻性的主要因素（　　）。

(a) 孔结构　　(b) 水饱和度　　(c) 孔隙率和孔眼结构　　(d) 冻融龄期

12. 材料的密度、表观密度、视密度及堆积表现密度有何区别？

13. 材料的吸水性、耐水性、抗渗性及抗冻性的含义是什么？它们之间有何联系？

14. 简述材料孔隙率及孔隙特征对材料吸水性、抗渗性、抗冻性及强度的影响。

15. 简述影响脆性材料抗压强度试验结果的因素。

16. 简述无机非金属材料受冰冻破坏的原因及提高材料抗冻性的途径。

17. 简述材料的结构及构造对其力学性能的影响。

18. 简述材料弹性变形与塑性变形的概念、发生的条件。

19. 量取 10L 气干状态的卵石，称得质量为 14.5kg。又将该卵石烘干后，称取 500g，放入装有 500mL 水的量筒中，静置 24h 后，量筒水面升高到 685mL 处，求该卵石的视密度、疏松堆积表观密度及空隙率。

20. 一块普通黏土砖，外形尺寸为 240mm×115mm×53mm，吸水饱和后质量为 2900g，烘干至恒量后质量为 2500g；又将该砖磨细再烘干后称取 50g，用李氏瓶测得其体积为 18.5cm³。试求该砖的质量吸水率、体积吸水率、密度、表观密度及孔隙率。

21. 已知某岩石的密度为 2.65g/cm³，干燥表观密度为 2560kg/m³，质量吸水率为

1%。试计算该岩石中开口孔隙与闭口孔隙所占比例。

22. 某材料密度为 2.60g/cm³，干燥表观密度为 1600kg/m³，现将质量为 954g 的该材料浸入水中，待吸水饱和后取出称得质量为 1086g。试求该材料的孔隙率、质量吸水率、开口孔隙率及闭口孔隙率。

23. 某工地所用碎石，其密度为 2.65g/cm³，疏松堆积表观密度为 1680kg/m³，视密度为 2.61g/cm³，求该碎石的空隙率及岩石的孔隙率（设该碎石颗粒中的孔隙均为闭口孔隙）。

24. 普通黏土砖进行抗压试验，干燥状态时的破坏荷载为 207kN，饱水时的破坏荷载为 172.5kN，若试验时砖的受压面积均为 $F=11.5\text{cm}\times12\text{cm}$，问此砖用于建筑物中常与水接触的部位是否可行。

25. 用水中称量法测定不规则材料的表观密度时，先称出试件在空气中的质量 G，然后将试件置于熔融的石蜡中，使其表面粘上一层蜡膜，再称其质量为 G_1，蜡封试件在水中的质量为 G_2，按下式计算其表观密度 γ

$$\gamma = \frac{G}{\dfrac{G_1-G_2}{\rho_w} - \dfrac{G_1-G}{\rho_{蜡}}}$$

式中：ρ_w 为水的密度，g/cm³；$\rho_{蜡}$ 为石蜡密度，g/cm³，试证明此公式。

第2章 无机胶凝材料

胶凝材料是指经过自身的物理化学作用后，在由可塑性浆体变成坚硬石状体的过程中，能把散粒或块状的物料胶结成一个整体的材料。

胶凝材料一般分为无机胶凝材料（亦称矿物胶凝材料）和有机胶凝材料❶两大类。

无机胶凝材料中又分成气硬性胶凝材料与水硬性胶凝材料两种类型。气硬性胶凝材料只能在空气中硬化，并保持或继续提高其强度的材料，属于这类材料的有石灰、石膏、水玻璃等。水硬性胶凝材料是指不仅能在空气中硬化，还能更好地在水中硬化，保持并继续提高其强度的材料，属于这类材料的有各种类型的水泥。

2.1 气硬性胶凝材料

2.1.1 石灰

石灰是一种古老的建筑材料，古希腊人、古罗马人和中国人很早就开始利用煅烧石灰石工艺制造石灰了。由于其原料在自然界中分布很广，生产工艺简单，成本低，使用方便，因此，至今仍然在一些建筑工程、道路工程中广泛使用。

用石灰岩、白垩、白云质石灰岩或其他含碳酸钙（$CaCO_3$）为主的天然原料，经煅烧而得的块状产品称为生石灰（简称石灰）。石灰的主要成分是 CaO，煅烧时的反应为

$$CaCO_3 \xrightarrow{900℃} CaO + CO_2 \uparrow$$

为了加快煅烧过程，常使温度高达 $1000\sim1100℃$。煅烧时温度的高低及分布情况对石灰质量有很大影响。如温度太低或温度分布不均匀，碳酸钙不能完全分解，则产生欠火石灰；若温度太高，则产生过火石灰。煅烧良好的石灰，质轻色匀，密度为 $3.2g/cm^3$，堆积表观密度介于 $800\sim1000kg/m^3$ 之间。

天然原料中常含有碳酸镁（$MgCO_3$），因此，在生石灰中会含有一些 MgO 成分。按 MgO 含量的多少，生石灰又可分为钙质石灰和镁质石灰。

2.1.1.1 石灰的熟化（消解）

石灰在使用前一般要加水进行熟化。经过熟化后的石灰称为熟石灰，其主要成分是 $Ca(OH)_2$。石灰熟化的反应为

$$CaO + H_2O \longrightarrow Ca(OH)_2 + 64.9(kJ)$$

石灰在熟化过程中，放出大量的热，体积膨胀约 $1.0\sim2.5$ 倍。根据熟化时加水量的

---

❶ 有机胶凝材料如沥青材料及树脂等。

不同，熟石灰可呈粉状或浆状，也称消石灰。

生石灰熟化成消石灰粉的理论加水量，仅为 CaO 质量的 32%。但由于一部分水分随放热过程而蒸发，故实际需水量为 70% 左右。消石灰粉的密度约为 2.1g/cm³，松散状态下的堆积表观密度为 400～450kg/m³。消石灰粉的生产一般多在工厂中进行。

在建筑工地上，多用石灰槽或石灰坑将石灰熟化成石灰浆使用。通常加水量约为石灰量的 2.5～3.0 倍或更多。熟化时经充分搅拌，使之生成稀薄的石灰乳，再注入石灰坑内，澄清后得到约含 50% 水分的石灰浆（石灰膏），其堆积表观密度为 1300～1400kg/m³。

欠火石灰的中心部分仍是碳酸钙硬块，不能熟化，形成渣子。过火石灰结构紧密，且表面被一层深褐色的玻璃状硬壳包覆，故熟化很慢。过火石灰用于建筑物后会继续熟化产生体积膨胀，从而引起裂缝或局部脱落现象。为消除过火石灰的危害，石灰浆应在消解坑中存放两星期以上（称为"陈伏"），使未熟化的颗粒充分熟化。"陈伏"期间，石灰浆表面应覆盖一层水膜，以免石灰浆碳化。

2.1.1.2 石灰的硬化

石灰浆体在空气中逐渐硬化，其硬化包括两个同时进行的过程：

1）石灰浆中水分逐渐蒸发，或被周围砌体所吸收，氢氧化钙从饱和溶液中析出结晶，即结晶过程。

2）氢氧化钙吸收空气中的二氧化碳，生成碳酸钙并放出水分，即碳化过程。其反应为

$$Ca(OH)_2 + CO_2 + nH_2O = CaCO_3 + (n+1)H_2O$$

碳化作用主要发生在与空气接触的表面，当表层生成致密的碳酸钙薄壳后，不但阻碍二氧化碳继续往深处透入，同时也影响水分的蒸发，因此在砌体的深处，氢氧化钙不能充分碳化，而是进行结晶，所以石灰浆的硬化是一个较缓慢的过程。

由于石灰浆的硬化是由碳化作用及水分的蒸发而引起的，故必须在空气中进行。又由于氢氧化钙能溶于水，故石灰一般不用于与水接触或潮湿环境下的建筑物。

纯石灰浆在硬化时收缩较大，易发生收缩裂缝，所以在工程上常配成石灰砂浆使用。掺入砂子除能构成坚固的骨架，以减少收缩并节约石灰，还能形成一定的孔隙，使内部水分易于蒸发，二氧化碳易于透入，有利于硬化过程的进行。

镁质石灰的熟化与硬化均较慢，产浆量较少，但硬化后孔隙率较小，强度较高。

2.1.1.3 石灰的技术指标

根据建筑石灰标准，建筑石灰分为钙质石灰和镁质石灰。其分类标准见表 2.1，各类石灰技术指标见表 2.2。

表 2.1　　　　　钙质、镁质石灰分类（JC/T 479，481—2013）

品　种	氧化镁含量 /%	
	钙 质 石 灰	镁 质 石 灰
生石灰	≤5	>5
生石灰粉	≤5	>5
消石灰	≤5	>5

表 2.2　　　　　　　　石灰的技术指标（JC/T 479，481—2013）

品种	代号		(CaO+MgO) 含量/%	MgO /%	CO₂ /%	SO₃ /%	产浆量/(dm³/10kg)	细度		游离水 /%	安定性
								0.2mm 筛余量/%	90μm 筛余量/%		
建筑生石灰	钙质	CL 90 - Q①	≥90	≤5	≤4	≤2	≥26	—	—	—	—
		CL 90 - QP					—	≤2	≤7		
		CL 85 - Q	≥85	≤5	≤7	≤2	≥26	—			
		CL 85 - QP					—	≤2	≤7		
		CL 75 - Q	≥75	≤5	≤12	≤2	≥26	—			
		CL 75 - QP					—	≤2	≤7		
	镁质	ML 85 - Q	≥85	>5	≤7	≤2					
		ML 85 - QP						≤2	≤7		
		ML 80 - Q	≥80	>5	≤7	≤2					
		ML 80 - QP						≤2	≤2		
建筑消石灰②	钙质	HCL 90	≥90	≤5	—	≤2		≤2	≤7	≤2	合格
		HCL 85	≥85								
		HCL 75	≥75								
	镁质	HML 85	≥85	>5	—	≤2					
		HML 80	≥80								

① 代号说明：CL—钙质生石灰，ML—镁质生石灰，90—（CaO+MgO）百分含量，Q—生石灰块，QP—生石灰粉；HCL—钙质消石灰，HML—镁质消石灰。

② 建筑消石灰表中数值以试样扣除游离水和化学结合水后的干基为基准。

2.1.1.4　石灰的应用

石灰在建筑上应用很广，常用来配制石灰砂浆等，作为砌筑砖石及抹灰用。石灰乳常作为墙及天棚等的粉刷涂料使用。

消石灰与黏土可配制成灰土，再加入砂子可配成三合土，经过夯实之后具有一定的强度和耐水性，可用于建筑物的基础和垫层，也可用于小型水利工程。三合土或灰土的硬化，除 Ca(OH)₂ 发生结晶及碳化作用外，Ca(OH)₂ 还能与黏土中的少量活性 SiO₂ 及 Al₂O₃ 作用而生成具有水硬性的水化硅酸钙及水化铝酸钙，这类生成物具有耐水性。三合土或灰土可就地取材，施工技术简单，成本低，在道路、桥梁基础处理工程中具有很大的使用价值。

将生石灰磨成细粉，不经消解直接使用，称为磨细生石灰。常用于制作硅酸盐制品及无熟料水泥，也可用于拌制三合土或灰土等，其物理力学性能比消石灰好。

用磨细生石灰掺加纤维状填料或轻质骨料，搅拌成型后，经人工碳化可制成碳化石灰板，用作隔墙板、天花板等。

2.1.2 石膏

人类使用石膏的历史可以追溯到古埃及时期，古埃及人利用石膏与石灰砂浆建造了举世闻名的金字塔，至今仍保存完好。而今天，人们也一直在使用石膏生产各种建筑装饰材料、建筑功能材料。

石膏胶凝材料主要是由天然二水石膏（$CaSO_4 \cdot 2H_2O$—生石膏）经煅烧脱水而制成。除天然二水石膏外，天然无水石膏（$CaSO_4$—硬石膏）、工业副产品石膏（以硫酸钙为主要成分的工业副产品，如磷石膏、氟石膏）也可作为制造石膏胶凝材料的原料。

生产石膏的主要工序是煅烧和磨细。在煅烧二水石膏时，由于加热温度不同，所得石膏的组成与结构也不同，其性质有很大差别。常压下，当加热温度在107～170℃之间时，二水石膏逐渐失去大量水分，生成β型半水石膏（熟石膏）。反应式为

$$CaSO_4 \cdot 2H_2O = CaSO_4 \cdot \frac{1}{2}H_2O + 1\frac{1}{2}H_2O$$

半水石膏加水拌和后，能很快凝结硬化。

当煅烧温度在170～200℃时，石膏脱水变成可溶的硬石膏，它与水拌和后也能很快凝结与硬化。当煅烧温度在200～250℃时，生成的石膏仅残留微量水分，凝结硬化异常缓慢。当煅烧温度高于400℃时，石膏完全失去水分，变成不溶解的硬石膏，不能凝结硬化。当温度高于800℃时，石膏将分解出部分CaO而形成高温煅烧石膏，重新具有凝结和硬化的能力，虽凝结较慢，但强度及耐磨性较高。从使用情况看，在建筑上应用最广的是半水石膏。

2.1.2.1 建筑石膏

将β型半水石膏磨成细粉，即得建筑石膏。其中，杂质较少、色泽较白、磨得较细的产品称模型石膏。

建筑石膏密度为2.5～2.8g/cm³，其紧密堆积表观密度为1000～1200kg/m³，疏松堆积表观密度为800～1000kg/m³。建筑石膏遇水时，将重新水化成二水石膏，并逐渐凝结硬化，其反应如下

$$CaSO_4 \cdot \frac{1}{2}H_2O + 1\frac{1}{2}H_2O = CaSO_4 \cdot 2H_2O$$

建筑石膏凝结硬化过程为：半水石膏遇水即发生溶解，溶液很快达到饱和，溶液中的半水石膏水化成为二水石膏。由于二水石膏的溶解度远比半水石膏小，所以很快从过饱和溶液中沉淀析出二水石膏的胶体微粒并不断转化为晶体。由于二水石膏的析出破坏了原有半水石膏的平衡，这时半水石膏进一步溶解和水化。如此不断地进行半水石膏的溶解和二水石膏的析晶，直到半水石膏完全水化为止。随着浆体中的自由水分因水化和蒸发而逐渐减少，浆体逐渐变稠失去塑性，呈现石膏的凝结。此后，二水石膏的晶体继续大量形成、长大，晶体之间相互接触与连生，形成结晶结构网，浆体逐渐硬化成块体，并具有一定的强度。

建筑石膏凝结硬化很快，一般终凝不超过半小时，硬化后体积稍有膨胀（膨胀量约为

0.5%～1%），故能填满模型，形成平滑饱满的表面，干燥时也不开裂，所以石膏可以不加填充料而单独使用。

建筑石膏水化反应的理论需水量仅为石膏质量的 18.6%，但在使用时，为使浆体具有一定的可塑性，实际需水量常达 60%～80%。多余水分蒸发后留下大量孔隙，故硬化后石膏具有多孔性，表观密度较小，导热性较差，强度也较低。

建筑石膏硬化后具有很强的吸湿性，受潮后晶体间结合力减弱，强度急剧下降，软化系数为 0.2～0.3，耐水性及抗冻性均较差。

建筑石膏具有良好的防火性能。硬化的石膏为二水石膏，当其遇火时，二水石膏吸收大量的热而脱水并蒸发，在制品表面形成水蒸气隔层，使其具有良好的防火性能。

根据《建筑石膏》（GB/T 9776—2008），建筑石膏分为三个等级，各等级的技术指标见表 2.3。

表 2.3　　　　　　　　　　　建筑石膏的技术指标（GB/T 9776—2008）

等级	细度/（0.2mm 方孔筛筛余，%）	凝结时间/min		2h 强度/MPa	
		初凝	终凝	抗折	抗压
3.0				3.0	5.0
2.0	≤10	≥3	≤30	3.0	4.0
1.6				1.6	3.0

建筑石膏适用于室内装饰、抹灰、粉刷，制作各种石膏制品及石膏板等，而且石膏还是一种可再循环建筑材料。

石膏板是一种轻质板材，它是以建筑石膏为主要原料，加入轻质多孔填料（锯末、膨胀珍珠岩等）及纤维状填料（石棉、纸筋等）而制成的。为了提高石膏板的耐水性，可加入适量的水泥、粉煤灰、粒化高炉矿渣等，或在石膏板表面粘贴纸板、塑料壁纸、铝箔等。石膏板具有质量轻、隔热保温、隔音、防火等性能，可锯、钉，加工方便。适用于建筑物的内隔墙、墙体覆盖面、天花板及各种装饰板等。目前我国生产的石膏板主要有纸面石膏板、纤维石膏板、石膏空心板条、石膏装饰板及石膏吸音板等。

2.1.2.2　高强度石膏

将二水石膏在 0.13MPa 压力的蒸压锅内蒸炼（即在 1.3 大气压，125℃条件下进行脱水），所得的半水石膏为 α 型半水石膏，其实际需水量（约为 35%～45%）仅为建筑石膏的一半，其制品密实度和强度均较建筑石膏大，故称为高强度石膏。高强石膏适用于强度较高的抹灰工程、石膏制品和石膏板等。

2.1.2.3　无水石膏水泥

将二水石膏在 600～800℃温度下煅烧后所得的不溶性无水石膏，加入适量的催化剂，如石灰、页岩灰、粒化高炉矿渣、硫酸钠、硫酸氢钠等，共同磨细而制得的气硬性胶凝材料称为无水石膏水泥。它具有较高的强度，可用于配制建筑砂浆、保温混凝土、抹灰、制造石膏制品和石膏板等。

2.1.3　水玻璃

水玻璃俗称泡花碱，是一种水溶性的硅酸盐，由碱金属氧化物和二氧化硅结合而成，如硅酸钠（$Na_2O \cdot nSiO_2$）、硅酸钾（$K_2O \cdot nSiO_2$）等。

建筑上常使用的水玻璃是硅酸钠的水溶液，为无色、青绿色或棕色黏稠液体。其制造方法是将石英砂粉或石英岩粉加入 Na_2CO_3 或 Na_2SO_4，在玻璃炉内以 1300～1400℃温度熔化，冷却后即成固态水玻璃。然后在 0.3～0.8MPa 压力的蒸压锅内加热，将其溶解成液态水玻璃，它是一种胶质溶液，具有胶结能力。

水玻璃中 SiO_2 和 Na_2O 的分子数比值 n 称为水玻璃硅酸盐模数。n 值越大，水玻璃中胶体组分愈多，水玻璃的黏性愈大，越难溶于水，但却容易分解硬化，黏结能力较强。建筑工程中常用水玻璃的 n 值一般在 2.5～3.5 之间。相同模数的液态水玻璃，其密度较大（即浓度较稠）者则黏性较大，黏结性能较好。工程中常用的水玻璃密度为 1.30～1.48g/cm³。

水玻璃在空气中与二氧化碳作用，析出无定形二氧化硅凝胶，并逐渐干燥而硬化

$$Na_2O \cdot nSiO_2 + CO_2 + mH_2O = Na_2CO_3 + nSiO_2 \cdot mH_2O$$

由于空气中的 CO_2 含量有限，上述硬化过程进行得很慢，为加速此硬化过程，常加入促硬剂氟硅酸钠（Na_2SiF_6），以促使二氧化硅凝胶加速析出。反应式为

$$2(Na_2O \cdot nSiO_2) + Na_2SiF_6 + mH_2O = 6NaF + (2n+1)SiO_2 \cdot mH_2O$$

氟硅酸钠的适宜掺用量为水玻璃质量的 12%～15%。

水玻璃在建筑工程的主要用途如下：

1）作为灌浆材料以加固地基。使用时将水玻璃溶液与氯化钙溶液交替地灌于基础中，反应式为

$$Na_2O \cdot nSiO_2 + CaCl_2 + mH_2O = nSiO_2 \cdot (m-1)H_2O + Ca(OH)_2 + 2NaCl$$

反应生成的硅胶起胶结作用，能包裹土粒并填充其孔隙。氢氧化钙也起胶结和填充孔隙的作用。因此，不仅可以提高基础的承载能力，而且可以增强不透水性。

2）将水玻璃溶液涂刷于混凝土、砖、石、硅酸盐制品等材料的表面，使其渗入材料的缝隙中，可以提高材料的密实性和抗风化性。但不能用水玻璃涂刷石膏制品，因硅酸钠能与硫酸钙反应生成硫酸钠，结晶时体积膨胀，使制品破坏。

3）水玻璃能抵抗大多数无机酸（氢氟酸除外）的作用，故常与耐酸填料和骨料配制耐酸砂浆和耐酸混凝土。耐酸混凝土的配合比（质量比）一般为：水玻璃：粉末填料：砂：石＝（0.6～0.7）：1：1：（1.5～2.0），促硬剂氟硅酸钠用量约为水玻璃的 12%～15%。

4）水玻璃的耐热性较好，可用于配制耐热砂浆和耐热混凝土。

5）将水玻璃溶液掺入砂浆或混凝土中，可使砂浆或混凝土急速硬化，用于堵漏抢修等。

不同的应用条件需要选择不同 n 值的水玻璃。用于地基灌浆时，采用 $n=2.7～3.0$ 的水玻璃较好，涂刷材料表面时，$n=3.3～3.5$ 为宜；配制耐热混凝土或作为水泥的促凝剂时，$n=2.6～2.8$ 为宜。

水玻璃 n 值的大小可根据要求予以配制。在水玻璃溶液中加入 Na_2O 可降低 n 值；溶入硅胶（SiO_2）可以提高 n 值。也可用 n 值较大及较小的两种水玻璃掺配使用。

2.2 水硬性胶凝材料

2.2.1 概述

在前面的内容中已经提到，人类使用胶凝材料的历史源远流长，由于石灰作为胶凝材料不能在水中保持其强度，因此，古罗马人就将磨细的火山灰或煅烧的黏土与石灰一起拌和使用，火山灰或黏土中的活性硅酸盐及铝酸盐与石灰一起构成了最原始的水硬性胶凝材料。古罗马的一些建筑如神殿、渡槽等都是利用这种胶凝材料修建并得以保存的，至今仍非常坚固，通过古罗马竞技场，证明了其耐久性令人惊叹。而意大利西南部历史悠久的庞贝古城，虽经历了长久的环境侵蚀和气候破坏，但建筑物受到的损伤却不大，由于被火山灰掩埋，街道房屋仍保存比较完整，从 1748 年考古发掘至今，为人们了解古罗马社会生活和文化艺术提供了重要的历史资料。1824 年，英国人约瑟夫·阿斯普丁首先研制出"波特兰水泥"，他将磨细黏土和石灰石一起煅烧，直至不再有 CO_2 排出时停止，但由于煅烧温度较低，所烧成的物料远未达到真正水泥熟料的烧成温度，产品质量并不高。但自"波特兰水泥"发明 190 年后的今天，水泥的生产技术已经历了不断的革新、创造，水泥的质量和品种也有了显著的提升和丰富。

水泥是水硬性胶凝材料，它在水利、桥梁、铁路、道路、海洋平台以及公民用建筑等工程中应用极广，目前，以水泥为胶凝材料生产的混凝土是地球上除水之外人类使用最多的材料，常用来建造大坝、高速铁路、高速公路、桥梁、隧道等基础设施，水泥还被用来制备各种不同性能和用途的砂浆和水泥混凝土制品。根据 2012 年的统计资料，世界水泥的总量已经达到 39 亿 t，中国水泥的产量达到 21 亿 t。

现代水泥的品种繁多，按其矿物组成可分为硅酸盐水泥、铝酸盐水泥、硫铝酸盐水泥及少熟料水泥或无熟料水泥等。按其用途又可分为通用水泥、专用水泥及特种水泥三大类，通用水泥主要用于一般土木建筑工程，它包括硅酸盐水泥、普通硅酸盐水泥、矿渣硅酸盐水泥、火山灰质硅酸盐水泥、粉煤灰硅酸盐水泥以及复合硅酸盐水泥；专用水泥是指具有专门用途的水泥，如砌筑水泥、道路水泥、油井水泥等；特种水泥是某种性能比较突出的水泥，如膨胀水泥、快硬水泥、白色水泥、抗硫酸盐水泥、中热硅酸盐水泥和低热矿渣硅酸盐水泥等。

在每一品种的水泥中，又根据其胶结强度的大小分为若干强度等级。当水泥的品种及强度等级不同时，其性能也有较大差异。因此，在使用水泥时必须注意区分水泥的品种及强度等级，掌握其性能特点和使用方法，根据工程的具体情况合理选择与使用水泥，这样既可提高工程质量又能节约水泥，减少碳排放。

水泥在生产过程中要消耗大量能源和资源，并产生大量 CO_2 及粉尘，会对环境造成影响。因此，在淘汰耗能大、污染严重水泥生产企业的基础上，合理安全使用各种工农业废弃物以减少熟料用量，对于保护环境和资源、节能减排、促进建筑业可持续发展都具有重要意义。

硅酸盐系列水泥由于其具有丰富的原料资源、相对较低的生产成本和良好的胶凝性能，已成为最重要的建筑材料。这部分内容将以硅酸盐水泥为代表，分别介绍硅酸盐系列水泥，并在此基础上介绍其他品种水泥。

2.2.2 硅酸盐水泥

按照《通用硅酸盐水泥》（GB 175—2007）的规定，凡由硅酸盐水泥熟料、0～5％的石灰石或粒化高炉矿渣、适量石膏磨细制成的水硬性胶凝材料均称为硅酸盐水泥。硅酸盐水泥分为两种类型：不掺混合材料，只有熟料和适量石膏的称为Ⅰ型硅酸盐水泥，代号P·Ⅰ；掺加不超过水泥质量5％的石灰石或粒化高炉矿渣混合材料的称为Ⅱ型硅酸盐水泥，代号P·Ⅱ。

2.2.2.1 硅酸盐水泥的生产与矿物组成

（1）硅酸盐水泥的生产。

生产硅酸盐水泥的原料主要是石灰质原料（如石灰石、白垩等）和黏土质原料（如黏土、黄土和页岩等）两类，一般常配以辅助原料（如铁矿石、砂岩等）。石灰质原料主要提供 CaO，黏土质原料主要提供 SiO_2、Al_2O_3 及少量的 Fe_2O_3，辅助原料常用以校正 Fe_2O_3 或 SiO_2 的不足。

硅酸盐水泥的生产过程分为制备生料、煅烧熟料、粉磨水泥三个主要阶段，该生产工艺过程可概括为"两磨一烧"，如图 2.1 所示。

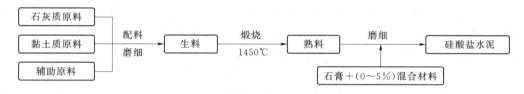

图 2.1　硅酸盐水泥的生产过程

制备生料时配料须准确，粉磨细度应符合要求，并且使各种原料充分均化，以便煅烧时各成分间的化学反应能充分进行。

生料在煅烧过程中形成水泥熟料的物理化学过程十分复杂，如图 2.2 所示，大体可分为下述几个步骤：①生料的干燥与脱水；②碳酸钙分解；③固相反应；④烧成阶段；⑤熟料的冷却。其主要反应过程简述为：生料进入窑中后即开始被加热，水分逐渐蒸发而干燥。当温度上升到 500～800℃时，首先有机物质被烧尽，其次是黏土中的高岭石脱水并分解为无定形的 SiO_2 和 Al_2O_3。当温度达到 800～1000℃时，碳酸钙进行分解，分解出的 CaO 即开始与黏土分解产物 SiO_2、Al_2O_3 及 Fe_2O_3 发生固相反应。随着温度的继续升高，固相反应加速进行，逐步形成 $2CaO \cdot SiO_2$，$3CaO \cdot Al_2O_3$ 及 $4CaO \cdot Al_2O_3 \cdot Fe_2O_3$。当温度达 1300℃时，固相反应基本完成，这时物料中仍剩余一部分未反应的 CaO。然后，温度继续从 1300℃升到 1450℃，进入烧成阶段，这时 $3CaO \cdot Al_2O_3$ 及 $4CaO \cdot Al_2O_3 \cdot Fe_2O_3$ 烧至熔融状态，出现液相，把剩余的 CaO 及部分 $2CaO \cdot SiO_2$ 溶解于其中，在此液相中，$2CaO \cdot SiO_2$ 吸收 CaO 形成 $3CaO \cdot SiO_2$，这一过程是煅烧水泥的关键，必须达到足够的温度及停留适当长的时间，使生成 $3CaO \cdot SiO_2$ 的反应更为充分，否则，熟料中仍有残余的游离 CaO，影响水泥的质量。煅烧完成后，经迅速冷却，即得到熟料。

将熟料加入 2%～5% 的石膏❶共同磨细，即得到硅酸盐水泥。

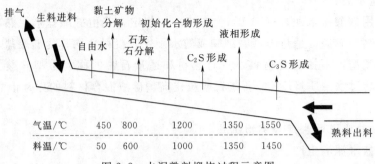

图 2.2 水泥熟料煅烧过程示意图

（2）硅酸盐水泥熟料及水泥的矿物成分。

硅酸盐水泥熟料主要由 CaO、SiO_2、Fe_2O_3、Al_2O_3 四种氧化物组成，在熟料中占 95%，另 5% 为其他氧化物，如 MgO、K_2O、Na_2O、SO_3 等。水泥熟料经高温煅烧后，CaO、SiO_2、Fe_2O_3、Al_2O_3 四种氧化物不是以单独的氧化物存在，而是以两种或两种以上的氧化物反应生成的多种矿物的集合体存在。硅酸盐水泥熟料中主要的四种矿物为：硅酸三钙，$3CaO \cdot SiO_2$，简写 C_3S，占 50%～60%，其固熔体俗称阿利特（Alite）或 A 矿；硅酸二钙，$2CaO \cdot SiO_2$，简写 C_2S，占 20%～25%，其固熔体俗称贝利特（Belite）或 B 矿；铝酸三钙，$3CaO \cdot Al_2O_3$，简写 C_3A，占 5%～10%；铁铝酸四钙，$4CaO \cdot Al_2O_3 \cdot Fe_2O_3$，简写 C_4AF，占 10%～15%，其固熔体俗称才利特（Celite）或 C 矿。

这四种矿物成分的主要特征如下：

C_3S 的水化速率较快，水化热较大，且主要在水化反应早期释放。强度最高，且能随龄期不断得到增长，是决定水泥强度等级高低的最主要矿物。

C_2S 的水化速率最慢，水化热最小，且主要在后期释放。早期强度不高，但后期强度增长率较高，是保证水泥后期强度增长的主要矿物。

C_3A 的水化速率极快，水化热最大，且主要在早期释放。早期强度增长率很快，但强度不高，而且以后几乎不再增长，甚至降低，C_3A 是影响水泥凝结时间的主要矿物之一。

C_4AF 的水化速率较快，仅次于 C_3A，水化热中等，强度较低❷。脆性较其他矿物小，当含量增多时，有助于水泥抗拉强度的提高。

各矿物的抗压强度随时间的发展情况如图 2.3 所示。

由上述可知，几种矿物成分的性能表现各不相同，它们在熟料中的相对含量改变时，水泥的性质也随之改变。例如，要使水泥具有快硬高强的性能，应适当提高熟料中 C_3S 及 C_3A 的相对含量；若要求水泥的发热量较低，可适当提高 C_2S 及 C_4AF 的含量而控制 C_3S 及 C_3A 的含量。因此，掌握硅酸盐水泥熟料中各矿物成分的含量及特性，就可以大致了解该水泥的性能特点。

---

❶ 磨细水泥时，加入石膏的目的是调节水泥的凝结时间，使水泥不致发生急凝现象。

❷ 也有的资料认为 C_4AF 的强度较高。

对硅酸盐水泥而言，除上述四种主要熟料矿物成分外，其中尚有少量其他成分，对其性能影响比较大的有以下几种。

1）氧化镁（MgO）。它是一种具有一定膨胀性能的成分，含量多时会使水泥安定性[1]不良。国家标准规定：硅酸盐水泥中 MgO 的含量一般不得超过 5%；若经水泥压蒸安定性试验合格其含量也允许放宽到 6%。MgO 含量如超过 6% 时，仍然可通过水泥压蒸安定性试验并合格后在特定工程中使用。

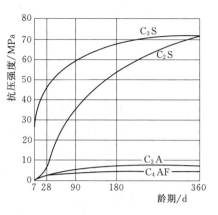

图 2.3 水泥熟料矿物的强度增长曲线

2）三氧化硫（SO_3）。它主要是粉磨熟料时掺入石膏带来的。当石膏掺量合适时，既可以调节水泥的凝结时间，又可以提高水泥的性能；但当石膏掺入量超过一定值时，会使水泥的性能变差。国家标准规定：硅酸盐水泥中 SO_3 的含量不得超过 3.5%。

3）游离氧化钙（f—CaO）。它是在煅烧过程中未能反应结合而残存下来的过烧并呈游离态的 CaO。如果 f—CaO 的含量较高，则由于其滞后的水化，产生结晶膨胀而导致水泥石开裂，甚至破坏，即造成水泥安定性不良。通常熟料中 f—CaO 含量应严格控制在 1%～2% 以下。

4）氯离子含量。氯离子是影响钢筋锈蚀的关键组分，国家标准规定：在硅酸盐水泥中氯离子含量（质量分数）不得超过 0.06%。当有更低要求时，该指标也可以由生产商与用户商定。

此外，碱含量（K_2O、Na_2O）可以增加水泥浆体 pH 值到 13.5，对保护钢筋有利。然而，若使用活性骨料时，太高的碱含量会产生碱骨料反应[2]和引起硬化浆体开裂敏感，用户如果需要低碱水泥时，水泥中的碱含量应控制在 0.6%（以 $Na_2O+0.658K_2O$ 的百分数计算）以下。

2.2.2.2 硅酸盐水泥的水化与凝结硬化

在硅酸盐水泥中，主要矿物由氧化物构成，一般以简写方式表示，各氧化物简写方式约定如下

CaO ══ C，SiO_2 ══ S，Al_2O_3 ══ A，Fe_2O_3 ══ F，$Ca(OH)_2$ ══ CH，H_2O ══ H，SO_3 ══ $\bar{S}$。

（1）硅酸盐水泥熟料矿物的水化。

硅酸盐水泥在水化时产生的化学反应是非常复杂的，为了能较好地了解其水化过程，假定水泥水化时各矿物的水化反应是相对独立的。其水化反应如下。

C_3S 的水化：

$$2C_3S+11H \longrightarrow C_3S_2H_8+ \quad 3CH$$
硅酸三钙　　水　　　　C—S—H　氢氧化钙

---

[1] 参阅硅酸盐水泥的体积安定性部分。

[2] 参阅混凝土的耐久性部分。

C_2S 的水化：

$$2C_2S + 9H \longrightarrow C_3S_2H_8 + CH$$

硅酸二钙　　水　　　C－S－H　氢氧化钙

C_3A 的水化：

在 CH 饱和溶液中，$C_3A + 6H \longrightarrow C_3AH_6$ 或 $C_3A + CH + 12H \longrightarrow C_4AH_{13}$

在石膏存在时，$C_3A + 3C\bar{S}H_2 + 26H \longrightarrow C_6A\bar{S}_3H_{32}$

　　　　铝酸三钙　石膏　水　　　钙矾石

在石膏消耗完毕时，$2C_3A + C_6A\bar{S}_3H_{32} + 4H \longrightarrow 3C_4A\bar{S}H_{12}$

C_4AF 的水化：

$$C_4AF + 7H \longrightarrow C_3AH_6 + CFH$$

$$或 \quad C_4AF + CH + H \longrightarrow C_4(A,F)H_{13}$$

$$C_4AF + 3C\bar{S}H_2 + 21H \longrightarrow C_6(A,F)\bar{S}_3H_{32} + (F,A)H_3$$

$$C_4AF + C_6(A,F)\bar{S}_3H_{32} + 7H \longrightarrow 3C_4(A,F)\bar{S}H_{12} + (F,A)H_3$$

两种硅酸钙的水化反应非常相似，不同的是氢氧化钙（CH）的生成量、水化热、水化反应速率存在差别，它们的主要产物为 $C_3S_2H_8$，即水化硅酸钙。实际上 $C_3S_2H_8$ 只是一种近似的表征，具有无定形结构，常被写作 C－S－H 凝胶，C－S－H 凝胶一般占硬化水泥浆体结构的 50% 以上。尽管 C－S－H 凝胶的尺寸非常小，但其含量和结构却是影响水泥石强度的重要因素。另一水化产物 CH 是一种晶体材料，大概占硬化水泥浆体结构的 25%，CH 使得水泥浆体的 pH 超过 12，因此可以起到很好的保护钢筋的作用。

三硫型水化硫铝酸钙 $C_6A\bar{S}_3H_{32}$ 一般被称为钙矾石（简写 AFt），由于 AFt 可在 C_3A 周围形成包覆层而阻止 C_3A 的水化，因此可避免 C_3A 的"闪凝"。这一包覆层会因 AFt 转化为单硫型水化硫铝酸钙 $C_4A\bar{S}H_{12}$（即 AFm）而破坏，并使 C_3A 再次加速反应。因此，为了控制水泥的"闪凝"，需加入适当石膏。钙矾石是一种针棒状的晶体，其结构只有在足够石膏存在时才稳定，否则当石膏不足且还有 C_3A 存在时就有可能转化为其他结构。

综上所述，如果忽略一些次要和微量成分，则硅酸盐水泥与水作用后生成的主要水化产物有水化硅酸钙、氢氧化钙、水化硫铝酸钙，以及少量的水化铝酸钙、水化铁酸钙等。

（2）凝结硬化。

关于水泥凝结硬化理论的研究至今仍在继续。下面介绍的是硅酸盐水泥凝结硬化的一般过程。

图 2.4 显示了水泥水化过程中结构的形成过程。在水泥与水拌和初始，水泥颗粒分散于水中，如图 2.4（a）所示，浆体具有一定的可塑性。当经历了不同的龄期之后，水泥水化产生的固相产物（包括 C－S－H、氢氧化钙等）逐渐增加，形成逐渐致密的固相结构，如图 2.4（b）～（d）所示，强度也因此增加。

事实上，水泥凝结硬化的过程非常复杂。当水泥遇水后，水泥颗粒表面即发生水化反应，拌和水立即变为含有多种离子的溶液，此种作用继续下去，使水泥颗粒周围的溶液很快成为水化产物的饱和溶液，这时所消耗的水泥仅是表面很少的一部分。之后，水泥继续水化所生成的产物不能再溶解，而以分散状的凝胶粒子和细小晶体析出，附在水泥颗粒表面，形成水化产物膜包裹层，使水泥在一段时间内反应缓慢，水泥浆的可塑性将维持一段

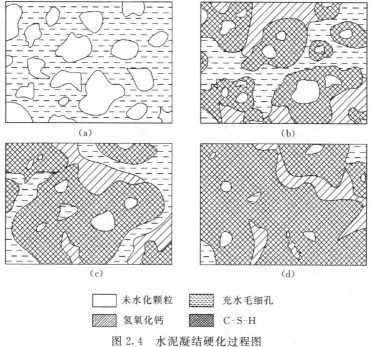

☐ 未水化颗粒		▦ 充水毛细孔	
⧄ 氢氧化钙		▨ C-S-H	

图 2.4 水泥凝结硬化过程图

(a) 开始拌和；(b) 3d；(c) 28d；(d) 90d

时间。由于水化产物不断增加，凝胶膜不断增厚而破裂，使水泥颗粒重新露出新表面与水反应，此时水泥水化的反应速率有所增加。随着龄期的延长，由水化形成的凝胶与晶体在水泥粒子之间形成了凝聚网状结构，水泥浆开始失去塑性而出现凝结。再继续水化，水泥浆体逐渐硬化，随着水化硅酸钙凝胶等产物的不断增多，并填充硬化水泥石的毛细孔，使毛细孔愈来愈少，水泥石便会具有愈来愈高的强度和胶结能力。

早期的水化硬化速率决定了水泥浆体——水泥石的强度，而强度的发展主要源于硅酸钙的持续水化。实际上，较粗的水泥颗粒内部将长期不能水化。因此，硬化后的水泥石是由水泥水化产物（以 C-S-H 凝胶占主导）、未水化的水泥颗粒、毛细孔（毛细孔水）等组成的不均质结构体，如图 2.4（d）所示。C-S-H 凝胶并不是绝对密实的，其中约有占凝胶总体积 28% 的孔隙，称为凝胶孔。凝胶孔较毛细孔小，凝胶孔中的水分称为凝胶水（胶孔水），也属于可蒸发水。

水泥石的各组成部分在数量上的相对含量，主要决定于水泥的水化程度及水灰比（水与水泥的质量比）。图 2.5 为两种水灰比的水泥净浆在不同水化程度时水泥石的组成示意图。水泥石中各组成部分所占比率将直接影响水泥石的强度和其他性质。

水泥石强度的增长是随着龄期而发展的，一般在 28d 之前发展较快，之后发展较慢，3 个月以后更为缓慢。但其强度的增长只有在温暖、潮湿的环境中才能持续发展。若处于干燥的环境中，当水分蒸发完毕后，水泥水化作用将无法继续进行，硬化会停止，强度也不再增长。因此，混凝土在浇筑后的 2～3 周内必须加强洒水养护。

温度对水泥凝结硬化的影响也很大。温度愈高，其凝结硬化的速度愈快，温度较低时，凝结硬化的速度比较缓慢。当温度低至 0℃ 以下时，硬化将完全停止，并可能遭受破坏。因此，冬季施工时需要采取保温等措施。

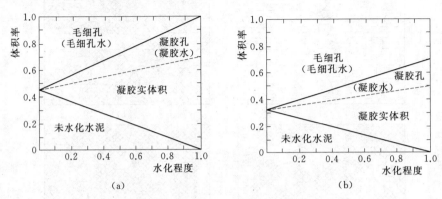

图 2.5　不同水化程度水泥石的组成

（a）水灰比 0.4；（b）水灰比 0.7

2.2.2.3　硅酸盐水泥的主要技术性质

（1）密度与堆积表观密度。

硅酸盐水泥的密度一般为 $3.1\sim3.2\mathrm{g/cm^3}$，贮藏过久的水泥密度稍有降低。而松散堆积表观密度一般在 $900\sim1300\mathrm{kg/m^3}$ 之间，紧密堆积表观密度可达 $1400\sim1700\ \mathrm{kg/m^3}$。

（2）细度。

细度是指水泥颗粒的粗细程度，是检定水泥品质的主要指标之一。

水泥颗粒的粗细直接影响水泥的凝结硬化速率及强度发展。这是因为水泥加水后，开始仅在水泥颗粒表层进行水化，而后逐步向颗粒内部发展，且是个长期的过程。显然水泥颗粒越细，水化作用的发生就越迅速而充分，凝结硬化的速度越快，早期强度也越高。但磨制特细的水泥将消耗更多的粉磨能量，成本较高，太细的水泥易与空气中的水分及二氧化碳起反应，不宜久置，且在水化硬化后会增加收缩开裂的风险。因此，出厂水泥一般都有适当的细度要求。

硅酸盐水泥的细度可用比表面积法来检测，即用 1kg 水泥所具有的总表面积（$\mathrm{m^2/kg}$）来表示水泥的细度。国家标准规定，硅酸盐水泥的比表面积可用透气法（勃氏法）测定，其值应不小于 $300\mathrm{m^2/kg}$。

（3）标准稠度用水量。

由于加水量的多少，对水泥一些技术性质（如凝结时间等）的测定值影响很大，故测定这些性质时，必须在一个规定的浆体稠度下进行。这个规定的稠度即称为标准稠度❶。水泥净浆达到标准稠度时，所需的拌和水量（以占水泥质量的百分比表示）称为标准稠度用水量（也称需水量）。

硅酸盐水泥的标准稠度用水量一般在 24％～30％ 之间。水泥熟料矿物成分不同时，其标准稠度用水量亦有差别。此外，水泥磨得越细，标准稠度用水量越大。

标准稠度用水量的大小能在一定程度上影响水泥的性能。采用标准稠度用水量较大的

---

❶　标准稠度及凝结时间等的测定方法见水泥试验部分。

水泥拌制同样稠度的混凝土，加水量也较大，故硬化时收缩较大，硬化后的强度及密实度也较差。因此，当其他条件相同时，水泥的标准稠度用水量越小越好。

（4）凝结时间。

水泥的凝结时间有初凝与终凝之分。标准稠度的水泥净浆，自加水时起至水泥浆体塑性开始降低所需的时间称为初凝时间；自加水时起至水泥浆体完全失去塑性所经历的时间称为终凝时间。

水泥的凝结时间在施工中具有重要意义。一般来说，初凝不宜过快，以便有足够的时间在初凝之前完成混凝土各工序的施工操作；终凝不宜过迟，使混凝土在浇捣完毕后，尽早凝结并开始硬化，以利于下一步施工工序的进行。

水泥凝结时间的测定方法详见水泥试验。我国水泥标准规定，硅酸盐水泥的初凝时间不小于 45min，终凝时间不大于 390min。

（5）体积安定性。

水泥的体积安定性是指水泥在凝结硬化过程中体积变化的均匀性。

水泥熟料中如果含有较多的 $f-CaO$，就会在凝结硬化时发生不均匀的体积变化。这是因为过烧的游离石灰熟化很慢，当水泥已经凝结硬化后它才进行熟化作用，产生体积膨胀，破坏已硬化的水泥石结构，出现龟裂、弯曲、松脆或崩溃等不安定现象。检验水泥安定性的方法有沸煮法及雷氏夹法两种，通过对试件进行煮沸加速 $f-CaO$ 熟化，然后检查是否有不安定现象（参看水泥试验部分）。

此外，如果水泥中氧化镁及三氧化硫过多时，也会产生不均匀的体积变化，导致安定性不良。氧化镁产生危害的原因与游离石灰相似，由于氧化镁的水化作用比游离石灰更为缓慢，所以必须采用压蒸法才能检验出它的危害程度。三氧化硫含量测定采用在酸性溶液中，用氯化钡溶液沉淀硫酸盐方法，经过滤灼烧后，以硫酸钡形式称量，测定结果以三氧化硫计。

（6）强度。

水泥的强度等级按规定龄期水泥胶砂的抗压强度和抗折强度来划分，反映了水泥胶结能力的大小。硅酸盐水泥强度等级分为 42.5、42.5R、52.5、52.5R、62.5、62.5R，共六个等级。

几种通用水泥的强度指标列于表 2.4。按国家标准《水泥胶砂强度检验方法（ISO法）》（GB/T 17671—2009）测定水泥胶砂 3d、28d 抗折及抗压强度，据此来判定水泥的强度等级。在判定水泥强度等级时，不同强度等级的水泥各龄期的强度值应不低于表中的相应指标数值。

表 2.4　　　几种通用水泥的强度指标（GB 175—2007/XG2—2015）

品　　种	强度等级	抗压强度/MPa		抗折强度/MPa	
		3d	28d	3d	28d
硅酸盐水泥	42.5	17.0	42.5	3.5	6.5
	42.5R	22.0	42.5	4.0	6.5
	52.5	23.0	52.5	4.0	7.0
	52.5R	27.0	52.5	5.0	7.0
	62.5	28.0	62.5	5.0	8.0
	62.5R	32.0	62.5	5.5	8.0

续表

品 种	强度等级	抗压强度/MPa		抗折强度/MPa	
		3d	28d	3d	28d
普通硅酸盐水泥	42.5	17.0	42.5	3.5	6.5
	42.5R	22.0	42.5	4.0	6.5
	52.5	23.0	52.5	4.0	7.0
	52.5R	27.0	52.5	5.0	7.0
矿渣硅酸盐水泥 火山灰质硅酸盐水泥 粉煤灰硅酸盐水泥	32.5	15.0	32.5	3.5	5.5
	42.5	15.0	42.5	3.5	6.5
	42.5R	19.0	42.5	4.0	6.5
	52.5	21.0	52.5	4.0	7.0
	52.5R	23.0	52.5	4.5	7.0

注 1. 复合硅酸盐水泥未在表中列出，其与矿渣硅酸盐水泥的区别仅在于没有 32.5 强度等级；

2. 标准修订工作会使得该表内容发生变化，在选用水泥时应及时了解变化特点。

（7）水化热。

水泥在水化过程中所放出的热量称为水化热。大部分水泥水化热是在水化初期（7d 前）放出的，后期放热量逐渐减少。

水泥水化热的大小及放热速率主要取决于水泥熟料的矿物组成、细度等因素。通常强度等级高的水泥水化热较大。凡起促凝作用的因素（如加 $CaCl_2$）均可提高早期水化热。反之，凡能减慢水化反应的因素（如加入缓凝剂）则能降低或推迟放热速率。

目前测定水泥水化热的方法有直接法和溶解热法两种。溶解热法是国家标准规定的基本方法，它是通过测定未水化水泥与水化一定龄期的水泥在标准酸中的溶解热之差，来计算水泥在此龄期内所放出的热量。直接法也称为蓄热法，在国家标准中它是代用方法。

水泥的这种放热特性对大体积混凝土是非常不利的。它能使大体积混凝土内部与表面产生较大的温差，引起局部拉应力，使混凝土产生裂缝。因此，大体积混凝土工程一般应采用放热量较低的水泥。

2.2.2.4 水泥石的侵蚀

水泥石在与服役环境中的某种介质相互作用时，经常会发生不同程度的物理和化学作用，使已硬化的水泥石结构遭到破坏，强度降低，最终造成混凝土结构乃至建筑物的破坏，这种现象称为环境因素对水泥石的侵蚀。

这里重点介绍环境水的作用。水泥石被环境水侵蚀，就其本身而言，是由于硅酸盐水泥水化后生成的氢氧化钙、水化硅酸钙、水化硫铝酸钙等水化产物能与环境水中的离子相互作用而导致某种程度上的破坏。而一般情况下，水泥的水化产物是稳定的，但在某些侵蚀性介质存在的条件下，其稳定性会受到影响，从而导致水泥石结构破坏。产生侵蚀的主要原因有：①石中的氢氧化钙或其他成分，能一定程度地溶解于水（特别是软水），导致水泥石中其他水化产物稳定存在的条件受到影响；②氢氧化钙、水化铝酸钙等都是碱性物质，若环境水中有酸类或某些盐类时，它们能与其发生化学反应，新生成的化合物或易溶于水、或无胶结力、或因结晶膨胀而引起内应力，都将导致水泥石结构的破坏。根据环境水质的不同，几种主要的侵蚀破坏作用如下。

（1）溶出性侵蚀（软水侵蚀）。

水泥石中的大部分水化产物（如 C－S－H、CH），其结构是在一定浓度的石灰溶液中稳定存在的。如果孔溶液中的石灰浓度小于该水化物的极限石灰浓度，则该水化产物将被溶解或分解，其中氢氧化钙的溶解度较大，特别是在软水（暂时硬度❶较小的水）中时，其溶解度更大。

当水泥石处于水中，特别是软水中时，氢氧化钙将首先被溶解，直至使环境水中石灰浓度达到极限石灰浓度时才能停止。但若环境水是流动水，溶解的氢氧化钙被水带走，环境水中石灰浓度总是低于极限石灰浓度，则氢氧化钙将不断被溶解。特别当混凝土不够密实或有缝隙时，在压力水作用下，水渗入混凝土内部，将氢氧化钙溶解并渗滤出来，产生更多的孔隙，溶解作用更为严重。这一过程的连续进行使孔隙内石灰浓度逐渐降低，并将逐步引起 C－S－H 结构的分解，于是水泥石的结构受到破坏，强度不断降低，最后引起整个建筑物的毁坏。

溶出性侵蚀的强弱程度除了与水泥石结构密切相关外，也与水质的硬度有关。当环境水的水质较硬，即水中重碳酸盐含量较高时，氢氧化钙溶解度较小，侵蚀性较弱；反之，水质越软，侵蚀性越强。

（2）碳酸性侵蚀。

雨水、某些地下水中含有一些游离的 CO_2，当含量过多时，将对水泥石起破坏作用。这是因为水泥石中的氢氧化钙能与 CO_2 起化学反应，生成碳酸钙（$CaCO_3$），而碳酸钙会进一步与 CO_2 反应，生成易溶于水的碳酸氢钙。其反应式为

$$Ca(OH)_2 + CO_2 + H_2O \Longrightarrow CaCO_3 + 2H_2O$$

$$CaCO_3 + CO_2 + H_2O \Longrightarrow Ca(HCO_3)_2$$

如果水泥石是在有渗滤的压力水作用下，生成的碳酸氢钙将被水带走，上述反应将永远达不到平衡。氢氧化钙更快地不断流失，使水泥石中石灰浓度逐渐降低，水泥石结构被破坏。

环境水中游离的 CO_2 越多，其侵蚀性也越强烈，如水温较高，则侵蚀速度加快。

（3）一般酸性侵蚀。

某些地下水或工业废水中常含有游离的酸类。这些酸类能与水泥石中的氢氧化钙起作用，生成相应的盐。所生成的盐或易溶于水；或在水泥石孔隙中结晶，产生体积膨胀，引起破坏。例如，盐酸（HCl）或硫酸（H_2SO_4）与氢氧化钙的作用为

$$Ca(OH)_2 + 2HCl \Longrightarrow CaCl_2 + 2H_2O$$

$$Ca(OH)_2 + H_2SO_4 \Longrightarrow CaSO_4 \cdot 2H_2O$$

前者反应生成的氯化钙（$CaCl_2$）易溶于水，后者反应生成的石膏（$CaSO_4 \cdot 2H_2O$）则在水泥石孔隙内结晶，产生体积膨胀，使其结构破坏。同时，石膏又能与水泥石中水化铝酸钙起作用，生成水化硫铝酸钙晶体，破坏性更大（见硫酸盐侵蚀）。

环境水中酸的氢离子浓度越大，即 pH 值越小，则侵蚀性越严重。

---

❶ 暂时硬度：当每升水中重碳酸盐含量以 CaO 计为 10mg 时，称为 1 度。

（4）硫酸盐侵蚀。

在海水、地下水及盐沼水等环境中，常含有大量的硫酸盐，如硫酸镁（$MgSO_4$）、硫酸钠（Na_2SO_4）及硫酸钙（$CaSO_4$）等，它们对水泥石有严重的破坏作用。

硫酸盐能与水泥石中的氢氧化钙起反应，生成石膏。石膏在水泥石孔隙中结晶时体积膨胀，使水泥石破坏。更严重的是，石膏与硬化水泥石中的水化铝酸钙起作用，生成水化硫铝酸钙，反应式为

$$C_3AH_6 + 3C\bar{S}H_2 + H_{20} \longrightarrow C_6A\bar{S}_3H_{32}$$

　　　　水化铝酸钙　　石膏　　水　　　钙矾石

生成的水化硫铝酸钙（即钙矾石）含有大量的结晶水，其体积增大达到原有水化铝酸钙体积的 2.5 倍左右，且是在已经硬化的水泥石中产生，对水泥石产生很大的破坏作用。由于水化硫铝酸钙呈针状结晶，故常称之为"水泥杆菌"。

硫酸盐类的侵蚀不仅取决于水中 SO_4^{2-} 的浓度，而且与水中 Cl^- 的含量有关，Cl^- 能提高水化硫铝酸钙的溶解度，阻止钙矾石晶体的生成与长大，从而减轻破坏作用。

（5）镁盐侵蚀。

海水、地下水及其他矿物水中常含有大量的镁盐，主要有硫酸镁（$MgSO_4$）及氯化镁（$MgCl_2$）等。这些镁盐能与水泥石中的 $Ca(OH)_2$ 发生下列反应：

$$Ca(OH)_2 + MgSO_4 + 2H_2O \Longrightarrow CaSO_4 \cdot 2H_2O + Mg(OH)_2$$
$$Ca(OH)_2 + MgCl_2 \Longrightarrow CaCl_2 + Mg(OH)_2$$

在生成物中，氯化钙（$CaCl_2$）易溶于水，氢氧化镁 ［$Mg(OH)_2$］ 松软无胶结力，石膏则进而产生硫酸盐侵蚀，它们都将破坏水泥石结构。

镁盐侵蚀的强烈程度除取决于 Mg^{2+} 含量外，还与水中的 SO_4^{2-} 含量有关，当水中同时含有 SO_4^{2-} 时，将产生镁盐与硫酸盐两种侵蚀，破坏特别严重。

除上述五种侵蚀作用外，糖、强碱（如 NaOH）、含大量环烷酸的石油产品等对水泥石也有一定的侵蚀作用。

为了保证混凝土的耐久性，防止混凝土受到环境水的侵蚀，工程上首先应对环境水进行调查与分析，并根据有关标准（见附录二）判定是否具有侵蚀性。当确定环境水有侵蚀作用时，通常采取以下措施：

1）根据环境水侵蚀的特性，选择适当品种的水泥。例如，掺活性混合材料的硅酸盐水泥抗溶出性侵蚀的能力较强，抗硫酸盐硅酸盐水泥对硫酸盐侵蚀的抵抗能力较强等。

2）尽量提高混凝土的密实度，减少水的渗透，则可减轻环境水的侵蚀破坏作用，减慢侵蚀破坏的速度。

3）必要时可在混凝土表面设置防护层，如沥青防水层、不透水的水泥喷浆层及塑料防水层等。

2.2.3 混合材料及掺有混合材料的硅酸盐水泥

2.2.3.1 混合材料

在水泥生产过程中，为节约水泥熟料，提高水泥产量和增加水泥品种，同时也为改善水泥性能，调节水泥强度等级而在水泥中掺入的各种矿物质材料，称为水泥的混合材料。

在硅酸盐水泥中掺入一定量的混合材料，不仅具有显著的技术经济效益，同时可充分

利用工农业废料、保护环境，是实现水泥工业可持续发展的重要途径，也是我国目前建筑行业节能减排的大方向。

混合材料按其性能分为活性混合材料（亦称水硬性混合材料）和非活性混合材料（亦称填充性混合材料）。活性混合材料主要包括粒化高炉矿渣、火山灰质混合材料及粉煤灰三大类。

（1）粒化高炉矿渣。

高炉冶炼生铁所得以硅酸钙和铝酸钙为主要成分的熔融物，经淬冷粒化后的产品称为粒化高炉矿渣，这里全部简称为矿渣。

矿渣的主要化学成分有 CaO、SiO_2、Al_2O_3、MgO、FeO、MnO、TiO_2 及硫化物、氟化物等。其中，CaO、SiO_2、Al_2O_3 占总量的 90% 以上，它们是决定矿渣活性的主要成分。

在矿渣中，如果 CaO、Al_2O_3 含量高，则矿渣活性高。SiO_2 的含量一般都偏多，因得不到足够的 CaO 与其反应，故 SiO_2 含量越高，矿渣活性越低。

MgO 在矿渣中大都形成化合物或固溶于其他矿物中，而不以方镁石结晶形态存在，故它不会影响水泥安定性且对矿渣活性有利。MnO、TiO_2 使矿渣活性降低，硫化物及氟化物等是矿渣中的有害成分。根据国家标准《用于水泥中的粒化高炉矿渣》（GB/T 203—2008），粒化高炉矿渣在质量系数、化学成分、粒度和松散堆积表观密度等均有相关规定，其技术指标见表 2.5。

表 2.5　　　　　　　　　　　　矿渣的技术要求

项　　目	技术指标
质量系数 $K\left(\dfrac{CaO + MgO + Al_2O_3}{SiO_2 + MnO + TiO_2}\right)$	≥1.20
TiO_2 含量/%	≤2.0①
MnO 含量/%	≤2.0②
硫化物（以 S 计）/%	≤3.0
氟化物（以 F 计）/%	≤2.0
松散堆积表观密度/（kg/m³）	≤1200
最大粒度/mm	≤50
大于 10mm 颗粒含量（质量）/%	≤8
玻璃体质量分数（质量）/%	≥70

① 以钒钛磁铁矿为原料在高炉冶炼生铁时所得的矿渣，二氧化钛的质量分数可以放宽到 10%。

② 在高炉冶炼锰铁时所得的矿渣，氧化亚锰的质量分数可以放宽到 15%。

矿渣活性的大小还取决于其结构状态。经过水淬处理过的矿渣，呈疏松多孔的玻璃体结构。矿渣中玻璃体含量越高，矿渣的活性越高。国家标准中除对矿渣松散堆积表观密度提出要求外，还规定不得有未经充分淬冷的矿渣夹杂物。

在矿渣玻璃体结构中，硅氧四面体和铝氧四面体处于非结晶状态，其键合力很弱。在激发剂作用下，这些硅酸基团和铝酸基团具有较高的"火山灰"活性，习惯上把这类具有"潜在"活性的基团称为活性 SiO_2 和活性 Al_2O_3。常用的激发剂有碱性激发剂（石灰或水泥熟料）和硫酸盐激发剂（如石膏）两类。在没有水泥熟料和石灰存在的情况下，矿渣中

的活性 SiO_2 和活性 Al_2O_3 在一定条件下也能与其自身含有的 CaO ［遇水后形成 $Ca(OH)_2$］发生反应，生成水化硅酸钙和水化铝酸钙，使矿渣具有"水化活性"，其主要反应如下：

$$xCa(OH)_2 + SiO_2 + m_1H_2O \longrightarrow xCaO \cdot SiO_2 \cdot n_1H_2O$$

$$yCa(OH)_2 + Al_2O_3 + m_2H_2O \longrightarrow yCaO \cdot Al_2O_3 \cdot n_2H_2O$$

石膏的作用是进一步与水化铝酸钙反应，生成水化硫铝酸钙，使矿渣水硬性得到进一步发挥。

（2）火山灰质混合材料。

具有火山灰性的天然或人工的矿物质材料称为火山灰质混合材料。所谓火山灰性，是指一种材料磨成细粉后，单独加水拌和不具有水硬性，但在常温下与少量石灰等一起遇水后能形成具有水硬性化合物的性质。

火山灰质混合材料中含有较多的活性 SiO_2 和 Al_2O_3，分别能与 $Ca(OH)_2$ 在常温下发生化学反应，生成水化硅酸钙和水化铝酸钙，因而具有水硬性。

火山灰质混合材料的品种很多，天然火山灰质混合材料包括火山灰、凝灰岩、浮石、沸石岩、硅藻土和硅藻石等；人工火山灰质混合材料包括煅烧的煤矸石、烧页岩、烧黏土、煤渣、硅质渣等。

国家标准《用于水泥中的火山灰质混合材料》（GB/T 2847—2005）规定：火山灰质混合材料中的 SO_3 含量不得超过 3.5%；火山灰性试验❶必须合格；掺 30% 火山灰质混合材料的水泥胶砂 28d 抗压强度与硅酸盐水泥胶砂 28d 抗压强度的比值不得低于 0.65。对于人工的火山灰质混合材料，还规定其烧失量不得超过 10%。

（3）粉煤灰。

粉煤灰是火力发电厂燃煤产生的副产品，是从煤粉炉烟道气体中收集的粉末。按照燃煤品种的不同，粉煤灰分为 F 类和 C 类两种。F 类粉煤灰是由燃烧无烟煤或烟煤的烟道中收集的灰，一般含氧化钙较少；C 类粉煤灰是燃烧褐煤或次烟煤的灰，其氧化钙含量一般大于 10%。

粉煤灰的主要化学成分为 SiO_2 和 Al_2O_3，并含少量 CaO，其水硬性原理与火山灰质混合材料相似。一般来说，当其中活性 SiO_2 和 Al_2O_3 含量愈高，含碳量愈低，细度愈细时，质量愈好。

国家标准《用于水泥和混凝土中的粉煤灰》（GB/T 1596—2005）规定，用作水泥活性混合材料的粉煤灰，应符合表 2.6 中的技术要求。

表 2.6   粉 煤 灰 的 技 术 要 求

项　　目	粉煤灰类别	技术要求
烧失量/%	F 及 C	≤8.0
含水量/%	F 及 C	≤1.0
三氧化硫/%	F 及 C	≤3.5

---

❶ 火山灰性试验是判定材料是否具有火山灰活性的一种方法，详见 GB 2847。

续表

项 目	粉煤灰类别	技术要求
游离氧化钙/%	F	≤1.0
	C	≤4.0
强度活性指数/%	F及C	≥70
安定性（雷氏夹煮沸后增加距离）/mm	C	≤5.0

（4）非活性混合材料。

非活性混合材料是指在水泥中主要起填充作用的一类矿物质材料，这类材料可以调节水泥强度等级、节约水泥熟料，因此又称填充性混合材料。

此类混合材料中，质地较坚实的有石英岩、石灰岩、砂岩等磨成的细粉；质地较松软的有黏土、黄土等。另外，凡不符合技术要求的粒化高炉矿渣、火山灰质混合材料及粉煤灰均可作为非活性混合材料应用。

对于非活性混合材料的品质要求主要是应具有足够的细度，不含或极少含对水泥有害的杂质。

2.2.3.2 普通硅酸盐水泥

根据国家标准《通用硅酸盐水泥》（GB 175—2007）的定义，凡由硅酸盐水泥熟料和适量石膏，加上 5%～20%混合材料磨细制成的水硬性胶凝材料，称为普通硅酸盐水泥（简称普通水泥），代号为 P·O。掺活性混合材料时，最大掺量不得超过 20%，其中允许用不超过水泥质量 5%的窑灰或不超过水泥质量 8%的非活性混合材料来代替。普通硅酸盐水泥的强度等级分为 42.5、42.5R、52.5、52.5R 四个等级。

普通硅酸盐水泥的成分中，绝大部分仍是硅酸盐水泥熟料，故其基本特征与硅酸盐水泥相近。但由于普通硅酸盐水泥中掺入了少量的混合材料，故某些性能与硅酸盐水泥比较又稍有差异，例如，水泥强度等级相同时，普通硅酸盐水泥的早期硬化速度稍慢，一般情况下，3d 抗压强度也较硅酸盐水泥稍低，同时，普通水泥的抗冻、耐磨等性能也较硅酸盐水泥稍差。

普通硅酸盐水泥的细度用比表面积法检测，一般要求不小于 300m²/kg；初凝不得早于 45min，终凝不得迟于 600min；体积安定性用沸煮法检测，必须合格方可使用。

2.2.3.3 矿渣硅酸盐水泥

根据国家标准《通用硅酸盐水泥》（GB 175—2007）的定义，凡由硅酸盐水泥熟料和适量石膏，加上粒化高炉矿渣磨细制成的水硬性胶凝材料，称为矿渣硅酸盐水泥（简称矿渣水泥），代号为 P·S。水泥中粒化高炉矿渣掺量按质量百分比计为 20%～70%。矿渣硅酸盐水泥分为两种类型，矿渣掺量为 20%～50%的成为 A 型矿渣硅酸盐水泥，代号 P·S·A；矿渣掺量为 50%～70%的称为 B 型矿渣硅酸盐水泥，代号 P·S·B。在矿渣水泥中允许用石灰石、窑灰和火山灰质混合材料中的一种材料代替矿渣，代替总量不得超过水泥质量的 8%，替代后水泥中的粒化高炉矿渣不得少于 20%。

矿渣水泥加水后，水泥熟料首先开始水化，然后由于矿渣颗粒受熟料水化时所析出的

$Ca(OH)_2$ 碱性激发作用，活性 SiO_2、Al_2O_3 组分与 $Ca(OH)_2$ 反应生成具有胶凝性能的水化硅酸钙和水化铝酸钙。

矿渣水泥中所加入的石膏，一方面可调节水泥的凝结时间，另一方面又可作为矿渣的硫酸盐激发剂，因此，矿渣水泥中石膏的掺量一般比硅酸盐水泥稍多一些。但若掺量太多，也会降低水泥的质量。国家标准中规定，矿渣水泥中 SO_3 的含量不得超过 4%。

矿渣水泥的密度一般在 $2.8\sim3.0g/cm^3$ 之间，其细度以筛余量来表示，即 $80\mu m$ 方孔筛筛余不大于 10% 或 $45\mu m$ 方孔筛筛余不大于 30%，凝结时间和体积安定性的技术要求与普通硅酸盐水泥相同。矿渣硅酸盐水泥的强度等级分为 32.5、32.5R、42.5、42.5R、52.5、52.5R 六个等级，其强度指标见表 2.4。

矿渣水泥与硅酸盐水泥、普通硅酸盐水泥相比较，主要有以下特点：

1) 具有较强的抗溶出性侵蚀及抗硫酸盐侵蚀的能力。由于矿渣水泥中掺加了大量矿渣，熟料相对减少，C_3S 及 C_3A 的含量也相对减少，水化产物中 $Ca(OH)_2$ 量也相对降低；同时，又因水泥水化过程中析出的 $Ca(OH)_2$ 与矿渣反应消耗，生成较稳定的水化硅酸钙及水化铝酸钙，这样在硬化后的水泥石中，$Ca(OH)_2$ 及易受硫酸盐侵蚀的水化铝酸钙都大为减少，从而提高了抗溶出性侵蚀及硫酸盐侵蚀的能力，故矿渣水泥适宜用于易发生溶出性侵蚀或硫酸盐侵蚀的水工建筑、海港及地下工程。但在酸性水（包括碳酸）及含镁盐的水中，矿渣水泥的抗侵蚀性能却较硅酸盐水泥及普通硅酸盐水泥差。

2) 水化热低。在矿渣水泥中，熟料减少，使发热量高的 C_3S 及 C_3A 含量相对减少，故其水化热较低，适宜用于大体积混凝土工程。

3) 早期强度低，后期强度增长率大。矿渣水泥中活性 SiO_2、Al_2O_3 与 $Ca(OH)_2$ 的水化反应在常温下进行得较慢，故矿渣水泥早期硬化较慢，其早期（28d 以前）强度较同强度等级的硅酸盐水泥及普通水泥低（参看表 2.4）；而 28d 以后的强度发展较快并有可能超过硅酸盐水泥及普通水泥。

4) 环境温度对凝结硬化的影响较大。矿渣水泥在较低温度下，凝结硬化较硅酸盐水泥及普通水泥缓慢，故冬季施工时，更需加强保温养护。但在湿热条件下，矿渣水泥的强度发展却较以上两种水泥为快，故矿渣水泥适于蒸汽养护。

5) 保水性较差，泌水性较大。水泥加水拌和后，水泥浆体能够保持一定的水分而不析出的性能称为保水性。当加水量超过其保水能力时，在凝结过程中将有部分水从水泥浆中析出，这种析出水分的性能称为泌水性或析水性。保水性和泌水性这两个名称实际上是表述同一事物的两个不同方面。矿渣与熟料共同粉磨过程中，由于矿渣颗粒难于磨得很细，且矿渣玻璃质亲水性较弱，因而矿渣水泥的保水性较差，泌水性较强。这是一个缺点，它易使混凝土内形成毛细管通道及水囊，当水分蒸发后便形成孔隙，降低混凝土的密实性、均匀性及抗渗性。目前，在采用熟料与矿渣分磨的方式生产矿渣水泥时能够改善上述问题。

6) 干缩性较大。水泥在空气中硬化时，随着水分的蒸发，体积会发生一定程度的收缩，称为干缩。水泥干缩是一种不良的性质，它将直接引起混凝土产生干缩，而当该混凝土受到约束时，混凝土内将产生拉应力，若拉应力超过其抗拉强度，势必造成混凝土产生裂缝或开裂，从而降低混凝土的力学性能和耐久性。矿渣水泥的干缩性较硅酸盐水泥及普通水泥大，因此，使用矿渣水泥时更应注意加强养护。

7）抗冻性较差。水泥抗冻性的强弱是影响混凝土抗冻性的重要因素。矿渣水泥抗冻性较硅酸盐水泥及普通水泥差。因此，矿渣水泥不宜用于严寒地区水位经常变动的部位。

8）碳化速度较快、深度较大。用矿渣水泥拌制的砂浆或混凝土，由于水泥石中 $Ca(OH)_2$ 的浓度（碱度）较硅酸盐水泥及普通水泥低，发生碳化后混凝土中碱度变化会比较敏感，如果表层结构不够致密，碳化深度也较大，可能对钢筋混凝土造成不利，当碳化深入到达钢筋表面时，就会导致钢筋锈蚀风险增加。

9）耐热性较强。矿渣水泥的耐热性较强，因此，较其他品种水泥更适用于高温车间、高炉基础等耐热工程。

2.2.3.4　火山灰质硅酸盐水泥

根据国家标准《通用硅酸盐水泥》（GB 175—2007）的定义，凡由硅酸盐水泥熟料和适量石膏，加上火山灰质混合材料磨细制成的水硬性胶凝材料，称为火山灰质硅酸盐水泥（简称火山灰水泥），代号为 P·P。水泥中火山灰质混合材料掺量按质量百分比计为 20%～40%。

火山灰水泥的凝结硬化过程，初期主要是水泥熟料的水化作用，继而混合材料中的活性 SiO_2 和 Al_2O_3 吸收熟料水化过程中所析出的 $Ca(OH)_2$，生成较稳定的水化硅酸钙和水化铝酸钙，使水泥的强度不断增长。

火山灰水泥的密度在 2.7～3.1g/cm³ 之间，其细度以筛余量表示，80μm 方孔筛筛余不大于 10% 或 45μm 方孔筛筛余不大于 30%，凝结时间和体积安定性的技术要求与普通硅酸盐水泥相同。火山灰硅酸盐水泥的强度等级分为 32.5、32.5R、42.5、42.5R、52.5、52.5R 六个等级，不同强度等级火山灰水泥的强度指标见表 2.4。

火山灰水泥的许多性能，如抗侵蚀性❶、水化热、强度及其增进率、环境温度对凝结硬化的影响、碳化速度等，都与矿渣水泥有相同的特点。

火山灰水泥的抗冻性及耐磨性比矿渣水泥还要差一些，故应避免用于有抗冻及耐磨要求的部位。它在硬化过程中的干缩现象较矿渣水泥更为显著，尤其所掺为软质混合材料时更加突出。因此，使用时，须特别注意加强养护，使之较长时间保持潮湿状态，以避免产生干缩裂缝。处在干热环境中施工的工程不宜使用火山灰水泥。

火山灰水泥的标准稠度用水量比一般水泥都大，泌水性较小。此外，火山灰质混合材料在石灰溶液中会产生一定的膨胀效果，使拌制的混凝土较为密实，故抗渗性较高。

2.2.3.5　粉煤灰硅酸盐水泥

根据国家标准《通用硅酸盐水泥》（GB 175—2007）的定义，凡由硅酸盐水泥熟料和适量石膏，加上粉煤灰磨细制成的水硬性胶凝材料，称为粉煤灰硅酸盐水泥（简称粉煤灰水泥），代号 P·F。水泥中粉煤灰掺量按质量百分比计为 20%～40%。

粉煤灰水泥的细度以筛余量表示，80μm 方孔筛筛余不大于 10% 或 45μm 方孔筛筛余不大于 30%，凝结时间及体积安定性等技术要求与普通硅酸盐水泥相同。粉煤灰硅酸盐水泥的强度等级分为 32.5、32.5R、42.5、42.5R、52.5、52.5R 六个等级，其强度指标见

---

❶　若火山灰水泥中掺用的是黏土质混合材料，其抗硫酸盐侵蚀性能一般较差。

表 2.4。

粉煤灰水泥的凝结硬化过程与火山灰水泥基本相同，在性能上也与火山灰水泥有很多相似之处。我国水泥标准把粉煤灰水泥列为一个独立的水泥品种，是因为粉煤灰的综合利用有重要的生态及经济意义，且粉煤灰水泥性能也有独自的特点。

粉煤灰水泥的主要特点是干缩性较小，有些甚至比硅酸盐水泥及普通水泥还小，因而抗裂性较好；用粉煤灰水泥配制的混凝土和易性较好，这主要是由于粉煤灰中的细颗粒多呈球形（玻璃微珠），且较为致密，吸水性较小，而且还起着一定润滑作用的缘故。

粉煤灰水泥的水化热较硅酸盐水泥及普通水泥低，抗侵蚀性较强。因此，特别适用于水利工程及大体积混凝土工程。

2.2.3.6　复合硅酸盐水泥

根据国家标准《通用硅酸盐水泥》（GB 175—2007）的定义，凡由硅酸盐水泥熟料、两种或两种以上规定的混合材料、适量石膏磨细制成的水硬性胶凝材料称为复合硅酸盐水泥（简称复合水泥），代号 P·C。水泥中混合材料总掺量按质量百分比计应大于 20%，但不超过 50%。水泥中允许用不超过 8% 的窑灰代替部分混合材料，掺矿渣时混合材料掺量不得与矿渣水泥重复。

掺入复合水泥的混合材料有多种，除符合国家标准的粒化高炉矿渣、粉煤灰及火山灰质混合材料外，还可掺用符合标准的非活性混合材料，如石灰石粉和砂岩石粉。其他混合材料如粒化精炼铬铁渣、粒化增钙液态渣及各种新开辟的活性混合材料，如果要作为混合材料掺入水泥中，应经过水泥混凝土的强度及耐久性试验，在满足工程技术要求与安全性前提下，由用户和水泥生产商协商进行生产供应。因此，复合水泥更加扩大了混合材料的使用范围，既利用了混合材料资源，缓解了工业废渣的污染问题，又大大降低了水泥的生产成本。

复合水泥中同时掺入两种或两种以上的混合材料，它们在水泥中不是每种混合材料作用的简单叠加，而是相互补充。如矿渣与粉煤灰复掺，使水泥既有较高的早期强度，又有较高的后期强度增进率；又如火山灰与矿渣复掺，可有效地减少水泥的需水量。同时掺入两种或多种混合材料，可更好地发挥混合材料各自的优良特性，使水泥性能得到全面改善。

国家标准规定复合水泥的细度、凝结时间、体积安全性的技术指标与矿渣水泥相同。复合水泥的强度等级也分为 32.5R、42.5、42.5R、52.5、52.5R 五个等级，不同强度等级复合水泥的强度指标见表 2.4。

复合水泥的性能与所掺主要混合材料的品种有关。如以矿渣为主要混合材料时，其性质与矿渣水泥接近；当以火山灰质材料为主要混合材料时，其性质与火山灰水泥接近。故使用复合水泥时，应当了解水泥中主要混合材料的品种。

2.2.4　其他品种水泥

2.2.4.1　中热、低热硅酸盐水泥及低热矿渣硅酸盐水泥

这三种水泥是适用于要求水化热较低的大坝和大体积混凝土工程的水泥。根据国家标准《中热硅酸盐水泥、低热硅酸盐水泥、低热矿渣硅酸盐水泥》（GB 200—2003），这三种水泥的定义如下：

1）中热硅酸盐水泥。以适当成分的硅酸盐水泥熟料，加入适量石膏，磨细制成的

具有中等水化热的水硬性胶凝材料，称为中热硅酸盐水泥（简称中热水泥），代号 P·MH。

2）低热硅酸盐水泥。以适当成分的硅酸盐水泥熟料，加入适量石膏，磨细制成的具有低水化热的水硬性胶凝材料，称为低热硅酸盐水泥（简称低热水泥），代号 P·LH。

3）低热矿渣硅酸盐水泥。以适当成分的硅酸盐水泥熟料，加入粒化高炉矿渣、适量石膏，磨细制成的具有低水化热的水硬性胶凝材料，称为低热矿渣硅酸盐水泥（简称低热矿渣水泥），代号 P·SLH。水泥中矿渣掺量按质量百分比计为 $20\%\sim60\%$。允许用不超过混合材料总量 50% 的磷渣粉❶或粉煤灰代替部分矿渣。

为了减少水泥的水化热及降低放热速率，特限制中热水泥熟料中 C_3A 的含量不得超过 6%，C_3S 含量不得超过 55%；低热水泥熟料中 C_2S 含量不小于 40%；低热矿渣水泥熟料中 C_3A 的含量不得超过 8%。

生产中热或低热水泥时，熟料中游离 CaO 的含量不得超过 1%。生产低热矿渣水泥时，熟料中游离 CaO 的含量不得超过 1.2%。当有低碱要求时，中热水泥和低热水泥中的碱含量❷不得超过 0.6%，低热矿渣水泥中的碱含量不得超过 1.0%。三种水泥中 SO_3 含量不超过 3.5%。

这三种水泥的比表面积按国家标准规定均为不低于 $250m^2/kg$；初凝时间不得早于 $60min$，终凝时间不得迟于 $12h$；水泥安定性（沸煮法检测）必须合格。

中热水泥、低热水泥及低热矿渣水泥的强度等级及各龄期强度指标见表 2.7，各龄期水化热上限值见表 2.8。

表 2.7　　　　　　　中热水泥、低热水泥及低热矿渣水泥各龄期强度指标

品　种	强度等级	抗压强度/MPa			抗折强度/MPa		
		3d	7d	28d	3d	7d	28d
中热水泥	42.5	12.0	22.0	42.5	3.0	4.5	6.5
低热水泥	42.5	—	13.0	42.5	—	3.5	6.5
低热矿渣水泥	32.5	—	12.0	32.5	—	3.0	5.5

表 2.8　　　　　　中热水泥、低热水泥及低热矿渣水泥各龄期水化热上限值

水泥品种	强度等级	水化热/（kJ/kg）	
		3d	7d
中热水泥	42.5	251	293
低热水泥	42.5	230	260
低热矿渣水泥	32.5	197	230

中热水泥主要用于大坝溢流面或大体积混凝土的层面和水位变动区等部位，要求较低水化热和较高耐磨性、抗冻性的工程；低热矿渣水泥主要适用于大坝或大体积建筑物的内

---

❶ 用电炉法制黄磷时，所得到的以磷酸钙为主要成分的熔融物，经淬冷成粒，即为粒化电炉磷渣（简称磷渣），用作水泥活性混合材料，其技术要求见《用于水泥和混凝土中的粒化电炉磷渣粉》（GBT 26751—2011）。

❷ 碱含量以等当量 Na_2O 计，即（$Na_2O+0.658K_2O$）百分数。

部及水下等要求低水化热的工程。

2.2.4.2 抗硫酸盐硅酸盐水泥（简称抗硫酸盐水泥）

这种水泥的熟料矿物组成主要是限制 C_3A 及 C_3S 的含量。其主要特点是抗硫酸盐侵蚀的能力很强，同时也具有较强的抗冻性及较低的水化热。适用于同时受硫酸盐侵蚀、冻融和干湿作用的海港工程、水利工程及地下工程。根据国家标准《抗硫酸盐硅酸盐水泥》（GB 748—2005），分为中抗硫水泥（$C_3A \leqslant 5\%$，$C_3S \leqslant 55\%$）及高抗硫水泥（$C_3A \leqslant 3\%$，$C_3S \leqslant 50\%$）两类，两类水泥均有 32.5 及 42.5 两个强度等级。

2.2.4.3 快硬硅酸盐水泥（简称快硬水泥）

这种水泥的熟料矿物组成中，C_3S 及 C_3A 的含量较多，且粉磨细度较细，故该水泥具有硬化较快、早期强度较高等特点。可用来配制早强、高强混凝土，低温条件下高强度混凝土预制构件以及用于紧急抢修工程等。

根据国家标准《快硬硅酸盐水泥》（GB 199—90），快硬硅酸盐水泥的标号是根据 3d 胶砂强度确定的，分为 325、375 及 425 三个标号，其 1d 的胶砂抗压强度分别不低于 15.0MPa、17.0MPa、19.0MPa，3d 不低于 32.5MPa、37.5MPa、42.5MPa，28d 的参考指标为 52.5MPa、57.5MPa、62.5MPa。

2.2.4.4 低热微膨胀水泥（代号 LHEC）

低热微膨胀水泥是以粒化高炉矿渣为主要成分，加入适量的硅酸盐水泥熟料和石膏共同磨细而成，水泥比表面积不小于 $300m^2/kg$。低热微膨胀水泥具有低水化热和微膨胀的特性，适用于要求较低水化热和要求补偿收缩的混凝土、大体积混凝土，也适用于要求抗渗和抗硫酸盐侵蚀的工程。

根据国家标准《低热微膨胀水泥》（GB 2938—2008），低热微膨胀水泥的强度等级为 32.5，其各龄期强度及水化热指标应满足表 2.9 中的规定。

表 2.9　　　　　　　　　　低热微膨胀水泥强度及水化热指标

强 度 等 级	强 度 指 标				水化热指标 / （kJ/kg）	
	抗压强度/MPa		抗折强度/MPa			
	7d	28d	7d	28d	3d	7d
32.5	18.0	32.5	5.0	7.0	185	220

2.2.4.5 膨胀水泥和自应力水泥

膨胀水泥由胶凝物质和膨胀剂混合组成。这种水泥在硬化过程中具有体积膨胀的特点。其膨胀作用是由于水化过程中形成大量膨胀性的物质造成的，如水化硫铝酸钙等。由于这一过程是在水泥硬化初期进行的，因此水化硫铝酸钙等晶体的生长不致引起有害内应力，而仅使硬化的水泥体积膨胀。

膨胀水泥在硬化过程中形成比较密实的水泥石结构，故抗渗性较高。因此，膨胀水泥又是一种不透水水泥。

膨胀水泥适用于补偿收缩混凝土结构工程、防渗层及防渗混凝土，构件的接缝及管道接头、结构的加固与修补、固结机器底座和地脚螺栓等。

膨胀水泥的品种很多，如硅酸盐膨胀水泥、石膏矾土膨胀水泥、快凝膨胀水泥、明矾石膨胀水泥、石膏矿渣膨胀水泥等。

当水泥膨胀率较大时,在限制膨胀的情况下能产生一定的自应力,称为自应力水泥。如硅酸盐自应力水泥、铝酸盐自应力水泥等。自应力水泥适用于制造自应力钢筋混凝土压力管等。

2.2.4.6 砌筑水泥

砌筑水泥是由一种或一种以上活性混合材料或具有水硬性的工业废料为主要原料,加入适量硅酸盐水泥熟料和石膏,经磨细制成的水硬性胶凝材料,代号 M。这种水泥的强度较低,不能用于钢筋混凝土或结构混凝土,主要用于工业与民用建筑的砌筑和抹面砂浆、垫层混凝土等。

根据国家标准《砌筑水泥》(GB/T 3183—2003),砌筑水泥分为 12.5 及 22.5 两个强度等级,其中 7d 抗压强度分别不低于 7.0MPa 及 10.0MPa,28d 抗压强度分别不低于 12.5MPa 及 22.5MPa。

2.2.4.7 铝酸盐水泥

铝酸盐水泥是以矾土和石灰石为原料,经高温煅烧得到以铝酸钙为主的熟料,将其磨成细粉而得到的水硬性胶凝材料,代号 CA。

铝酸盐水泥熟料的水化作用如下

$$2(CaO \cdot Al_2O_3) + 11H_2O \text{——} 2CaO \cdot Al_2O_3 \cdot 8H_2O + Al_2O_3 \cdot 3H_2O$$

铝酸盐水泥水化时反应甚为剧烈,生成的铝酸盐水化产物能在短期内结晶密实,故硬化速率较快,使早期强度迅速增长。

根据国家标准《铝酸盐水泥》(GB 201—2000),铝酸盐水泥熟料按 Al_2O_3 含量不同而分为四类,其中:CA-50、CA-70、CA-80 的初凝时间不得早于 30min,终凝时间不得迟于 6h;CA-60 的初凝时间不得早于 60min,终凝时间不得迟于 18h。不同铝酸盐水泥各龄期的强度值不得低于表 2.10 中的指标。

表 2.10　　　　　　　　　　铝酸盐水泥种类及各龄期强度指标

水泥类别	氧化铝含量 /%	抗压强度/MPa				抗折强度/MPa			
		6h	1d	3d	28d	6h	1d	3d	28d
CA-50	50~60(不含)	20	40	50	—	3.0	5.5	6.5	—
CA-60	60~68(不含)	—	20	45	85	—	2.5	5.0	10.0
CA-70	68~77(不含)	—	30	40	—	—	5.0	6.0	—
CA-80	≥77	—	25	30	—	—	4.0	5.0	—

铝酸盐水泥硬化时的放热量较大,且集中在早期放出,故不宜用于大体积混凝土工程,但对冬季施工却很有利。

由于铝酸盐水泥水化后不产生 $Ca(OH)_2$ 及水化铝酸三钙,而且硬化后的水泥石结构致密,故具有较高的抗渗、抗冻与抗侵蚀性能。

铝酸盐水泥的耐热性较好,可配制耐热混凝土。

使用铝酸盐水泥时,应避免与硅酸盐水泥、石灰等相混,也不能与尚未硬化的硅酸盐水泥接触使用。否则由于与 $Ca(OH)_2$ 作用,生成水化铝酸三钙,使水泥迅速凝结而强度降低。

铝酸盐水泥混凝土后期强度下降较大，这是由于晶型转化（水化铝酸二钙的针、片状六方晶系转为水化铝酸三钙立方晶系）所造成的。特别是温度较高时，转化更快。晶型转化的结果不但使强度降低，而且由于孔隙率增大，抗渗性与抗侵蚀性能相应降低。因此，对铝酸盐水泥混凝土，应按最低稳定强度来设计。

铝酸盐水泥主要适用于抢建、抢修、抗硫酸盐侵蚀和冬季施工等有特殊需要的工程，还可配制耐火材料以及石膏矾土膨胀水泥、自应力水泥等。

其他品种的水泥还有很多，如高强水泥、特快硬硅酸盐水泥、快凝快硬硅酸盐水泥、白色和彩色硅酸盐水泥、道路水泥、油井水泥、硫铝酸盐水泥等。此外，还有利用活性混合材料加入石灰及石膏而制成的无熟料水泥，如石膏矿渣水泥、石灰矿渣水泥、石灰火山灰质水泥、石灰粉煤灰水泥及钢渣水泥等。

2.2.5 水泥的应用

由于不同品种的水泥在性能上各有特点，因此在使用过程中，应根据工程所处的环境条件、建筑物服役特点及混凝土所处的部位选用适当的水泥品种和强度等级，以满足工程的不同要求。

对一般条件下的普通混凝土，可采用普通硅酸盐水泥或矿渣硅酸盐水泥、火山灰质硅酸盐水泥、粉煤灰硅酸盐水泥。

水位变化区的外部混凝土、建筑物的溢流面和有耐磨要求的混凝土、有抗冻性要求的混凝土，应优先选用中热硅酸盐水泥、硅酸盐水泥或普通硅酸盐水泥。

大体积建筑物的内部混凝土、位于水下的混凝土和基础混凝土，宜选用低热水泥、低热矿渣水泥、矿渣硅酸盐水泥、粉煤灰硅酸盐水泥和火山灰质硅酸盐水泥。

当环境水对混凝土有硫酸盐侵蚀时，应选用抗硫酸盐水泥。

受蒸汽养护的混凝土，宜选用矿渣硅酸盐水泥、火山灰质硅酸盐水泥和粉煤灰硅酸盐类水泥。

水泥强度等级的选用原则，应根据混凝土的性能要求来考虑。高强度等级的水泥，适用于配制高强度的混凝土或对早强有特殊要求的混凝土；低强度等级的水泥，适用于配制低强度的混凝土或配制砌筑砂浆等。当水泥的强度等级符合表2.11所列范围时，较为适宜，也比较经济。水泥强度等级越高，其抗冻性及耐磨性越高，为了保证混凝土的耐久性，对于建筑物外部水位变化区、溢流面和经常受水流冲刷的混凝土、受冰冻作用的混凝土，其水泥强度等级不宜低于42.5级。

表 2.11　　　　　　　　　　水泥强度等级选择推荐范围

混凝土强度等级	C15～C25	C30～C50
水泥强度等级的推荐范围	32.5～42.5	42.5～62.5
水泥强度等级/混凝土强度等级	2.0～1.6	1.5～1.0

作为灌浆材料使用的水泥，除应根据环境水有无侵蚀作用选用水泥品种外，对水泥的细度也要求较高，一般水泥颗粒应小于裂隙宽度的 $1/3 \sim 1/5$，通过 $80 \mu m$ 方孔筛的数量最好不少于98%。灌浆水泥的强度等级应根据灌浆用途的不同而定，一般不低于42.5级。

水泥除主要用于混凝土、砂浆及灌浆材料外，还可用来配制水泥土。水泥土是在土料中掺入一定量的水泥及适量的水，经拌和均匀后，用夯打或碾压密实而成。水泥土可最大限度地就地取材，比较经济、方便，而且抗渗性良好，具有一定的力学强度和抗冻性能，可用于堤坡防护、渠道衬砌、土坝心墙等防护工程。

水泥的运输与保管，最重要的是防止受潮或混入杂物，不同品种和强度等级的水泥，应分别储运，不得混杂，避免错用。

水泥在储运过程中，由于吸收空气中的水分而逐渐受潮变质，使强度降低。磨得越细的水泥，受潮变质越迅速。水泥强度降低的程度，随储运时防潮条件的不同而有差别。根据某些工程的测定结果，在正常储存条件下，一般水泥每天强度损失率大致为 0.2%～0.3%。通常储存 3 个月的水泥，其强度降低 15%～25%，储存 6 个月降低 25%～40%。因此水泥不宜存放过久。工程中应随时加强水泥强度等级的测定工作，尤其对于储存过久的水泥，必须重新进行强度检验才能使用。

复 习 思 考 题

1. 石灰、石膏、水玻璃作为气硬性胶凝材料有什么共同的特点？
2. 试述石灰作为胶凝材料的特性并列举其在古代建筑工程中典型应用实例。
3. 试述石膏的特性及其在可循环利用中的作用。
4. 什么是水玻璃硅酸盐模数？它对水玻璃的性质有何影响？
5. 生产硅酸盐水泥时，为什么要加入适量石膏？
6. 试分析硅酸盐水泥强度发展的规律和主要影响因素。
7. 影响硅酸盐水泥水化热的因素有哪些？水化热的高低对水泥的使用有什么影响？
8. 硅酸盐水泥的强度等级是如何检验的？
9. 分析水泥石受到环境水侵蚀破坏的主要原因。可采取哪些措施进行预防？
10. 什么是活性混合材料？什么是非活性混合材料？二者在水泥中的作用如何？
11. 为什么矿渣硅酸盐水泥、火山灰质硅酸盐水泥、粉煤灰硅酸盐水泥不宜用于在较低温度下施工的工程或早期强度要求高的工程？
12. 铝酸盐水泥的主要矿物成分是什么？它为什么不能与硅酸盐类水泥或含石灰的材料混合使用？
13. 已测得某普通硅酸盐水泥 3d 的抗折强度及抗压强度均达到 42.5 强度等级的要求，28d 的试验结果见下表，试评定该水泥的强度等级。

试件编号	I		II		III	
	1	2	1	2	1	2
抗折破坏荷载/N	2695		3190		2710	
抗压破坏荷载/kN	68.3	68.3	69.7	69.1	67.3	68.1

14. 硅酸盐水泥标准试件的抗折、抗压破坏荷载见下表，试评定其强度等级。

抗 折/N		抗 压/kN	
3d	28d	3d	28d
2500	2930	50.6	89.8
		48.3	88.5
2510	3050	48.2	87.2
		52.5	86.4
3000	3360	50.7	84.1
		60.1	85.2

15. 硅酸盐水泥熟料各单矿物的水化热见表1。现有熟料矿物组成见表2的两种水泥，试估算它们 3d、7d 及 28d 的水化热，并分析它们强度增长情况的差别。

表 1

水 化 时 间	水化热/（J/0.01g）			
	C_3S	C_2S	C_3A	C_4AF
3d	4.10	0.8	7.12	1.21
7d	4.60	1.17	7.87	1.80
28d	4.77	1.84	8.45	2.01

表 2

水 泥	熟料矿物/%			
	C_3S	C_2S	C_3A	C_4AF
A	52	21	10	17
B	45	32	5	18

16. 在普通条件下存放 3 个月的水泥，可否仍按原强度等级使用？为什么？

17. 下列混凝土工程中应优先选用哪种水泥？并说明理由。

(1) 大体积混凝土工程；

(2) 采用湿热养护的混凝土构件；

(3) 高强混凝土工程；

(4) 严寒地区受到反复冻融的混凝土工程；

(5) 与硫酸盐介质接触的混凝土工程；

(6) 有耐磨要求的混凝土工程。

18. 试分析掺有混合材料水泥的技术经济环保的意义。

第3章 水泥混凝土

3.1 概　述

水泥混凝土（以下简称混凝土）是以水泥（或水泥加适量掺合料）为胶凝材料，与水和骨料等材料按适当比例配合拌制成拌和物，再经浇筑成型硬化后得到的人造石材。新拌制未硬化的混凝土，通常称为混凝土拌和物（或新拌混凝土），经硬化有一定强度的混凝土亦称硬化混凝土。

（1）混凝土的分类。

混凝土常按表观密度的大小分类。干表观密度大于 $2600kg/m^3$ 的称为重混凝土，是用特别密实的特殊骨料配制的，如重晶石混凝土，它主要用于国防及原子能工业的防辐射混凝土工程；干表观密度在 $1950\sim2600kg/m^3$ 的称为普通混凝土，是用天然（或人工）砂、石作骨料配制的，广泛应用于各种建筑工程中，其中干表观密度在 $2400kg/m^3$ 左右的最为常用；干表观密度小于 $1950kg/m^3$ 的称为轻混凝土，其中用轻骨料配制的轻混凝土称为轻骨料混凝土（不加细骨料的轻混凝土称为大孔混凝土），加入气泡代替骨料的轻混凝土称为多孔混凝土，如泡沫混凝土、加气混凝土。轻混凝土多用于建筑工程的保温、结构保温或结构材料。

按用途、性能或施工方法的不同，混凝土分为普通混凝土、水工混凝土、海工混凝土、道路混凝土、防水混凝土、防射线混凝土、耐磨混凝土、耐酸混凝土、耐热混凝土、高强混凝土、高性能混凝土、自流平混凝土、碾压混凝土、喷射混凝土、泵送混凝土、水下浇筑混凝土等。此外，还有纤维增强混凝土、聚合物混凝土等。

（2）混凝土的特点。

混凝土是现代土建工程上应用最广、用量极大的建筑材料。其主要优点是：具有较高的强度及耐久性；可以通过调整配合成分，使其具有不同的物理力学特性，以满足各种工程的不同要求；混凝土拌和物具有可塑性，便于浇筑成各种形状的构件或整体结构；能与钢筋牢固地结合成坚固、耐久、抗震且经济的钢筋混凝土结构。混凝土的主要缺点是：抗拉强度低，一般不用于承受拉力的结构；在温度、湿度变化的影响下，容易产生裂缝。此外，混凝土原材料品质及混凝土配合成分的波动以及混凝土运输、浇筑、养护等施工工艺，对混凝土质量有很大的影响，施工过程中需要严格的质量控制。

（3）混凝土的组成及组成材料的作用。

混凝土是由水泥、水、砂及石子四种基本材料所组成。为节约水泥或改善混凝土的某些性能，常掺入一些外加剂及掺合料。水泥和水构成水泥浆；水泥浆包裹在砂颗粒的周围并填充砂子颗粒间的空隙形成砂浆；砂浆包裹石子颗粒并填充石子的空隙组成混凝土。在混凝土拌和物中，水泥浆在砂、石颗粒之间起润滑作用，使拌和物便于浇筑施工。水泥浆硬化后形成水泥石，将砂、石胶结成一个整体。混凝土中的砂称为细骨料（或细集料），石子称为粗骨料（或粗集料）。粗、细骨料一般不与水泥起化学反应，其作用是构成混凝土的骨架，并对水泥石的体积变形起一定的抑制作用。

（4）对混凝土的基本要求。

工程中使用的混凝土，一般必须满足以下四个基本要求：

1）混凝土拌和物应具有与施工条件相适应的和易性，便于施工时浇筑振捣密实，并能保证混凝土的均匀性。

2）混凝土经养护至规定龄期，应达到设计所要求的强度。

3）硬化后的混凝土应具有与工程环境相适应的耐久性，如抗渗、抗冻、抗侵蚀、抗磨损等。

4）在满足上述三项要求的前提下，混凝土各种材料的配合应经济合理，尽量降低成本。

此外，对于大体积混凝土（结构物实体最小尺寸不小于 1m 的混凝土），还需考虑低热性要求，以利于避免产生裂缝。

（5）混凝土的应用。

水泥混凝土是随着硅酸盐水泥的出现而问世的，至今已有 190 余年的历史。随着科学技术的进步，混凝土的配制技术从经验逐步发展到理论；混凝土的施工技术从手工发展到机械化；混凝土的强度不断提高，性能不断改善，品种不断增多；对混凝土的研究也从宏观到细观及微观不断深入。进入 21 世纪以来，适应各种严酷环境的混凝土耐久性设计理论得到发展，并且，混凝土的抗压强度为 80～100MPa 的高强混凝土以及 100MPa 以上的超高强混凝土的应用技术已日趋成熟。具有特殊性能（如高和易性、高密实性、高耐久性、高抗裂性、低脆性、低自身质量等）的混凝土也将逐步得到应用。此外，在配制普通混凝土的原材料方面将更注重利用再生资源及工农业废料。以水泥混凝土为基材的复合材料更加追求轻质、高强、多功能，从而使混凝土产业更加环保、绿色、可持续发展。

本章着重讲述普通混凝土的主要性能、原材料的技术要求、配合比设计的原理及方法、混凝土的外加剂和掺合料以及质量控制的基本概念。对其他品种的水泥混凝土只作简要介绍。

3.2　混凝土的主要技术性质

混凝土的主要技术性质包括混凝土拌和物的和易性、凝结特性、硬化混凝土的强度、变形及耐久性等。

3.2.1　混凝土拌和物的和易性

3.2.1.1　和易性的概念

和易性是指混凝土拌和物在一定的施工条件下，便于施工操作并获得质量均匀、密实混凝土的性能。和易性包括流动性、黏聚性及保水性三方面的含义。

（1）流动性。

流动性指混凝土拌和物在自身质量或施工振捣的作用下产生流动，并均匀、密实地填满模型的性能。流动性的大小反映拌和物的稀稠，它关系着施工振捣的难易和浇筑的质量。

（2）黏聚性。

黏聚性也称抗离析性，指混凝土拌和物有一定的黏聚力，在运输及浇筑过程中不致出现分层离析，使混凝土拌和物保持整体均匀的性能。黏聚性不好的拌和物，砂浆与石子容易分离，振捣后会出现蜂窝、空洞等现象，严重影响工程质量。

（3）保水性。

保水性指混凝土拌和物具有一定的保持水分不让泌出的能力。如果混凝土拌和物保水性差，浇筑振实后，一部分水分就从内部析出，不仅水渗过的地方会形成毛细管孔隙，成为今后混凝土内部的渗水通道，而且水分及泡沫等轻物质浮在表面，还会使混凝土上下浇筑层之间形成薄弱的夹层。在水分泌出过程中，一部分水还会停留在石子及钢筋的下面形成水隙，减弱水泥石与石子及钢筋的黏结力。这些都将影响混凝土的密实及均匀性，并降低混凝土的强度和耐久性。

混凝土拌和物的流动性、黏聚性和保水性三者是相互联系的。一般来说，流动性大的拌和物，其黏聚性及保水性相对较差。所谓拌和物具有好的和易性，就是其流动、黏聚性及保水性都较好地满足具体施工工艺的要求。

3.2.1.2 和易性的指标及测定方法

到目前为止，还没有确切的指标能全面地反映混凝土拌和物的和易性。一般常用坍落度定量地表示拌和物流动性的大小，根据经验，通过对试验或现场的观察，定性地判断或评定混凝土拌和物黏聚性及保水性的优劣。

坍落度的测定是将混凝土拌和物按规定的方法装入标准截头圆锥筒内，将筒垂直提起后，拌和物在自身质量作用下产生一定的坍落，如图 3.1 所示，坍落的毫米数称为坍落度。坍落度越大，表明流动性越大。坍落度大于 10mm 的称为塑性混凝土，其中坍落度在

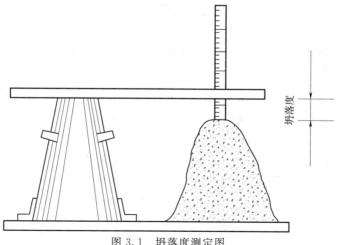

图 3.1 坍落度测定图

10～30mm 的常称为低流动性混凝土；坍落度小于 10mm 的称为干硬性混凝土。

在测定坍落度的同时，应检查混凝土的黏聚性及保水性。黏聚性的检查方法是用捣棒在已坍落的拌和物锥体一侧轻打，若轻打时锥体渐渐下沉，表示黏聚性良好；如果锥体突然倒塌、部分崩裂或发生石子离析，则表示黏聚性不好。保水性以混凝土拌和物中稀浆析出的程度评定。提起坍落筒后，如有较多稀浆从底部析出，拌和物锥体因失浆而骨料外露，表示拌和物的保水性不良；如提起坍落筒后，无稀浆析出或仅有少量稀浆自底部析出，混凝土锥体含浆饱满，则表示混凝土拌和物保水性良好。

对于干硬性混凝土拌和物，采用维勃稠度（VB）作为和易性指标。将混凝土拌和物按标准方法装入 VB 仪（VB 仪见试验部分）容量桶中的坍落筒内；缓慢垂直提起坍落筒，将透明圆盘置于拌和物锥体顶面；启动振动台，用秒表测出拌和物受振摊平、振实、透明圆盘的底面完全被水泥浆所布满所经历的时间（以秒计），即为维勃稠度，也称工作度。维勃稠度代表拌和物振实所需的能量，时间越短，表明拌和物越易被振实。它能较好地反映混凝土拌和物在振动作用下便于施工的性能。

3. 2. 1. 3　影响混凝土拌和物和易性的因素

影响混凝土拌和物和易性的因素很多，主要有水泥浆含量、水泥浆的稀稠、含砂率的大小、原材料的种类及外加剂等。

（1）水泥浆含量的影响。

在水泥浆稀稠不变，即混凝土的用水量与水泥用量之比（水灰比）保持不变的条件下，单位体积混凝土内水泥浆含量越多，拌和物的流动性越大。拌和物中除必须有足够的水泥浆包裹骨料颗粒之外，还需要有足够的水泥浆以填充砂、石骨料的空隙并使骨料颗粒之间有足够厚度的润滑层，以减少骨料颗粒之间的摩阻力，使拌和物有一定的流动性。但若水泥浆过多，骨料不能将水泥浆很好地保持在拌和物内，混凝土拌和物将会出现流浆、泌水现象，使拌和物的黏聚性及保水性变差。这不仅增加水泥用量，而且还会对混凝土强度及耐久性产生不利影响。因此，混凝土内水泥浆的含量以使混凝土拌和物达到要求的流动性为准，不应任意加大。

在水灰比不变的条件下，水泥浆含量可用单位体积混凝土的加水量表示。因此，水泥浆含量对拌和物流动性的影响实质上也是加水量的影响。当加水量增加时，拌和物流动性增大，反之则减小。在实际工程中，为增大拌和物的流动性而增加用水量时，必须保持水灰比不变，相应地增加水泥用量，否则将显著影响混凝土质量。

（2）含砂率的影响。

混凝土含砂率（简称砂率）是指砂的用量占砂、石总用量（按质量计）的百分数。混凝土中的砂浆应包裹石子颗粒并填满石子间的空隙。砂率过小，砂浆量不足，不能在石子周围形成足够的砂浆润滑层，将降低拌和物的流动性，更主要的是严重影响混凝土拌和物的黏聚性及保水性，使石子分离、水泥浆流失，甚至出现溃散现象。砂率过大，石子含量相对过少，骨料的空隙及总表面积都较大，在水灰比及水泥用量一定的条件下，混凝土拌和物显得干稠，流动性显著降低，如图 3.2 所示。在保持混凝土拌和物流动性不变的条件下，会使混凝土的水泥浆用量显著增大，如图 3.3 所示。因此，混凝土含砂率不能过小，也不能过大，应取合理砂率。

合理砂率是指在水灰比及水泥用量一定的条件下，使混凝土拌和物保持良好的黏聚性和保水性，并获得最大流动性的砂率（图 3.2）。也即在水灰比一定的条件下，当混凝土拌和物达到要求的流动性，且具有良好的黏聚性及保水性时，水泥用量最省的含砂率，如图 3.3 所示。

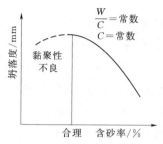

图 3.2 含砂率与坍落度的关系曲线

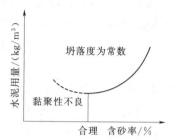

图 3.3 含砂率与水泥用量的关系曲线

（3）水泥浆稀稠的影响。

在水泥品种一定的条件下，水泥浆的稀稠取决于水灰比的大小。当水灰比较小时，水泥浆较稠，拌和物的黏聚性较好，泌水较少，但流动性较小；相反，水灰比较大时，拌和物流动性较大，但黏聚性较差，泌水较多。当水灰比小至某一极限值以下时，拌和物过于干稠，在一般施工方法下混凝土不能被浇筑密实。当水灰比大于某一极限值时，拌和物将产生严重的离析、泌水现象，影响混凝土质量。因此，为了使混凝土拌和物能够成型密实，所采用的水灰比值不能过小，为了保证混凝土拌和物具有良好的黏聚性，所采用的水灰比值又不能过大。

普通混凝土的常用水灰比一般在 0.40～0.75 范围内。在常用水灰比范围内，当混凝土中用水量一定时，水灰比在小的范围内变动对混凝土流动性的影响不大，这称为"需水量定则"或"恒定用水量定则"。其原因是，当水灰比稍减小时，虽然水泥浆较稠，混凝土拌和物流动性减小，但黏聚性较好，可采用较小的砂率值。这样，由于含砂率减小而增大的流动性可补偿由于水泥浆较稠而减少的流动性。当水灰比稍增大时，为了保证拌和物的黏聚性，需采用较大的砂率值。这样，水泥浆变稀所增大的流动性将被含砂率增大而减少的流动性所抵消。因此，当混凝土单位用水量一定时，即使水泥增减量在 50～100kg/m³ 之间变动，混凝土的流动性仍将基本不变。

（4）其他因素的影响。

除上述影响因素外，影响混凝土拌和物和易性的因素还有水泥品种、掺合料品种及掺量、骨料种类、骨料粒形及级配、混凝土外加剂品种及掺量，以及混凝土搅拌工艺和环境温度等。

水泥需水量大者，拌和物流动性较小。使用矿渣水泥时，混凝土保水性较差。使用火山灰水泥时，混凝土黏聚性较好，但流动性较小。

掺合料的品质及掺量对拌和物的和易性有很大的影响。当掺入优质粉煤灰时，可改善拌和物的和易性；掺入质量较差的粉煤灰时，往往使拌和物流动性降低。

粗骨料的颗粒较大、粒形较圆、表面光滑、级配较好时，拌和物流动性较大。使用粗砂时，拌和物黏聚性及保水性较差；使用细砂及特细砂时，混凝土拌和物的流动性较小。混凝土中掺入某些外加剂可显著改善拌和物的和易性。

拌和物的流动性还受气温高低、搅拌工艺以及搅拌后拌和物停置时间的长短等施工条件影响。对于掺用外加剂及掺合料的混凝土，这些施工因素的影响更为显著。

3.2.1.4 混凝土拌和物流动性指标的选择

正确选择拌和物流动性（坍落度）指标，对于保证混凝土的施工质量及节约水泥有着重要的意义。坍落度较小的拌和物虽然施工困难些，但水泥浆用量较少，节约水泥；坍落度较大的拌和物，施工容易些，但水泥用量较多，而且容易产生离析、泌水现象。因此，在选择坍落度指标时，原则上应在便于施工操作并能保证振捣密实的条件下，尽可能取较小的坍落度，以节约水泥并获得质量较高的混凝土。具体地说，应根据结构物的条件及施工方法而定。当构件截面尺寸较小或钢筋较密集，或采用人工插捣时，坍落度可选择大些；反之，当构件截面尺寸较大或钢筋较稀疏，或采用振捣器振捣时，坍落度可选择小些。不同工程宜采用的坍落度值可参照有关规范（见附录1、附录2、附录3）。

3.2.2 混凝土拌和物的凝结时间

水泥的水化反应是混凝土拌和物产生凝结的根源，但是混凝土拌和物的凝结时间与配制该混凝土所用水泥的凝结时间并不相等。水泥的凝结时间是水泥标准稠度净浆在规定温度及湿度条件下测得的，而且一般配制混凝土时所用的水灰比与水泥标准稠度是不同的。此外，混凝土拌和物的凝结时间还会受到其他各种因素的影响，如混凝土掺入掺合料、外加剂，混凝土所处环境的温度、湿度条件等。

在其他条件不变时，混凝土所用水泥的凝结时间长，则混凝土拌和物凝结时间也相应较长；混凝土的水灰比越大，混凝土拌和物的凝结时间越长；一般情况下，掺用粉煤灰将延长拌和物的凝结时间；混凝土掺用缓凝剂将明显延长拌和物的凝结时间；混凝土所处环境温度高，拌和物凝结时间缩短。

混凝土拌和物的凝结时间（分为初凝和终凝时间）通常是用贯入阻力法测定的。先用5mm筛孔的筛从拌和物中筛取砂浆，按规定方法装入规定的容器中，然后用贯入阻力仪的试杆每隔一定时间插入待测砂浆一定深度（25mm），测得其贯入阻力，绘制贯入阻力与时间关系曲线，贯入阻力3.5MPa及28.0MPa对应的时间即为拌和物的初凝时间和终凝时间。这是从使用角度人为确定的指标。初凝表示混凝土拌合物可施工时间的极限，终凝表示混凝土的力学强度开始快速发展。

3.2.3 混凝土的强度

混凝土强度分为抗压强度、抗拉强度、抗弯强度及抗剪强度等。其中以抗压强度最大，故混凝土主要用于承受压力。

3.2.3.1 混凝土抗压强度

（1）混凝土立方体抗压强度与强度等级。

抗压强度是混凝土的重要质量指标，它与混凝土其他性能指标密切相关。抗压强度用单位面积上所能承受的压力来表示。根据试件形状的不同，混凝土抗压强度分为轴心抗压强度和立方体抗压强度。

《混凝土结构设计规范》（GB 50010—2010）规定，以边长 150mm 的立方体试件为标准试件[1]，按标准方法成型，在标准养护条件下（温度 20℃±3℃，此规范中相对湿度 90％以上）养护到 28d 龄期，用标准试验方法测得的极限抗压强度称为混凝土标准立方体抗压强度。在混凝土立方体抗压强度总体分布中，具有 95％保证率（保证率概念见 3.7.3 节）的抗压强度称为立方体抗压强度标准值。根据立方体抗压强度标准值（以 MPa 计）的大小，将混凝土分为不同的强度等级：C15、C20、C25、C30、C35、C40、C45、C50、C55、C60、C65、C70、C80。如强度等级 C20 系指立方体抗压强度标准值为 20MPa。建筑物的不同部位或承受不同荷载的结构应选用不同强度等级的混凝土。

水利水电工程中，混凝土抗压强度标准值常采用长龄期和非 95％保证率。水利水电工程结构复杂，不但有大体积混凝土结构、水工钢筋混凝土结构及薄壁结构等，而且不同工程部位的混凝土也有不同设计龄期和保证率的要求。这是因为，水工大体积混凝土结构的结构尺寸一般不由应力控制，而是由结构布置或重力稳定等条件决定。如果其强度标准值一律采用 28d 龄期及 95％的保证率，则会导致增大混凝土水泥用量，造成浪费，而且会加大混凝土温度控制的困难，增大发生裂缝的可能性。因此，水工建筑物设计及施工规范[2]规定，水工结构大体积混凝土强度标准值一般采用 90d 龄期和 80％保证率；体积较大的钢筋混凝土工程的混凝土强度标准值常采用 90d 龄期和 85％～90％保证率；大坝碾压混凝土的强度标准值，可采用 180d 龄期和 80％保证率。对于薄壁结构的混凝土，以及由应力控制结构尺寸的结构混凝土和对混凝土强度要求较高的抗冲磨混凝土（包括大坝溢流面）等，其混凝土强度标准值采用 28d 龄期和 95％保证率。故水工混凝土强度标准值必须明确设计龄期和设计保证率。根据水工混凝土抗压强度标准值划分的强度等级称为水工混凝土强度等级[3]。水利、水电行业混凝土的强度等级还根据需要增加了 C7.5、C10 的级别。

对于设计龄期为 28d、保证率为 95％的混凝土强度等级，其定义及表示方法与 GB 50010—2010 一致。当设计龄期为 90d（或 180d）、保证率为 80％时，混凝土强度等级用 $C_{90}15$、$C_{90}20$（或 $C_{180}15$、$C_{180}20$）等表示。此时下标数字为设计龄期，保证率为 80％，15、20 等为混凝土抗压强度标准值（以 MPa 为单位）。

（2）混凝土轴心抗压强度。

混凝土强度测定值与试件的形状有关。在工程实际中，混凝土构件的形式各异，混凝土的受力情况也各不相同，在结构设计中，有时采用轴心抗压强度作为计算依据。

目前，我国以 150mm×150mm×300mm 的棱柱体试件作为轴心抗压强度的标准试件。如有必要，也可采用非标准立方体试件，但其高与宽（或直径）之比应在 2～3 的范围内。同一种混凝土的轴心抗压强度小于立方体抗压强度，且高宽比（或高直比）越大，

---

[1] 测定混凝土强度时，也可采用非标准立方体试件，但必须换算为标准尺寸立方体试件的强度。

[2] 参见《水利水电工程结构可靠度设计统一标准》（GB 50199—94）（简称水工统标）、《水工混凝土施工规范》（DL/T 5144—2015）等。

[3] 《混凝土重力坝设计规范》（SL 319—2005）对大坝混凝土材料的强度，仍按混凝土"标号"进行选择（如 $R_{90}200$ 号、$R_{180}100$ 号等）。

轴心抗压强度越小。试验结果表明，普通混凝土标准试件的轴心抗压强度约为标准立方体抗压强度的 0.7～0.8 倍。考虑到结构中混凝土强度与试件强度的差异，并假定混凝土立方体抗压强度离差系数与轴心抗压强度离差系数相等，混凝土轴心抗压强度标准值常取为 0.67 倍的立方体抗压强度标准值。

英国、美国等一些西方国家把直径 150mm、高 300mm 的圆柱体试件定为混凝土的标准试件，因此相应的强度即为混凝土的抗压强度。

（3）影响混凝土抗压强度的因素。

影响混凝土抗压强度的因素很多，主要有水泥强度及水灰比、骨料种类及级配、养护条件及龄期和施工方法、施工质量等。

1）水泥强度与水灰比。普通混凝土受力破坏一般首先出现在骨料和水泥石的分界面上，即所谓的黏结面破坏形式，如图 3.4 所示。另外，当水泥石强度较低时，水泥石本身首先破坏也是常见的破坏形式。在普通混凝土中，骨料首先破坏的可能性小，因为骨料的强度常大大超过水泥石和黏结面的强度。所以混凝土的强度主要决定于水泥石的强度及其与骨料间的黏结力，而它们又取决于水泥强度及水灰比的大小，即水泥强度与水灰比是影响混凝土强度的主要因素。

图 3.4　混凝土受压破坏裂缝

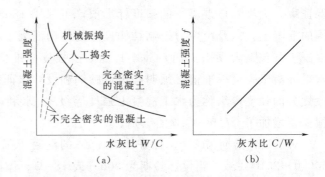

图 3.5　混凝土强度与水灰比及灰水比的关系（原材料一定）
(a) 强度与水灰比的关系；(b) 强度与灰水比的关系

拌制混凝土拌和物时，为了获得必要的流动性，常需用较多的水，即较大的水灰比。一般塑性混凝土的水灰比常在 0.40～0.75 之间，而水泥完全水化所需的化学结合水一般只占水泥质量的 25% 左右。这样，混凝土中就常有多余的水分，它是使混凝土中产生毛细孔及微细裂缝的主要原因。水灰比大，多余的水分多，水泥石的密实度小，孔隙较多，水泥石的强度较低，水泥石的收缩也较大。同时，多余水分所造成的泌水多，混凝土的微细裂缝也多，水泥石与骨料的黏结也弱。因此，水泥强度愈高，混凝土强度愈高；水灰比愈大，混凝土强度愈低。试验证明，在原材料一定的条件下，混凝土强度随水灰比增大而降低的规律呈曲线关系，如图 3.5（a）所示；混凝土强度与灰水比（水灰比的倒数）则呈直线关系，如图 3.5（b）所示。需要指出的是，当水灰比过小时，水泥浆过分干稠，在一定振捣条件下，混凝土拌和物不能被振捣密实反而导致混凝土强度降低，如图 3.5（a）中的虚线所示。

根据大量的试验，采用数理统计方法可以建立混凝土抗压强度与水泥抗压强度及水灰

比间的关系式，通常采用经验式表示，即

$$f_{cu} = A f_{ce} \left(\frac{C}{W} - B \right) \tag{3.1}$$

式中：f_{cu} 为混凝土 28d 龄期的抗压强度，MPa；f_{ce} 为水泥 28d 龄期的实际抗压强度❶，MPa；C/W 为混凝土的灰水比；A、B 为经验系数。

A、B 值随所用材料的品种、施工条件等因素而变化。因此，在条件许可时应结合工程实际配制不同水灰比的混凝土，进行强度试验，统计出本工程的经验系数［或绘制出如图 3.5（a）的关系曲线］。在无系统试验条件时，对于常用品种的水泥所配制的一般塑性混凝土，当骨料含水以饱和面干状态为基准时，A、B 系数值可取下列经验值：

卵石混凝土　普通水泥：$A=0.539$，$B=0.459$；矿渣水泥：$A=0.608$，$B=0.666$。

碎石混凝土　普通水泥：$A=0.637$，$B=0.569$；矿渣水泥：$A=0.610$，$B=0.581$。

根据 JGJ 55—2011《普通混凝土配合比设计规程》规定，当骨料含水以干燥状态为基准时，A、B 系数值可取下列经验值：

卵石混凝土 $A=0.49$，$B=0.13$；

碎石混凝土 $A=0.53$，$B=0.20$。

利用上述经验公式，可以初步解决以下问题：①当所采用的水泥强度等级或实际强度已知，欲配制某强度的混凝土时，可以估计应采用的水灰比值；②当已知所采用水泥的强度等级及水灰比值，可以估计出混凝土在标准养护条件下 28d 龄期可能达到的强度。

2）骨料的种类及级配。骨料中有害杂质过多或品质低劣时，将降低混凝土的强度。表面粗糙并富有棱角的碎石骨料与水泥石的黏结较好，且骨料颗粒间有嵌固作用，故所配制混凝土的强度较高。当骨料级配良好，砂率适当时，砂石骨料填充密实，也使混凝土获得较高的强度。

3）养护条件与龄期。混凝土强度受养护条件及龄期的影响很大。在干燥环境中，混凝土的强度发展会随水分逐渐蒸发而减慢或停止。养护温度高时，硬化速度较快；养护温度低时，硬化比较缓慢。当温度低至 0℃ 以下时，混凝土停止硬化，且有冰冻破坏的危险。因此，混凝土浇捣完毕后，必须加强养护，保持适当的温度和湿度，以保证硬化的不断进行，强度不断增长。

在正常养护条件下，混凝土的强度在最初几天发展较快，以后逐渐缓慢，28d 以后更慢。如果能长期保持适当的温度和湿度，混凝土强度的增长可延续数 10 年之久。

混凝土强度增长速率，随水泥品种及养护温度不同而异。表 3.1 为正常条件下各龄期的相对强度，表 3.2 为不同养护温度下混凝土各龄期的相对强度，可供参考。

---

❶　在无法取得水泥的实际强度时，可用式 $f_{ce} = r_c \cdot f_{ce,k}$ 代入，式中：r_c 为水泥强度等级富余系数，该值应按水泥厂实际统计资料定出，当水泥厂尚无资料时，对应于强度等级 32.5、42.5 和 52.5 的水泥，r_c 可分别取 1.12、1.16 和 1.10；$f_{ce,k}$ 为水泥强度等级，MPa。

表 3.1　　　　　　　正常养护条件下混凝土各龄期相对强度约值　　　　　　%

水 泥 品 种	龄 期				
	7d	28d	60d	90d	180d
普通硅酸盐水泥	55～65	100	110	115	120
矿渣硅酸盐水泥	45～55	100	120	130	140
火山灰质硅酸盐水泥	45～55	100	115	125	130

注　《水工混凝土配合比设计规程》(DL/L 5330—2005) 给出了不同粉煤灰掺量的常态混凝土及碾压混凝土强度增长率，可供参考。

表 3.2　　　　　　不同养护温度下混凝土各龄期相对 28d 标准养护强度参考值　　　　%

水 泥 品 种	龄期	1℃	5℃	10℃	15℃	20℃	25℃	30℃	35℃
普通硅酸盐水泥	3d	12.5	20.0	24.0	31.0	37.0	43.0	48.0	51.0
	5d	23.0	28.0	36.0	43.0	50.0	58.5	62.5	64.5
	7d	31.5	40.0	48.0	53.0	62.0	68.5	71.0	76.0
	10d	41.0	50.0	58.0	69.0	77.0	79.0	81.0	84.0
	15d	52.0	61.5	71.0	81.0	88.0	90.0	—	—
	28d	68.0	78.0	86.5	92.0	100.0	—	—	—
矿渣硅酸盐水泥或火山灰质硅酸盐水泥	3d	4.5	8.0	10.0	17.5	22.0	27.0	31.0	37.5
	5d	11.5	17.0	23.0	30.0	32.5	39.0	45.0	51.0
	7d	18.5	23.0	32.0	39.5	44.0	50.0	55.0	63.0
	10d	23.0	32.0	43.0	51.5	58.0	62.5	68.5	75.0
	15d	31.5	45.5	57.5	68.0	75.0	79.0	86.0	91.0
	28d	46.5	63.0	81.5	92.0	100.0	—	—	—

　　混凝土的强度是随龄期的延长而增长的。设计中可利用混凝土的后期强度以便节约水泥。但不能选用过长的龄期，以免造成混凝土早期强度过低，给施工带来困难。工程中选用 60d、90d 或 180d 为设计龄期时，应同时提出 28d 龄期混凝土的强度要求。施工期间控制混凝土质量一般以 28d 强度为依据。

　　工程实践中，为了检验结构中的混凝土强度，有时需测定非标准养护（如与构件同条件养护）或非设计龄期的混凝土强度。

　　4）施工因素的影响。混凝土施工过程中若搅拌不均匀，振捣不密实或养护不良等，均会降低混凝土的强度。

　　混凝土拌和物的搅拌可分为机械搅拌和人工拌和。机械搅拌比人工拌和能使拌和物拌和得更均匀（尤其是采用强制式拌和机效果更好），可获得强度更高的混凝土。对于掺有减水剂或引气剂的混凝土，机械搅拌的作用更为突出。近年来研究的多次投料搅拌工艺可配制出造壳混凝土，具有提高强度的效果。所谓造壳，就是在粗、细骨料表面裹上一层低水灰比的水泥薄壳，以提高水泥石和骨料之间界面的黏结强度。

　　混凝土振捣方法有人工捣实和机械振捣两种。机械振捣浇筑的混凝土比人工捣实的混凝土密实，强度也较高。对于低流态混凝土或干硬性混凝土，采用机械振捣法更为适宜。

3.2.3.2 混凝土的抗拉强度

混凝土的抗拉强度很低，一般约为抗压强度的 $7\%\sim14\%$。强度较低的混凝土这个比值稍高一些，强度较高的混凝土这个比值要低一些。混凝土抗拉强度 f_t（MPa）与抗压强度 f_{cu}（MPa）之间的关系可近似地用经验式（3.2）表示，即

$$f_t = 0.23 f_{cu}^{2/3} \tag{3.2}$$

测定混凝土抗拉强度的方法有轴心拉伸法和劈裂法。轴心拉伸试验比较麻烦，且试件缺陷或加荷时有很小的偏心都会严重影响试验结果，致使试验结果离散性较大，故一般多采用劈裂法（试验方法参见混凝土试验部分）。

影响混凝土抗拉强度的因素，基本上与影响抗压强度的因素相同。水泥强度高、水灰比小、骨料表面粗糙、混凝土振捣密实以及加强早期养护等，都能提高混凝土的抗拉强度。

3.2.4 混凝土的变形与抗裂性

3.2.4.1 混凝土的物理及化学变形

（1）湿胀干缩。

混凝土的湿胀干缩是由于混凝土内水分变化引起的。当混凝土长期在水中硬化时，会产生微小的膨胀；当混凝土在空气中硬化时，由于水分蒸发，水泥石凝胶体逐渐干燥收缩，使混凝土产生干缩。已干燥的混凝土再次吸水变湿时，原有的干缩变形会大部分消失，也有一部分（约 $30\%\sim50\%$）是不消失的。

混凝土干缩变形的大小用干缩率表示。一般采用 $100\text{mm}\times100\text{mm}\times515\text{mm}$ 的试件，在温度为 $20\text{℃}\pm3\text{℃}$，相对湿度 $55\%\sim65\%$ 的干燥室（或干燥箱）中，干燥至规定龄期，测定干燥前后试件的长度，按式（3.3）计算干缩率 ε_t

$$\varepsilon_t = \frac{L_t - L_0}{L_0 - 2\Delta} \tag{3.3}$$

式中：L_0 为试件的基准长度；L_t 为试件干燥至规定龄期 t d 后的长度；Δ 为金属测头的长度。

用这种方法测得的干缩率，其值可达 $3\times10^{-4}\sim5\times10^{-4}$。而实际工程中构件的尺寸要比试件大得多，构件内部混凝土干燥过程则缓慢得多，所以构件上混凝土的干缩率较上述试验值也小得多。设计上常采用的混凝土干缩率为 1.5×10^{-4}。

影响混凝土干缩率的主要因素有：混凝土单位用水量越大，干缩率越大，一般混凝土用水量每增加 1%，干缩率可增大 $2\%\sim3\%$；混凝土的水灰比越大，干缩率越大；混凝土骨料最大粒径越大、级配越良好，其干缩率越小。此外，水泥的品种及细度对干缩率也有很大影响，火山灰水泥的干缩率最大。水泥越细，干缩率也越大。当掺用促凝剂时，可使干缩率增大，例如，掺用氯化钙将使混凝土的干缩率增大 $50\%\sim100\%$。

干缩变形可使混凝土表面产生拉应力，引起表面裂纹，使混凝土抗渗、抗冻、抗侵蚀性能降低。因此，干缩对混凝土有较大的危害，工程中应予以足够注意。

（2）温度变形。

混凝土具有热胀冷缩的性质，温度变形的大小可用温度变形系数 α 表示，用式（3.4）计算，即

$$\alpha = \frac{\Delta L}{L \Delta T} \tag{3.4}$$

式中：L 为试件长度；ΔT 为温度变化；ΔL 为温度变化 ΔT 时试件长度的变化。

混凝土温度变形系数随骨料种类及配合比的不同而变化。当骨料为石英岩、石英砂岩或花岗岩时，α 值较大；当骨料为石灰岩、白云石或玄武岩时，α 值较小。骨料最大粒径较大的混凝土，其水泥浆较少，α 值较小。

当缺乏资料时，对石灰岩人工砂石骨料混凝土可取 α 为 $(0.5 \times 10^{-5} \sim 0.7 \times 10^{-5})/℃$；对硅质砂岩人工砂石骨料或天然砂石骨料的混凝土，常取 α 为 $1.0 \times 10^{-5}/℃$。

温度变形系数的大小对混凝土温度应力及结构的温度变形有很大影响。选用 α 值较小的混凝土有利于减小大体积混凝土的温度应力，提高抗裂性。

（3）自生体积变形。

混凝土在硬化过程中，由于水泥水化而引起的体积变化称为自生体积变形。测定混凝土自生体积变形的方法，是把成型后的混凝土试件立即用密封材料封闭，并置于20℃环境中养护，记录应变计的初始读数及以后各龄期混凝土的应变值。在测定混凝土干缩率时，干缩变形中已经包括了混凝土的部分自生体积变形，故有时不单独测定混凝土自生体积变形。

普通水泥混凝土中，水泥水化生成物的体积较反应前物质的总体积小。混凝土自生体积变形多为收缩型。当水泥中含有膨胀组分或在混凝土中掺入膨胀剂时，可使混凝土产生膨胀型的自生体积变形，可以抵消部分（或全部）的干缩及温降收缩变形，防止混凝土出现裂缝。混凝土自生体积变形是不能恢复的。

3.2.4.2 混凝土在荷载作用下的变形

（1）应力—应变关系。

在短期荷载作用下（按一般静力试验加荷），混凝土受力变形如图 3.6 所示，应力—应变曲线如图 3.6 的 1 线所示，应力—体积应变曲线如图 3.6 的 2 线所示。混凝土应力应变关系，随应力 σ 大小的不同，可分为三个阶段。

当 $\sigma < (0.3 \sim 0.5) f_{cu}$ 时，应力—应变曲线近于直线，此时混凝土的变形主要是弹性变形，也有极少的塑性变形。产生此极少的塑性变形是由于混凝土内原生裂隙被压闭合，并且局部拉应力也引发了极少的新生微裂隙。在此阶段混凝土的连续性未被破坏。

当 σ 为 $(0.3 \sim 0.5) f_{cu}$ 至 $(0.7 \sim 0.9) f_{cu}$ 之间时，应力—应变曲线的曲率增大，体积变形曲线的压缩率逐渐减小，直到体积压缩停止。此阶段混凝土内裂缝稳定扩展，若保持应力于某一水平不变，裂缝扩展到某一程度也会自行停止。由于混凝土内裂缝的扩展，混凝土的总变形中包括有较多的塑性变形。这种塑性变形与金属材料的塑性变形不同，它是与混凝土内裂缝发展相联系的，故称为假塑性。

当 $\sigma \geqslant (0.7 \sim 0.9) f_{cu}$ 后，混凝土内出现不稳定

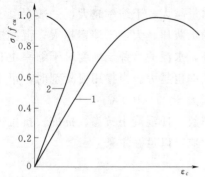

图 3.6 混凝土受压时应力—应变曲线
1—应力—应变曲线；2—应力—体积应变曲线

裂缝扩展。混凝土表面出现可见裂缝，其体积变形曲线反转，体积开始转向膨胀，直到应力达到极限抗压强度值，而后变形继续增加，直至破坏。

在承受拉应力时，混凝土应力—应变曲线如图 3.7 所示。此曲线在应力较低时接近于直线，当应力超过极限抗拉强度的 70％ 左右时，曲线明显弯曲，随即破坏。

在重复荷载作用下，应力—应变曲线因作用应力大小的不同而有不同形式。当重复应力小于（0.3～0.5）f_{cu} 时，应力应变曲线如图 3.8 所示。每次卸荷都残留少量塑性变形，且随着应力重复次数增加，塑性变形增量逐渐减小，最后曲线稳定于 $A'C'$ 线，它与初始切线大致平行。当重复应力大于（0.5～0.7）f_{cu} 时，随着重复次数的增加，塑性应变将逐渐增加，最后导致疲劳破坏。

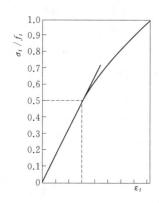

图 3.7 混凝土的抗拉应力—应变曲线

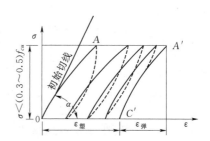

图 3.8 低应力下重复荷载的应力—应变曲线

从上可见，混凝土在短期荷载下的变形和破坏，与其内部裂缝的发生、扩展是紧密联系的。

（2）变形模量。

混凝土的变形模量是指应力—应变曲线上任一点的应力与应变的比值。在计算钢筋混凝土的变形、裂缝开展、大体积混凝土的温度应力以及进行结构物应力观测时，均需了解混凝土的变形模量。由前述混凝土应力—应变关系可知，当混凝土所受应力大小不同时，其变形模量也不同。故在上述计算和观测中，应采用不同的变形模量。

在混凝土及钢筋混凝土结构设计中，常采用按标准方法测得的变形模量，称为混凝土静力弹性模量 E_h，简称弹性模量（试验方法见试验部分）。

混凝土弹性模量与混凝土强度密切相关，强度越高，弹性模量越大，且混凝土弹性模量随养护温度的提高及龄期的增大而增大。当缺乏试验资料时，28d 龄期 E_h（MPa）可按经验式（3.5）近似计算

$$E_h = \frac{10^5}{2.2 + \dfrac{34.7}{f_{cu}}} \tag{3.5}$$

式中：f_{cu} 为混凝土 28d 龄期立方体抗压强度，MPa。

混凝土弹性模量还受下列因素影响：混凝土的水泥浆含量较少时，弹性模量较大；骨料弹性模量较大时，混凝土的弹性模量也较大；掺引气剂混凝土的弹性模量较普通混凝土

的弹性模量低 20%～30%。

当 $\sigma \geqslant (0.5\sim0.7) f_{cu}$ 时，混凝土应力一应变曲线明显弯曲，故变形模量明显减小。这时的变形模量称为弹塑性模量 E'_h。当计算构件出现裂缝前的变形时，应采用弹塑性模量，常取 $E'_h = 0.85E_h$。

混凝土抗拉弹性模量 E_t，是用断面 100mm×100mm 的轴心拉伸试件进行轴心拉伸试验测定的。混凝土的 E_t 与 E_h 十分接近，当缺乏试验资料时，常取 $E_t = E_h$。

用测定试件自振频率的方法所测得的弹性模量称为混凝土动弹性模量 E_d，其值较 E_h 为大。

（3）徐变与松弛。

1）徐变。随着荷载作用时间的延长，混凝土变形将逐渐增大，这种随时间增长的变形称为徐变。混凝土徐变是加荷龄期 τ 和荷载持续时间 t 的函数。

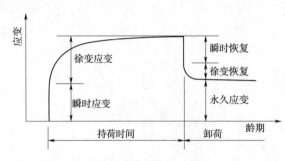

图 3.9 混凝土的徐变曲线

当 $\sigma < (0.3\sim0.5) f_{cu}$ 时，在持荷时间内，变形随时间延长而增长，徐变变形可达瞬时变形的 2～3 倍。卸除荷载后，部分变形瞬时恢复，少部分变形逐渐恢复，称为徐变恢复。此外，还会保留部分永久变形。徐变曲线如图 3.9 所示。徐变量 $\varepsilon(\tau, t)$ 与应力 σ 成正比，即

$$\varepsilon(\tau, t) = C(\tau, t)\sigma \qquad (3.6)$$

式中：$C(\tau, t)$ 为单位应力的徐变量，称为徐变度或比徐变。

当 $\sigma > (0.3\sim0.5) f_{cu}$ 时，徐变变形增长比应力增长为快；当 $\sigma \geqslant (0.7\sim0.8) f_{cu}$ 时，混凝土将由于变形的不断增长而破坏。持荷时间越长破坏应力越低，如图 3.10 所示。当持荷时间趋近于无限大时，其破坏应力称为持久强度。

混凝土的徐变是由于水泥石的徐变所引起的，而水泥石的徐变则产生于凝胶体中的水分在荷载作用下的迁移，以及在长期荷载的作用下凝胶体的黏性流动。砂、石骨料和水泥石中的未水化水泥内核及结晶体，可以认为是不产生徐变的，且它们还能阻碍水泥石变形，减少混凝土徐变。混凝土中的孔隙则与骨料相反，增加混凝土的徐变。

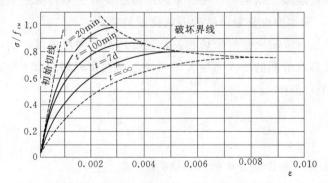

图 3.10 不同加荷速度下的应力应变曲线

t—至破坏时的持荷时间

影响混凝土徐变的因素很多。混凝土的加荷龄期 τ 较短时，产生的徐变较大；水灰比较大及强度较低的混凝土，徐变较大；水灰比相同时，水泥用量较多的混凝土徐变较大；在混凝土中掺有矿渣或火山灰质掺合料或采用掺混合材料硅酸盐水泥时，可增大混凝土徐变；加入引气剂，可增大混凝土徐变；充分养护，特别是水中养护，可使混凝土徐变减小。

混凝土拉伸徐变较应力相等时的压缩徐变大 20%～30%。

混凝土徐变对建筑物的受力影响很大，由于混凝土徐变，结构内部会发生应力和变形重分布。例如：在钢筋混凝土中，由于混凝土的徐变，将使钢筋所承受的应力加大；在预应力钢筋混凝土中，混凝土的徐变会使钢筋的预加应力受到损失；徐变还能使结构内应力集中现象得到缓解；徐变也能降低大体积混凝土的温度应力。

2）应力松弛。加荷使混凝土产生一定变形后，若维持此变形不变，随着时间的延长，混凝土内的应力将逐渐降低，这种现象称为应力松弛。产生应力松弛的原因与徐变相同。

设混凝土加荷龄期为 τ，此时应力为 σ_τ，保持其变形不变，到龄期 t 时，其应力为 σ_t，则 σ_t / σ_τ 为此时的应力松弛系数 $K_{\tau, t}$。加荷龄期越早（τ 越小），持续时间越长（$t - \tau$ 越大），则 $K_{\tau, t}$ 越小，应力松弛现象越显著。在大体积混凝土温度应力计算中，常取 $K_{\tau, t}$ 在 0.5～0.8 之间。

3.2.4.3 混凝土的抗裂性

（1）混凝土的裂缝。

混凝土的开裂主要是由于混凝土中拉应力超过了抗拉强度（或者说拉伸应变达到或超过了极限拉伸值）而引起的。混凝土的干缩、降温冷缩及自身体积收缩等收缩变形，受到基础及周围环境的约束（称此收缩为限制收缩）时，在混凝土内引起拉应力，并可能引起混凝土的裂缝。例如，与基础嵌固很牢的路面或建筑物底板、在老混凝土间填充的新混凝土等。混凝土内部温度升高（或因膨胀剂作用）使混凝土产生膨胀变形。当膨胀变形受到约束时（称此变形为限制膨胀），在混凝土内引起压应力，混凝土不会裂缝；当膨胀变形不受外界约束时（称此变形为自由膨胀），也会引起混凝土内部裂缝。

大体积混凝土发生裂缝的原因有干缩和温度应力两方面，其中温度应力是最主要的因素。在混凝土浇筑初期，水泥水化热使混凝土内部温度升高，产生内表温差，在混凝土表面产生拉应力，导致表面裂缝。当气温骤降时，这种裂缝更易发生。在硬化后期，混凝土温度逐渐降低而发生收缩，此时混凝土若受到基础或周围环境的约束，会产生深层裂缝。

此外，结构物受荷过大、施工方法欠合理以及结构物基础不均匀沉陷等都可能导致混凝土开裂。

为防止混凝土结构的裂缝，除应选择合理的结构形式及施工方法，以减少或消除引起裂缝的应力或应变外，还应采用抗裂性较好的混凝土。采用补偿收缩混凝土以抵消有害的收缩变形，也是防止裂缝的重要途径。

（2）混凝土抗裂性指标。

混凝土为脆性材料，抗裂能力较低。评价混凝土抗裂性的指标有多种，现仅对常用的几种作简单介绍：

1）混凝土极限拉伸 ε_p。混凝土轴心拉伸时，断裂前最大伸长应变称为极限拉伸。在其他条件相同时，混凝土极限拉伸值越大，抗裂性越强。对于大坝内部混凝土，常要求 ε_p $\geqslant 0.7 \times 10^{-4}$；对于外部混凝土，一般要求 $\varepsilon_p \geqslant 0.85 \times 10^{-4}$。进行钢筋混凝土轴心受拉构件抗裂验算时，常取 $\varepsilon_p = 1.0 \times 10^{-4}$。

2）抗裂度 D。抗裂度是极限拉伸与混凝土温度变形系数之比（℃），即以温差量度的极限拉伸

$$D = \frac{\varepsilon_p}{\alpha} \tag{3.7}$$

式中：α 为混凝土的温度变形系数。

抗裂度越大，混凝土抗裂性越强。

3）热强比 H/R。某龄期单位体积混凝土发热量与抗拉强度之比 $[J/（m^3 \cdot MPa）]$ [1]。混凝土发热量是产生温度应力的主要原因，发热量小，温度应力小。抗拉强度是防止开裂的主要因素。因此，混凝土热强比越小，抗裂性越强。

4）抗裂性系数 CR。以止裂作用的极限拉伸与起裂作用的热变形值之比作为抗裂性系数 CR。CR 值越大，抗裂性越好。

$$CR = \frac{\varepsilon_p}{\alpha \Delta T} \tag{3.8}$$

式中：ΔT 为混凝土的绝热温升。

混凝土抗裂度、热强比及抗裂性系数等指标，都是比较混凝土抗裂性能优劣的相对指标，在研究和选择混凝土原材料及配合比时可起一定参考作用。

（3）提高混凝土抗裂性的主要措施。

1）选择适当的水泥品种。火山灰水泥干缩率大，对混凝土抗裂不利。粉煤灰水泥水化热低、干缩率较小、抗裂性好。选用 C_3S 及 C_3A 含量较低、C_2S 及 C_4AF 含量较高或早期强度稍低后期强度增长率高的硅酸盐水泥或普通水泥，混凝土的弹性模量较低、极限拉伸值较大，有利于提高混凝土的抗裂性。

2）选择适当的水灰比。水灰比过大的混凝土，强度等级过低，极限拉伸值过小，抗裂性较差；水灰比过小，水泥用量过多，混凝土发热量过大，干缩率增大，抗裂性也会降低。因此，对于大体积混凝土，应取适当强度等级且发热量低的混凝土。对于钢筋混凝土结构，提高混凝土极限拉伸值可以增大结构抗裂度，故混凝土强度等级不应过低。

3）采用多棱角的石灰岩碎石及人工砂做混凝土骨料。碎石骨料与天然河卵石骨料相比，可使混凝土极限拉伸值显著提高。同时石灰岩碎石骨料可使混凝土温度变形系数减小，有利于提高混凝土抗裂性。

4）掺用适量优质粉煤灰或硅粉。混凝土中采用超量取代法掺入适量粉煤灰时，水胶比随之减小，混凝土极限拉伸可提高，有利于提高混凝土的抗裂性。在水胶比不变的条件下，采用等量取代法掺入适量优质粉煤灰时，混凝土的极限拉伸值虽然有一定下降，但其发热量显著减少。试验证明，当掺量适当时，混凝土的抗裂性也会提高。

---

[1]　因混凝土抗拉强度与抗压强度之间存在一定比例关系，故也有取与抗压强度之比的。

混凝土中掺入适量硅粉,可显著提高混凝土的抗拉强度及极限拉伸值,且混凝土发热量基本不变,故可显著提高混凝土的抗裂性。

5)掺入减水剂及引气剂。在混凝土强度不变的情况下,掺入减水剂及引气剂,可减少混凝土用水量,并可改善混凝土结构,从而显著提高混凝土极限拉伸值。

6)加强质量控制,提高混凝土均匀性。调查研究发现,混凝土均质性越差,建筑物裂缝发生率越高。故加强质量管理,减小混凝土强度离差系数,可提高混凝土的抗裂性。

7)加强养护。充分保温或水中养护混凝土可减缓混凝土干缩,并可提高极限拉伸,故可提高混凝土抗裂性。对于掺有粉煤灰或硅粉的混凝土,由于混凝土早期强度增长较慢或干缩较大,更应加强养护。对于大体积混凝土,用保温材料对混凝土进行表面保护,可有效地防止混凝土浇筑初期发生的表面裂缝。

3.2.5 混凝土的耐久性

3.2.5.1 混凝土耐久性的概念

混凝土除要求具有设计的强度外,还应具有抗渗性、抗冻性、抗冲磨性、抗侵蚀性及抗风化性等,统称为混凝土耐久性。

(1)混凝土抗渗性。

混凝土的抗渗性是指其抵抗压力水渗透作用的能力。抗渗性是混凝土的一项重要性质,除关系到混凝土的挡水及防水作用外,还直接影响混凝土的抗冻性及抗侵蚀性等。抗渗性较差的混凝土,水分容易渗入内部,若遇冰冻或水中含有侵蚀性溶质时,混凝土就容易受到冰冻或侵蚀作用而破坏。

混凝土抗渗性可用渗透系数或抗渗等级表示。我国目前沿用的表示方法是抗渗等级。混凝土抗渗等级,是以28d龄期的标准试件在标准试验方法下所能承受的最大水压力来确定的。混凝土抗渗等级分为W2、W4、W6、W8、W10、W12等,即表示混凝土在标准试验条件下能抵抗0.2MPa、0.4MPa、0.6MPa、0.8MPa、1.0MPa、1.2MPa的压力水而不渗水。

混凝土抗渗等级应根据结构物所承受的水压情况,按有关规范进行选择(参考附录2、附录3)。

混凝土的抗渗性还可以用渗透系数表示,试验方法见《水工混凝土试验规程》(DL/T 5150—2001)。混凝土渗透系数越小,抗渗性越强。渗透系数与抗渗等级之间有如表3.3所列的近似关系。

表3.3 混凝土抗渗等级与渗透系数的关系

抗渗等级	渗透系数 $K/$(cm/s)	抗渗等级	渗透系数 $K/$(cm/s)
W2	0.196×10^{-7}	W10	0.177×10^{-8}
W4	0.783×10^{-8}	W12	0.129×10^{-8}
W6	0.419×10^{-8}	W16	0.767×10^{-9}
W8	0.261×10^{-8}	W30	0.236×10^{-9}

混凝土透水的原因是内部存在渗水通道。这些通道除产生于施工振捣不密实及裂缝外,主要来源于水泥浆中多余水分蒸发而留下的毛细孔、水泥浆泌水所形成的孔道及骨料

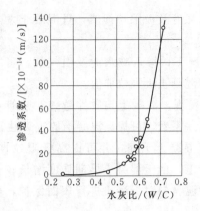

图 3.11 不同水灰比水泥净浆的渗透系数

下部界面聚积的空隙。渗水通道的多少，主要与水泥品种及水灰比的大小有关。当水泥品种一定时，水灰比是影响抗渗性的主要因素。水灰比小时抗渗性高，反之则抗渗性低。图 3.11 为不同水灰比水泥净浆的渗透系数示例，由图可见，水灰比大于 0.6 时，渗透系数剧增，抗渗性显著下降。表 3.4 列出了水灰比与混凝土抗渗等级的大致关系，可供参考。

当掺用引气剂等外加剂时，由于改变了混凝土中的孔隙构造，截断了渗水通道，故可显著提高混凝土的抗渗性（详见 3.4 节）。当采用普通水泥、火山灰水泥或掺入粉煤灰等掺合料时，混凝土抗渗性好；当采用矿渣水泥时，抗渗性较差。此外，骨料级配、施工质量及养护条件等，也对混凝土抗渗性有一定影响。

表 3.4 　　　　　　　　　　　水灰比与混凝土抗渗等级的大致关系

水灰比	0.50～0.55	0.55～0.60	0.60～0.65	0.65～0.75
估计 28d 可能达到的抗渗等级	W8	W6	W4	W2

注 未掺外加剂及掺合料。

混凝土抗渗性随养护龄期的延长而增长。设计中确定抗渗等级时，可以根据结构物开始承受水压的时间考虑后龄期抗渗性的增长。

（2）混凝土的抗冻性。

混凝土的抗冻性，是指混凝土在水饱和状态下能经受多次冻融作用而不破坏，同时也不严重降低强度的性能。混凝土抗冻性常以抗冻等级表示。抗冻等级采用快速冻融法确定，取 28d 龄期 $100mm \times 100mm \times 400mm$ 的混凝土试件，在水饱和状态下经 N 次标准条件下的快速冻融后，若其相对动弹性模量 P 下降至 60% 或质量损失达 5%，则该混凝土抗冻等级即为 FN（参见试件部分）。混凝土抗冻等级分为 F50、F100、F150、F200、F250、F300、F350 等。混凝土相对动弹性模量计算公式为

$$P = \frac{f_N^2}{f_0^2} \times 100\%$$ （3.9）

式中：f_N、f_0 为受冻融 N 次和未受冻融混凝土的自振频率，Hz。

混凝土的抗冻等级应根据工程所处环境，按有关规范选择（参考附录 2、附录 3）。严寒气候条件、冬季冻融交替次数多、处于水位变化区的外部混凝土，以及钢筋混凝土结构或薄壁结构、受动荷载的结构，均应选用较高抗冻等级的混凝土；与海水或侵蚀性溶液接触的上述各种结构，应选用更高抗冻等级的混凝土。

抗冻性好的混凝土，抵抗温度变化、干湿变化等风化作用的能力也较强。因此，在温和气候条件的地区，对于水位变化区及其以上的外部混凝土，也应提出一定的抗冻等级（F50），以保证建筑物的抗风化耐久性。房屋建筑中室内不受风雪影响的混凝土，可以不考虑抗冻性。

混凝土抗冻性的高低，与水泥品种及强度等级、混凝土水灰比、外加剂及掺合料的品种和掺量，以及骨料的品质等有密切关系。混凝土中掺入引气剂时，可显著提高其抗冻性（详见 3.4 节）。在原材料一定的条件下，水灰比的大小是影响抗冻性的主要因素。为了保证混凝土的抗冻性，GB/T 50662—2011 和《水工建筑物抗冰冻设计规范》（SL 211—2006）建议，在没有试验资料时，混凝土水灰比按表 3.5 的规定执行。

表 3.5　　　　　　　　　　小型工程抗冻混凝土水灰比要求

抗冻等级	F50	F100	F150	F200	F300
水灰比	<0.58	<0.55	<0.52	<0.50	<0.45

（3）混凝土的抗磨性及抗气蚀性。

受磨损、磨耗作用的表层混凝土（如受挟沙高速水流冲刷的混凝土及道路路面混凝土等）要求有较高的抗磨性。混凝土的抗磨性不仅与混凝土强度有关，而且与原材料的特性及配合比有关。选用坚硬耐磨的骨料、高强度等级的硅酸盐水泥，配制成水泥浆含量较少的高强度混凝土，经振捣密实，并使表面平整光滑，混凝土将获得较高的抗磨性。对于有抗磨要求的混凝土，其强度等级应不低于 C35，或者采用真空作业，以提高其耐磨性。对于结构物可能受磨损特别严重的部位，应采用抗磨性较强的材料加以防护。

高速水流经过凸凹不平、断面突变或水道急骤转弯的混凝土表面时，会使混凝土发生气蚀破坏。气蚀现象的发生与水流条件及建筑物外形等因素有关。气蚀作用在材料表面产生高频、局部、冲击性的应力而剥蚀混凝土。解决气蚀问题的最好办法是在设计、施工及运行中消除发生气蚀的原因。提高建筑物过水表面材料的抗气蚀性能也是一个重要方面。对混凝土材料来说，提高抗气蚀性能的主要途径是采用 C50 以上的混凝土，骨料最大粒径应不大于 20mm，在混凝土中掺入适量的 Ⅰ 级粉煤灰（有的工程掺适量的硅粉）及高效减水剂，严格控制施工质量，保证混凝土密实、均匀及表面平整等。

（4）混凝土的抗侵蚀性。

混凝土的抗侵蚀性主要决定于水泥的抗侵蚀性，可参看第 2 章。

（5）混凝土的碱骨料反应。

当骨料中含有活性氧化硅（如蛋白石、某些燧石、凝灰岩、安山岩等）的岩石颗粒（砂或石子）时，会与水泥中的碱（K_2O 及 Na_2O）发生化学反应（即碱—硅酸反应），使混凝土发生不均匀膨胀，造成裂缝、强度和弹性模量下降等不良现象，从而威胁工程安全。此外，水泥中的碱还能与某些层状硅酸盐骨料反应（即碱—硅酸盐反应），与某些碳酸盐骨料（如某些白云石和白云质石灰岩等）发生反应（即碱—碳酸盐反应）。上述这些碱与混凝土骨料发生的反应统称为碱骨料反应。受碱骨料反应危害的工程，包括一些公路、桥梁和混凝土闸坝等。

发生碱骨料反应的必要条件是：①骨料中含有活性成分，并超过一定数量；②混凝土中含碱量较高（如水泥含碱当量超过 0.6% 或混凝土中含碱量超过 3.0kg/m³）；③有水分，如果混凝土内没有水分或水分不足，反应就会停止或减小。

目前鉴定骨料是否会发生碱—硅酸反应或碱—硅酸盐反应的常用方法是混凝土棱柱体长度法；鉴定骨料是否会发生碱—碳酸盐反应的方法是小岩石柱长度法。此外，还有快速鉴定方法等。

防止碱骨料反应的措施有：①条件允许时，选择非活性骨料；②选用低碱水泥，并控制混凝土中总的含碱量；③在混凝土中掺入适量的活性掺合料，如粉煤灰等，可抑制碱骨料反应的发生或减小其膨胀率；④在混凝土中掺入引气剂，使其中含有大量均匀分布的微小气泡，可减小其膨胀破坏作用；⑤在条件允许时，采取防止外界水分渗入混凝土内部的措施，如混凝土表面防护等。

（6）混凝土的碳化。

空气中的 CO_2 通过混凝土中的毛细孔隙，由表及里地向内部扩散，在有水分存在的条件下，与水泥石中的 $Ca(OH)_2$ 反应生成 $CaCO_3$，使混凝土中 $Ca(OH)_2$ 浓度下降，称为碳化（或中性化）。碳化还会引起混凝土收缩，使混凝土表层产生微细裂缝。混凝土碳化严重时将影响钢筋混凝土结构的使用寿命。在硬化混凝土的孔隙中充满了饱和 $Ca(OH)_2$ 溶液，此碱性介质使钢筋表面产生一层难溶的 Fe_2O_3 和 Fe_3O_4 薄膜，称为钝化膜，它能防止钢筋锈蚀。碳化后，混凝土碱度降低，当碳化深度超过钢筋保护层时，钝化膜遭到破坏，混凝土失去对钢筋的保护作用，钢筋开始生锈，最终导致钢筋混凝土结构的破坏。

使用硅酸盐水泥或普通水泥，采用较小的水灰比及较多的水泥用量，掺用引气剂或减水剂，采用密实的砂、石骨料以及严格控制混凝土施工质量，使混凝土均匀密实，均可提高混凝土抗碳化能力。混凝土中掺入粉煤灰以及采用蒸汽养护的养护方法会加速混凝土碳化。

3.2.5.2 提高混凝土耐久性的主要措施

混凝土因所处环境和使用条件的不同，所要求的耐久性能各有特点，因此，应根据不同要求采取相应措施，以保证其耐久性。影响抗渗、抗冻、抗磨及抗蚀性等性能的因素，虽不完全相同，但混凝土组成材料的品质及混凝土的密实性对上述各种耐久性均有重要影响。故保证混凝土耐久性的措施，主要有如下几条。

（1）严格控制水灰比。

水灰比的大小是影响混凝土密实性的主要因素，为保证混凝土耐久性，必须严格控制水灰比。有关规范根据工程条件，规定了"水灰比（或水胶比）最大允许值"或"最小水泥用量（或最低胶凝材料用量）"（参考附录1、附录2、附录3），施工中应切实执行。

（2）材料的品质符合规范要求。

应根据工程所处环境及对混凝土耐久性要求的特点，合理选择水泥品种和强度等级。应严格控制砂、石材料的有害杂质含量，使其不致影响混凝土耐久性。

（3）合理选择骨料级配。

合理选择骨料级配可使混凝土在保证和易性要求的条件下减少水泥用量，并有较好的密实性。这样不仅有利于混凝土耐久性而且也较经济。

（4）掺用减水剂及引气剂。

掺用减水剂及引气剂可减少混凝土用水量及水泥用量，改善混凝土孔隙构造，这是提高混凝土抗冻性及抗渗性的有力措施。

（5）保证混凝土施工质量。

在混凝土施工中，应做到搅拌透彻、浇筑均匀、振捣密实、加强养护，以保证混凝土耐久性。

3.3 水泥混凝土的骨料及拌和、养护用水

为了保证混凝土具有良好的技术性质，并降低工程造价，必须合理选择组成混凝土的各种原材料。关于水泥、外加剂及掺合料等，分别在有关章节中阐述，本节仅对形成骨料的岩石、粗细骨料、拌和及养护用水等内容加以说明。

3.3.1 岩石

混凝土所用骨料是由岩石经人工破碎或天然风化、水力搬运破碎后筛分而得，岩石的类型不同直接影响到混凝土的性能。岩石由于形成条件不同，分为岩浆岩（火成岩）、沉积岩（水成岩）及变质岩三大类。

3.3.1.1 岩浆岩

岩浆岩是由地壳深处熔融岩浆上升冷却而形成的，根据形成条件不同可分为以下三类。

1）深成岩。深成岩是岩浆在地壳深处，在上部覆盖层的巨大压力下，缓慢且比较均匀地冷却而形成的岩石。其特点是矿物全部结晶，多呈等粒结构和块状构造，质地密实，视密度大、强度高、吸水性小、抗冻性高。建筑上常用的深成岩主要有花岗岩、闪长岩、辉长岩、正长岩、橄榄岩等。

2）喷出岩。喷出岩是岩浆喷出地表时，在压力急剧降低和迅速冷却的条件下形成的。其特点是岩浆不能全部结晶，或结晶成细小颗粒，所以常呈非结晶的玻璃质结构、细小结晶的隐晶质结构及个别较大晶体嵌在上述结构中的斑状结构。建筑上常用的喷出岩主要有玄武岩、辉绿岩、安山岩等。

3）火山岩。火山岩也称火山碎屑岩，是火山爆发时喷到空中的岩浆经急速冷却后形成的。常见的有火山灰、火山砂、浮石及火山凝灰岩等。浮石及火山凝灰岩质轻多孔，前者可用作轻混凝土的骨料，后者可用作保温材料。火山灰及火山碎屑岩都是非结晶玻璃质结构，具有化学活性，磨细后可作水泥的混合材料。

3.3.1.2 沉积岩

位于地壳表面的岩石，经过物理、化学和生物等风化作用，逐渐被破坏成大小不同的碎屑颗粒和一些可溶解物质。这些风化产物经水流、风力的搬运，并按不同质量、不同粒径或不同成分沉积而成的岩石，称为沉积岩。由于沉积岩是逐渐沉积而成的，有明显的层理，故垂直层理方向与平行层理方向的性质不同。沉积岩一般都具有比较多的孔隙，不如深成岩密实。根据成形条件，沉积岩可分为以下三类：

1）化学沉积岩。原岩石中的矿物溶于水，经聚集沉积而成的岩石。常见的有石膏、白云岩、菱镁矿及某些石灰岩等。

2）机械沉积岩。原岩石在自然风化作用下破碎，经流水、冰川或风力的搬运，逐渐沉积而成。常见的有页岩、砂岩、砾岩等。

3）有机沉积岩。由海水或淡水中的生物残骸沉积而成。常见的有石灰岩、贝壳岩、白垩、硅藻土等。

3.3.1.3 变质岩

变质岩是由岩浆岩或沉积岩在地壳变动或与熔融岩浆接触时，受到高温高压的作用变质而成的。变质岩一般可分为片状构造和块状构造两大类。片状构造的变质岩，其矿物晶体按垂直于压力的方向平行排列，例如由花岗岩变质而成的片麻岩、由黏土或页岩变质而成的板岩等。块状构造的变质岩，其矿物结构较原岩石发生了变化，但其构造仍为均质的块状，例如由石灰岩或白云岩变质而成的大理岩、由砂岩变质而成的石英岩等。

3.3.2 细骨料（砂）

混凝土的细骨料一般采用天然砂，如河砂、海砂及山谷砂，其中以河砂品质最好，应用最多。当地缺乏合格的天然砂时，也可用坚硬岩石磨碎的人工砂。通常规定混凝土用砂的公称粒径（即砂子颗粒的直径）范围为 0.16～5.0mm。大于 5mm 的列入石子范围。对砂的质量要求包括有害杂质含量、细度和颗粒级配及物理性质等。

3.3.2.1 颗粒形状及表面特征

细骨料的颗粒形状及表面特征会影响其与水泥石的黏结及混凝土拌和物的流动性。山砂和人工砂的颗粒多具有棱角，表面粗糙，与水泥石黏结较好，用它拌制的混凝土强度较高，但拌和物的流动性较差；与山砂及人工砂相比，河砂、海砂的颗粒缺少棱角，表面较光滑，与水泥石黏结较差，用其拌制的混凝土强度较低，但拌和物的流动性较好。

3.3.2.2 有害杂质

混凝土用砂应颗粒坚实、清洁、不含杂质。但砂中常含有一些有害杂质，如云母、黏土及淤泥、硫化物及硫酸盐、有机杂质及轻物质等。云母呈薄片状，表面光滑，与水泥石黏结极弱，会降低混凝土的强度及耐久性。黏土、淤泥等粘附在砂粒表面，阻碍砂与水泥石的黏结，除降低混凝土的强度及耐久性外，还增大干缩率。当黏土以团块存在时，危害性更大。有机物、硫化物及硫酸盐，其可溶性物质能与水泥的水化产物起反应，对水泥有侵蚀作用。轻物质如煤和褐煤等，质轻、颗粒软弱，与水泥石黏结力很低，使混凝土强度降低。为保证混凝土质量，砂中有害杂质的含量应符合有关规范❶的要求。

当怀疑砂（或粗骨料）中含有活性骨料时，应进行专门试验，以确定是否可用，常见碱活性岩石见表 3.6。

海砂中常含有氯盐，会引起钢筋锈蚀。为防止钢筋混凝土或预应力钢筋混凝土结构受到腐蚀，这些工程不宜用海砂。若受条件限制必须采用海砂时，应限制砂中含盐量❷。必要时，应使用淡水对砂进行淋洗，也可在混凝土中掺入占水泥质量 0.6%～1.0% 的亚硝酸钠，以抑制钢筋锈蚀。

---

❶ 一般工业与民用建筑中混凝土用砂，应符合《普通混凝土用砂、石质量及检验方法标准》（JGJ 52—2006）的要求；水工混凝土用砂，应符合《水工混凝土施工规范》（DL/T 5144—2015）的要求；水运工程混凝土用砂，应符合《水运工程混凝土施工规范》（JTS 202—2011）的要求。

❷ 对砂中氯盐含量的限制可参考《普通混凝土用砂质量标准及检验方法》（JGJ 52—2006）、《水运工程混凝土施工规范》（JTS 202—2011）及《海港工程混凝土结构防腐蚀技术规范》（JTJ 275—2000）等规范。

表 3.6 常 见 碱 活 性 岩 石

岩 石 类 别	岩 石 名 称	碱 活 性 矿 物
岩浆岩	流纹岩 安山岩 松脂岩 珍珠岩 黑曜岩	酸性—中性火山玻璃、隐晶—微晶石英、鳞石英、方石英
	花岗岩 花岗闪长岩	应变石英、微晶石英
沉积岩	火山熔岩 火山砾岩 凝灰岩	火山玻璃
	石英砂岩	微晶石英、应变石英
	硬砂岩	微晶石英、应变石英、喷山岩及火山碎屑岩屑
	硅藻土 碧玉 燧石	蛋白石 玉髓、微晶石英 蛋白石、玉髓、微晶石英
	碳酸盐岩	细粒泥质灰岩、白云岩、硅质灰岩或硅质白云岩
变质岩	板岩 千枚岩	玉髓、微晶石英
	片岩 片麻岩	微晶石英、应变石英
	石英岩	应变石英

3.3.2.3 砂的粗细程度与颗粒级配

砂子粗细程度常用细度模数 FM 表示，它是指不同粒径的砂粒混在一起后的平均粗细程度。将砂进行筛分析并按式（3.10）计算细度模数，即

$$FM = \frac{(A_2 + A_3 + A_4 + A_5 + A_6) - 5A_1}{100 - A_1} \qquad (3.10)$$

式中：A_1、A_2、A_3、A_4、A_5、A_6 分别是方孔筛筛孔边长为 4.75mm、2.36mm、1.18mm、0.60mm、0.30mm、0.15mm 时各筛上累计筛余百分数。方孔筛筛孔边长、砂的公称粒径及砂筛筛孔的公称直径应符合表 3.7 的规定。

表 3.7 砂的公称粒径、砂筛筛孔的公称直径和方孔筛筛孔边长尺寸 单位：mm

砂的公称粒径	砂筛筛孔的公称直径	方孔筛筛孔边长
5.0	5.0	4.75
2.50	2.50	2.36
1.25	1.25	1.18
0.63	0.63	0.60
0.315	0.315	0.30
0.16	0.16	0.15

按细度模数的大小，可将砂分为粗砂、中砂、细砂及特细砂。细度模数为 3.7～3.1 的是粗砂，3.0～2.3 的是中砂，2.2～1.6 的是细砂，1.5～0.7 的属特细砂。

在配合比相同的情况下，若砂子过粗，拌出的混凝土黏聚性差，容易产生分离、泌水现象；若砂子过细，虽然拌制的混凝土黏聚性较好，但流动性显著减小，为满足流动性要求，需耗用较多的水泥，混凝土强度也较低。因此，混凝土用砂不宜过粗，也不宜过细，以中砂较为适宜。

砂的颗粒级配是指不同粒径的砂粒的组合情况。当砂子由较多的粗颗粒、适当的中等颗粒及少量的细颗粒组成时，细颗粒填充在粗、中颗粒间，使其空隙率及总表面积都较小，即构成良好的级配。使用较好级配的砂子，不仅节约水泥，而且还可以提高混凝土的强度及密实性。

砂的级配常用各筛上累计筛余百分率来表示。对于细度模数为 3.7～1.6 的砂，按筛孔公称直径 0.63mm 筛上累计筛余百分率分为三个区间（表 3.8）。级配较好的砂，各筛上累计筛余百分率应处在同一区间之内（除公称直径为 5.0mm 及 0.63mm 的筛上累计筛余外，允许稍有超出界限，但其他筛上累计筛余超出的总量不应大于 5%）。

表 3.8   砂 的 颗 粒 级 配 区   %

公称直径	累计筛余			公称直径	累计筛余		
	1 区	2 区	3 区		1 区	2 区	3 区
5.0mm	10～0	10～0	10～0	0.63mm	85～71	70～41	40～16
2.50mm	35～5	25～0	15～0	0.315mm	95～80	92～70	85～55
1.25mm	65～35	50～10	25～0	0.16mm	100～90	100～90	100～90

天然砂一般都具有较好的级配，故只要其细度模数适当，均可用于拌制一般强度等级的混凝土。人工砂内粗颗粒一般含量较多，当将细度模数控制在理想范围（中砂）时，若小于公称直径 0.16mm 的石粉含量过少，往往使混凝土拌和物的黏聚性较差；但若石粉含量过多，又会使混凝土用水量增大并影响混凝土强度及耐久性。故其石粉含量一般控制在 6%～12% 之间。

若砂子用量很大，选用时应贯彻就地取材的原则。若有些地区的砂料过粗、过细或级配不良时，在可能的情况下，应将粗细两种砂掺配使用，以调节砂的细度，改善砂的级配。在只有细砂或特细砂的地方，可以考虑采用人工砂，或者采取一些措施以降低水泥用量，如掺入一些细石屑或掺用减水剂、引气剂等。

3.3.2.4 砂的物理性质

（1）砂的视密度、堆积表观密度及空隙率。

砂的视密度大小反映砂粒的密实程度，混凝土用砂的视密度一般要求不小于 2.50g/cm³。石英砂的视密度约在 2.60～2.70g/cm³ 之间。砂的堆积表观密度与空隙率有关。在自然状态下干砂的堆积表观密度约为 1400～1600kg/m³，振实后的堆积表观密度可达 1600～1700kg/m³。

砂子空隙率的大小与颗粒形状及颗粒级配有关。带有棱角的砂，特别是针片状颗粒较多的砂，其空隙率较大；球形颗粒的砂，其空隙率较小；级配良好的砂，空隙率较小。一般天然河砂的空隙率为40%～45%，级配良好的河砂其空隙率可小于40%。

（2）砂的含水状态及吸水率。

砂的含水状态如图3.12所示。砂子含水量的大小，可用含水率表示。

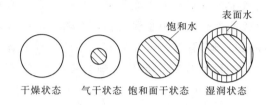

图3.12 砂的含水状态

当砂粒表面干燥而颗粒内部孔隙含水饱和时，称为饱和面干状态。此时砂的含水率称为饱和面干吸水率（简称吸水率）。砂的颗粒越坚实，其吸水率越小，品质也就越好。一般石英砂的吸水率在2%以下。

饱和面干砂既不从混凝土拌和物中吸取水分，也不往拌和物中带入水分。我国水工混凝土工程多按饱和面干状态的砂、石来设计混凝土配合比。

在工业及民用建筑工程中，习惯按干燥状态的砂（含水率小于0.5%）及石子（含水率小于0.2%）来设计混凝土配合比。

（3）砂的坚固性。

混凝土用砂必须具有一定的坚固性，以抵抗各种风化因素及冻融破坏作用。砂的坚固性差，会直接影响混凝土的耐久性和强度，试验方法见《水工混凝土砂石骨料试验规程》（DL/T 5151—2014）。

《水工混凝土施工规范》（DL/T5144—2015）对砂的品质要求见表3.9。

表3.9 砂 的 品 质 要 求

项 目		指 标		备 注
		天然砂	人工砂	
石粉含量/%		—	6～18	碾压混凝土10～22
含泥量/%	≥C₉₀30 和有抗冻要求的	≤3	—	
	<C₉₀30	≤5	—	
泥块含量/%		不允许	不允许	
坚固性/%	有抗冻要求	≤8	≤8	
	无抗冻要求	≤10	≤10	
表观密度/（kg/m³）		≥2500	≥2500	
硫化物及硫酸盐含量/%		≤1	≤1	折算成SO₃，按质量计
有机质含量		浅于标准色	不允许	
云母含量/%		≤2	≤2	
轻物质含量/%		≤1	—	

3.3.3 粗骨料（卵石与碎石）

公称粒径大于5mm的骨料叫粗骨料。普通混凝土常用的粗骨料有卵石和碎石两种。

3.3.3.1 颗粒形状及表面特征

粗骨料的颗粒形状及表面特征会影响其与水泥石的黏结及混凝土拌和物的流动性。卵石表面光滑、少棱角，空隙率及表面积较小，拌制混凝土时水泥浆用量较少，和易性较好，但与水泥石的黏结力较小。碎石颗粒表面粗糙、多棱角，空隙率和表面积较大，所拌制混凝土拌和物的和易性较差，但碎石与水泥石黏结力较大，在水灰比相同的条件下，比卵石混凝土强度高。故卵石与碎石各有特点，在实际工程中应本着满足工程技术要求及经济的原则进行选用。粗骨料的颗粒还有呈针状（颗粒长度大于该颗粒所属粒级的平均粒径❶的 2.4 倍）和片状（厚度小于平均粒径的 0.4 倍）的。针、片状颗粒会使混凝土骨料空隙率增大，且受力后易被折断。故针、片状颗粒过多，会使混凝土强度降低，其含量应符合规范的规定。

3.3.3.2 有害杂质

粗骨料中的有害杂质主要有黏土、淤泥及细屑、硫化物及硫酸盐、有机物质等。它们的危害作用和在细骨料中时相同。不同工程的混凝土对粗骨料有害杂质含量的限值，可参阅有关规范❷。

粗骨料中若有活性骨料及黄锈骨料等，应进行专门试验，以确定是否可用。

3.3.3.3 最大粒径及颗粒级配

（1）最大粒径（D_M）。

粗骨料公称粒径的上限值称为骨料最大粒径。粗骨料最大粒径增大时，骨料的空隙率及表面积都减小，在水灰比及混凝土流动性相同的条件下，可使水泥用量减少，且有助于提高混凝土的密实性，减少混凝土的发热量及混凝土的收缩，这对大体积混凝土颇为有利。实践证明，当 D_M 在 $80\sim150\mathrm{mm}$ 以下变动时，D_M 增大，水泥用量显著减小，节约水泥效果明显；当 D_M 超过 $150\mathrm{mm}$ 时，D_M 增大，水泥用量不再显著减小。

在水泥用量相同的条件下，混凝土强度与 D_M 关系如图 3.13 所示。

对于水泥用量较少的中、低强度混凝土，D_M 增大时，混凝土强度增大。对于水泥用量较多的高强混凝土，D_M 由 20mm 增至 40mm 时，混凝土强度最高，$D_M>40\mathrm{mm}$ 并没有好处。骨料最大粒径大者对混凝土的抗冻性、抗渗性也有不良的影响，尤其会显著降低混凝土的抗气蚀性能。因此，适宜的骨料最大粒径与混凝土性能要求有关。在大体积混凝土中，如条件

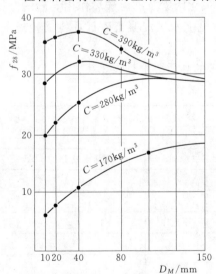

图 3.13　混凝土强度与骨料最大粒径关系
（用强度等级 42.5 级的普通水泥）

---

❶　平均粒径系指该粒级上限尺寸和下限尺寸的平均值。

❷　《普通混凝土用砂、石质量及检验方法标准》（JGJ 52—2006）；《水工混凝土施工规范》（DL/T 5144—2015）；《水运工程混凝土施工规范》（JTJ 202—2011）。

许可，在最大粒径为 150mm 范围内，应尽可能采用较大粒径。在高强混凝土及有抗气蚀性能要求的外部混凝土中，骨料最大粒径应不超过 40mm。港工混凝土的最大粒径不大于 80mm。

骨料最大粒径的确定，还受到结构物断面、钢筋疏密及施工条件的限制。一般规定 D_M 不超过钢筋净距的 $2/3 \sim 3/4$、构件断面最小尺寸的 $1/4$。对于混凝土实心板，允许采用 D_M 为 $1/2$ 板厚的骨料（但 $D_M \leqslant 50mm$）。当混凝土搅拌机的容量小于 $0.8m^3$ 时，D_M 不宜超过 80mm；当使用大容量搅拌机时，也不宜超过 150mm，否则容易打坏搅拌机叶片。

（2）颗粒级配。

粗骨料的级配原理与细骨料基本相同，即将大小石子适当掺配，使粗骨料的空隙率及表面积都比较小，这样拌制出的混凝土水泥用量少，质量也较好。

根据《普通混凝土用砂、石质量及检验方法标准》（JGJ 52—2006）的规定，粗骨料颗粒级配应符合表 3.10 的要求。

表 3.10　　　　　　　　　卵石或碎石的累计质量筛余颗粒级配范围　　　　　　　　　　　%

级配情况	公称直径	方孔筛筛孔尺寸											
		2.36mm	4.75mm	9.5mm	16.0mm	19.0mm	26.5mm	31.5mm	37.5mm	53mm	63mm	75mm	90mm
连续粒径	5～10mm	95～100	80～100	0～15	0	—	—	—	—	—	—	—	—
	5～16mm	95～100	85～100	30～60	0～10	0	—	—	—	—	—	—	—
	5～20mm	95～100	90～100	40～80	—	0～10	—	0	—	—	—	—	—
	5～25mm	95～100	90～100	—	30～70	—	0～5	0	—	—	—	—	—
	5～31.5mm	95～100	90～100	70～90	—	15～45	—	0～5	0	—	—	—	—
	5～40mm	—	95～100	70～90	—	30～65	—	—	0～5	0	—	—	—
单粒径	10～20mm	—	95～100	85～100	—	0～15	—	0	—	—	—	—	—
	16～31.5mm	—	95～100	—	85～100	—	—	0～10	—	—	—	—	—
	20～40mm	—	—	95～100	—	80～100	—	—	0～10	0	—	—	—
	31.5～63mm	—	—	—	95～100	—	—	75～100	45～75	—	0～10	—	—
	40～80mm	—	—	—	—	95～100	—	—	70～100	—	30～60	0～10	0

注　1. 公称粒级的上限为该粒级的最大粒径，单粒级一般用于组合成具有要求级配的连续粒级，它也可与连续粒级的碎石或卵石混合使用，以改善它们的级配或配成较大粒径的连续粒级。

　　2. 根据混凝土工程和资源的具体情况，进行综合技术经济分析后，在特殊情况下允许直接采用单粒级，但必须避免混凝土发生离析。

水工混凝土及水运工程混凝土常根据最大粒径的不同，按表 3.10 将石子分为二级、三级或四级，分别堆放，拌制混凝土时按各级石子所占比例掺配使用。各级石子的搭配比例需通过试验确定。通常是将各级石子按照不同比例掺配，进行堆积表观密度试验，从中选出几组堆积表观密度较大（即空隙率较小）的级配，再进行混凝土和易性试验，选出能满足和易性要求且水泥用量又较小的搭配比例。表 3.11 列出了粗骨料搭配比例推荐值，可供选择骨料级配时参考。

表 3.11　　　　　　　　　　　粗骨料分级及配合比例推荐值　　　　　　　　　　%

粗骨料最大粒径/mm	5～20mm	5～30mm	5～40mm	20～40mm	30～60mm	40～80mm	80～150 (120) mm	总　计
40	45～60			40～55				100
60		35～50			50～65			100
80	25～35			25～35		35～50		100
80			60～65			35～50		100
150 (120)	15～25			15～25		25～35	30～45	100

粗骨料级配有连续级配和间断级配两种。连续级配是从最大粒径开始，由大到小各粒径级相连，每一粒径级都占有适当的比例。这种级配在工程中被广泛采用。间断级配是各粒径级石子不相连，即抽去中间的一、二级石子。间断级配能减小骨料的空隙率，故能节约水泥。但是间断级配容易使混凝土拌和物产生离析现象，并要求称量更加准确，增加了施工中的困难；此外，间断级配往往与天然存在的骨料级配情况不相适应，所以工程中较少采用。

选择骨料级配时，应从实际出发，将试验所选出的最优级配与料场中骨料的天然级配结合起来考虑，对各级骨料用量进行必要的调整与平衡，确定出实际使用的级配。这样做的目的是为了减少弃料，避免浪费。

施工现场分级堆放的石子中往往有超径与逊径现象存在。所谓超径就是在某一级石子中混杂有超过这一级粒径的石子；所谓逊径就是混杂有小于这一级粒径的石子。超逊径的出现将直接影响骨料的级配和混凝土性能，因此必须加强施工管理，并经常对各级石子的超、逊径进行检验。一般规定，超径石子含量不得大于 5%，逊径石子含量不得大于 10%。如果超过规定数量，最好进行二次筛分，否则应调整骨料级配，以保证工程质量。

3.3.3.4　物理力学性质

(1) 视密度、堆积表观密度及空隙率。

用作混凝土骨料的卵石或碎石，应密实坚固。故粗骨料的视密度应较大、空隙率应较小。我国石子的视密度平均为 2.68g/cm³，最大的达 3.15g/cm³，最小为 2.50g/cm³，故一般要求粗骨料的视密度不小于 2.55g/cm³。粗骨料的堆积表观密度及空隙率与其颗粒形状、针片状颗粒含量以及粗骨料的颗粒级配有关。近于球形或立方体形状的颗粒且级配良好的粗骨料，其堆积表观密度较大，空隙率较小。经振实后的堆积表观密度（称为振实堆积表观密度）比松散堆积表观密度大，空隙率小。

(2) 吸水率。

粗骨料的颗粒越坚实，孔隙率越小，其吸水率越小，品质也越好。吸水率大的石料，表明其内部孔隙多。粗骨料吸水率过大，将降低混凝土的软化系数，也降低混凝土的抗冻性。一般要求粗骨料的吸水率不大于 2.5%。

(3) 强度。

为了保证混凝土的强度，要求粗骨料质地致密，具有足够的强度。粗骨料的强度可用岩石立方体强度或压碎指标两种方法进行检验。岩石立方体强度是将轧制碎石的岩石或卵石制成 50mm×50mm×50mm 的立方体（或直径与高度均为 50mm 的圆柱体）试件，在水饱和状态下测定其极限抗压强度。一般要求极限强度与混凝土强度之比不小于 1.5，且要求岩浆岩的极限抗压强度不宜低于 80MPa，变质岩不宜低于 60MPa，沉积岩不宜低于 30MPa。压碎指标是取粒径为 10～20mm 的骨料装入规定的圆模内，在压力机上加荷载 200kN，其压碎的细粒（小于 2.5mm）占试样质量百分数即为压碎指标。卵石或碎石骨料的压碎指标应满足规范要求，DL/T 5144—2015 规定见表 3.12。

表 3.12　　　　　　　　　　　　粗骨料的压碎指标值　　　　　　　　　　　　%

骨 料 类 别		不同混凝土强度等级的压碎指标	
		$C_{90}55 \sim C_{90}40$	$\leqslant C_{90}35$
碎石	水成岩	≤10	≤16
	变质岩或深成的火成岩	≤12	≤20
	火成岩	≤13	≤30
卵石		≤12	≤16

（4）坚固性。

有抗冻、耐磨、抗冲击性能要求的混凝土所用粗骨料，要求测定其坚固性，即用硫酸钠溶液法检验。对于在严寒及寒冷地区室外使用并经常处于潮湿或干湿交替状态下有抗冻要求的混凝土，粗骨料试样经 5 次浸泡烘干循环后其质量损失应不大于 5%。其他条件下使用的混凝土，其粗骨料试样经 5 次浸泡烘干循环后的质量损失应不大于 12%。

《水工混凝土施工规范》（DL/T 5144—2015）对粗骨料的品质要求见表 3.13。

表 3.13　　　　　　　　　　　　粗 骨 料 的 品 质 要 求

项　目		指　标	备　注
含泥量 /%	$D20$、$D40$ 粒径级	≤1	
	$D80$、$D150$（$D120$）粒径级	≤0.5	
泥块含量		不允许	
坚固性 /%	有抗冻要求	≤5	
	无抗冻要求	≤12	
硫化物及硫酸盐含量/%		≤0.5	折算成 SO_3，按质量计
有机质含量		浅于标准色	如深于标准色，应进行混凝土强度对比试验，抗压强度比不应低于 0.95
表观密度/（kg/m³）		≥2500	
吸水率/%		≤2.5	
针片状颗粒含量/%		≤15	经试验论证，可放宽至 25%

3.3.4　混凝土拌和及养护用水

凡可饮用的水，均可用于拌制和养护混凝土。未经处理的工业废水、污水及沼泽水不能使用。

天然矿化水中含盐量、氯离子及硫酸根离子含量以及 pH 值等化学成分能满足规范要求时，也可用于拌制和养护混凝土。

对拌制和养护混凝土的水质有怀疑时，应进行砂浆强度对比试验。如用该水拌制的砂浆抗压强度低于用饮用水拌制的砂浆抗压强度的 90% 时，则这种水不宜用于拌制和养护混凝土。

在缺乏淡水的地区，素混凝土允许用海水拌制，但应加强对混凝土的强度检验，以符合设计要求；对有抗冻要求的混凝土，水灰比应降低 0.05。由于海水对钢筋有锈蚀作用，故钢筋混凝土及预应力钢筋混凝土不得用海水拌制。

3.4　混 凝 土 外 加 剂

在拌制混凝土过程中掺入的不超过水泥质量的 5%（特殊情况除外），且能使混凝土按需要改变性质的物质，称为混凝土外加剂。

混凝土外加剂的种类很多，根据国家标准，混凝土外加剂按主要功能来命名，如普通减水剂、早强剂、引气剂、缓凝剂、高效减水剂、引气减水剂、缓凝减水剂、速凝剂、防水剂、阻锈剂、膨胀剂、防冻剂等。本节着重介绍工程中常用的各种减水剂、引气剂、早强剂、缓凝剂及速凝剂。

混凝土外加剂按其主要作用可分为如下五类：

1）改善混凝土拌和流变性能的外加剂，包括各种减水剂、引气剂及泵送剂。

2）调节混凝土凝结硬化性能的外加剂，包括缓凝剂、早强剂及速凝剂等。

3）调节混凝土含气量的外加剂，包括引气剂、消泡剂、泡沫剂、发泡剂等。

4）改善混凝土耐久性的外加剂，包括引气剂、防水剂、阻锈剂等。

5）改善混凝土其他特殊性能的外加剂，包括保水剂、膨胀剂、黏结剂、着色剂、防冻剂等。

3.4.1　混凝土外加剂的物理化学基础

混凝土外加剂的化学成分有无机化合物和有机化合物两种。

有机化合物多为各种表面活性剂。表面活性剂是指将其配成溶液后能吸附在液—气与液—固界面上，并显著降低其界面张力的物质。表面活性剂分子由亲水基和憎水基两种基团所构成。亲水基团是以羟基、羧酸盐基、磺酸盐基及胺基等为代表的原子团，它是易溶于水的极性基团。憎水基团是以脂肪烃、芳香烃等为代表的原子团，它是一些难溶于水的非极性基团。当表面活性剂分子中亲水基团的亲水性较强而憎水基团的憎水性较弱时，表面活性剂呈现亲水性；反之，则呈憎水性。

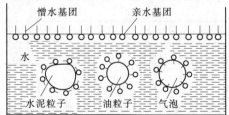

图 3.14　表面活性剂分子的
吸附定向排列

表面活性剂的亲水基团对水等极性分子具有较强的亲和力，憎水基团对空气、油等非极性分子具有较强的亲和力。在不同类型的界面上，表面活性剂分子会形成不同类型的吸附层，见图 3.14。

表面活性剂的分类方法很多，通常按离子类型分类。凡表面活性剂溶于水时，能电离生成离子的，称为离子型表面活性剂；不能电离者，称为非离子型表面活性剂。离子型表面活性剂又分为阴离子型、阳离子型及两性离子型三种。

1）阴离子型表面活性剂。当溶于水时，电离出正离子，其亲水基团带负电荷，如以磺酸盐、羧酸盐等为亲水基团的表面活性剂，它们是水泥混凝土中最常用的一类。

2）阳离子型表面活性剂。当溶于水时，电离出负离子，其亲水基团带正电荷。

3）两性离子型表面活性剂。当溶于水时，其亲水基团既能带正电荷，又能带负电荷。

高分子表面活性剂是可溶性的离子型或非离子型高分子聚合物，其分子结构也有亲水部分和憎水部分。离子型高分子表面活性剂分子中有长链的憎水基主链，并在一定范围内排列着可电离的亲水基团，或具有亲水性的侧链。例如，阴离子型高分子表面活性剂有以磺酸盐基为亲水基团的线型（或短支链）聚合物，如磺化聚苯乙烯、β—萘磺酸盐甲醛缩聚物、磺化三聚氰胺甲醛树脂等；有以羧酸（盐）基为亲水基的接枝型聚合物，如羧酸盐接枝共聚物减水剂（也称多羧酸系减水剂）；有以羧基—磺酸基等多亲水基团的氨基磺酸盐减水剂等。

水泥混凝土中掺入表面活性剂后，水泥的水化反应没有改变，也没有发现新的水化产物。表面活性剂主要起物理化学作用，改变了水泥浆体的物理化学性质。不同的表面活性剂在水泥混凝土中的作用也不相同，如：对水泥颗粒可以起分散作用，对水泥浆溶胶可以起稳定作用，对混凝土起引气作用，可以起调节水泥凝结硬化的调凝作用以及增大水泥浆黏度的保水作用等。因此，合理使用外加剂可使混凝土按需要改变其性质。

无机化合物包括金属单质、氧化物及无机盐类等。

金属铝粉是典型的金属单质外加剂，铝粉在碱性介质中能与OH^-发生化学反应而放出氢气：

$$Al + OH^- + 2H_2O \longrightarrow Al(OH)_3 + H_2 \uparrow$$

金属铝粉是生产加气轻质混凝土常用的外加剂之一，其用量一般为水泥质量的0.01%～0.10%。其他金属单质如镁粉和锌粉均可用于产生气泡，但应用不及铝粉普遍。

氧化物和无机盐类有氯化钙、氯化钠、硫酸钠等，它们是早强剂的主要成分；铝酸钠、硅酸钠、碳酸钠等常用于制成速凝剂；氧化锌、硼砂、氟硅酸钠等有程度不同的缓凝作用。这些氧化物和无机盐之所以有不同的效能，主要是由于它们与水泥中的某种矿物成分或水化产物产生化学反应，生成了加速凝结硬化或阻碍水泥水化的新产物，从而加速或延缓了水泥的水化过程，发挥其功能。

3.4.2 减水剂

减水剂是指在混凝土坍落度基本相同的条件下，能减少拌和用水量的外加剂。按减水能力及其兼有的功能有普通减水剂、高效减水剂、早强减水剂及引气减水剂等。减水剂多为亲水性阴离子表面活性剂。

3.4.2.1 减水剂的作用机理及使用效果

水泥加水拌和后，会形成如图3.15（a）所示的絮凝结构，流动性很低。掺有减水剂时，减水剂分子吸附在水泥颗粒表面，其亲水基团携带大量水分子，在水泥颗粒周围形成一定厚度的吸附水层，增大了水泥颗粒间的可滑动性，如图3.15（b）所示。当减水剂为离子型表面活性剂时，还能使水泥颗粒表面带上同性电荷，在电性斥力作用下，水泥粒子相互分散，如图 3.15（c）所示。上述作用使水泥浆体呈溶胶结构，如图 3.15（d）所示。在常规搅拌的混凝土拌和物中，有相当多的水泥颗粒呈絮凝结构（当水灰比较小时，絮凝结构更多），加入减水剂后，水泥浆体呈溶胶结构，混凝土流动性可显著增大。这就是减水剂对水泥粒子的分散作用。羧酸盐接枝共聚物减水剂的分子呈"梳形"，尤其是含聚氧乙烯长侧链时，在水泥颗粒表面形成很厚的吸附层，对水泥粒子的凝聚产生空间阻碍作用，使水泥粒子强烈分散并保持分散状态。

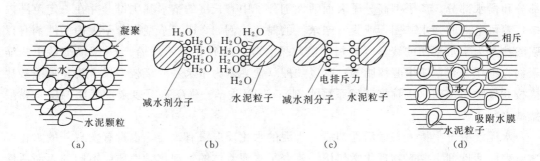

图 3.15　减水剂对水泥浆的分散作用

（a）未掺减水剂的水泥浆絮凝结构；（b）减水剂分子在水泥粒子周围的吸附水层；

（c）减水剂使水泥粒子之间产生电性斥力；（d）水泥浆呈溶胶结构

减水剂还使溶液的表面张力降低，在机械搅拌作用下使浆体内引入部分气泡。这些微细气泡有利于水泥浆流动性的提高。此外，减水剂对水泥颗粒的润湿作用，既有利于分散，也可使水泥颗粒的早期水化作用比较充分。

总之，减水剂在混凝土中改变了水泥浆体流变性能，进而改变了水泥混凝土结构，起到了改善混凝土性能的作用。

根据使用条件的不同，混凝土掺用减水剂后可以产生以下三方面的效果。

1）在配合比不变的条件下，可增大混凝土拌和物的流动性，改善施工条件或实现泵送及自流平，且不致降低混凝土的强度。

2）在保持流动性及水灰比不变的条件下，可以减少用水量及水泥用量，以节约水泥。

3）在保持流动性及水泥用量不变的条件下，可以减少用水量，从而降低水灰比，使混凝土的强度与耐久性得到提高。

3.4.2.2　常用的减水剂

目前常用的减水剂有木质素系、萘系、三聚氰胺树脂、氨基磺酸盐及羧酸基接枝共聚物系等多种。当与其他外加剂复合时，还可制成引气减水剂、早强减水剂及缓凝减水剂等多种减水剂。现将常用品种介绍如下。

（1）木质素系减水剂及改性木质素减水剂。

木质素系减水剂的主要品种有木质素磺酸钙（简称木钙或 M 剂）、木钠及碱木素等。

木钙是由生产纸浆或纤维浆的废液经发酵提取酒精后的残渣，经磺化、石灰中和、过滤喷雾干燥而制得。木钙减水剂中含木质素磺酸钙 60％以上，含糖率低于 12％，pH 值为 4～6。

木钙掺量一般为水泥质量的 0.2％～0.3％，减水率[1] 10％左右，混凝土 28d 抗压强度提高 10％～20％。在保持混凝土强度和坍落度不变的条件下，可节约水泥 8％～10％。

木钙对水泥有缓凝作用，并可减少水泥水化放热的速率。一般在混凝土中掺入 0.25％的木钙，能使凝结时间延长 1～3h，对大体积混凝土夏季施工有利。但若掺量过多，将使混凝土硬化过程变慢，甚至降低混凝土的强度。在保持混凝土坍落度及抗压强度不变的条件下，掺有木钙的混凝土的抗拉强度、抗折强度、弹性模量、抗渗性及抗冻性等各项性能均有不同程度的提高，是应用广泛的普通减水剂。

在纸浆废液的中和工艺中用 NaOH，则得到木质素磺酸钠（简称木钠）。其性能与木钙相近，但对水泥缓凝作用不大。

近年来，由于造纸用木材树种变化，所得木钙有减水率降低、含气量高、缓凝作用增大等现象，为此要对其进行改性。目前所用的改性方法主要有：用分子筛等设备将低分子量的部分滤除、采用生物或化学法进行降糖、采用磺化及氧化法增大分子量及活性、将木钙与木钠复合使用等。

（2）萘系高效减水剂。

萘系高效减水剂是以萘及萘的同系物为原料，经磺化、水解、缩聚、中和而得。主要成分是萘或萘同系物磺酸盐甲醛缩合物，属阴离子高分子表面活性剂。根据其 Na_2SO_4 含量不同，分为普通型（Na_2SO_4 含量 18％～22％）及高浓型（Na_2SO_4 含量≤5％）。目前国内已有数十个品种，主要有 NF、FDN、UNF、JN、SN、AF、JM、ZB 等。

萘系减水剂对水泥有强烈的分散作用，减水率多在 15％～20％以上，混凝土 28d 强度可增加 20％以上，并有早强作用。其适宜掺量多为 0.5％～1.5％，通常为 0.5％～0.75％。

萘系减水剂的减水率高，不引气、水泥适应性好，与其他高效减水剂相比价格较便宜，与各种外加剂复合性能好，可配制高强混凝土及高性能混凝土等用于各种混凝土工程。其存在的主要问题是坍落度损失较大。[2]

（3）三聚氰胺树脂高效减水剂。

三聚氰胺树脂高效减水剂全称为磺化三聚氰胺甲醛树脂（或称蜜胺树脂，代号 SM）是一种水溶性树脂。SM 高效减水剂为非引气型早强高效减水剂，减水率很高，当掺量为 0.5％～2.0％时，可减水 20％～27％，最高可达 30％。混凝土 28d 抗压强度可提高 30％～60％，可用来配制 80～100MPa 的高强混凝土及用于蒸汽养护的混凝土。SM 高效减水剂对铝酸盐水泥也有很好的适用性，也可用于配制耐火及耐高温的混凝土。但其坍落度损失较大，且因其价格昂贵，使用受到一定限制。

（4）氨基磺酸盐减水剂。

氨基磺酸盐是一种非引气型可溶性树脂减水剂（代号 ASPF），其亲水基团有羧基、磺酸基等。其优点是掺量少（适宜掺量 0.5％～1.0％），减水率高（掺量 0.5％～1.0％时，减水率达 13％～27％；掺量为 1.5％时，减水率达 34％），坍落度损失小（90min 混

---

[1] 减水率系指在砂、石骨料不变的条件下保持混凝土流动性及水泥用量不变，掺外加剂的混凝土用水量较不掺外加剂的基准混凝土用水量减少的百分率。

[2] 混凝土拌和物坍落度随混凝土停放时间延长而降低，称为坍落度损失。

凝土坍落度基本不变），适用于配制水灰比较小的高性能混凝土（水灰比达 0.3 左右时，减水率可达 30％），含碱量低，有利于防止混凝土碱—骨料反应。缺点是对掺量敏感，掺量稍过量即容易泌水。当与萘系减水剂复合时，混凝土既不泌水，也不发黏，坍落度损失又小。氨基磺酸盐减水剂价格稍高于萘系减水剂。工程应用主要是与萘系减水剂复合，用于大流动度混凝土及高性能混凝土。

（5）羧酸盐接枝共聚物减水剂。

羧酸盐接枝共聚物减水剂是一类全新的高性能减水剂，它具有以下特点：

1）减水率高，一般都在 30％以上。

2）坍落度损失小，1～2h 坍落度基本不损失。

3）后期强度高，28d 强度增长一般都在 20％以上。

4）掺量较小，一般都在 0.3％以下。

这类减水剂的分子结构呈"梳形"，其特点是在主链上带有多个极性较强的活性基团；侧链也有带亲水性的活性基团，并且链较长，数量多；憎水基的分子链段较短，数量也少。根据对混凝土减水剂性能的需要，在上述主链及侧链上有各种亲水性活性基团，如磺酸基、羧酸基、羟基及聚氧烷基烯类基团等。

这类减水剂的性能优越，价格也较高，适用于高性能混凝土，也是混凝土减水剂的发展方向。目前，该减水剂多与萘系减水剂、引气剂等复合使用，使混凝土各项性能都获得满意的结果。

（6）复合减水剂。

减水剂可与引气剂、早强剂或消泡剂等复合，不同减水剂也可复合，从而制得引气减水剂、早强减水剂、缓凝减水剂等许多品种。不同类型外加剂复合使用，应通过试验确定出适宜品种及掺配比例。好的复合减水剂常取得两种外加剂的双重效果。

3.4.2.3　减水剂的使用

混凝土减水剂的掺入方法有同掺法、后掺法及滞水掺入法等。同掺法即是将减水剂溶解于拌和用水，并与拌和用水一起加入到混凝土拌和物中，这是工程中常用的方法；后掺法就是在混凝土拌和物运到浇筑地点后，再掺入减水剂或再补充掺入部分减水剂，并再次搅拌后进行浇筑；滞水掺入法是在混凝土拌和物已经加水搅拌 1～3min 后，再加入减水剂，并继续搅拌到规定的拌和时间。

后掺法或滞水掺入法是针对掺减水剂混凝土坍落度损失大而采取的措施。同时，也可减少外加剂掺用量，提高经济效益。

3.4.3　缓凝剂

延长混凝土凝结时间的外加剂称为缓凝剂。为了防止在气温较高或运距较长的情况下，混凝土发生过早凝结失去可塑性而影响浇筑质量，以及防止出现冷缝❶等质量事故，常需掺入缓凝剂。缓凝剂的品种很多，可分为有机缓凝剂和无机缓凝剂两类。常用的有机缓凝剂包括木质素磺酸盐及其衍生物、羟基羧酸及其盐类、糖类及其衍生物、有机磷酸及其盐类、丙烯酸类共聚物等；无机缓凝剂包括磷酸盐、硼砂、锌盐等。

---

❶　在分层浇筑混凝土的过程中，当浇筑上层混凝土时，若下层混凝土已经初凝，则两层混凝土之间形成一个较弱的胶结面，称为冷缝。

3.4.3.1 缓凝剂的作用机理

由于缓凝剂的品种很多，它们的化学成分也不一样，所以它们延缓水泥混凝土凝结硬化的机理也不完全相同。概括起来有吸附理论、络合物生成理论、沉淀理论、抑制 $Ca(OH)_2$ 晶核生成及生长的理论等。有机缓凝剂为表面活性剂，吸附在水泥浆体的固—液界面，其分子中的羟基在水泥粒子表面，阻碍水与水泥的水化，可实现水泥缓凝。葡萄糖在 C_3S 表面形成吸附膜，减慢了 C_3S 的水化。柠檬酸和酒石酸等羟基羧酸及盐，既可在 C_3S 表面形成不溶的钙盐膜层，又能与 Ca^{2+} 离子形成不稳定的络合物，控制了水泥水化初期液相中 Ca^{2+} 离子浓度，造成水泥缓凝，具有吸附和络合物生成的双重作用。有机磷酸及丙烯酸类共聚物既可与 Ca^{2+} 离子形成螯合物，阻碍 $Ca(OH)_2$ 等晶核生成，且其阴离子的同性静电斥力还使水化产物的微细晶粒分散，从而抑制了结晶生长。

无机缓凝剂中的磷酸盐、锌盐等，与水泥水化产物 $Ca(OH)_2$ 起化学反应，生成磷酸钙等不溶或难溶化合物沉淀在水泥颗粒表面，阻碍水泥水化而实现缓凝。

3.4.3.2 常用缓凝剂

木钙及糖蜜是最常用的缓凝剂，其掺量分别为水泥质量的 0.2％～0.3％ 及 0.1％～0.3％，延缓混凝土凝结时间 2～4h。掺量增大缓凝作用增强，掺量过大会导致混凝土长时间不凝结。

柠檬酸、酒石酸及酒石酸钾钠等具有更强烈的缓凝作用。当掺量为 0.03％～0.1％ 时，可使水泥凝结时间延长数小时至十几小时。由于延缓了水泥的水化作用，可降低水泥的早期水化热。但掺用柠檬酸的混凝土拌和物，泌水性较大，黏聚性较差，硬化后混凝土的抗渗性稍差。

柠檬酸及酒石酸等还可用于混凝土施工缝的处理。其方法是将柠檬酸溶液喷洒在新浇混凝土表面（喷洒量 40～100g/m²），使之形成缓凝层，待缓凝层下面的混凝土硬化到一定强度后，用高压水冲除缓凝层的水泥砂浆，即可继续浇筑上层混凝土。这种方法可以免除施工缝用人工凿毛工序，既可减轻劳动强度，又可保证施工缝的质量。

三聚磷酸钠为白色粉末，能溶于水，是无机缓凝剂之一，常与其他外加剂复合使用，其掺量为 0.1％ 左右。

3.4.4 引气剂

在搅拌混凝土过程中能引入大量均匀分布的、稳定而封闭的微小气泡的外加剂称为引气剂。常用的品种有松香热聚物、松脂皂、烷基苯磺酸盐类及脂肪醇聚氧乙烯磺酸盐类等，其中以松香热聚物的效果较好，最常使用。

松香热聚物是由松香与硫酸、石炭酸起聚合反应，再经氢氧化钠中和而得的憎水性表面活性剂。它不能直接溶解于水，使用时需先将其溶解于加热的氢氧化钠溶液中，再加水配成一定浓度的溶液。

烷基苯磺酸钠及脂肪醇聚氧乙烯磺酸钠为阴离子表面活性剂，其引气效果与松香热聚物相似，且可直接溶于水，使用较方便，但价格稍贵。

引气剂引气作用原理可分为气泡产生和稳定两方面。气泡产生是由于引气剂吸附在水—气界面上，显著降低表面张力，在搅拌力作用下产生大量气泡。气泡稳定的原因是引气剂分子定向排列在泡膜界面上，阻碍泡膜内水分子的移动，增加了泡膜的厚度及强度，使气泡不易破灭；水泥等微细颗粒吸附在泡膜上，水泥浆中的氢氧化钙与引气剂作用生成的钙皂沉积在泡膜壁上，也提高了泡膜稳定性。

引气剂能改善混凝土拌和物的和易性。拌和物中引入大量气泡，相当于增加了水泥浆体积，可提高混凝土流动性；大量微细气泡的存在，还可显著地改善混凝土的黏聚性和保水性。

引气剂能显著提高混凝土的耐久性。由于气泡能隔断混凝土中毛细管通道，且气泡对水泥石内水分结冰时所产生的水压力的缓冲作用，故能显著提高混凝土抗渗性及抗冻性。一般掺入适量优质引气剂的混凝土抗冻等级可达到未掺引气剂的基准混凝土的 3 倍以上。此外，气泡还可使混凝土弹性模量降低，对提高混凝土抗裂性有利。

混凝土掺入引气剂的主要缺点是使混凝土强度及耐磨性有所降低。当保持水灰比不变，掺入引气剂时，含气量每增加 1%，混凝土强度约下降 3%～5%。

混凝土中含气量的多少，对混凝土和易性、强度及耐久性等都有很大影响。若含气量太少，不能获得引气剂的积极效果；若含气量过多，又会过多地降低混凝土强度，故混凝土应有适宜的含气量值。骨料最大粒径为 20mm 时，适宜含气量为 5.5%；骨料最大粒径 40mm 时为 4.5%；骨料最大粒径 80mm 时为 3.5%；骨料最大粒径 150mm 时为 3%。混凝土含气量的大小与引气剂的品种及掺量有关，松香热聚物引气剂的适宜掺量（与水泥的质量比）为 0.006%～0.012%。此外还与水泥品种、掺合料掺量、混凝土配合比及施工搅拌条件和气温等因素有关。

引气剂与减水剂相比较各有特点，引气剂比较适用于强度要求不太高、水灰比较大的混凝土，如水工大体积混凝土。减水剂比较适用于强度要求较高、水灰比较小的混凝土。对抗冻性要求较高的混凝土，也需掺用引气剂。当引气剂与减水剂复合掺用时，常可同时获得增加强度和提高耐久性的双重效果。为配制高性能混凝土，常采用引气缓凝高效减水剂。

3.4.5　早强剂

加速混凝土早期强度发展的外加剂称为早强剂，多用于冬季施工或紧急抢修工程及要求加快混凝土强度发展的情况。目前常用的早强剂主要有氯盐类、硫酸盐类及有机胺类等。

（1）氯化钙。

氯化钙可加速水泥的凝结硬化并提高混凝土的早期强度，有时也称为促凝剂。氯化钙还能提早水泥水化放热时间，提高混凝土的温度，故常用作混凝土的冬季施工。

氯化钙一般掺量为 1%～3%，混凝土 2～3d 龄期强度可提高 40%～100%，7d 强度可提高 25%。也可用普通食盐代替氯化钙，但效果较差。

掺用氯化钙（或食盐）的缺点是易使钢筋锈蚀，在钢筋混凝土结构中，不宜掺用。

（2）硫酸钠复合早强剂。

硫酸钠又名元明粉，易溶于水，掺入混凝土后可加速水泥的硬化并提高混凝土的早期强度。硫酸钠一般不单独掺用，多与其他外加剂复合使用。现仅介绍使用较多的 NC 复合早强剂。

NC 复合早强剂是用硫酸钠 60%、糖钙 2% 及细砂 38% 混合磨细而成。应用时直接加入混凝土搅拌机中与水泥、砂、石等共同搅拌，使用方便。NC 复合早强剂的适宜掺量为 2%～4%，减水率约为 10%，混凝土 2d 强度可提高 70%，28d 强度可提高 20%，并可在

−20℃条件下施工。

使用 NC 剂时，应注意不能多掺，并严禁使用活性骨料。掺量过多时，硫酸钠与 $Ca(OH)_2$ 反应生成 $NaOH$ 及 $CaSO_4$，硫酸钙对水泥发生硫酸盐侵蚀，氢氧化钠能与活性骨料发生碱—活性骨料反应，使混凝土破坏。此外，硫酸钠过多还会促进钢筋锈蚀、增加混凝土导电性及在混凝土表面产生盐析而起白霜，影响建筑物的美观等。

（3）三乙醇胺及其复合早强剂。

三乙醇胺是淡黄色透明油状液体，呈强碱性，不易燃，无毒，能溶于水。通常不单独掺用，常与氯化钠及亚硝酸钠复合使用。三乙醇胺掺量为 0.03%～0.05%，氯化钠为 0.5%～0.7%，亚硝酸钠为 1%。3d 龄期混凝土强度可提高 50%～60%，7d 提高 30%～40%，28d 以后龄期可提高 20%～30%。

三乙醇胺不改变水泥水化生成物，但能促进水化铝酸钙与石膏作用生成水化硫铝酸钙结晶体并加速 C_3S 的水化，对水泥水化反应起"催化"作用，具有早强及后期增强作用；氯化钠可加速水泥凝结硬化；亚硝酸钠起阻锈作用。三乙醇胺也可用三异丙醇胺或二乙醇胺与三乙醇胺的混合液代替，其效果相近，成本较低。

3.4.6 速凝剂

能使混凝土迅速凝结硬化的外加剂称为速凝剂。多用于喷射混凝土及抢修堵漏工程等，主要产品有红星一型、782 型、711 型及 ZC—2 等。

红星一型速凝剂是由铝氧熟料（主要成分为烧结铝酸钠）、碳酸钠及生石灰按 1：1：0.5 的比例配制磨细而成，一般掺量为 2.5%～4.0%，掺入混凝土后能使水泥初凝时间缩短为 2～5min，终凝时间缩短为 5～10min，1h 后即可产生强度，1d 强度为不掺的 3 倍，但 28d 强度仅为不掺的 60%。

782 型速凝剂是由工业废料矾泥、铝氧熟料、生石灰按 74.5%：14.5%：11% 的比例配制磨细而成，一般掺量为 3.0%～6.0%，掺入后水泥初凝时间小于 5min，终凝时间小于 10min，具有速凝早强作用，后期强度基本不降低。

711 型速凝剂由铝氧熟料与无水石膏按 3：1 配制磨细而成，一般掺量为 3.0%～5.0%，掺入后水泥初凝时间小于 5min，终凝时间小于 10min，具有速凝早强作用，但 28d 强度仅约为不掺的 65%。

ZC—2 型速凝剂由无机混合物与有机高分子材料组成，一般掺量为 3.0%～5.0%，掺入后水泥初凝时间小于 3min，终凝时间小于 5min，具有速凝早强作用，28d 强度为不掺的 92% 以上。

速凝剂掺入混凝土后，其主要成分中的铝酸钠、碳酸钠在碱性溶液中迅速与水泥中的石膏发生反应生成硫酸钠，使石膏丧失其原有的缓凝作用，从而导致铝酸钙矿物迅速水化，并在溶液中析出其水化产物晶体。同时，速凝剂中的铝氧熟料、石灰、硫酸钙等组分又为形成溶解度很小的水化硫铝酸钙、次生石膏晶体提供有效成分。这些作用都使水泥混凝土迅速凝结。

3.4.7 其他外加剂

（1）防水剂。

防水剂是能够减少混凝土孔隙和填塞毛细管通道，以阻止渗水和吸水，在搅拌混凝土过程中掺入的外加剂。按其作用的不同，可分为防潮剂和防渗剂。前者为阻止水分进入干燥的材料中，后者是指防止在一定压力下水分渗透。防水剂一般分为无机防水剂、有机防水剂及复合防水剂。

常用的有机防水剂分为憎水性塑化剂、皂类防水剂、乳液防水剂等。

憎水性塑化剂对混凝土（及砂浆）有引气、减水作用，并使硬化后的混凝土表面及内部毛细孔表面憎水化，常用的是有机硅防水剂及三乙醇胺早强防水剂。

皂类防水剂是由硬脂酸、松香酸等与氢氧化钾、水等按一定比例混合加热皂化而成的浆状物，也可用硬脂酸钡及氢氧化铝、氧化钙、硫酸亚铁等组成粉末状防水剂。

乳液防水剂有石蜡、地沥青、橡胶乳液及树脂乳液等。

常用的无机防水剂有氯化铁、硅粉、锆化合物、水玻璃等。

防水剂主要用于房屋建筑的屋面、地下室，隧道工程，给排水工程及泵站等防水混凝土。含氯盐的防水剂不能用于钢筋混凝土工程。

（2）防冻剂。

防冻剂是能使混凝土在负温下硬化，并在规定时间内达到足够抗冻强度的外加剂。我国常用的防冻剂是由各组分复合而成，其主要组分有防冻组分、减水组分、引气组分、早强组分等。其中减水组分、引气组分、早强组分等可分别采用上述的各类外加剂。

防冻组分可以是氯盐类（常用氯化钠或氯化钙与氯化钠复合，其含量 $CaCl_2$：$NaCl$＝2：1）、氯盐阻锈剂类（氯盐与阻锈剂复合而成，阻锈剂广泛采用亚硝酸钠）、无氯盐类（如硝酸盐、亚硝酸盐、碳酸盐、尿素等）。各类防冻组分适应温度范围为：

氯化钠单独使用时为$-5℃$；

硝酸盐（硝酸钠、硝酸钙）、尿素等为$-10℃$；

亚硝酸盐（如亚硝酸钠）为$-15℃$；

碳酸盐为$-15～-25℃$。

防冻剂对混凝土所起的防冻作用包括：改变混凝土中液相浓度，降低液相冰点，使水泥在负温下仍能继续硬化；减少混凝土拌和用水量，从而减少混凝土中能结冰的水量，进一步降低液相结冰温度；引入一定量的分散微小气泡，减少冰胀应力；提高混凝土的早期强度，增强其抵抗冰冻破坏的能力。

各类防冻剂具有不同的特性，有些还有毒副作用，选择时应十分注意。氯盐类防冻剂对钢筋有锈蚀作用，硝酸盐、亚硝酸盐及碳酸盐也不得用于预应力钢筋混凝土及与镀锌钢材或铝铁相接触部位的钢筋混凝土。含有六价铬盐、亚硝酸盐的防冻剂有一定毒性，严禁用于饮水工程及与食品接触的部位。防冻剂的掺量应根据施工环境温度条件通过试验确定。各类防冻组分掺量应符合有关规范的规定［如《混凝土外加剂应用技术规范》（GB 50119—2013）］。

（3）膨胀剂。

膨胀剂是能使混凝土产生一定体积膨胀的外加剂。膨胀剂的种类有硫铝酸钙类、氧化钙类、氧化镁类、金属类等。

1）硫铝酸钙类膨胀剂包括：明矾石膨胀剂（主要成分是明矾石与无水石膏或二水石膏）、CSA膨胀剂（主要成分是无水硫铝酸钙）、U形膨胀剂（主要成分是无水硫铝酸钙、明矾石、石膏）等。这类膨胀剂加入水泥混凝土后，无水硫铝酸钙水化或参与水泥矿物的水化，或与水泥水化产物反应生成高硫型水化硫铝酸钙（钙矾石），从而引起混凝土体积膨胀。

2）氧化钙类膨胀剂包括：在一定温度下煅烧的石灰加入适量石膏和粒化高炉矿渣制成的膨胀剂，生石灰与硬脂酸混磨制成的膨胀剂，以石灰石、黏土、石膏在一定温度下烧成熟料粉磨后再与经一定温度煅烧的磨细石膏混拌而成的膨胀剂等。这类膨胀剂的膨胀作用主要是由氧化钙晶体水化形成氢氧化钙晶体，体积膨胀而导致的。

3）氧化镁类膨胀剂，目前使用的主要是轻度过烧的氧化镁，其作用主要是过烧氧化镁迟后水化产生的膨胀作用使混凝土体积增大。

4）金属类膨胀剂常用的是由铁粉掺加适量的氧化剂（如过铬酸盐、高锰酸盐等）配制而成的铁屑膨胀剂，其作用是由于铁粉中的金属铁与氧化剂发生氧化作用，形成氧化铁并在水泥水化的碱性环境中生成胶状的氢氧化铁而产生膨胀效应。

膨胀剂的品种及掺量应根据要求的混凝土膨胀性能进行选择并通过试验确定，应注意混凝土所处的环境是否对膨胀剂的选择有特殊要求。长期处于环境温度 80℃ 以上的混凝土中不得掺用硫酸钙类膨胀剂；掺硫铝酸钙类或氧化钙类膨胀剂的混凝土，不宜使用氯盐类外加剂；掺铁粉膨胀剂的混凝土或砂浆，不得用于有杂散电流的工程和与铝镁材料接触的部位。

综上所述，混凝土外加剂的品种很多，它们对混凝土性能各有不同的影响。应根据不同的使用目的，选择适宜的品种及掺量，并应注意对混凝土其他性能的影响，使其充分发挥有益的效果，避免副作用。此外，同一种外加剂会因水泥品种不同而有不同的效果，称为"外加剂对水泥的适应性"，选择时应当充分注意。使用外加剂时，应预先进行试验。

3.5 混凝土的掺合料

为了节约水泥、改善混凝土的性能，在混凝土拌制时掺入的掺量大于水泥质量 5% 的矿物粉末称为混凝土的掺合料。常用的掺合料有粉煤灰、硅粉、超细矿渣粉及各种天然的火山灰质材料粉末（如凝灰岩粉、沸石粉等）。在这些掺合料中以粉煤灰应用最为普遍。近年来，对硅粉及超细矿渣粉的研究与应用也有迅速发展。本节着重介绍粉煤灰、硅粉及超细矿渣粉在混凝土中的应用。

3.5.1 粉煤灰

从煤粉炉排出的烟气中收集到的颗粒粉末称为粉煤灰。按其排放方式的不同，分为干排灰及湿排灰两种。湿排灰含水量大，活性降低较多，质量不如干排灰。干排灰按收集方法的不同，有静电收尘灰和机械收尘灰两种。静电收尘灰颗粒细、质量好；机械收尘灰的颗粒较粗、质量较差。为改善粉煤灰的品质，可对粉煤灰进行再加工，经磨细处理的称为磨细灰；采用风选处理的，称为风选灰；未经加工的称为原状灰。按所燃煤种不同，分为 F 类及 C 类。F 类粉煤灰是由燃烧无烟煤或烟煤的烟气中收集的粉煤灰；C 类粉煤灰是由燃烧褐煤或次烟煤的烟气中收集的粉煤灰，灰中氧化钙的含量较高，一般大于 10%。

3.5.1.1 粉煤灰的质量要求

粉煤灰的化学成分主要有 SiO_2、Al_2O_3 及 Fe_2O_3 等，其中 SiO_2 及 Al_2O_3 二者之和常在 60％以上，是决定粉煤灰活性的主要成分。此外，还含有 CaO、MgO 及 SO_3 等。CaO 含量较高的粉煤灰，其活性一般也较高，但当其游离 CaO 的含量较高时，会引起安定性不良。研究表明，低钙灰掺入混凝土可以改善混凝土的抗硫酸盐侵蚀性能，而 CaO 含量较高的粉煤灰则无显著作用，甚至会降低混凝土的抗硫酸盐侵蚀性能。粉煤灰中所含 SO_3 是有害成分，应限制其含量。

粉煤灰的矿物组成主要为铝硅玻璃体，呈实心或空心的微细球形颗粒，称为实心微珠或空心微珠（其中的一部分能漂浮在水面，简称漂珠）。实心微珠颗粒最细，表面光滑，是粉煤灰中需水量最小、活性最高的有效成分。粉煤灰中还含有多孔玻璃体、玻璃体碎块、结晶体及未燃尽碳粒等。未燃尽的碳粒颗粒较粗，会降低粉煤灰的活性，增大需水性，是有害成分。粉煤灰中含碳量可用烧失量大致评定。多孔玻璃体等非球形颗粒，表面粗糙，粒径较大，会增大需水量，当其含量较多时，使粉煤灰品质下降。

细度是评定粉煤灰品质的重要指标之一。实心微珠含量较多，未燃尽碳及不规则的粗粒含量较少时，粉煤灰较细、品质较好。磨细灰的颗粒虽然较细，但在加工过程中，多孔玻璃体及空心微珠可能被破碎，故在其中含有较多的非球形颗粒，质量虽然较磨细前有所提高，但比静电收尘的含大量实心微珠的细灰为差。风选灰不破坏粉煤灰的颗粒形貌，其质量较磨细灰好。

《用于水泥混凝土中的粉煤灰》（GB/T 1596—2005）规定，作为活性掺合料的粉煤灰成品，按燃煤不同分为 F 类及 C 类，并分为三个等级，品质标准见表 3.14。

表 3.14　　　　　　　　　　　　粉煤灰的等级及其品质指标　　　　　　　　　　　　％

指　标	粉煤灰种类	粉煤灰级别		
		Ⅰ	Ⅱ	Ⅲ
细度（45μm 方孔筛筛余）	F 类及 C 类	≤12.0	≤25.0	≤45.0
需水量比	F 类及 C 类	≤95	≤105	≤115
烧失量	F 类及 C 类	≤5.0	≤8.0	≤15.0
含水量	F 类及 C 类	≤1.0		
三氧化硫	F 类及 C 类	≤3.0		
游离 CaO	F 类	≤1.0		
	C 类	≤4.0		
安定性，试样净浆雷氏法检验	C 类	合格		

注　代替细骨料或用以改善和易性的粉煤灰不受此限制。

Ⅰ级粉煤灰的品位最高，一般为静电收尘灰，其火山灰效应及减水作用均较突出。粉煤灰混凝土的强度及变形性能较好，可用于普通钢筋混凝土工程、后张法预应力混凝土及小跨度（小于 6m）先张法预应力混凝土构件。

Ⅱ级灰主要用于普通钢筋混凝土及无筋混凝土。我国多数电厂的机械收尘灰属Ⅱ级灰的标准。

Ⅲ级灰主要用于中低强度等级的无筋混凝土或以代砂方式掺用的混凝土工程。大多数机械收尘的原状灰、含碳量较高或粗颗粒含量较多者属Ⅲ级灰。

3.5.1.2 粉煤灰的掺用

粉煤灰在混凝土中具有火山灰活性作用，它吸收氢氧化钙后生成硅酸钙凝胶，成为胶凝材料的一部分。微珠球状颗粒具有增大砂浆及混凝土流动性、减少泌水、改善混凝土和易性的作用，若保持混凝土流动性不变，则可减少混凝土用水量。粉煤灰的水化反应很慢，它在混凝土中相当长时间内以固体微粒形态存在，具有填充骨料空隙的作用，可提高混凝土密实性。

混凝土中掺入粉煤灰的效果与粉煤灰的掺入方式有关，常用的方式有等量取代水泥法、粉煤灰代砂（外加法）及超量取代水泥法。

1）当掺入粉煤灰等量取代水泥时，称为等量取代法。此时，由于粉煤灰活性较低，掺量超过一定数量时，混凝土早期及28d龄期强度降低，但随着龄期的延长，掺粉煤灰混凝土强度可逐步赶上基准混凝土（不掺粉煤灰的混凝土）。由于混凝土内水泥用量的减少，可节约水泥并减少混凝土发热量，还可以改善混凝土和易性，提高混凝土抗渗性，故常用于大体积混凝土。

2）当掺入粉煤灰时仍保持混凝土水泥用量不变，则混凝土黏聚性及保水性将显著优于基准混凝土，此时可减少混凝土中砂的用量，称为粉煤灰代砂。由于粉煤灰具有火山灰活性，混凝土强度将高于基准混凝土，混凝土和易性及抗渗性等将有显著改善。

3）为了保持混凝土28d强度及和易性不变，常采用超量取代法。即粉煤灰的掺入量大于所取代的水泥量，多出的粉煤灰取代同体积的砂，混凝土内石子用量及用水量基本不变。

混凝土中掺入粉煤灰时，常与减水剂或引气剂等外加剂同时掺用，称为双掺技术。减水剂的掺入可以克服某些粉煤灰增大混凝土需水量的缺点；引气剂的掺入，可以解决粉煤灰混凝土抗冻性较低的问题；在低温条件下施工时，宜掺入早强剂或防冻剂。

混凝土中掺入粉煤灰后，将使其抗碳化性能降低，不利于防止钢筋锈蚀。为改善混凝土的抗碳化性能，也应采取双掺措施，或在混凝土中掺入阻锈剂。

3.5.2 硅粉

硅粉也称硅灰，是从冶炼硅铁和其他硅金属工厂的废烟气中回收的副产品，其主要成分为二氧化硅，其颗粒极细、活性很高，是一种较好的改善混凝土性能的掺合料。

硅粉呈灰白色，无定形二氧化硅含量一般为 $85\%\sim96\%$，其他氧化物的含量都很少，粒径为 $0.1\sim1.0\mu m$，是水泥粒径的 $1/50\sim1/100$，比表面积为 $20\times10^3\sim25\times10^3 m^2/kg$，密度为 $2.1\sim2.2g/cm^3$，松散堆积表观密度为 $250\sim300kg/m^3$。GB/T 18736—2002《高强高性能混凝土矿物外加剂》规定，硅粉烧失量应不大于 6.0%、含水率不大于 3.0%、需水量比不大于 125%、比表面积不小于 $15\times10^3 m^2/kg$、SiO_2 含量不小于 85%、氯离子含量不大于 0.02%、28d活性指数❶不小于 85%。

混凝土中掺入硅粉后，可取得以下效果。

---

❶ 由70%检验水泥加30%掺合料组成试验样的胶砂强度与100%检验水泥的对比样胶砂强度之比的百分数，称为活性指数。

（1）改善混凝土拌和物和易性。

由于硅粉颗粒极细，比表面积大，其需水量为普通水泥的 130%～150%，故混凝土流动性随硅粉掺量增加而减小。为了保持混凝土流动性，必须掺用高效减水剂。硅粉的掺入显著地改善了混凝土黏聚性及保水性，使混凝土完全不离析、几乎不泌水，故适宜配制高流态混凝土、泵送混凝土及水下灌注混凝土。掺硅粉后，混凝土含气量略有减小，为了保持混凝土含气量不变，必须增加引气剂用量。当硅粉掺量为 10% 时，一般引气剂用量需增加 2 倍左右。

（2）配制高强混凝土。

硅粉的活性很高，当与高效减水剂配合掺入混凝土时，硅粉与 $Ca(OH)_2$ 反应生成水化硅酸钙凝胶体，填充水泥颗粒间的空隙，改善界面结构及黏结力，可显著提高混凝土强度。一般硅粉掺量为 5%～15% 时（有时为了某些特殊目的，也可掺入 20%～30%），且在选用 52.5 级以上的高强度等级水泥、品质优良的粗细骨料、掺入适量的高效减水剂的条件下，可配制出 28d 强度达 100MPa 及以上的超高强混凝土。

为了保证硅粉在水泥浆中充分地分散，当硅粉掺量增多时，高效减水剂的掺量也必须相应地增加，否则混凝土强度不会提高。

（3）改善混凝土的孔隙结构，提高耐久性。

混凝土中掺入硅粉后，虽然水泥石的总孔隙与不掺时基本相同，但其大孔减少，超微细孔隙增加，改善了水泥石的孔隙结构。因此，掺硅粉混凝土耐久性显著提高。试验结果表明，硅粉掺量为 10%～20% 时，抗渗性可提高到 W20 以上，抗冻性也明显提高。硅粉混凝土的抗冲磨性随硅粉掺量的增加而提高，比某些抗冲磨材料具有价廉、施工方便等优点，故适用于水工建筑物的抗冲刷部位及高速公路路面。

硅粉混凝土抗侵蚀性较好，适用于要求抗溶出性侵蚀及抗硫酸盐侵蚀的工程。硅粉还具有抑制碱骨料反应及防止钢筋锈蚀的作用。

硅粉混凝土的干缩率较大，施工过程中应特别加强养护，防止干缩裂缝的发生。

硅粉混凝土具有许多优良的技术性质。硅粉的应用研究始于 20 世纪 70 年代，目前已普及到世界各国。我国自 20 世纪 80 年代开始研究和应用硅粉，并很快取得大量理想的结果。今后随着硅粉回收工作的开展，产量将逐渐提高，硅粉的应用将更加普遍。

3.5.3　矿渣粉

硅粉是理想的超细微粒矿物质掺合料，但其资源有限，因此多采用超细粉磨的粒化高炉矿渣（简称超细矿渣）作为超细微粒掺合料，用以配制高强、超高强度混凝土。粒化高炉矿渣经超细粉磨后具有很高的活性和极大的表面能，可以弥补硅粉资源的不足，满足配制不同性能要求的高性能混凝土的需求。超细矿渣粉的比表面积一般大于 $450m^2/kg$，可等量替代 15%～50% 的水泥。掺于混凝土中可收到以下几方面的效果。

1）采用高强度等级水泥及优质粗、细骨料并掺入高效减水剂时，可配制出高强混凝土及 C100 以上的超高强混凝土。

2）所配制出的混凝土干缩率大大减小，抗冻、抗渗性能提高，混凝土的耐久性显著改善。

3）混凝土拌和物的和易性明显改善，可配制出大流动性且不离析的泵送混凝土。

超细矿渣粉的生产成本低于水泥，使用其作为掺合料可以获得显著经济效益。根据国内外经验，使用超细矿渣粉掺合料配制高强或超高强混凝土是行之有效的、比较经济实用的技术途径，是当今混凝土技术发展的趋势之一。

对于普通粒化高炉矿渣粉，《用于水泥和混凝土中的粒化高炉矿渣粉》（GB/T 18046—2008）规定其品质指标见表 3.15。

表 3.15 粒化高炉矿渣粉的技术要求

级别	密度 / (g/cm³)	比表面积 / (m²/kg)	流动度比/%	含水率 /%	SO₃ /%	Cl⁻¹ /%	烧失量 /%	玻璃体 /%	活性指数/% 7d	活性指数/% 28d
S75	≥2.80	≥300	≥95	≤1.0	≤4.0	≤0.06	≤3.0	≥85	≥55	≥75
S95	≥2.80	≥400	≥95	≤1.0	≤4.0	≤0.06	≤3.0	≥85	≥75	≥95
S105	≥2.80	≥500	≥95	≤1.0	≤4.0	≤0.06	≤3.0	≥85	≥95	≥105

注 GB/T 18046—2008 同时要求粒化高炉矿渣粉的放射性合格。

除了粒化高炉矿渣粉外，粉煤灰或沸石粉等也可通过超细粉磨获得超细矿渣粉的效果，并作为混凝土的超细粉磨矿物质掺合料。

3.5.4 其他掺合料

除了上述几种掺合料外，可以用作混凝土掺合料的还有天然火山灰质材料和某些工业副产品，如火山灰、凝灰岩、钢渣、磷矿渣、锰矿渣等。此外，碾压混凝土中还可以掺入适量的非活性掺合料（如石灰石粉、尾矿粉等），以改善混凝土的和易性，提高混凝土的密实性及硬化混凝土的某些性能。

作为混凝土活性掺合料的天然火山灰质材料和工业副产品，必须具有足够的活性且不能含有过量的对混凝土有害的杂质。掺合料需经磨细并通过试验确定其合适掺量及其对混凝土性能的影响。

3.6 混凝土的配合比设计

3.6.1 普通混凝土的配合比设计

普通混凝土配合比设计的任务是将水泥、粗细骨料和水等各项组成材料合理地配合，使所得混凝土满足工程所要求的各项技术指标，并符合经济的原则。

混凝土配合比的表示方法常用的有两种，一种是用 1m³ 混凝土中各项材料的质量表示，如：水泥（C）300kg、水（W）180kg、砂（S）720kg、石子（G）1200kg；另一种是用各项材料间的质量比表示（以水泥为1），如：C∶S∶G＝1∶2.4∶4.0，W/C＝0.6。

混凝土中各项原材料的品种、品质（如水泥品种及强度等级、砂石的品质、是否掺用外加剂等）对混凝土的各项技术性质都有一定影响。对于不同的工程，混凝土的技术要求及原材料是不同的，因此所得配合比也不会相同。故在进行配合比设计时，必须根据本工程的设计要求及原材料进行计算和试验。其他工程的混凝土配合比只能作为参考。

3.6.1.1 普通混凝土配合比参数的确定原则及方法

组成混凝土的水泥、砂、石子及水等四项基本材料之间的相对用量可用三个对比关系表达，它们是水灰比、含砂率及单位用水量（即 1m³ 混凝土用水量）。这三个对比关系与混凝土性能之间存在着密切的关系，故将它们称为混凝土配合比的三个参数。进行混凝土配合比设计就是要正确地确定这三个参数。下面分别讨论这三个参数的确定原则和方法。

（1）水灰比。

在其他条件不变的情况下，水灰比的大小直接影响混凝土的强度及耐久性。水灰比较小时，混凝土的强度、密实性及耐久性较高，但耗用水泥较多，混凝土发热量也较大。因此，应在满足强度及耐久性要求的前提下，尽可能采用较大的水灰比，以节约水泥。此外，对于强度及耐久性要求均较低的混凝土（如大体积内部混凝土），在确定水灰比时，还需要考虑混凝土的和易性，不宜选用过大的水灰比。因为当水灰比过大时，混凝土拌和物的黏聚性及保水性难以得到满足，将会影响混凝土质量并给施工造成困难。

满足强度要求的水灰比，可由使用本工程原材料进行试验所建立的混凝土强度与水灰比（或灰水比）关系曲线（或关系式）求得。也可参照经验公式（3.1）初步确定，而后再进行试验校核。

满足耐久性要求的水灰比，应通过混凝土抗渗性、抗冻性等试验确定。当缺乏试验资料时，也可参照表 3.4 及表 3.5 初步选定，而后再进行试验校核。影响混凝土耐久性的因素很多，混凝土耐久性是混凝土抵抗多种环境破坏因素的综合性指标。为了保证不同类型混凝土工程中混凝土耐久性，水灰比（或水胶比）不得超过施工规范所规定的最大允许值（参考附录一、附录二、附录三）。

以上根据强度和耐久性要求所求得的两个水灰比中，应选取其中较小者，以便能同时满足强度和耐久性的要求。

（2）混凝土单位用水量。

单位用水量是控制混凝土拌和物流动性的主要因素。确定混凝土单位用水量的原则以满足混凝土拌和物流动性的要求为准。

影响混凝土单位用水量的因素很多，如骨料的品质及级配、骨料最大粒径、水泥需水性及使用外加剂情况等。对于具体工程，可根据原材料情况，总结实际资料得出单位用水量经验值。当缺乏资料时，可根据混凝土坍落度要求，参照表 3.16 初步估计单位用水量，再按此单位用水量试拌混凝土，测定其坍落度。若坍落度不符合要求，则应调整单位用水量（注意应保持水灰比不变），再做试验，直到符合要求为止。

表 3.16 单位：kg/m^3

混凝土单位用水量参考表

混凝土坍落度 /mm	卵石最大粒径					碎石最大粒径				
	10mm	20mm	40mm	80mm	150mm	10mm	20mm	40mm	80mm	150mm
10～30	185	160	140	120	100	200	175	155	130	110
30～50	190	165	145	125	105	205	180	160	135	115
50～70	195	170	150	130	110	210	185	165	140	120
70～90	200	175	155	135	115	215	190	170	145	125

注　1. 本表适用于细度模数为 2.7 的中砂，当使用细砂时，用水量需增加 $5\sim10kg/m^3$。

　　2. 采用火山灰水泥或掺入火山灰质掺合料时，用水量需增加 $10\sim20kg/m^3$。

　　3. 单掺普通减水剂或引气剂时，可减水 6%～10%；引气剂和普通减水剂复合或单掺高效减水剂时，可减水 15%～20%。

　　4. 本表适用于骨料含水为饱和面干状态，当以干燥状态为基准时，用水量需增大 $10\sim20kg/m^3$。

（3）含砂率（合理砂率）。

砂率对混凝土拌和物和易性的影响已在 3.2 节中讲述过。在设计好的混凝土中，其含砂率应当是合理砂率（也称最佳砂率）。影响合理砂率大小的因素很多，可概括如下。

1）石子最大粒径较大、级配较好、表面较光滑时，合理砂率较小。

2）砂子细度模数较小时，混凝土拌和物的黏聚性容易得到保证，合理砂率较小。

3）水灰比较小或混凝土中掺有使拌和物黏聚性得到改善的掺合料（如粉煤灰、硅粉等）时，水泥浆较黏稠，混凝土黏聚性较好，则合理砂率较小。

4）掺用引气剂或减水剂时，合理砂率也可适当减小。

5）设计要求的混凝土流动性较大时，混凝土合理砂率较大；反之，当混凝土流动性较小时，可用较小的砂率。

由于影响合理砂率的因素很多，因此尚不能用计算的方法准确地求得合理砂率。通常确定砂率时，可先参照经验图表初步估计，然后再通过混凝土拌和物和易性试验确定。其方法是：预先估计几个砂率，拌制几组混凝土，进行和易性对比试验，从中选出合理砂率。表 3.17 为砂率的大致范围，可供初步估计合理砂率时参考。

表 3.17	砂 率 参 考 表						%
D_M	水 灰 比						
	0.45	0.50	0.55	0.60	0.65	0.70	0.75
20mm	35	36	37	38	39	40	41
40mm	29	30	31	32	33	34	35
80mm	24	25	26	27	28	29	30
150mm	21	22	23	24	25	26	27

注 1. 本表适用于卵石、细度模数为 2.7 的中砂拌制的混凝土。

2. 砂的细度模数每增减 0.1，砂率相应增减 0.5%～1.0%。

3. 使用碎石时，砂率需增加 3%～5%。

4. 使用人工砂时，砂率需增加 2%～3%。

5. 掺用引气剂时，砂率可减小 2%～3%；掺用减水剂时，砂率可减小 0.5%～1.0%。

合理砂率也可用近似公式 3.11 估算

$$\frac{S}{\gamma_S} = \frac{KG}{\gamma_G}P$$

$$\frac{S}{S+G} = \frac{K\gamma_S P}{K\gamma_S P + \gamma_G} \tag{3.11}$$

式中：S、G 为 $1m^3$ 混凝土中砂、石用量，kg；γ_S、γ_G 为砂、石子的松散堆积表观密度，kg/m^3；P 为石子空隙率，%；K 为拨开系数，一般取 1.1～1.4。

式（3.11）的基本假定是混凝土中用砂填充石子空隙并略有多余，以拨开石子颗粒，在石子周围形成足够的砂浆层。对于坍落度较大的混凝土，应取较大的 K 值；反之，则取较小的 K 值。

还应指出，一般施工时的砂率常需比试验室试验所确定的合理砂率增大 1% 左右。这样可弥补拌和物运输过程中的砂浆流失，并可避免骨料分离以及局部混凝土砂浆不足所造成的蜂窝、孔洞。

混凝土配合比的三个参数及其确定原则可总结如图 3.16 所示。

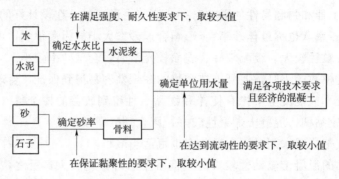

图 3.16　混凝土配合比参数关系

3.6.1.2　普通混凝土配合比设计的方法与步骤

在进行混凝土配合比设计时，需预先明确混凝土的各项技术要求。例如：①混凝土的强度要求（混凝土配制强度）；②混凝土的耐久性要求，如抗渗等级、抗冻等级以及抗磨性、抗侵蚀性等；③混凝土拌和物的坍落度指标；④混凝土的其他性能要求，如低热性、变形特性指标等。

对各项原材料，需预先进行检验，合理选择，明确所用材料的品质及其技术指标。例如：①水泥品种及等级；②砂的细度模数及级配情况；③石子的种类（卵石或碎石）、最大粒径及级配；④是否掺用外加剂及掺合料；⑤水泥的密度，砂石的视密度、堆积表观密度及饱和面干吸水率等。

设计混凝土配合比的方法很多，但基本上大同小异，其主要步骤可归纳为：①估算初步配合比（利用经验公式、经验图表等进行初步估算）；②试拌调整，得出供检验强度及耐久性等用的基准配合比（通过混凝土拌和物试拌，求得满足和易性要求的配合比）；③进行混凝土强度及耐久性能等的检验，确定混凝土配合比（满足各项设计指标的配合比）。

（1）初步配合比的计算。

1）初步确定水灰比 W/C。根据混凝土强度及耐久性要求，参考式（3.1）、表 3.4 及表 3.5，并考虑水灰比（或水胶比）最大允许值（参考附录一、附录二、附录三）初步确定水灰比。

2）初步估计单位用水量 W（kg/m³）。根据拌和物坍落度的要求，参考表 3.16 估算。

3）初步估计含砂率 $S/(S+G)$。参照表 3.17 或式（3.11）进行估算。

4）初步计算水泥用量 C（kg/m³）。用初步确定的水灰比及单位用水量，按下式计算

$$C = W / \frac{W}{C}$$

混凝土水泥用量应不少于施工规范要求的最小水泥用量（参考附表 1.3 或附表 3.6）。

5）计算砂、石子用量。根据上述各参数，可按绝对体积法或假定表观密度法进行计算。

a. 绝对体积法。假定 1m³ 新浇筑的混凝土内各项材料的体积之和为 1m³，则有

$$\frac{W}{\rho_w} + \frac{C}{\rho_C} + \frac{S}{\rho_S} + \frac{G}{\rho_G} + 10\alpha = 1000 \tag{3.12}$$

式中：W、C、S、G 为 $1m^3$ 混凝土中水、水泥、砂、石子的质量，kg；ρ_w 为水的密度，一般取 $1g/cm^3$；ρ_C 为水泥的密度，g/cm^3；ρ_S、ρ_G 为砂、石子的视密度（当其含水状态以饱和面干为基准时，则为饱和面干视密度，g/cm^3；α 为混凝土中空气含量，%，可参照表 3.18 估值。

表 3.18 **新浇混凝土表观密度 γ_C 及含气量 α 参考值**

骨料最大粒径 /mm	普通混凝土		引气混凝土		备　　注
	$\gamma_C/$（kg/m^3）	$\alpha/\%$	$\gamma_C/$（kg/m^3）	$\alpha/\%$	
20	2380	2.0	2280	5.5	适用于骨料平均视密度为 $2.60\sim2.65g/cm^3$ 的混凝土
40	2400	1.2	2320	4.5	
80	2430	0.5	2350	3.5	
150	2460	0.3	2390	3.0	

将上述初步估算出的 W、C 及 $S/(S+G)$ ❶ 等值代入式（3.12）即可求得 $1m^3$ 混凝土中各项材料用量。

b. 假定表观密度法。假定新浇筑好的混凝土单位体积的质量为 γ_C（kg/m^3），则有

$$W+C+S+G=\gamma_C \tag{3.13}$$

γ_C 值可参照表 3.18 估计，其余符号意义同式（3.12）。

将上述初步估算出的 W、C 及 $S/(S+G)$ 等值代入式（3.13）即可求得 $1m^3$ 混凝土中各项材料用量，所得为混凝土的初步配合比。

（2）试拌调整得出基准配合比。

按初步配合比拌制的混凝土不一定满足和易性的要求，这是因为配合比的各项参数是借助于经验公式、图表等选定的，它们不一定符合本工程的实际。因此，需进行和易性试验（试拌），对单位用水量及砂率进行调整（保持水灰比不变）以便得出和易性恰好满足设计要求的混凝土。所得即为供检验强度及耐久性用的基准配合比。

混凝土试拌和调整的方法如下：按初步配合比，称取拌制 $0.015\sim0.030m^3$ 混凝土所需的各项材料，按试验规程拌制混凝土，测其坍落度，观察黏聚性及保水性。若不符合要求，则调整砂率或用水量，再进行拌和试验，直至符合要求。砂率及用水量的调整原则如下。

1）若拌和物的黏聚性及保水性不良，砂浆显得不足时，应酌量增加砂率；反之，则应适当减小砂率。

2）当坍落度小于设计要求时，应增加水泥浆用量（保持水灰比不变）；反之，则应增加砂、石子用量（保持砂率大致不变）。一般每增加 10mm 坍落度，约需增加水泥浆用量 $1\%\sim2\%$。

调整好的混凝土，测定其拌和物表观密度 γ_C'，根据该拌和物各项材料实际用量（C'、W'、S'、G'）及表观密度 γ_C'，按下式计算该混凝土配合比（kg/m^3）。

---

❶ 在采用绝对体积法时，为计算方便，常将砂率表示为体积比，即：砂率＝砂的实体积/（砂的实体积＋石子的实体积）×100%，由于砂和石子的视密度一般都较接近，故以体积比表示的砂率值，常取其等于按质量比表示的砂率。

$$
\left.
\begin{array}{l}
C=\dfrac{\gamma_C'}{C'+W'+S'+G'} \cdot C'=KC' \\[4mm]
W=KW' \\[2mm]
S=KS' \\[2mm]
G=KG'
\end{array}
\right\}
\tag{3.14}
$$

（3）检验强度及耐久性、确定混凝土试验室配合比。

按基准配合比成型强度、抗渗、抗冻等试件，标准养护至规定龄期进行试验。如果混凝土各项性能均满足要求，且超过要求指标不多，则此配合比是经济合理的。否则，应将水灰比进行必要的修正，并重新做试验，直至符合要求。所得即为试验室配合比。

为了缩短试验时间，可以基准配合比为基础，同时拌制 3～5 种配合比进行强度及抗渗性、抗冻性等项试验，从中选出满足各项技术要求的配合比（试验室配合比）。在这 3～5 种配合比中，其中一种是基准配合比，另外几种配合比的水灰比值应较基准配合比分别增加及减小 0.05，其用水量与基准配合比相同，砂率值作适当调整。

对于大型混凝土工程，常对混凝土配合比进行系统试验。即在确定初步水灰比时，就同时选取 3～5 个值，对每一水灰比又选取 3～5 种含砂率及 3～5 种单位用水量，组成多种配合比，平行进行试验并相互校核。通过试验，绘制水灰比与单位用水量，水灰比与合理砂率，水灰比与强度、抗渗等级、抗冻等级等的关系曲线。综合这些关系曲线最终确定出试验室配合比。

3.6.1.3 施工配料单的计算

试验室配合比是在室内标准条件下通过试验获得的。施工过程中，工地砂石材料含水状况、级配等会发生变化，气候条件、混凝土运输及结构物浇筑条件也会变化，为保证混凝土质量，应根据条件变化将试验室配合比进行换算和调整，得出施工配料单（也称施工配合比）供施工应用。

（1）施工配料单换算。

当骨料含水率变化及有超逊径时，应随时换算施工配料单，换算的目的是准确地实现试验室配合比。

1）骨料含水量变化时施工配料单计算。试验室确定配合比时，若以气干状态的砂石为标准，则施工时应扣除砂石的全部含水量，若以饱和面干状态的砂石为标准，则应扣除砂石的表面含水量或补足其达到饱和面干状态所需吸收的水量，同时相应地调整砂石用量。

设实测工地砂及石子的含水率（或表面含水率）分别为 α_a 及 α_b，则混凝土施工配合比的各项材料用量（配料单）应为

$$
\left.
\begin{array}{l}
C_0=C \\[2mm]
S_0=S(1+\alpha_a) \\[2mm]
G_0=G(1+\alpha_b) \\[2mm]
W_0=W-S\alpha_a-G\alpha_b
\end{array}
\right\}
\tag{3.15}
$$

2）骨料含超、逊径颗粒时施工配料单计算。当某级骨料有超径颗粒时，则将其计入上一粒径级，并增加本粒径级用量（当有逊径颗粒时，将其计入下一粒径级，并增加本粒

径级用量）。各级骨料换算校正数为

$$校正量＝（本级超径量＋本级逊径量）－（下一级超径量＋上一级逊径量）$$

根据骨料超、逊径含量❶，施工配料单换算示例见表 3.19。

表 3.19 各级骨料用量换算表

项 目	砂	石 子		
		5～20mm	20～40mm	40～80mm
试验室配合比的骨料用量/kg	567	448	373	672
现场实测骨料超径含量/%	2.1	3.3	1.6	
现场实测骨料逊径含量/%		2.2	10.2	10.0
超径量/kg	11.9	14.8	6.0	
逊径量/kg		9.9	38.0	67.2
校正量/kg	+2.0	−25.2	−38.0	+61.2
换算后骨料用量/kg	569	422.8	335	733.2

（2）施工配料单的调整。

施工过程中发生气候条件变化、拌和物运输及浇筑条件改变时，需对设计的坍落度指标进行调整，进而需调整配合比。当砂的细度模数等发生变化时，也需调整配合比。在进行配合比调整时，必须保持水灰比不变，仅对含砂率及用水量作必要的调整。调整时可参照表 3.20 进行。

表 3.20 条件变动时砂率及用水量的大致调整值

条件变动情况	调 整 值		条件变动情况	调 整 值	
	用水量	含砂率		用水量	含砂率
增减坍落度 10mm	±2.5kg/m³		增减砂率 1%	±2.0kg/m³	
增减含气量 1%	∓3%	∓0.5%	砂的细度模数增减 0.1		±0.5%

3.6.1.4 混凝土配合比设计举例

【例 3.1】 某房屋为钢筋混凝土框架工程，混凝土不受风雪等作用，为室内正常环境，使用年限 50 年，设计混凝土强度等级 C25，施工要求坍落度为 30～50mm。试设计该混凝土配合比。

解：1. 混凝土技术指标及所用材料

（1）技术指标。

1）混凝土配制强度（f_h）为

$$f_h＝25.0＋1.645×5.0＝33.2（MPa）$$

---

❶ 表 3.19 中为以合格颗粒为基数的超、逊径含量（%）。另一种表示方法是以总质量为基数的超、逊径含量（%）计算所得的超、逊径量，此时

$$超径量＝\frac{预定的合格骨料含量}{1－超径含量－逊径含量}×超径含量$$

$$逊径量＝\frac{预定的合格骨料含量}{1－超径含量－逊径含量}×逊径含量$$

见 3.7 节式（3.29）并根据表 3.26 取 $\sigma_0 = 5.0\text{MPa}$。

2）混凝土拌和物坍落度为 30～50mm。

（2）所用原材料。

1）水泥。根据该工程情况，选用强度等级 42.5 级的普通水泥。水泥强度等级富余系数 γ_C 取为 1.16，实测密度 $\rho_C = 3.10\text{g/cm}^3$。

2）粗骨料。石灰岩碎石，$D_M = 40\text{mm}$，取 5～40mm 连续级配，实测视密度 $\rho_G = 2.70\text{g/cm}^3$，松散堆积表观密度 $\gamma_G = 1550\text{kg/m}^3$。

3）细骨料。河砂，细度模数为 2.70，级配合格，实测视密度 $\rho_S = 2.65\text{g/cm}^3$，松散堆积表观密度 $\gamma_S = 1520\text{kg/m}^3$。

粗细骨料的品质均符合规范要求（含水状态以干燥状态为基准）。

2. 初步配合比计算

（1）初步确定水灰比 W/C。

由强度要求有

$$f_{cu} = f_h = A f_{ce}\left(\frac{C}{W} - B\right)$$

将以上各值代入公式，可得

$$33.2 = 0.53 \times 1.16 \times 42.5\left(\frac{C}{W} - 0.20\right)$$

则

$$\frac{W}{C} = 0.680$$

考虑耐久性，查附表 1-3，水灰比应不大于 0.60。现取初步水灰比为 0.60。

（2）初步估计单位用水量 W。

按表 3.16 有

$$W = 160 + 15 = 175 \ (\text{kg/m}^3)$$

（3）初步估计含砂率 $S/(S+G)$。

按表 3.17 有

$$\frac{S}{S+G} = 32\% + 4\% = 36 \ (\%)$$

（4）单位水泥用量 C。

$$C = \frac{W}{W/C} = \frac{175}{0.60} = 292 \ (\text{kg/m}^3)$$

（5）计算粗、细骨料用量。

按绝对体积法，查表 3.18 取 $\alpha = 1.2$，则有

$$W + \frac{C}{\rho_C} + \frac{S}{\rho_S} + \frac{G}{\rho_G} + 10\alpha = 1000$$

$$\begin{cases} 175 + \dfrac{292}{3.10} + \dfrac{S}{2.65} + \dfrac{G}{2.70} + 10 \times 1.2 = 1000 \\[2mm] \dfrac{S}{S+G} = 0.36 \end{cases}$$

解上式得：$S=694\text{kg/m}^3$，$G=1234\text{kg/m}^3$。

初步配合比为：$C=292\text{kg/m}^3$、$S=694\text{kg/m}^3$、$G=1234\text{kg/m}^3$、$W=175\text{kg/m}^3$。

3. 试拌调整，确定基准配合比。

按初步配合比，称取拌制 0.02m^3 混凝土所需的各项材料：$C=5.84\text{kg}$、$S=13.88\text{kg}$、$G=24.68\text{kg}$、$W=3.50\text{kg}$。拌制混凝土，测得的坍落度为 20mm，黏聚性较好。需增加水泥浆 4%（即水泥 0.23kg、水 0.14kg）。重新拌和混凝土，测得坍落度为 45mm，黏聚性及保水性良好，和易性满足要求。该混凝土各种材料实际用量为 $C'=6.07\text{kg}$、$S'=13.88\text{kg}$、$G'=24.68\text{kg}$、$W'=3.64\text{kg}$。实测混凝土拌和物表观密度 $\gamma'_c=2410\text{kg/m}^3$，按式（3.14）可算得：$C=303\text{kg/m}^3$、$S=693\text{kg/m}^3$、$G=1232\text{kg/m}^3$、$W=182\text{kg/m}^3$。基准配合比为

$$C:S:G:W=1:2.29:4.07:0.60$$

4. 检验强度确定试验室配合比。

以基准配合比为基础，分别拌制不同水灰比的三种混凝土，测定其表观密度及 28d 强度，试验结果见表 3.21。

表 3.21 混凝土强度试验结果

组别	W/C	各项材料用量/kg				f_{28} /MPa	γ'_c / (kg/m³)	C/W
		W	S	G	C			
1	0.55				6.62	38.0	2415	1.819
2	0.60	3.64	13.86	24.64	6.06	34.5	2410	1.665
3	0.65				5.60	27.5	2405	1.538

由表 3.20 可得满足设计要求的灰水比约为 1.65（按作图法求得），即 $W/C=0.61$。但它已经不满足附表 1-3 的要求，故仍使用 0.60 的水灰比。即混凝土的配合比为 $C=303\text{kg/m}^3$、$S=693\text{kg/m}^3$、$G=1232\text{kg/m}^3$、$W=182\text{kg/m}^3$。

$$C:S:G:W=1:2.29:4.07:0.60$$

【例 3.2】 某混凝土坝所在地区最冷月月平均气温为 2℃；河水无侵蚀性，坝上游面水位涨落区的外部混凝土最大作用水头 49m，设计要求水工混凝土强度等级为 $C_{90}25$，保证率 80%；采用机械搅拌、振捣器振实，用当地河砂及卵石作骨料。试设计该坝上游面混凝土配合比。

1. 确定混凝土各项技术指标。

（1）强度。按 3.7 节式（3.28）混凝土配制强度（90d 龄期）为

$$f_h=25+0.841\times4.0=28.4\text{（MPa）}$$

根据表 3.1，普通硅酸盐水泥混凝土 90d 龄期与 28d 龄期的强度比值，可求得 28d 龄期混凝土配制强度为

$$f_{h.28}=28.4\times\frac{100}{115}=24.7\text{（MPa）}$$

（2）抗渗等级。参照附录二之附表 2-4，混凝土抗渗等级确定为 W6。

（3）抗冻等级。该混凝土坝地处温和气候地区，为保证混凝土抗风化性，确定其抗冻等级为 F50（参照附表 2-5 的附注）。

（4）坍落度。参照附表 2—1，浇筑地点混凝土拌和物坍落度应为 10～40mm，考虑运输过程中坍落度的损失，确定拌和机口混凝土拌和物坍落度为 30～50mm。

2. 原材料选择及其技术性质。

（1）水泥品种及强度等级。因环境水无侵蚀性，且为温和地区水位涨落区的外部混凝土，故应优先采用硅酸盐大坝水泥、硅酸盐水泥或普通硅酸盐水泥。水泥强度等级 42.5 级及以上。参考表 2.11 比较经济的水泥强度等级应为 42.5 级，故确定采用强度等级 42.5 级的普通硅酸盐水泥。根据工地使用水泥情况，取水泥强度富余系数 $r_C=1.0$。水泥密度 $\rho_C=3.10\text{g/cm}^3$。

（2）河砂。细度模数为 2.9，级配良好。饱和面干状态视密度 $\rho_S=2.62\text{g/cm}^3$。

（3）粗骨料。当地卵石质量符合混凝土用骨料的要求，取 $D_M=80\text{mm}$，通过试验选定级配为（5～20mm）∶（20～40mm）∶（40～80mm）＝30∶25∶45。饱和面干状态视密度 $\rho_G=2.65\text{g/cm}^3$。

3. 计算初步配合比。

（1）确定初步水灰比。根据强度要求，由式（3.1）有

$$f_{cu}=f_h=0.539f_{ce}\left(\frac{C}{W}-0.459\right)$$

将上述数值代入公式

$$24.7=0.539\times1.0\times42.5\left(\frac{C}{W}-0.459\right)$$

则

$$\frac{W}{C}=0.65$$

根据耐久性要求，由抗渗等级 W6，参考表 3.4，水灰比应为 0.55～0.60；由抗冻等级 F50，参考表 3.5，水灰比应小于 0.58；根据附表 2-7，水灰比最大允许值为 0.55。

从以上强度及耐久性要求，初步确定水灰比为 0.55。

（2）初步估计单位用水量。参考表 3.16，单位用水量大致为 125kg/m³。

（3）初步估计合理砂率。参考表 3.17，当砂的细度模数为 2.7 时，砂率大致为 26%，按本工程所用材料进行修正，初步确定砂率为 26%＋2×0.75%＝27.5%。

（4）计算水泥用量。

$$C=\frac{W}{(W/C)}=\frac{125}{0.55}=227(\text{kg/m}^3)$$

（5）计算砂、石子用量。按假定表观密度法，参考表 3.18，$\gamma_C=2430\text{kg/m}^3$。则初步配合比为 $C=227\text{kg/m}^3$、$W=125\text{kg/m}^3$、$S=571\text{kg/m}^3$、$G=1507\text{kg/m}^3$。其中：5mm～20mm 小石为 452kg/m³、20～40mm 中石为 377kg/m³、40～80mm 大石 678kg/m³。

4. 试拌调整确定基准配合比。

按初步配合比称取拌制 0.03m³ 混凝土所需各项材料为 C＝6.81kg、W＝3.75kg、S＝17.13kg、小石 13.56kg、中石 11.31kg、大石 20.34kg，共计 72.90kg。拌制混凝土，观察得黏聚性及保水性基本良好（表明混凝土含砂率是合适的）。测得坍落度为 55mm，符合要求，测出混凝土表观密度 $\gamma_C=2420\text{kg/m}^3$。按式（3.14）算得基准配合比为 $C=226\text{kg/m}^3$、$W=124.5\text{kg/m}^3$、$S=569\text{kg/m}^3$、$G_{5\sim20}=450\text{kg/m}^3$、$G_{20\sim40}=375\text{kg/m}^3$、

$C_{40\sim80}=675kg/m^3$。

5. 检验强度及耐久性。

按基准配合比进行强度、抗渗性、抗冻性等试验，各项性能满足设计要求，且超过不多。则上述配合比即为所求的混凝土试验室配合比。

3.6.2 掺减水剂的混凝土配合比设计

在普通混凝土中掺入减水剂，一般有以下几种考虑：①提高混凝土拌和物的流动性，且不致降低混凝土的强度；②节约水泥，且保持混凝土的和易性及水灰比不变；③提高混凝土的强度及耐久性，且保持拌和物的和易性不变。无论何种考虑，掺减水剂的混凝土配合比设计均可以基准混凝土（指未掺减水剂的混凝土）配合比为基础，进行适当的调整而获得。

1）以提高混凝土拌和物的流动性为主要目的时的配合比设计。由于混凝土拌和物流动性增大，其黏聚性及保水性一般会有一些改变（随减水剂的品种而不同）。为使拌和物黏聚性及保水性合格，可适当调整砂率，并保持粗细骨料总用量不变。同时，其他材料用量与基准混凝土相同，即得出各种材料的用量。再经试拌和调整，确定出设计配合比。

2）以节约水泥为主要目的时的配合比设计。若基准混凝土配合比各种材料用量分别为 C、W、S、G，砂率为 S_P，混凝土的实测表观密度为 γ_C。假定减水剂的减水率为 a（％），掺量为 b（％），取水灰比及砂率不变，则掺减水剂混凝土的各种材料用量：水泥（C'）、水（W'）、砂（S'）、石子（G'）、减水剂等用量按以下各式计算

$$W'=W(1-a)$$

$$C'=W'/\left(\frac{W}{C}\right)$$

$$S'+G'=\gamma_C-C'-W'$$

$$S'=(S'+G')S_P$$

$$G'=(S'+G')(1-S_P)$$

$$减水剂用量=C'b$$

以上计算出的结果，经试拌调整后即得设计配合比。

3）以提高混凝土强度及耐久性为主要目时的配合比设计。若基准混凝土各种材料用量、配合比参数如前述，取掺入减水剂的混凝土拌和物在流动性不变情况下水泥用量不变降低水灰比。此时拌和物黏聚性及保水性得到改善，可适当降低砂率，若确定砂率为 S'_P，则掺减水剂混凝土的各种材料用量按以下各式计算

$$C'=C$$

$$W'=W(1-a)$$

$$S'+G'=\gamma_C-C'-W'$$

$$S'=(S'+G')S'_P$$

$$G'=(S'+G')(1-S'_P)$$

$$减水剂用量=C'b$$

以上计算出的掺减水剂混凝土配合比再经试拌调整，即得设计的混凝土配合比。

3.6.3 粉煤灰混凝土配合比设计

粉煤灰混凝土配合比设计的基本原理与普通混凝土相似。由于粉煤灰的掺入，在配合

比中又增加了一个参变数，通常用粉煤灰掺量（％）表示，即

$$粉煤灰掺量 = \frac{粉煤灰质量}{水泥质量 + 粉煤灰质量} \times 100\%$$

在进行配合比设计时，可根据经验选取几个不同的粉煤灰掺量，分别按普通混凝土配合比设计的方法进行设计，根据混凝土技术要求确定粉煤灰掺量及相应的混凝土配合比。

当混凝土的技术要求主要是 28d 强度及施工和易性时，掺粉煤灰混凝土的配合比设计可以基准配合比为基础，按超量取代法进行。其方法步骤如下：

1）按设计要求进行普通混凝土（不掺粉煤灰的混凝土）配合比的设计，并以此作为基准配合比。设此配合比为水泥用量 C（kg/m³）、水用量 W（kg/m³）、砂子用量 S（kg/m³）、石子用量 G（kg/m³）。

2）确定粉煤灰取代水泥率 β_C。粉煤灰取代水泥率不得超过表 3.22 的限值。

表 3.22　　　　　　　　　粉煤灰取代水泥百分率 β_C　　　　　　　　　％

混凝土强度等级	普通水泥	矿渣水泥
C15 以下	15～25	10～20
C20	10～15	10
C25～C30	15～20	10～15

注　1. 用 32.5 级水泥时取表中下限值，用 42.5 级水泥时取表中上限值。

　　2. C20 以上的混凝土宜用Ⅰ级、Ⅱ级粉煤灰；C15 以下的素混凝土可以用Ⅲ级粉煤灰。

3）计算 1m³ 粉煤灰混凝土中水泥用量 C'。计算公式为

$$C' = C(1 - \beta_c) \tag{3.16}$$

4）确定粉煤灰超量系数 δ_C。粉煤灰超量系数等于粉煤灰掺量与粉煤灰混凝土中水泥减少量的比值，即 $\delta_C = F/(C - C')$。粉煤灰超量系数按表 3.23 确定。

表 3.23　　　　　　　　　粉 煤 灰 超 量 系 数

粉煤灰等级	超量系数 δ_C	备　注
Ⅰ	1.1～1.4	C25 以上混凝土取下限，其他强度等级的混凝土取上限
Ⅱ	1.3～1.7	
Ⅲ	1.5～2.0	

5）计算 1m³ 混凝土中粉煤灰掺量 F(kg/m³)。计算公式为

$$F = \delta_C(C - C') \tag{3.17}$$

6）计算粉煤灰超量部分的体积 V_F。计算公式为

$$V_F = \frac{F}{\rho_F} + \frac{C'}{\rho_c} - \frac{C}{\rho_c} \tag{3.18}$$

式中：ρ_F 为粉煤灰的密度。

7）以粉煤灰超量体积代替同体积的细骨料，则砂子用量 S' 为

$$S' = S - V_F\rho_S \tag{3.19}$$

8）粉煤灰混凝土的用水量（W'）及石子用量（G'）按基准配合比取用，即

$$W' = W；G' = G$$

9）混凝土试拌，调整及强度校核等步骤与普通混凝土相同。

3.7 混凝土的质量控制

为了保证混凝土的质量，除必须选择适宜的原材料及确定恰当的配合比外，在施工过程中还必须对混凝土原材料、混凝土拌和物及硬化混凝土进行质量检查及质量控制。

施工过程中，原材料质量的波动对混凝土质量有很大的影响。例如：水泥强度的波动直接影响混凝土的强度；粗骨料的超径或逊径将改变骨料的级配，而影响混凝土和易性；砂子细度模数变化对混凝土和易性也有很大影响；骨料含水率的变化对混凝土的水灰比影响极大，从而影响混凝土强度及耐久性。施工中配料称量的误差会引起配合比的变异，从而影响混凝土质量。混凝土搅拌、运输、浇筑及养护等工艺的变异，也会引起混凝土和易性、强度及耐久性等的波动。为了保证混凝土的质量，应对混凝土原材料及施工工艺进行严格地控制管理，尽可能地减小各种因素的变异。为此，必须经常对原材料的各项技术性质、混凝土拌和物及硬化混凝土的各项技术性质进行检查。

混凝土的质量通常用混凝土抗压强度作为评定指标。因为混凝土抗压强度的波动，既反映了混凝土强度的变异，又能较好地反映混凝土质量的波动。

3.7.1 混凝土强度概率的正态分布

在正常施工条件下，同一种混凝土的强度值总是波动的。实践证明，混凝土强度的分布曲线接近于正态分布，如图3.17所示。

其概率密度函数 $\varphi(f)$ 为

$$\varphi(f) = \frac{1}{\sigma\sqrt{2\pi}} e^{-\frac{(f-\bar{f})^2}{2\sigma^2}} \quad (3.20)$$

介于 f_1 与 f_2 之间的混凝土强度值出现的概率为 $P(f_1 \leqslant f \leqslant f_2)$，可用式（3.21）表示

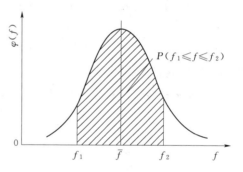

图 3.17 正态分布曲线

$$P(f_1 \leqslant f \leqslant f_2) = \int_{f_1}^{f_2} \varphi(f) \mathrm{d}f = \frac{1}{\sigma\sqrt{2\pi}} \int_{f_1}^{f_2} e^{-\frac{(f-\bar{f})^2}{2\sigma^2}} \mathrm{d}f \quad (3.21)$$

式中：f 为混凝土强度值；$\bar{f}$ 为混凝土强度总体的平均值；σ 为混凝土强度总体的标准差。

令随机变量 $t = \dfrac{\bar{f}-f}{\sigma}$，可将随机变量正态分布变换为标准正态分布，如图3.18所示。

其概率密度函数及标准正态分布函数分别为

$$\varphi'(t) = \frac{1}{\sqrt{2\pi}} e^{-\frac{t^2}{2}} \quad (3.22)$$

$$\Phi(t) = \int_{-\infty}^{t_1} \varphi'(t) \mathrm{d}t$$

$$= \frac{1}{\sqrt{2\pi}} \int_{-\infty}^{t_1} e^{-\frac{t^2}{2}} \mathrm{d}t \quad (3.23)$$

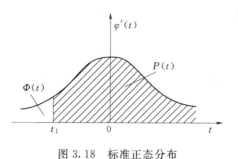

图 3.18 标准正态分布

式 (3.22)、式 (3.23) 中，t 称为概率度。概率度 t 自 $t_1 \sim +\infty$ 出现的概率 $P(t_1) = 1 - \Phi(t_1)$。它相当于图 3.18 中之阴影面积。不同的 t 值所对应的 $P(t)$ 值可从数理统计学书中查得，现摘录一部分列于表 3.24。

表 3.24 　　　　　　　　　　不同 t 值的 $P(t)$ 值表

t	0	0.50	0.84	1.00	1.28	1.645	2.00	3.00
$P(t)$	0.500	0.690	0.800	0.841	0.900	0.950	0.977	0.999

当混凝土强度总体的平均值 $\bar{f}$ 及标准差 σ 已知时，混凝土强度分布特征即可确定。对于指定的某一强度值，可算出概率度 t，则大于等于此强度值出现的概率即可确定。

3.7.2 混凝土强度的统计参数及质量均匀性

质量良好的混凝土，应满足设计要求的技术性质，并具有规定的保证率及较好的均匀性。这就要求混凝土强度总体具有较好的分布。

为了确定混凝土强度总体的分布特征，需借助数理统计的方法，从混凝土总体中抽出一部分混凝土（样本）制成试件，测得一批（N 组）强度试验数据，计算出下列统计参数。

1）平均值。也称为样本均值，可代表总体平均值。计算公式为

$$m_{f_{cu}} = \frac{1}{N} \sum_{i=1}^{N} f_{cu.i} \tag{3.24}$$

2）均方差（或称标准差）。计算公式为

$$S_{f_{cu}} = \sqrt{\frac{1}{N-1} \sum_{i=1}^{N} (f_{cui} - m_{f_{cu}})^2} \tag{3.25}$$

当样本试件数目 N 较多时，可代表总体标准差 σ_0。

3）离差系数（或称变异系数）。计算公式为

$$C_v = \frac{S_{f_{cu}}}{m_{f_{cu}}} \tag{3.26}$$

混凝土强度总体标准差 σ_0（或样本标准差 $S_{f_{cu}}$）及离差系数 C_v 是决定强度分布特性的重要参数。σ_0 值愈大（或 C_v 愈大），强度分布曲线愈矮而宽，强度离散性愈大，质量愈不均匀，如图 3.19 所示。从生产和使用的角度说，我们希望混凝土强度的波动较小，质量较均匀，故要求 σ_0（或 C_v）较小；反之，则表明混凝土质量较差。在施工质量控制中，可用 σ_0（或 C_v）作为评定混凝土均匀性的指标。

《水工混凝土施工规范》（DL/T 5144—2015）按 σ_0 大小及试件强度不低于强度标准值的百分数，将混凝土生产质量水平划分为四级，见表 3.25。

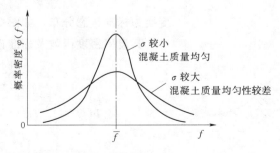

图 3.19　标准差不同的强度分布曲线

表 3.25　　　　　　　　　　混凝土生产质量水平

评 定 指 标		质 量 等 级			
		优秀	良好	一般	差
不同强度等级下的混凝土强度标准差 /MPa	$\leqslant C_{90}20$	<3.0	3.0～3.5	3.5～4.5	>4.5
	$C_{90}20～C_{90}35$	<3.5	3.5～4.0	4.0～5.0	>5.0
	$>C_{90}35$	<4.0	4.0～4.5	4.5～5.5	>5.5
强度不低于强度标准值的百分率/%		$\geqslant90$		$\geqslant80$	<80

3.7.3　混凝土强度保证率

混凝土强度总体中，等于及大于设计强度的强度值出现的概率 P（%）称为强度保证率，不同类型的工程对混凝土强度保证率的要求不同。

混凝土强度保证率的计算可根据混凝土强度检验结果 f_i，按式（3.24）～式（3.26）算出平均值 $m_{f_{cu}}$、均方差 $S_{f_{cu}}$ 或离差系数 C_v，按式（3.27）求得概率度 t

$$t=\frac{m_{f_{cu}}-f_{cu.k}}{\sigma_0}=\frac{m_{f_{cu}}-f_{cu.k}}{S_{f_{cu}}}=\frac{m_{f_{cu}}-f_{cu.k}}{C_v m_{f_{cu}}} \tag{3.27}$$

式中：$f_{cu.k}$ 为设计强度值。

由 t 查表 3.23，即可求得该混凝土的强度保证率。

3.7.4　混凝土配制强度

为了使混凝土强度具有要求的保证率，必须使配制强度大于设计强度。当设计强度和要求的保证率已知时，混凝土配制强度（f_h）可按式（3.28）计算，即

$$f_h=f_d+t\sigma_0=\frac{f_d}{1-tC_v} \tag{3.28}$$

式中：f_d 为设计混凝土抗压强度，MPa；t 为与设计混凝土抗压强度要求的保证率对应的概率度；σ_0 为混凝土强度标准差，MPa；C_v 为混凝土强度离差系数。

《混凝土结构设计规范》（GB 50010—2010）规定，混凝土设计强度 f_d 为混凝土强度标准值（具有 95% 保证率的抗压强度值），此时 $t=1.645$（见表 3.23），则混凝土的配制强度为

$$f_h=f_d+1.645\sigma_0 \tag{3.29}$$

表 3.26　　　　　　　　　　普通混凝土 σ_0 取值

混凝土强度等级	C10～C20	C25～C40	C50～C60
σ_0/MPa	4.0	5.0	6.0

当施工单位有 30 组以上该种混凝土试验资料时，可按数理统计方法算出 σ_0 值。若施工单位无历史统计资料，σ_0 值可按表 3.26 取用。

根据《水工混凝土施工规范》（DL/T 5144—2015）的规定，不同强度等级的水工混凝土其配制强度按式（3.28）计算。此时，设计混凝土抗压强度 f_d 为设计龄期混凝土强度标准值；t 为与设计混凝土强度保证率相对应的概率度（可由表 3.23 查得）；σ_0 值可按式（3.25）计算得[●]，当无实测资料时可参考表 3.27 选用。

[●] 由式（3.25）算得的 σ_0 值不得低于《水工混凝土施工规范》所规定的下限值。

表 3.27　　　　　　　　　　　　　水工混凝土 σ_0 取值

设计龄期混凝土抗压强度标准值/MPa	≤15	20~25	30~35	40~45	≥50
σ_0/MPa	3.5	4.0	4.5	5.0	5.5

表 3.28　　　　　　　　　　　港口工程混凝土标准差平均水平

混凝土强度等级	C20 以下	C20~C40	C40 以上
σ_0/MPa	3.5	4.5	5.5

《水运工程混凝土施工规范》(JTS 202—2011) 规定，混凝土配制强度的计算与 GB 50010—2010 相同。工地实际混凝土立方体抗压强度标准差 σ 的计算方法见式 (3.25)。当施工单位无近期混凝土工程统计资料时，可按混凝土质量平均水平选取 σ_0 值。港工混凝土强度标准差的平均水平见表 3.28。

3.7.5　混凝土施工质量管理图

为了及时掌握并分析混凝土质量的变化情况，常将质量检查得到的各种指标，如水泥的强度、混凝土的坍落度、水灰比、强度等绘成质量管理图。这样可以及时发现问题，对加强混凝土质量控制工作有很大帮助。

生产实践表明，当混凝土施工处于统计控制状态时，由正常原因造成的混凝土强度的波动服从正态分布，混凝土强度的特征值在区间 $(\overline{f}-2\sigma, \overline{f}+2\sigma)$ 和 $(\overline{f}-3\sigma, \overline{f}+3\sigma)$ 范围内的概率分别为 95.45% 和 99.73%。我们将混凝土强度正态分布图旋转 90° 后翻转 180°，并以 $\overline{f}$ 作为中心线，以 $(\overline{f}-2\sigma, \overline{f}+2\sigma)$ 区间的上下界线作为上下警戒线，以 $(\overline{f}-3\sigma, \overline{f}+3\sigma)$ 区间的上下界线作为上下控制线，即得到混凝土施工质量管理图。绘制混凝土施工质量（强度）管理图时，可用横坐标表示浇筑时间或试验编号，用纵坐标表示强度试验值，依浇筑时间或试验顺序依次将试验值点画入图中（见图 3.20）。

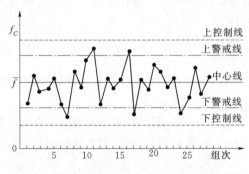

图 3.20　混凝土施工质量管理图

混凝土强度值落在区间 $(\overline{f}-3\sigma, \overline{f}+3\sigma)$ 之外的概率，在 100 次中还不足一次，而落在区间 $(\overline{f}-2\sigma, \overline{f}+2\sigma)$ 以外的概率也仅 5 次。显然，这两种事件都是小概率事件，而小概率事件在一次试验中是几乎不可能发生的，若发生此种事件，说明生产过程中存在某种异常原因，应及时查明。

在施工过程中，根据质量管理图内点子的变动趋势及点子的分布情况，可以推断生产情况是否正常。在正常生产的情况下，点子是在靠近中心线的两边分布的，靠近中心线的点子多些，远离中心线的点子少些。如果连续一批点子显著地偏离中心线一方，则说明施工中产生了系统性的变动因素，混凝土强度总体已有所变化。如果一群点子自高向低（或自低向高）逐渐变动，则表明混凝土强度总体在逐渐改变。如果连续出现点子超出了控制线（特别是下控制线），说明混凝土质量已有问题，应立即查明原因，并加以解决。

3.7.6 混凝土强度的检验评定

根据《混凝土强度检验评定标准》（GB/T 50107—2010）的规定，混凝土强度应分批进行检验评定。一个检验批的混凝土应由强度等级相同、龄期相同及生产工艺条件和配合比基本相同的混凝土组成。检验评定分统计方法和非统计方法两种。商品混凝土厂、预制混凝土构件厂和采用现场集中搅拌混凝土的施工单位，应按统计方法评定混凝土强度；对零星生产的预制构件混凝土或现场搅拌批量不大的混凝土，可按非统计方法评定。

3.7.6.1 统计方法评定

当混凝土的生产条件在较长时间内能保持一致，且同一品种混凝土的强度变异性能保持稳定时，应由连续的 30 组试件组成一个验收批，其强度应同时满足下列要求

$$m_{f_{cu}} \geqslant f_{cu.k} + 0.7\sigma_0 \tag{3.30}$$

$$f_{cu.min} \geqslant f_{cu.k} - 0.7\sigma_0 \tag{3.31}$$

同时

$$f_{cu.min} \geqslant 0.85 f_{cu.k} （混凝土强度等级 \leqslant C20） \tag{3.32}$$

$$f_{cu.min} \geqslant 0.90 f_{cu.k} （混凝土强度等级 > C20） \tag{3.33}$$

式中：$m_{f_{cu}}$ 为同一验收批混凝土立方体抗压强度的平均值，MPa；$f_{cu.k}$ 为混凝土立方体抗压强度标准值，MPa；σ_0 为验收批混凝土立方体抗压强度的标准偏差，MPa；$f_{cu.min}$ 为同一验收批混凝土立方体抗压强度的最小值，MPa。

标准偏差值根据前一检验期内同一品种混凝土试件的强度数据按下式确定

$$\sigma_0 = \frac{0.59}{m} \sum_{i=1}^{m} \Delta f_i \tag{3.34}$$

式中：Δf_i 为第 i 批试件立方体抗压强度中最大值与最小值之差；m 为用以确定验收批混凝土立方体抗压强度标准偏差的数据总批数。

上述检验期不应超过 3 个月，且在该期间内强度数据的总批数不得少于 15。

当混凝土的生产条件在较长时间内不能保持一致，且混凝土强度变异性不能保持稳定，或在前一个检验期内的同一品种混凝土没有足够的数据用以确定验收批混凝土立方体抗压强度标准偏差时，应由不少于 10 组的试件组成一个验收批，其强度应同时满足下列公式要求

$$m_{f_{cu}} \geqslant \lambda_1 S_{f_{cu}} + 0.9 f_{cu.k} \tag{3.35}$$

$$f_{cu.min} \geqslant \lambda_2 f_{cu.k} \tag{3.36}$$

式中：$S_{f_{cu}}$ 为同一检验批混凝土立方体抗压强度的标准偏差，MPa，按（3.25）式计算，当 $S_{f_{cu}}$ 的计算值小于 $0.06 f_{cu.k}$ 时，取 $S_{f_{cu}} = 0.06 f_{cu.k}$；$\lambda_1$、$\lambda_2$ 为合格判定系数，其值按表 3.29 取用。

表 3.29　　　　　　　　　合 格 判 定 系 数

试件组数	10～14	15～19	≥20
λ_1	1.15	1.05	0.95
λ_2	0.90	0.85	

3.7.6.2 非统计方法评定

按非统计方法评定混凝土强度时，其强度应同时满足下列要求

$$m_{f_{cu}} \geqslant \lambda_3 f_{cu.k} \tag{3.37}$$

$$f_{cu.\min} \geqslant \lambda_4 f_{cu.k} \tag{3.38}$$

式中：λ_3、λ_4 为合格评定系数，其值按表 3.30 取用。

表 3.30 　　　　　　　　　混凝土强度的非统计方法合格评定系数

混凝土强度等级	<C60	≥C60
λ_3	1.15	1.10
λ_4	0.95	

3.7.6.3 混凝土强度的合格性判断

当检验结果能满足上述规定时，则该批混凝土强度判为合格，反之则判为不合格。由不合格批混凝土制成的结构或构件应进行鉴定，对不合格的结构或构件，必须及时处理。当对混凝土试件强度的代表性有怀疑时，可采用从结构或构件中钻取试件的方法或采用非破损检验方法按有关标准的规定对结构或构件中混凝土的强度进行推定。

根据《水工混凝土施工规范》（DL/T 5144—2001）的规定，一般以 1 个月为 1 个统计周期。同批试件（$N \geqslant 30$ 组）统计强度保证率达到设计规定为合格。当 1 个月内试件组数小于 30 组时，可以 3 个月为 1 个统计周期，逐月按同等级的混凝土试件累计到不小于 30 组后再评定。

3.8 轻 混 凝 土

干表观密度不大于 1950kg/m³ 的水泥混凝土称为轻混凝土。轻混凝土包括轻骨料混凝土、多孔混凝土和大孔混凝土。轻混凝土的表观密度小、导热系数小，具有较好的保温、隔热、隔音及抗震性能。主要用于房屋建筑，也用于各种要求质量较轻的混凝土预制构件等。本节仅介绍轻骨料混凝土。

根据《轻骨料混凝土技术规程》（JGJ 51—2002）的规定，用轻骨料、水泥和水配制的，干表观密度不大于 1950kg/m³ 的混凝土为轻骨料混凝土（又称轻集料混凝土）。粗、细骨料均为轻骨料者，称为全轻混凝土；细骨料全部或部分采用普通砂者，称为砂轻混凝土。轻骨料混凝土常以所用骨料的名称命名，如粉煤灰陶粒混凝土、黏土陶粒混凝土、页岩陶粒混凝土、浮石混凝土、膨胀珍珠岩混凝土等。

3.8.1 轻骨料混凝土的主要技术性质及分类

（1）表观密度。

轻骨料混凝土按干表观密度的大小划分为 14 个等级（见表 3.31）。轻混凝土表观密度的大小直接影响混凝土强度、导热性及工程应用，是一项重要的技术指标。混凝土表观密度主要决定于粗细骨料的堆积表观密度及配合比，不同骨料的轻混凝土干表观密度的变动范围如图 3.21 所示。

表 3.31 轻骨料混凝土的表观密度等级

表观密度等级	表观密度的变化范围 / (kg/m³)	表观密度等级	表观密度的变化范围 / (kg/m³)
600	560～650	1300	1260～1350
700	660～750	1400	1360～1450
800	760～850	1500	1460～1550
900	860～950	1600	1560～1650
1000	960～1050	1700	1660～1750
1100	1060～1150	1800	1760～1850
1200	1160～1250	1900	1860～1950

（2）强度。

轻骨料混凝土强度等级，按边长 150mm 立方体试件在标准试验方法条件下 28d 龄期测得的具有 95％保证率的抗压强度值（MPa）确定，分为 LC5.0、LC7.5、LC10、LC15、LC20、LC25、LC30、LC35、LC40、LC45、LC50、LC55 及 LC60 等。

影响混凝土强度的因素很多，其中轻骨料的性质及用量是重要因素之一。轻混凝土强度与其表观密度关系密切，一般来说，表观密度大者强度较高。轻粗骨料颗粒坚强者，所配出的混凝土强度较高；反之，则混凝土强度较低。全轻混凝土的抗压强度低于砂轻混凝土。中、低强度等级

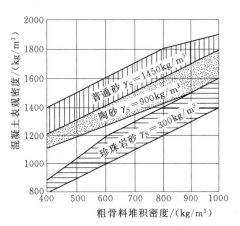

图 3.21 混凝土表观密度与骨料堆积表观密度关系

的轻骨料混凝土的抗拉强度与抗压强度的比值约为 7/100～14/100（与普通混凝土相似）。强度等级较高的混凝土，其拉压比值略低于上述数值。轻骨料混凝土干燥后，抗拉强度明显降低。

（3）混凝土变形性质与导热性质。

与普通混凝土相比较，轻骨料混凝土受力后变形较大，弹性模量较小。混凝土的干缩率及徐变均较普通混凝土大。

轻骨料混凝土导热系数与其表观密度及含水状态有关。干燥条件下的导热系数见表 3.32。

表 3.32 轻骨料混凝土导热系数

混凝土表观密度等级	600	800	1000	1200	1400	1600	1800	1900
导热系数 λ_μ / [W/(m·K)]	0.18	0.23	0.28	0.36	0.49	0.66	0.87	1.01

此外，轻骨料混凝土还应满足工程使用条件所要求的抗冻性及抗碳化耐久性能等的要求。

（4）分类。

按用途不同，轻骨料混凝土可分为保温轻骨料混凝土、结构保温轻骨料混凝土、结构轻骨料混凝土三大类，其相应的强度等级和表观密度等级见表 3.33。

表 3.33　　　　　　　　　　　轻骨料混凝土按用途分类

类别名称	混凝土强度等级的合理范围	混凝土表观密度等级的合理范围	用　　途
保温轻骨料混凝土	LC5.0	≤800	主要用于保温的围护结构或热工构筑物
结构保温轻骨料混凝土	LC5.0 LC7.5 LC10 LC15	800～1400	主要用于既承重又保温的围护结构
结构轻骨料混凝土	LC15 LC20 LC25 LC30 LC35 LC40 LC45 LC50 LC55 LC60	1400～1900	主要用于承重结构或构筑物

3.8.2　轻骨料（轻集料）

粒径大于 5mm，松散堆积表观密度小于 $1100kg/m^3$ 的骨料称为轻粗骨料；粒径小于 5mm，松散堆积表观密度小于 $1200kg/m^3$ 的骨料称为轻细骨料（或轻砂）。轻骨料按来源的不同可分为三类。

1）工业废料轻骨料。以工业废料为原料，经加工而成，如粉煤灰陶粒、膨胀矿渣、煤渣及其轻砂等。

2）人造轻骨料。以天然矿物为主要原料，经加工而成，如页岩陶粒、黏土陶粒、膨胀珍珠岩及其轻砂等。

3）天然轻骨料。天然形成的多孔岩石经破碎、筛分而成，如浮石、火山渣及其轻砂等。

3.8.2.1　轻粗骨料

轻粗骨料按其颗粒形态分为以下三种。

1）圆球型。颗粒呈圆球状，平均粒形系数❶ 1.2～1.6，如粉煤灰陶粒和磨细成球的页岩陶粒。

2）普通型。颗粒呈非圆球状，但少棱角，平均粒形系数 1.4～2.0，如页岩陶粒、膨胀珍珠岩等。

3）碎石型。颗粒呈碎石状，多棱角，平均粒形系数 2.0～2.5，如浮石、煤渣等。

---

❶　颗粒的直径最大值与最小值之比称为粒形系数。随机取 50 粒粗骨料的平均粒形系数作为粒形指标。

轻粗骨料的主要技术要求有松散堆积表观密度、颗粒级配、强度及吸水率等。此外，其抗冻性、烧失量及有害物质含量等也应符合技术规程的要求。

轻粗骨料的堆积表观密度，按松散堆积表观密度划分堆积表观密度等级，见表 3.34。

表 3.34　　　　　　　　　　轻粗骨料堆积表观密度等级

堆积表观密度等级	200	300	400	500	600	700	800	900	1000	1100	1200
松散堆积表观密度/（kg/m³）	100（不含）~200	200（不含）~300	300（不含）~400	400（不含）~500	500（不含）~600	600（不含）~700	700（不含）~800	800（不含）~900	900（不含）~1000	1000（不含）~1100	1100（不含）~1200

轻粗骨料强度用筒压强度或强度等级两种方法表示。

筒压强度系用"筒压法"测得的粗骨料在圆筒内的平均抗压强度，筒压法的试验装置如图 3.22 所示。将骨料装入圆筒，置于压力试验机上加压，当压模压入深度为 20mm 时，其压力值除以承压面积即为筒压强度。骨料强度越高，其筒压强度值也越大，故筒压强度是评定轻粗骨料质量的一项重要指标。不同品种及质量等级的轻粗骨料的筒压强度见表 3.35。筒压强度不能代表轻粗骨料在混凝土中的真实强度，骨料在混凝土内被水泥石填充和包围，混凝土受压时，骨料处于三向受力状态，故真实强度大于筒压强度值。

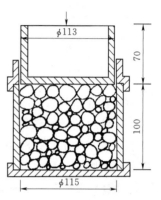

图 3.22　筒压强度试验装置（单位：mm）

表 3.35　　　　　　　　　　轻粗骨料的筒压强度

轻粗骨料种类	表观密度等级	筒压强度/MPa
人造轻骨料	200	0.2
	300	0.5
	400	1.0
	500	1.5
	600	2.0
	700	3.0
	800	4.0
	900	5.0
天然轻骨料工业废渣轻骨料	600	0.8
	700	1.0
	800	1.2
	900	1.5
	1000	1.5
工业废渣轻骨中的自然煤矸石	900	3.0
	1000	3.5
	1100~1200	4.0

粗骨料的强度等级，是按标准方法❶测得的轻骨料混凝土合理强度值。在轻骨料混凝土内，骨料周围包围着一层较坚强的水泥石外壳，故轻骨料混凝土的强度随水泥砂浆强度的提高而提高。然而轻骨料混凝土强度又受轻骨料本身强度的影响，当混凝土强度提高到某极限值后，即使增加水泥砂浆强度，混凝土强度也不再提高，或只是稍有提高。这个极限值即为合理强度值。它主要取决于粗骨料的强度。不同堆积表观密度等级的高强轻骨料的筒压强度及强度等级应不小于表 3.36 的数值。

表 3.36 高强人造轻粗骨料的筒压强度和强度等级

堆积表观密度等级	筒压强度/MPa	强度等级/MPa
600	4.0	25
700	5.0	30
800	6.0	35
900	6.5	40

粗骨料强度等级有很大的实用意义，可供粗骨料选择者参考。

轻粗骨料的最大粒径一般较小。对用于保温及结构保温轻骨料混凝土的粗骨料，最大粒径不宜大于 40mm；对用于结构轻骨料混凝土的粗骨料，其最大粒径不宜大于 20mm。轻粗骨料的颗粒级配，应符合规范要求。

轻粗骨料吸水率一般较大，吸水也较迅速，第 1h 吸水率可达 24h 吸水率的 60%～95%，24h 可接近吸水饱和。除天然轻粗骨料外，各种轻粗骨料的吸水率不应大于表 3.37 的规定。

表 3.37 轻 粗 骨 料 的 吸 水 率

轻粗骨料种类	表观密度等级	1h 的吸水率/%
人造轻骨料 工业废渣轻骨料	200	30
	300	25
	400	20
	500	15
	600～1200	10
人造轻骨料中的粉煤灰陶粒①	600～900	20
天然轻骨料	600～1200	—

① 指采用烧结工艺生产的粉煤灰陶粒。

3.8.2.2 轻砂

轻砂的细度模数宜在 2.3～4.0 范围。轻砂的堆积表观密度等级见表 3.38。

表 3.38 轻砂堆积表观密度等级

堆积表观密度等级	500	600	700	800	900	1000	1100	1200
松散堆积表观密度/（kg/m³）	400（不含）～500	500（不含）～600	600（不含）～700	700（不含）～800	800（不含）～900	900（不含）～1000	1000（不含）～1100	1100（不含）～1200

❶ 参看国家标准《轻集料及其试验方法》（GB/T 17431—2010）。

3.8.3 轻骨料混凝土的配合比设计

轻骨料混凝土配合比设计的原则及方法与普通混凝土相似，都须先计算初步配合比，再经试拌调整，使混凝土拌和物满足和易性要求，最后通过强度及干表观密度等项试验确定配合比。与普通混凝土不同的是：①在配合比设计的基本要求中增加了表观密度等级的要求；②在配合比设计中必须考虑轻骨料品种、性能对混凝土性能的影响。由于轻骨料品种、性能的差异较大，故在配制轻骨料混凝土时，多依靠经验及试验进行。现仅介绍轻骨料混凝土初步配合比参数选择及计算方法。

表 3.39 σ_0 取 值 表

强度等级	<LC20	LC20~LC35	>LC35
σ_0/MPa	4.0	5.0	6.0

轻骨料混凝土的配制强度按下式确定

$$f_h = f_{cu.k} + 1.645\sigma_0$$

式中：f_h 为轻混凝土配制强度，MPa；$f_{cu.k}$ 为设计要求的混凝土强度等级，MPa；σ_0 为混凝土强度的总体标准偏差，MPa。

当生产单位无强度试验资料时，σ_0 的值可按表 3.39 取用。

3.8.3.1 原材料及配合比参数选择

（1）轻骨料混凝土原材料选择。

轻骨料混凝土所用原材料包括水泥、骨料、外加剂及拌和用水等。选择适宜的轻骨料及水泥，在配合比设计中具有重要意义。

轻骨料堆积表观密度等级的选择，根据轻骨料混凝土强度等级及表观密度等级，选择轻骨料品种及适宜的堆积表观密度等级。设计强度较高且表观密度较大的混凝土时，常采用堆积表观密度等级较大的轻粗骨料及天然砂做细骨料；设计强度较低且表观密度较低的混凝土时，常采用堆积表观密度等级小的全轻骨料（参考图 3.21 及表 3.36）。

轻骨料混凝土所用水泥的强度等级，应根据轻骨料混凝土强度等级进行选择。对于强度等级为 LC30 以下的混凝土，宜选用强度等级 32.5 级的水泥；对于强度等级为 LC30 以上的混凝土，宜选用强度等级为 42.5 级的水泥；强度等级为 LC50 以上的混凝土，宜选用强度等级为 52.5 级的水泥。当配制低强度等级的混凝土采用高强度等级水泥时，可通过试验加入适量活性掺合料，以保证其稠度符合要求。

（2）轻骨料混凝土的用水量。

轻骨料混凝土的用水量分为使混凝土获得施工要求的和易性所需用水量（称为净用水量）和被骨料吸收的水量（称为附加用水量）两部分。总用水量按下式计算

$$W_0 = W + W_G + W_S \tag{3.39}$$

式中：W_0 为轻骨料混凝土的总用水量，kg/m³；W 为轻骨料混凝土净用水量，kg/m³；W_G、W_S 分别为轻粗骨料及轻砂的附加用水量，kg/m³。

轻骨料混凝土净用水量参照表 3.40 取用。

表 3.40 　　　　　　　　　　　　　　轻骨料混凝土净用水量

混凝土用途及施工方法		混凝土和易性		净用水量 /（kg/m³）
		维勃稠度/s	坍落度/mm	
预制混凝土构件	振动加压成型	10～20	—	45～100
	振动台成型	5～10	0～10	140～180
	振动棒或平板振动器振实	—	30～80	165～215
现浇混凝土	机械振捣	—	50～100	180～225
	人工振捣或钢筋较密	—	≥80	200～230

注　1. 表中数值适用于圆球型和普通型粗骨料，对于碎石型粗骨料，需增加 $10kg/m^3$ 左右的净用水量。

　　2. 表中数值适用于砂轻混凝土。

　　3. 掺外加剂时，宜按其减水率适当减少用水量，并按施工稠度要求进行调整。

轻粗骨料、轻砂的附加用水量由轻粗骨料、轻砂 1h 吸水率决定，当混凝土试配前对轻骨料进行预湿处理（试拌前浸水 1h）时，取附加用水量为零。对于普通砂，取附加用水量为零。

（3）水泥用量（m_C）选择。

轻骨料混凝土的水泥用量应根据混凝土的配制强度及耐久性要求进行选择。水泥用量较少时，混凝土的水灰比较大，混凝土强度及耐久性较低；水泥用量较多，则会使混凝土表观密度增大，并造成导热性变大等不良影响。因此，轻骨料混凝土的水泥用量必须适当，可参考表 3.41 选用。

表 3.41 　　　　　　　　　轻骨料混凝土的水泥用量　　　　　　　　　单位：kg/m³

混凝土试配强度/MPa	水泥强度等级	轻骨料堆积表观密度等级						
		400	500	600	700	800	900	1000
<5.0	32.5	260～320	250～300	230～280				
5.0～7.5		280～360	260～340	240～320	220～300			
7.5～10			280～370	260～350	240～320			
10～15				280～350	260～340	240～330		
15～20				300～400	280～380	270～370	260～360	250～350
20～25					330～400	320～390	310～380	300～370
25～30					380～450	370～440	360～430	350～420
30～40	42.5				420～500	390～490	380～480	370～470
40～50						430～530	420～520	410～510
50～60						450～550	440～540	430～530

注　1. 表中下限值适用于圆球形及普通型轻粗骨料；上限值适用于碎石型轻粗骨料及全轻混凝土。

　　2. 最高水泥用量不宜超过 $550kg/m^3$。

当所用水泥强度等级与表 3.41 不符时，可乘以表 3.42 中规定的调整系数。为满足混凝土耐久性要求，轻骨料混凝土最小水泥用量及最大水灰比应符合表 3.43 的规定。

（4）轻骨料混凝土的含砂率 S_p 选择。

轻骨料混凝土的含砂率常以体积砂率表示，即细骨料体积与粗细骨料总体积之比。轻骨料混凝土的砂率常较普通混凝土的大。不同用途混凝土的砂率可参照表 3.44 选取。

表 3.42　　　　　　　　　　　　水泥用量的调整系数

水泥强度等级	混凝土配制强度			
	5.0～15MPa	15～30MPa	30～50MPa	50～60MPa
32.5	1.00	1.00	1.10	1.15
42.5	—	0.85	1.00	1.00
52.5	—	—	0.85	0.90

表 3.43　　　　　　　　轻骨料混凝土的最大水灰比和最小水泥用量

混凝土所处的环境条件	最大水灰比	最小水泥用量/（kg/m³）	
		配筋的	无筋的
不受风雪影响的混凝土	不作规定	270	250
受风雪影响的露天混凝土；位于水中及水位升降范围内的混凝土和在潮湿环境中的混凝土	0.5	325	300
寒冷地区位于水位升降范围内的混凝土和受水压或除冰盐作用的混凝土	0.45	375	350
严寒和寒冷地区位于水位升降范围内和受硫酸盐、除冰盐等腐蚀的混凝土	0.40	400	375

注　1. 严寒地区指最寒冷月份的月平均温度低于－15℃者；寒冷地区指最寒冷月份的平均温度处于－5～－15℃者。
　　2. 水泥用量不包括掺合料。
　　3. 严寒和寒冷地区的混凝土应掺入引气剂，其含气量为 5%～8%。

表 3.44　　　　　　　　　　　轻骨料混凝土的砂率

混凝土的用途	细骨料品种	砂率/%
预制构件	轻　砂	35～50
	普通砂	30～40
现浇混凝土	轻　砂	—
	普通砂	35～45

注　1. 当采用圆球型轻粗骨料时，宜取表中下限值；当采用碎石型轻粗骨料时，宜取上限值。
　　2. 当细骨料采用轻砂与普通砂混合使用时，可按混合比例进行内插计算取值。

3.8.3.2　轻骨料混凝土配合比计算

　　轻骨料混凝土配合比计算方法有绝对体积法和松散体积法两种。全轻混凝土宜采用松散体积法，砂轻混凝土两种方法均可采用。绝对体积法的计算方法与普通混凝土相似。松散体积法计算方法比较简便，现介绍如下。

　　1）初步估计 1m³ 混凝土中粗、细骨料松散状态的总体积 V_t。不同类型骨料的混凝土粗、细骨料总体积可参照表 3.45 取用。

表 3.45　　　　　　　　　　　粗 细 骨 料 总 体 积

粗骨料粒型	细骨料品种	粗细骨料总体积/m³
圆球型	轻　砂	1.25～1.50
	普通砂	1.10～1.40

续表

粗骨料粒型	细骨料品种	粗细骨料总体积/m³
普通型	轻　砂	1.30～1.60
	普通砂	1.10～1.50
碎石型	轻　砂	1.35～1.65
	普通砂	1.10～1.60

注　1. 采用膨胀珍珠岩砂时，宜取上限值。
　　2. 混凝土强度等级较高时，宜取下限值。

2）$1m^3$混凝土粗细骨料用量计算。已知粗骨料堆积表观密度 γ_G，细骨料堆积表观密度 γ_S，则粗骨料用量 m_G 为

$$m_G = V_t(1 - S_p)\gamma_G \tag{3.40}$$

细骨料用量 m_S 为

$$m_S = V_t S_p \gamma_S \tag{3.41}$$

3）$1m^3$混凝土总用水量计算。混凝土总用水量 W_0，按式（3.39）计算。

4）混凝土干表观密度验算。根据计算出的各项材料用量，按下式计算混凝土干表观密度 $\gamma_干$，即

$$\gamma_干 = 1.15 m_C + m_G + m_S \tag{3.42}$$

式中：m_C 为 $1m^3$ 混凝土水泥用量，kg/m^3；1.15 为考虑水泥水化后水泥石质量较水泥质量增加的系数。

混凝土干表观密度与设计要求的混凝土表观密度等级进行对比，其差值不应大于 2%，否则应调整配合比参数并重新计算配合比。

以计算的配合比为基础，可按普通混凝土配合比设计的步骤，进行混凝土和易性、配合比调整以及强度、耐久性和表观密度等项试验。最后得出和易性、强度及表观密度等均满足要求的混凝土。

轻骨料混凝土因其骨料视密度小，吸水性强，为保证混凝土质量，施工时应注意：①骨料用量以干燥状态为基准的，当轻骨料含水时，必须在附加水量中扣除其自然含水量；②混凝土搅拌时间应适当延长（最好用强制式搅拌机）；③和易性相同的混凝土，其坍落度比普通混凝土略小，外观上也显得较为干稠，此时应防止因判断上的失误而随意改变加水量；④振捣时应防止骨料上浮；⑤应注意洒水养护，以防干缩裂缝；⑥采用蒸汽养护时，应适当延长静停时间。

3.9　碾　压　混　凝　土

碾压混凝土是 20 世纪 70 年代末发展起来的一种混凝土，由于使用碾压方式施工而得名。近 20 年来，碾压混凝土筑坝由于可加快工程建设速度和具有巨大经济效益而得到迅速发展，碾压混凝土材料也在研究和应用过程中得到不断改善。本节着重介绍碾压混凝土的概念、对原材料的要求、碾压混凝土的主要技术性质及其应用。

3.9.1　碾压混凝土的概念

以适宜干稠的混凝土拌和物薄层铺筑，用振动碾碾压密实的混凝土，称为碾压混

凝土。

筑坝用碾压混凝土有以下三种主要的类型。

1) 超贫碾压混凝土（也称水泥固结砂、石碾压混凝土）。这类碾压混凝土中，胶凝材料总量不大于 $110kg/m^3$，其中粉煤灰或其他掺合料用量大多不超过胶凝材料总量的 30%。此类混凝土胶凝材料用量少，水胶比大（一般达到 0.90～1.50），混凝土孔隙率大，强度低，多用于建筑物的基础或坝体的内部，而坝体的防渗则由其他混凝土或防渗材料承担。

2) 干贫碾压混凝土。该类混凝土中胶凝材料用量 120～130kg/m^3，其中掺合料占胶凝材料总量的 25%～30%，水胶比一般为 0.70～0.90。

3) 高掺合料碾压混凝土。这类碾压混凝土中胶凝材料用量 140～250kg/m^3，其中掺合料占胶凝材料质量的 50%～75%。这类混凝土具有较好的密实性及较高抗压强度和抗渗性，水胶比为 0.45～0.70。

筑坝用碾压混凝土的配合比参数是水胶比、掺合料比例、砂率及浆砂比。配合比设计时，除应考虑混凝土的强度、耐久性、可碾性及经济性外，还应使混凝土拌和物具有较好的抗粗骨料分离的能力以及使混凝土具有较低的发热量。碾压混凝土中一般应掺缓凝减水剂，必要时还掺入引气剂。实验室碾压混凝土配合比一般需经过现场试碾压，经调整后才用于正式施工。

3.9.2　碾压混凝土的原材料

碾压混凝土是由水泥、掺合料、水、砂、石子及外加剂等六种材料组成。

（1）水泥。

碾压混凝土中使用的水泥，其主要技术指标应符合现行国家标准。从原则上说，凡适用于水工常态混凝土使用的水泥均可用于配制碾压混凝土。重要的大体积建筑物的内部混凝土，应该使用强度等级 42.5 级及以上的低热（或中热）硅酸盐水泥或普通硅酸盐水泥。一般建筑物及临时工程的内部混凝土，可选用掺混合材料的 42.5 级的水泥。我国已建水工碾压混凝土工程大多使用强度等级为 42.5 级的普通硅酸盐水泥或硅酸盐水泥。

（2）掺合料。

碾压混凝土所用的掺合料一般应选用活性掺合料，如粉煤灰、粒化高炉矿渣以及火山灰或其他火山灰质材料等。当缺乏活性掺合料时，经试验验论证，也可以掺用适量的非活性掺合料。掺合料的细度应与水泥细度相似或更细，以改善拌和物的工作性。对掺合料的其他技术要求见 3.5 节。

碾压混凝土中掺入掺合料的品种及掺量，应考虑所用水泥中已掺有混合材料的状况。

（3）骨料。

用于碾压混凝土的骨料包括细骨料（砂）和粗骨料（石子）。其主要技术要求与 3.3 节所述基本相同。由于干硬的碾压混凝土拌和物易发生粗骨料分离，为提高拌和物的抗分离性，粗骨料最大粒径一般不超过 80mm，并应适当降低最大粒径级在粗骨料中所占的比例。砂中含有一定量的微细颗粒（小于 0.16mm 的颗粒）可改善拌和物的工作性，增进混凝土的密实性，提高混凝土的强度、抗渗性，改善施工层面的胶结性能和减少胶凝材料用量。水利水电行业标准《水工碾压混凝土施工规范》（DL/T 5112—2009）规定，人工砂中石粉含量宜控制在 12%～22%，其中小于 0.08mm 的微粒含量不宜小于 5%。最佳石粉含量应通过试验确定。

（4）外加剂。

碾压混凝土中一般都掺适量的缓凝减水剂。在严寒地区使用的碾压混凝土还应考虑掺用引气剂，以提高混凝土的抗冻性。碾压混凝土中掺有较多的掺合料且拌和物较干硬，会使引气剂的引气效果下降，同时施工方法也造成部分气泡破灭，故碾压混凝土中达到相同含气量时，常需掺入较常态混凝土多的引气剂。例如，掺入松香热聚物类引气剂时，其掺量（占胶凝材料质量百分数）达 0.015%～0.020% 才能使碾压混凝土含气量达到 4%～5%。

3.9.3 碾压混凝土的主要技术性质

3.9.3.1 碾压混凝土拌和物的工作性

（1）工作性的含义。

碾压混凝土拌和物的工作性包括工作度、可塑性、易密性及稳定性几个方面。

1）工作度是指混凝土拌和物的干硬程度。

2）可塑性是指拌和物在外力作用下能够发生塑性流动并充满模型的性质。

3）易密性是指在振动碾等压实机械作用下，混凝土拌和物中的空气易于排出，使混凝土充分密实的性质。

4）稳定性是指混凝土拌和物不易发生粗骨料分离和泌水的性质。

碾压混凝土拌和物工作度用 VC 值表示，即在规定振动频率、振幅及压强条件下，拌和物从开始振动至表面泛浆所需时间的秒数。

VC 值愈大，拌和物愈干硬。VC 值的大小还与可塑性及易密性和稳定性密切相关。VC 值愈大，拌和物的可塑性愈差，反之则愈好。VC 值过大，拌和物过于干硬，混凝土拌和物不易被碾实，空气含量很多，且不易排出，施工过程中粗骨料易发生分离；VC 值过小，拌和物透气性较差，在碾压过程中气泡不易通过碾压层排出，拌和物也不易碾压密实且碾压完毕后混凝土易发生泌水。因此，VC 值过大或过小均不利于拌和物的易密性和稳定性。

碾压混凝土拌和物 VC 值的选择应与振动碾的能量、施工现场温湿度等条件相适应，过大或过小都是不利的。根据已有经验，施工现场混凝土拌和物的 VC 值一般选为 5～12s 较合适。从拌和机口到现场摊铺完毕，VC 值约增大 2～5s。

（2）影响拌和物工作度的主要因素。

碾压混凝土拌和物的 VC 值受多种因素的影响，主要有水胶比及单位用水量、粗细骨料的特性及用量、掺合料的品种及掺量、外加剂、拌和物的停置时间等。

若其他条件不变，VC 值随水胶比的增大而降低；在水胶比不变的情况下，随单位用水量的增大，拌和物 VC 值减小；在水胶比和单位用水量不变的情况下，随着砂率的增大，VC 值增大，但若砂率过小，VC 值反而增大；在其他条件不变时，适当增加砂中微细颗粒含量，拌和物的 VC 值减小；用碎石代替卵石将使拌和物的 VC 值增大。当掺合料需水量比小于 100% 时，掺合料的掺入可降低拌和物的 VC 值；相反则增大 VC 值。掺入减水剂或引气剂，可以使拌和物的 VC 值降低。随着拌和物停置时间的延长，VC 值增大。

3.9.3.2 硬化碾压混凝土的特性

（1）碾压混凝土的强度特性。

碾压混凝土的强度与普通混凝土的强度有很多相似之处，如影响普通混凝土强度的因素无一例外地影响碾压混凝土强度，拉压强度比基本相同等。但是，不同类型碾压混凝土的强度特性有不同的特点。超贫及干贫碾压混凝土的强度受胶凝材料用量的影响。高掺合料碾压混凝土的强度明显受掺合料的品质及掺量的影响。由于碾压混凝土中掺用大量掺合料，且一般都掺有缓凝剂，因此碾压混凝土的早期强度较低，28d 以后强度发展较快，90d 以后其强度仍显著增长。工程中碾压混凝土强度设计龄期都不短于 90d。

（2）碾压混凝土的受力变形特性。

试验表明，强度等级相同的碾压混凝土和普通混凝土的弹性模量没有明显不同，但碾压混凝土早期强度增长比普通混凝土慢，故碾压混凝土的早期弹性模量低于普通混凝土。

碾压混凝土的极限拉伸值与碾压混凝土类型有关。超贫或干贫碾压混凝土的极限拉伸值小于普通混凝土；高掺合料碾压混凝土的极限拉伸值与普通混凝土相当，且随其龄期延长而明显增长。当碾压混凝土与普通混凝土强度等级相近时，碾压混凝土的徐变值较小，但早期加荷时，其徐变值大于普通混凝土。

（3）碾压混凝土的物理性能及耐久性。

当混凝土的主要原材料相同时，碾压混凝土的导温系数、导热系数、比热及温度变形系数等与普通混凝土没有明显的差别。碾压混凝土的绝热温升明显低于普通混凝土。碾压混凝土的干缩率及自生体积变形明显小于普通混凝土。设计合理的碾压混凝土，其 90d 龄期的抗渗等级可达 W8 以上。通过加大引气剂的掺量可使碾压混凝土拌和物的含气量达 4％～5％，此时混凝土的抗冻等级可达到 F200～F300。胶凝材料用量相同且掺合料比例相同时，碾压混凝土的抗冲磨强度较普通混凝土高。

碾压混凝土是薄层摊铺、碾压法施工的混凝土，其层与层之间的结合可能是混凝土的薄弱区域。碾压混凝土层面结合状况既取决于混凝土拌和物的工作性，又与施工工艺及施工质量密切相关。

3.9.4 碾压混凝土的配合比设计

碾压混凝土的配合比设计方法至今尚无统一的规定。目前已有的几种方法都是以不同的假设或经验而建立的。下面仅简要介绍配合比设计步骤。

3.9.4.1 收集配合比设计所需的资料

进行碾压混凝土配合比设计之前应收集与配合比设计有关的全部文件及技术资料。包括：混凝土所处的工程部位；工程设计对混凝土提出的技术要求，如强度、变形、抗渗性、耐久性、热学性能、拌和物凝结时间、VC 值、表观密度等；施工队伍的施工技术水平；工程拟使用的原材料的品质及单价等。

3.9.4.2 初步配合比设计

（1）初步确定配合比参数。

在进行配合比参数选择前，需确定粗骨料的最大粒径和各级粗骨料所占的比例。对于大体积水工建筑物的内部混凝土，最大粗骨料粒径一般取为 80mm。各粒级粗骨料所占比例可根据粗骨料的振实堆积表观密度较大、粗骨料分离较少的原则通过试验确定。配合比参数水胶比、掺合料比例、浆砂比和砂率的选择可通过以下方法进行。

1）单因素试验分析法。碾压混凝土的各个配合比参数对混凝土各种性能的影响程度不同，因此为选择某参数，应取其影响最显著的性能，在其他参数不变的条件下进行单因素试验，以确定该参数的取值。例如，水胶比及掺合料比例可以通过它们对混凝土的抗压强度和耐久性的影响加以选择；浆砂比可以通过考察它对砂浆振实表观密度的影响确定；砂率可根据混凝土振实表观密度试验确定最佳值并考虑拌和物的骨料分离情况选定。

2）正交试验设计法。可将 4 个配合比参数作为正交试验设计的因子，每个因子取 3～4 个水平，选择适当的正交表安排试验。用直观分析法或方差分析法分析各因子水平与拌和物及混凝土主要性能的关系，从而选择出配合比参数。

3）工程类比法。对于中小工程，当不可能通过试验确定配合比参数时，可以参考类似工程初步选定配合比参数，进行初步配合比设计。

（2）计算每 $1m^3$ 碾压混凝土中各种材料用量。

1）绝对体积法或假定表观密度法。当配合比参数取定了水胶比、掺合料掺用比例、浆砂比及砂率时，可按绝对体积法或假定表观密度法计算每 $1m^3$ 混凝土中各种材料用量（计算方法见第 3.6 节）。

2）填充包裹法。该法假设：①胶凝材料浆包裹砂粒并填充砂的空隙形成砂浆；②砂浆包裹粗骨料并填充粗骨料的空隙，形成混凝土。胶凝材料浆体积与砂空隙体积的比值用 α 表示，砂浆体积与粗骨料空隙体积的比值用 β 表示。碾压混凝土的 α 值一般取 1.1～1.3，β 值一般取为 1.2～1.5。根据上述假设，则有

$$\frac{C}{\rho_C} + \frac{F}{\rho_F} + \frac{W}{\rho_w} = \alpha \frac{10P_S S}{\gamma'_s} \tag{3.43}$$

$$1000 - 10V_a - \frac{G}{\rho_G} = \beta \frac{10P_G G}{\gamma'_G} \tag{3.44}$$

从而求得

$$G = \frac{1000 - 10V_a}{\beta\left(\frac{10P_G}{\gamma'_G}\right) + \frac{1}{\rho_G}} \tag{3.45}$$

$$S = \frac{\beta\left(\frac{10P_G}{\gamma'_G}\right)G}{\alpha\left(\frac{10P_s}{\gamma'_s}\right) + \frac{1}{\rho_s}} \tag{3.46}$$

若水胶比 $K_1 = \frac{W}{C+F}$，掺合料比例 $K_2 = \frac{F}{C+F}$，则

$$C = \frac{\alpha\left(\frac{10P_s}{\gamma'_s}\right)S}{K_1 + \frac{K_1 K_2}{1 - K_2} + \frac{1}{\rho_C} + \frac{K_2}{(1 - K_2)\rho_F}} \tag{3.47}$$

$$F = \frac{K_2}{1 - K_2}C \tag{3.48}$$

$$W = K_1(C + F) \tag{3.49}$$

以上式中：C、F、S、G、W 分别为混凝土中水泥、掺合料、砂、石子及水用量，kg/m^3；P_S、P_G 分别为砂及石子的振实状态空隙率，%；V_a 为混凝土孔隙体积百分数，%；ρ_s、ρ_G 分别为砂及石子的视密度，g/cm^3；γ'_s、γ'_G 分别为砂及石子的振实状态堆积表观密

度，kg/m³。

根据以上各式可计算出每 1m³ 碾压混凝土的各种材料用量。

3.9.4.3 试拌调整

按初步确定的配合比称取各种材料进行试拌，测定拌和物的 VC 值，必要时进行调整使其满足设计要求；试拌时也应考虑拌和物的抗分离性。试拌调整完成后，测定拌和物的实际表观密度，并计算出实际配合比的各种材料用量。

3.9.4.4 室内配合比确定

与普通混凝土配合比设计过程一样，需对试拌调整过的混凝土配合比检验其强度及耐久性能，指标合格后可确定为室内配合比。试验方法按《水工碾压混凝土试验规程》（DL/T 5433—2009）所规定的方法进行。

3.9.4.5 施工现场配合比换算、碾压试验及配合比调整

在目前条件下，一个工程在进行碾压混凝土施工之前都必须进行现场碾压试验。其目的除了确定碾压施工参数、检验施工生产系统的运行和配套情况、落实施工管理措施之外，还可以通过现场碾压试验检验设计出的碾压混凝土配合比对施工设备的适应性（包括可塑性、易密性等）及拌和物的抗分离性能。碾压试验之前必须根据施工现场砂、石材料的含水情况及超逊径情况进行现场配合比换算。方法与普通混凝土换算方法相同。通过碾压试验，可以视情况对混凝土配合比进行必要的调整。

近 20 几年来，我国已建成 120 座碾压混凝土坝，取得了良好的技术经济和社会效益。目前还有 70 余座碾压混凝土坝在设计和施工建造过程中。可以预见，今后利用碾压混凝土材料筑坝和进行围堰工程等施工将会更为广泛。

此外，对碾压混凝土材料用于交通、市政、港口码头、堤坝加固与改造工程也进行了许多试验研究及应用，国外在这些工程中的应用已有迅速发展。

3.10 其他品种水泥混凝土

3.10.1 塑性混凝土

塑性混凝土是指水泥用量较低，并掺加较多的膨润土、黏土等材料的大流动性混凝土，具有低强度、低弹模和大应变等特性。由于其变形能力强、抗渗性能好、易于施工，因而极适宜应用于防渗墙工程。

按抗压强度和弹性模量，防渗墙混凝土可以分为刚性和塑性两类。刚性混凝土的抗压强度一般大于 5～10MPa，弹性模量大于 2000MPa；塑性混凝土的抗压强度一般小于 5MPa，弹性模量小于 2000MPa。工程实践表明，刚性混凝土防渗墙弹性模量高、极限应变小，其弹性模量比周围土层的弹性模量高出数百倍，致使在荷载作用下，防渗墙顶部和周围土层的沉陷差和变位差很大，从而使防渗墙墙顶受到较大压力，两个侧面受到很大的摩擦力，导致刚性混凝土防渗墙的应力较混凝土的设计强度高出很多，其应变也比混凝土极限应变高很多，因而墙体易出现裂缝，降低了防渗效果，严重的会使防渗设施遭到破坏，威胁到大坝的安全。

塑性混凝土是基于刚性混凝土在防渗墙应用中存在的诸多问题的基础上发展起来的。

国外始于 20 世纪 50 年代,如阿根廷的西雷塔水电工程、智利的科巴姆土石坝、法国维尔尼坝等。国内始于 20 世纪 80 年代,从最初 1989 年的福建省水口水电站围堰防渗墙工程,到后来的小浪底上游围堰、长江堤防、长江三峡二期围堰、向家坝、溪洛渡及锦屏等工程围堰,已广泛应用于水利水电工程围堰、土石坝、河道堤防、病险坝除险加固、基础处理等工程。

3.10.1.1　塑性混凝土的原材料组成及配合比设计

塑性混凝土主要由水泥、膨润土(或黏土)、水、砂、石子及外加剂等原材料组成。其中膨润土或黏土可单独掺用,也可一起复合掺用。

(1)水泥。

通常硅酸盐系列类水泥都可用于配制塑性混凝土。考虑到塑性混凝土中掺有大量膨润土和黏土类材料,可优先选用等级较高的硅酸盐水泥或普通硅酸盐水泥。水泥用量对塑性混凝土抗压强度影响最大,水泥用量越多塑性混凝土的抗压强度和弹性模量越大。国内外塑性混凝土的水泥用量一般不超过 $200kg/m^3$,国外最低的为 $30kg/m^3$,国内最低的为 $80kg/m^3$。当使用等级较高的水泥时,塑性混凝土的强度增长率高于弹性模量增长率。因此,使用高强度等级水泥对于塑性混凝土强度的提高和对弹性模量的降低是有利的。

(2)膨润土或黏土。

膨润土或黏土是塑性混凝土中必不可少的材料,是决定塑性混凝土强度、弹性模量、变形、渗透性能以及和易性的重要因素,对降低塑性混凝土的弹性模量起着关键性的作用。为此,要求膨润土或黏土必须含有足够黏粒(小于 0.005mm)和胶粒含量(小于 0.002mm),一般来说,含黏量应大于 45%。

(3)砂、石子。

天然骨料和人工骨料均适用于塑性混凝土,其中石子最大粒径不宜大于 20mm,当采用二级配骨料时,中石与小石的用量比不宜大于 1.0;为了不使过多粗骨料在塑性混凝土中形成骨架从而增大塑性混凝土的弹性模量,通常采用较大砂率,通常砂率不小于 45%。

(4)外加剂。

减水剂和引气剂的掺量与普通混凝土基本相同,掺引气剂可提高塑性混凝土的抗渗性和降低弹性模量,并可改善其和易性。

除以上材料外,有时还掺一定量的粉煤灰等掺合料。

(5)配合比设计。

塑性混凝土的配合比设计与普通混凝土不同,除考虑强度、抗渗性等影响因素外,其弹性模量成为其关键因素之一。而弹性模量与强度又是两个互为牵制的对立体。因此,要设计符合要求的配合比,往往需要进行大量的试验;塑性混凝土是由水、水泥、膨润土或黏土、砂、石子、外加剂等拌和浇筑固化后形成的复合体。其中,任何一种材料比例的改变都会直接影响到混凝土的性能。塑性混凝土的配合比设计原则是:寻找各种材料组分最经济的组合,使塑性混凝土的各种性能满足设计要求。考虑实际用料特征,把水胶比、砂率、膨润土或黏土掺量、胶凝材料用量等作为基本参数,采取正交设计或均匀设计方法初步选定合适的参数值,再进行配合比复核试验,最终确定配合比。

通常塑性混凝土的水胶比宜在 0.75~1.30 之间,膨润土用量不宜少于 $40kg/m^3$,砂率不小于 45%，水泥用量不宜少于 40kg/m³，胶凝材料总量不宜少于 240kg/m³，减水剂掺量应通过试验确定，引气剂掺量应根据拌和物的含气量确定。

3.10.1.2 塑性混凝土的特性

1）强度不高。28d 设计强度通常为 1.0～5.0MPa。

2）弹性模量低。一般小于 2000MPa，弹强比一般变化范围在几十至几百之间，而刚性混凝土的弹强比为 1000～3000 左右，因而具有良好的韧性，可通过调整配合比设计出弹性模量与防渗墙周围土层变形模量极为接近的塑性混凝土，以适应坝体和地基的变形。

3）具有较大的极限应变。塑性混凝土的极限应变值比刚性混凝土大得多。一般刚性混凝土的受压极限应变值为 $\varepsilon_{max}=0.08\%\sim0.30\%$ 左右，而塑性混凝土在无侧限条件下，受压极限应变可达 1%～5%。尤其在侧限条件下极限应变可超过 12%，比刚性混凝土大数倍至十几倍。极限应变大，说明材料适应变形的能力大。因此，塑性混凝土防渗墙能够承受比刚性混凝土大得多的变形。

4）无侧限和三轴试验结果的特点。无侧限和三轴试验表明，塑性混凝土明显存在一个类似比例极限的折点，其数值与无侧限条件下试样脆性破坏的峰值强度相当，在应力—应变关系线中，折点以下近似为直线关系，随着四周应力的加大，应力—应变关系逐渐变为曲线，表现出明显的非线性性质，并接近于土料的性质。随着侧向压力的增加，塑性混凝土的强度显著提高，其峰值应变明显加大。试验结果表明塑性混凝土的强度、弹性模量随龄期的延长而明显增加，但是其峰值应变基本不随龄期变化。

5）具有良好的抗渗性能。塑性混凝土掺有一定量的黏土或膨润土，因此具有良好的抗渗性，渗透系数一般为 $10^{-6}\sim10^{-9}$cm/s，极限水力坡降可达 200～300。

6）具有良好的抗震性能。

7）便于施工。掺入膨润土或黏土，使塑性混凝土具有良好的和易性和扩散度，自流密实性能好，便于施工。

3.10.1.3 影响塑性混凝土性能的主要因素

1）水胶比。塑性混凝土的抗压强度随着水胶比的增大而增大，符合混凝土强度理论。一般而言，在满足施工要求的前提下，应尽量选择较小的水胶比。

2）砂率。塑性混凝土一般砂率较大，有的工程达到 80% 以上。一般情况下，塑性混凝土弹性模量随砂率的增大而降低。在抗压强度接近的情况下，塑性混凝土弹性模量与砂率成近似线性关系，且随砂率增大而降低。

3）膨润土。塑性混凝土中掺入膨润土能够有效地降低其弹性模量，同时提高塑性混凝土的抗渗性，但是也降低了其抗压强度。膨润土用量与塑性混凝土弹性模量的关系呈非线性关系，弹性模量随膨润土用量的增加而减小。

4）引气剂。掺引气剂的塑性混凝土可改善和易性，提高抗渗性并降低弹性模量。

5）测试方法。弹性模量的测试方法对塑性混凝土弹性模量值有很大影响。采用土工三轴剪力仪法考虑了围压，测试的初始切线模量比其他方法要低。采用不同标距的无侧限试验方法测得的塑性混凝土弹性模量值相差也很大，采用标距 150mm 测得的弹性模量值大约是标距 300mm 测得的弹性模量值的 4 倍。

3.10.2　高性能混凝土

高性能混凝土是指具有好的工作性、匀质性好、早期强度高而后期强度不倒缩、韧性好、体积稳定性好、在恶劣的使用环境条件下寿命长的混凝土。

高性能混凝土一般既是高强混凝土（C60～C100），也是流态混凝土（坍落度大于200mm）。因为高强混凝土强度高、耐久性好、变形小；流态混凝土具有大的流动性、混凝土拌和物不离析、施工方便。高性能混凝土也可以是满足某些特殊性能要求的匀质性混凝土。

要求混凝土高强，就必须胶凝材料本身高强；胶凝材料结石与骨料结合力强；骨料本身强度高、级配好、最大粒径适当。因此，配制高性能混凝土的水泥一般选用 R 型硅酸盐水泥或普通硅酸盐水泥，强度等级不低于 42.5 级。混凝土中掺入超细矿物质材料（如硅粉、超细矿渣或优质粉煤灰等）以增强水泥石与骨料界面的结合力。配制高性能混凝土的细骨料宜采用颗粒级配良好、细度模数大于 2.6 的中砂。砂中含泥量不应大于 1.0%，且不含泥块。粗骨料应为清洁、质地坚硬、强度高、最大粒径不大于 31.5mm 的碎石或卵石，其颗粒形状应尽量接近立方体形或球形，使用前应进行仔细清洗以排除泥土及有害杂质。

为达到混凝土拌和物流动性要求，必须在混凝土拌和物中掺入高效减水剂（或称超塑化剂、硫化剂）。常用的高效减水剂有磺化三聚氰胺甲醛树脂、萘磺酸盐甲醛缩合物和羧酸盐接枝共聚物型减水剂等。高效减水剂的品种及掺量的选择，除与要求的减水率大小有关外，还与减水剂和胶凝材料的适应性有关。高效减水剂的选择及掺入技术是决定高性能混凝土各项性能关键之一，需经试验研究确定。

高性能混凝土中也可以掺入某些纤维材料以提高其韧性。

高性能混凝土是水泥混凝土的发展方向之一。它将广泛地被用于桥梁工程、高层建筑、工业厂房结构、港口及海洋工程、水工结构等工程中。

3.10.3　水下浇筑（灌注）混凝土

在陆上拌制在水下浇筑（灌注）和凝结硬化的混凝土称为水下浇筑（灌注）混凝土。分为普通水下浇筑混凝土和水下不分散混凝土两种。

（1）普通水下浇筑混凝土。

普通水下浇筑混凝土是将普通混凝土以水下灌注工艺浇筑的混凝土。其施工方法有导管法、泵压法、开底容器法、装袋叠层法及倾注法等。

导管法及泵压法使用较为普遍。混凝土在浇筑过程中，为了减少拌和物与水的接触，须将混凝土灌入导管并将导管（或泵送管）插入已浇混凝土 300mm 以上，同时随着混凝土浇筑面的上升而逐渐提升。用导管法浇筑的混凝土，粗骨料最大粒径应小于导管直径的 1/4，拌和物坍落度宜为 150～200mm。用泵压法施工的混凝土，粗骨料最大粒径应小于管径的 1/3，拌和物坍落度宜为 120～150mm。

开底容器法适用于工程量较小的零星工程；装袋叠层法是将混凝土拌和物装入编织袋，然后将其堆码到水下所需部位，适用于抢险堵漏等工程。

（2）水下不分散混凝土。

水下不分散混凝土是一种新型混凝土，其混凝土拌和物具有水下抗分散性。将其直接倾倒于水中，当穿过水层时，很少出现由于水洗作用而出现的材料分离现象。水泥砂浆流失率低、水泥颗粒等不易被水带走或悬浮，混凝土配合比变化很小，在水中能正常凝结硬化。混凝土水下强度（水中成型、养护）与陆上强度（标准成型养护）相差比较小，其28d水下陆上强度比达 70%～85%（普通混凝土约为 20%～30%）。

配制水下不分散混凝土需掺入保水剂，主要有纤维素类和聚丙烯酰胺类等，一般情况下还与高效减水剂并用组成水下不分散剂。

水下不分散混凝土拌和物比较黏稠，应采用强制式搅拌机搅拌。其搅拌顺序为：先将粗骨料、水泥、水下不分散剂、砂拌和均匀，再加水搅拌。混凝土的浇筑主要用导管法、泵压法或开底容器法。

水下不分散混凝土性能优于普通水下混凝土，具有良好的黏聚性、流动性和填充性。可进行大面积、无振捣薄层水下施工，适宜进行水下钢筋混凝土结构施工，更适宜于要求防止水污染的水下混凝土、抢险救灾紧急工程以及普通水下混凝土难以施工的工程。

3.10.4 喷混凝土

喷混凝土是用压缩空气喷射施工的混凝土。喷射方法有干式喷射法、湿式喷射法、半湿喷射法及水泥裹砂喷射法等。

喷混凝土施工时，将水泥、砂、石子及速凝剂按比例加入喷射机中，经喷射机拌匀，以一定压力送至喷嘴处加水后喷至受喷射部位形成混凝土。

在喷射过程中，水泥与骨料被剧烈搅拌，在高压下被反复冲击和击实，所采用的水灰比又较小（常为 0.40～0.45），因此混凝土较密实，强度也较高。同时，混凝土与岩石、砖、钢材及老混凝土等具有很高的黏结强度，可以在黏结面上传递一定的拉应力和剪应力，使其与被加固材料一起承担荷载。

喷混凝土所用水泥要求快凝、早强、保水性好，不得有受潮结块现象。多采用强度等级 42.5 级以上的新鲜普通水泥，并需加入速凝剂，也可再加入减水剂，以改善混凝土性能。

所用骨料要求质地坚硬。石子最大粒径一般不大于 20mm。砂子宜采用中、粗砂，并含有适量的粉细颗粒。

喷混凝土的配合比，装入喷射机时一般采用水泥：砂：石子＝1：(2.0～2.5)：(2.0～2.5)，经过回弹脱落后，混凝土实际配合比接近于 1：1.9：1.5；喷射砂浆时灰砂比可采用1：(3～4)，经回弹脱落后，所得砂浆实际灰砂比接近于 1：(2～3)。干式喷射法的混凝土加水量由操作人员凭经验进行控制，喷射正常时，水灰比常在 0.4～0.5 范围内波动。

喷射混凝土强度及密实性均较高。一般 28d 抗压强度均在 20MPa 以上，抗拉强度在1.5MPa 以上，抗渗等级在 W8 以上。

将适量钢纤维（或化学纤维）加入喷混凝土内，即为钢纤维（或化学纤维）喷射混凝土。它引入了纤维混凝土的优点，进一步改善了混凝土的性能。

喷混凝土广泛应用于地下工程、边坡及基坑的加固、结构物维修、耐热工程、防护工程等。在高空或施工场所狭小的工程中，喷混凝土更有明显的优越性。

3.10.5 纤维混凝土

纤维混凝土是以混凝土为（或砂浆）为基材，掺入纤维而组成的水泥基复合材料。纤维混凝土能够成为复合材料,需具备:①纤维材料与基体材料之间有良好的黏结力,受荷后具有整体性;②在纤维混凝土搅拌施工过程中,能够把足够数量的一定长度的纤维充分均匀地分散到基材之中,纤维在搅拌过程中不结团,振实后纤维在混凝土中呈乱向均匀分布。

根据所掺纤维的不同,纤维混凝土分为:①纤维增强混凝土。这种混凝土采用高强高弹性模量的纤维,如钢纤维、碳纤维等;②纤维增韧防裂混凝土。这种混凝土采用低弹性模量高塑性纤维,如尼龙纤维、聚丙烯纤维、聚丙烯腈纤维、聚氯乙烯纤维等。

本节仅对钢纤维混凝土、改性聚丙烯纤维混凝土及碳纤维混凝土作简单介绍。

(1) 钢纤维混凝土。

普通钢纤维混凝土用低碳钢纤维,耐热钢纤维混凝土用不锈钢纤维。

钢纤维的外形有扁平截面两端有弯钩、波浪形、两端截面较大的哑铃形及不同截面的螺旋形等多种(早期的钢纤维为长直圆截面,用钢丝切断制得,现已淘汰)。钢纤维的制造工艺有薄钢带冲切法及钢材刨制法。用专用的钢纤维刨制机生产的钢纤维,为截面不规则的螺旋形,且其表面有毛刺。它较扁平截面直条形及波浪形具有较大的黏结性;较两端有弯钩者易于搅拌分散而不易结团,故其品质优于薄钢带切制的纤维。为保证纤维与基体材料很好地黏结,在钢纤维表面不应含有油污、镀锌层等有害物质。

钢纤维的截面尺寸(宽、厚)一般为 0.15~0.9mm,长度约 20~50mm。钢纤维掺量以体积率表示,一般为 0.5%~2%。

钢纤维混凝土物理力学性能显著优于素混凝土。如适当纤维掺量的钢纤维混凝土抗压强度可提高 15%~25%,抗拉强度可提高 30%~50%,抗弯强度可提高 50%~100%,韧性可提高 10~50 倍,抗冲击强度可提高 2~9 倍。耐磨性、耐疲劳性等也有明显增加。

钢纤维混凝土广泛应用于道路工程、机场地坪及跑道、防爆及防振结构,以及要求抗裂、抗冲刷和抗气蚀的水利工程、地下洞室的衬砌、建筑物的维修等。施工方法除普通的浇筑法外,还可用泵送灌注法、喷射法及做预制构件。

(2) 聚丙烯纤维混凝土。

改性聚丙烯纤维是一种合成纤维,具有价格便宜、物理力学性能好等特点。丙纶短纤维经改性处理后,改善了高分子材料抗紫外线及抗氧化能力,所生产的纤维为异形截面、表面粗糙多孔。这种纤维在水中有一定分散悬浮性,在水泥浆中易于搅拌分散,不结团,并与水泥石有很好的黏结力。

聚丙烯纤维弹性模量仅为混凝土的 1/4 左右,故这种纤维对混凝土无明显增强作用,大量用作水泥混凝土(或砂浆)的防裂改性材料。

聚丙烯纤维混凝土中,改性丙纶纤维长度为 2~20mm。纤维掺入量为 0.7~3.0kg/m³。常规掺量每立方米混凝土 0.9kg 时,可显著提高混凝土抗裂、抗渗及抗冻性,此时混凝土强度不变,弹性模量略有下降,极限拉伸和抗冲击韧性可提高 10%,并显著降低混凝土干缩率。混凝土早期裂缝发生概率可减少 70%~75%,28d 龄期裂缝发生概率可减少 60%~65%,混凝土抗渗性、抗冻性也明显提高。纤维掺量为 1.0~2.0kg/m³ 时,抗冲击韧性可提高 200%。由于聚丙烯纤维的弹性模量明显低于混凝土,当混凝土发生裂缝后,横跨裂缝的纤维并不能阻止裂缝的进一步开展,因此,弹性模量比聚丙烯纤维高的聚丙烯腈纤维被生产出来。聚丙烯腈纤维的弹性模量约为混凝土的1/3,性能略优于聚丙烯纤维。

聚丙烯(聚丙烯腈)纤维混凝土(砂浆)被广泛应用于建筑工程、桥梁、道路路面、隧洞衬砌、喷射混凝土工程及水工建筑物。

(3)碳纤维混凝土。

碳纤维属高强度高弹性模量的合成纤维。对水泥混凝土具有很好的增强作用。碳纤维增强水泥混凝土具有高强度、高抗裂、高抗冲击韧性、高耐磨等多种优越性能。它作为一种新材料广泛应用于国防、航空、航天、造船、机械工业等尖端工业。在飞机场跑道等工程中应用也获得了良好效果。但碳纤维成本高,推广应用受到限制。

3.10.6 防辐射混凝土

随着原子能工业的发展,在国防和国民经济各部门,对射线的防护问题已成了一个重要课题。

防辐射混凝土也称为防护混凝土、屏蔽混凝土或重混凝土。它能屏蔽 α、β、γ、X 射线和中子流的辐射,是常用的防护材料。

各种射线的穿透能力不同,α、β 射线和质子穿透能力弱,在很多场合下利用铅板即可屏蔽。γ 射线和电子流有很强的穿透力,防护问题比较复杂。对于 γ 射线,物质的密度越大,屏蔽性能越好。防护中子流,以含有轻质原子的材料,特别是含有氢原子的水为最有效。而中子与水作用又产生强烈的 γ 射线,又需要密度大的物质来防护。因此,防护中子流的材料要求更为严格,不仅要有大量轻原子,而且还要有较高的密度。

混凝土是一种很好的防护材料,选择密度大的骨料和胶凝材料可以提高混凝土的密度。加入某些特殊材料又可提高氢原子或轻质原子的含量,做到同时防护 γ 射线及中子辐射。

配制防辐射混凝土所用的胶凝材料,以采用胶凝性好、水化热低、水化结合水量高的水泥为宜,一般可用硅酸盐水泥,最好用高铝水泥或其他特种水泥(如钡水泥)。所用骨料应采用密度大的重骨料,并应注意其结合水含量。常用的重骨料有重晶石、赤铁矿、磁铁矿及金属碎块(圆钢、扁钢及铸铁块等)。加入附加剂以增加含氢化合物的成分(即含水物质)或原子量较轻元素的成分,如硼、硼盐等。

防辐射混凝土要求表观密度大、结合水多、质量均匀、收缩小,不允许存在空洞、裂缝等缺陷,同时要有一定结构强度及耐久性。

3.10.7 耐热混凝土(耐火混凝土)

耐热混凝土是在长期高温下能保持所需物理力学性能的特种混凝土。它是由适当的胶凝材料、耐热粗细骨料和水按一定比例配制而成的。水泥石中的氢氧化钙及骨料中的石灰岩在长期高温作用下会分解,石英晶体受高温后体积膨胀,它们是使混凝土不耐热的根源。因此,耐热混凝土的骨料可采用重矿渣、红砖及耐火砖碎块、安山岩、玄武岩、烧结镁砂、铬铁矿等。根据所用胶凝材料的不同,耐热混凝土可划分如下。

1)黏土耐热混凝土。胶凝材料为软质黏土。最高使用温度为 1300~1450℃,强度较低。

2)硅酸盐水泥耐热混凝土。以硅酸盐水泥或矿渣水泥为胶凝材料,为结合其 $Ca(OH)_2$,需掺入磨细黏土熟料、粉煤灰及硅藻土等掺合料。最高使用温度为 1200℃。

3）铝酸盐水泥耐热混凝土。以矾土水泥或纯铝酸钙水泥等为胶凝材料。最高使用温度 1300～1650℃。

4）水玻璃耐热混凝土。以水玻璃为胶凝材料，并以氟硅酸钠为促硬剂。最高使用温度为 1000℃。

5）磷酸盐耐热混凝土。以工业磷酸或磷酸铝为胶凝材料，并采用高耐热性的骨料及掺合料。最高使用温度可达 1450～1600℃。

耐热混凝土多用于冶金、化工、建材、发电等工业窑炉及热工设备。

3.10.8 耐酸混凝土

耐酸混凝土是由水玻璃做胶凝材料，氟硅酸钠为固化剂，与耐酸骨料及掺料按一定比例配制而成的。它能抵抗各种酸（如硫酸、盐酸、硝酸、醋酸、蚁酸及草酸等）和大部分侵蚀气体（Cl_2、SO_2、H_2S 等），但不耐氢氟酸、300℃ 以上的热磷酸、高级脂肪酸和油酸。

常用的水玻璃有钾水玻璃和钠水玻璃。耐酸骨料和掺料有石英砂粉、瓷粉、辉绿岩铸石骨料及铸石粉、安山岩骨料及石粉等。

水玻璃耐酸混凝土一般要在温暖（10℃ 以上）和干燥环境中硬化（禁止浇水）。其 3d 抗压强度约为 11～12MPa，28d 抗压强度不小于 15MPa。

复 习 思 考 题

1. 为什么水泥混凝土在过去和将来都是应用最广泛的建筑材料？

2. 混凝土拌和物的和易性如何度量及表示？当拌和物的和易性不满足要求时，如何调整？

3. 干砂 500g，其筛分结果见下表，试判断该砂的级配是否合格？属何种砂？计算该砂的细度模数。

筛孔尺寸/mm	5.0	2.5	1.25	0.63	0.315	0.16	＜0.16
筛余量/g	25	50	100	125	100	75	25

4. 粗、细两种砂，筛分结果见下表，试问这两种砂可否单独用于配制混凝土？若不能，则应以什么比例混合后才能使用？若要配制出细度模数为 2.7 的砂，两种砂各应取什么比例？

公称直径/mm		5.0	2.5	1.25	0.63	0.315	0.16	＜0.16
筛余量/g	粗砂	50	150	150	75	50	25	0
	细砂	0	25	25	75	120	245	10

5. 为什么工程设计者和质量控制人员都非常重视混凝土的抗压强度？

6. 用 42.5 级普通硅酸盐水泥配制的混凝土，在 10℃ 的条件下养护 7d，测得标准立方体试件的抗压强度为 15MPa，试估计此混凝土在此温度下 28d 的抗压强度。

7. 某混凝土预制构件厂秋季（气温 15℃ 左右）用 42.5 级普通硅酸盐水泥生产混凝土

梁，设计强度等级为 C25，要求混凝土梁必须达到设计强度的 80％方可起吊堆放，估计需养护几天才能起吊？

8. 本章式（3.1）中 A、B 系数反映了哪些因素对混凝土抗压强度的影响？A、B 系数的数值如何正确取定？

9. 用 42.5 级普通硅酸盐水泥配制卵石混凝土，制作边长 100mm 的立方体试件三块，标准养护 7d，测得抗压破坏荷载分别为 240kN、235kN、240kN。试求：

（1）该混凝土 28d 的标准立方体试件抗压强度；

（2）该混凝土的水灰比大约是多少？

10. 怎样定义混凝土的耐久性？什么样的混凝土可望具有较好的耐久性？

11. 当工程所用砂子的粗细程度或颗粒级配不满足要求时，有何措施？

12. 为什么近几十年来我国推行在混凝土中掺用外加剂和掺合料的"双掺"政策？

13. 掺合料与水泥的混合材料有什么不同？为什么水泥中掺有混合材料，在工程施工中还要掺入掺合料？

14. 三个商品混凝土搅拌站生产的混凝土，实际混凝土平均抗压强度均为 24MPa，设计要求混凝土强度等级都是 C20，离差系数 C_{v0} 值分别为 0.15、0.18、0.20。三个搅拌站生产的混凝土强度保证率能否达到要求？

15. 实验室试拌混凝土（以气干状砂、石为准），经调整后各种材料用量为：42.5 级普通硅酸盐水泥 4.5kg、水 2.7kg、砂 9.9kg、碎石 18.9kg，测得拌和物的表观密度为 2380kg/m³。试求：

（1）每立方米混凝土的各种材料用量；

（2）当施工现场砂子含水率为 3.5％，石子含水率为 1％时，求施工配合比；

（3）如果将实验室配合比直接用于现场，则现场混凝土的实际配合比将如何变化？对混凝土的强度将产生多大的影响？

16. 混凝土计算配合比为 1∶2.13∶4.31，水灰比为 0.58，在试拌调整时，增加了 10％的水泥浆用量。试求：

（1）该混凝土的基准配合比；

（2）若基准配合比混凝土的水泥用量为 320kg/m³，求每立方米混凝土中其他材料的用量。

17. 混凝土配合比设计过程中，在保证混凝土技术性能要求条件下，怎样做才能使配制出的混凝土更具有经济性？

18. 如何利用混凝土施工质量管理图对混凝土质量进行控制和管理？

19. 掺减水剂混凝土、粉煤灰混凝土与普通混凝土配合比设计的方法有何共同点及不同点？

20. 为建立混凝土强度—水灰比关系曲线，设计四种混凝土配合比，要求坍落度为 30～50mm，拟用原材料为：水泥为 42.5 级矿渣水泥，$\rho_c = 3.0g/cm^3$；砂为中砂，FM＝2.5，$\rho_s = 2.60g/cm^3$；石为 5～40mm 碎石，$\rho_G = 2.70g/cm^3$。混凝土 28d 强度要求见下表，试将 15 升混凝土各项材料用量填入下表，并总结其规律。

编号	混凝土 28d 强度 /MPa	15L 混凝土的材料用量/kg			
		水泥	水	砂	石
1	15.0				
2	20.0				
3	25.0				
4	30.0				

21. 某工程在 1 个月内浇筑的某部位混凝土，各班测得混凝土标准养护 28d 抗压强度（MPa）如下：20.6、14.6、27.0、11.0、18.2、18.2、19.8、24.2、18.2、13.0、21.0、27.8、19.4、18.2、21.4、21.4、16.4、18.2、11.4、13.8、21.0、17.0、17.6、18.8、15.6、23.8、15.0、25.8、34.8、33.8、26.0、32.6（试件尺寸：150mm × 150mm × 150mm）。该部位混凝土设计要求 C15，试求混凝土平均强度、标准差 σ 及保证率 P。

按规范规定，该混凝土 28d 按月统计的保证率 P 不得小于 80%，混凝土强度 σ 不宜大于 4.5MPa，应争取控制在 3.5MPa 以下。据此评定该混凝土是否合格？若强度保证率符合要求，而 σ 值不合要求，这批混凝土质量水平如何？能否通过验收。

第4章 建 筑 砂 浆

建筑砂浆由无机胶凝材料、细骨料和水等材料按适当的比例配制而成，为了改善砂浆的和易性，可掺入适量的外加剂和掺加料。

建筑砂浆在建筑工程中是一项量大、用途广泛的建筑材料。砂浆可以将单块的砖、石、砌块胶结成为砌体，用来修建各种建筑物，如房屋、堤坝、护坡、桥涵等砖石结构物；砂浆还用来粉刷和装修墙面、地面及钢筋混凝土梁、柱等结构表面，并使之具有防水、保温及吸声等功能。砂浆按其所用的胶凝材料可分为水泥砂浆、混合砂浆等。混合砂浆可分为水泥石灰砂浆、水泥粉煤灰砂浆等。根据不同用途，建筑砂浆可分为普通砂浆和特种砂浆两大类。普通砂浆主要有砌筑砂浆、抹灰砂浆、地面砂浆和防水砂浆等四种，其他砂浆如绝热砂浆、耐腐蚀砂浆、吸声砂浆等均为特种砂浆。根据砂浆的制备方式，可将砂浆分为现场配制砂浆和预拌砂浆两大类。预拌砂浆则包含湿拌砂浆和干混砂浆两种。近年来，为保护城市环境和保证砂浆的质量，预拌砂浆取代现场配制砂浆已成为城市用建筑砂浆的必然趋势。而且在预拌砂浆中，干混砂浆占有比例将逐渐增加。建筑砂浆的这一发展方向值得关注。

水利工程中应用的主要为水泥砂浆。水泥石灰混合砂浆不宜用于地下或水下的砌体工程。砂浆与混凝土的差别仅限于不含粗骨料。因此，有关混凝土和易性、强度和耐久性的基本规律，原则上也适用于砂浆。但砂浆多为薄层铺筑，且常用来砌筑多孔吸水的砖、石材料，以及施工时在现场配制等工作条件及施工工艺特点，对砂浆又提出了与混凝土不尽相同的要求。合理选择和使用砂浆，对保证工程质量、降低成本有着重要意义。

4.1 建筑砂浆的组成材料

建筑砂浆的主要组成材料有水泥、掺加料、细集料、外加剂、水等。所用原材料不应对人体、生物与环境造成有害影响，并应符合现行国家标准的规定。

4.1.1 水泥

硅酸盐水泥、普通硅酸盐水泥、矿渣硅酸盐水泥、粉煤灰硅酸盐水泥、火山灰硅酸盐水泥和复合硅酸盐水泥都可以用来配制砂浆。对于一些有特殊用途的砂浆，如用于修补裂缝、预制构件嵌缝等的砂浆应采用膨胀水泥，装饰砂浆还用到白水泥、彩色水泥等。

水泥强度等级一般为砂浆强度等级的4～5倍较为适宜，配制 M15 以下强度等级砂浆的砌筑砂浆宜选用 32.5 级的复合硅酸盐水泥；配制 M15 以上强度等级的砌筑砂浆宜选用 42.5 级通用硅酸盐水泥。为了合理利用资源、节约材料，在配制砂浆时要尽量采用低强度等级的通用硅酸盐水泥。但生产预拌砂浆时可以使用强度等级为 42.5 的普通硅酸盐或硅酸盐水泥。

4.1.2 掺加料

为了改善砂浆的和易性、节约水泥,可在水泥砂浆中掺入适量的石灰膏、磨细生石灰、粉煤灰等无机材料制成混合砂浆。

(1) 石灰膏。

石灰膏可由生石灰、磨细生石灰及电石渣制得。

1) 生石灰熟化成石灰膏时,应用孔径不大于 3mm×3mm 的网过滤,熟化时间不得小于 7d;磨细生石灰粉的熟化时间不得小于 2d,即应得到充分"陈伏"。沉淀池中储存的石灰膏应采取措施防止干燥、冻结和污染。严禁使用脱水硬化的石灰膏。

2) 制作电石膏的电石渣应用孔径不大于 3mm×3mm 的网过滤,检验时应加热至70℃并保持 20min,没有乙炔气味后方可使用。

3) 消石灰粉因未充分熟化,颗粒太粗,不得直接用于砌筑砂浆中。磨细生石灰粉必须熟化成石灰膏后使用,严寒地区磨细生石灰粉直接加入砌筑砂浆中属冬季施工措施。

对于石灰膏和电石膏等,为方便现场施工时对掺量进行调整,统一规定膏状物质试配时的稠度,以便使膏状类物质的含水量有一个统一可比的标准,用砂浆稠度表示,一般为(120±5)mm。

(2) 矿物掺合料。

矿物掺合料能代替水泥,节约成本,还能改善砂浆的性能。常用的矿物掺合料有粉煤灰、粒化高炉矿渣粉、硅灰和天然沸石粉。它们应分别符合国家现行的相关标准。参见本书第 3 章混凝土用矿物掺合料的有关内容。

(3) 填料。

砂浆用填料大多数为非活性,砂浆中加填料的目的是节约成本,改善砂浆拌合物的和易性,以及提高硬化砂浆的使用性能。常用的填料有重质碳酸钙、轻质碳酸钙、石英粉和滑石粉等。它们用于砂浆均应符合相关标准的规定或经过试验验证。

4.1.3 砂子

砌筑砂浆常用的细骨料是天然砂,其技术要求应符合《建设用砂》(GB/T 14684—2011) 的规定,细骨料最大粒径应符合相应砂浆品种的要求。毛石砌体的砂浆宜选用粗砂,其最大粒径不超过灰缝厚度的 1/4～1/5。对于砖砌体以中砂为宜。通常砖砌体中砂的最大粒径为 2.5mm,石砌体中为 5mm。对于光滑的抹面及勾缝砂浆则应采用细砂,而毛石砌体中石块之间空隙率可高达 40%～50%,并且空隙尺寸较大,因此有可能用较大粒径骨料(在砂子中加入 20%～30%粒径为 5～10mm 或 5～20mm 的小石子)配制小石子砂浆。

为了保证砂浆的质量,尤其在配制高强度砂浆时,要选用洁净的砂,限制砂中的黏土杂质含量。天然砂的含泥量应小于 5.0%,泥块含量应小于 2.0%。

当采用人工砂、山砂、炉渣等作为细骨料时,应根据经验或试配而确定其技术指标,以防发生质量事故。

4.1.4 外加剂

为改善砂浆的和易性,除掺用石灰膏与掺合料外,还可掺用外加剂。砌筑砂浆中掺入的外加剂,应符合有关国家标准,并经砂浆性能试验合格后方可使用。

（1）塑化剂。

普通混凝土中采用的引气剂和减水剂对砂浆也有增塑作用。目前，我国生产的砂浆微沫剂是由松香和纯碱熬制而成的一种憎水性表面活性剂，称为皂化松香。它吸附在水泥颗粒表面，形成皂膜增加水泥分散性，可降低水的表面张力，使砂浆产生大量微小气泡，水泥颗粒之间摩擦阻力减小，砂浆流动性、和易性得到改善。微沫剂掺量应经试验确定，一般为水泥用量的万分之 0.5～1.0。

（2）保水剂。

常用的保水剂有甲基纤维素、醋酸乙烯—乙烯系（EVA）和醋酸乙烯、硅藻土等。能减少砂浆泌水，防止离析，改善砂浆和易性。

（3）其他外加剂。

缓凝剂主要有果酸盐类、乳酒石酸或者柠檬酸盐；促凝剂最常用的是甲酸钙；消泡剂主要有无机载体上的碳氢化合物、聚乙二醇或聚硅氧烷等。其他添加剂还有引气剂、防水剂、增稠剂、颜料等。

4.1.5 水

砂浆拌和水的技术要求与普通混凝土拌合水相同。未经检验的污水不得使用。

4.2 建筑砂浆的技术性质

建筑砂浆的技术性质包括新拌砂浆的和易性及硬化砂浆的技术性质两个方面。

4.2.1 新拌砂浆的和易性

新拌砂浆的和易性是指砂浆是否便于施工并保证质量的综合性质。用和易性好的砂浆来砌砖、石，便于施工操作，灰缝填筑饱满密实，与砖、石黏结牢固，可使砌体获得较高的强度和整体性；和易性不良的砂浆则难以铺成均匀密实的薄层，水分易被砖、石吸收使砂浆很快变得干涩，灰缝难以填实，与砖、石也难以紧密黏结。同样，用和易性良好的砂浆抹面，容易抹成均匀平整的薄层。由于砂浆的施工多为人工操作，因此与混凝土相比，砂浆和易性对工程质量的影响更大。新拌砂浆的和易性，可根据砂浆的流动性和保水性两个方面作综合评定。

（1）流动性。

砂浆的流动性又称稠度，是指砂浆在自重或外力作用下流动的性能。

砂浆的流动性一般可由施工操作经验来把握。在实验室用砂浆稠度仪测定，即标准圆锥体在砂浆中贯入的深度，也称沉入度（图 4.1），单位用 mm 表示。沉入度越大，流动性越好。

砂浆稠度的大小主要取决于用水量，还受水泥品种和用量、骨料粒径和级配及砂浆搅拌时间等因素影响。砂浆的稠度应根据砌体种类、气候条件等选用。对于多孔吸水的砌体材料（如砖砌体），可在 50～100mm 内选择；相反对于密实

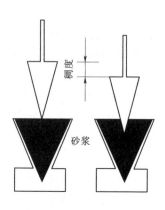

图 4.1　稠度测定示意图

不吸水的材料（如石砌体），可用 30～50mm。当天气炎热干燥时应采用较大值，当天气寒冷潮湿时应采用较小值。一般情况可参考表 4.1 选择。

表 4.1　　　　　　　　　　砌 筑 砂 浆 稠 度

砌　体　种　类	砂浆稠度/mm
烧结普通砖砌体、粉煤灰砖砌体	70～90
混凝土砖砌体、普通混凝土小型空心砌块砌体、灰砂砖砌体	50～70
烧结多孔砖砌体、烧结空心砖砌体、轻集料混凝土小型空心砌块砌体、蒸压加气混凝土砌块砌体	60～80
石砌体	30～50

（2）保水性。

新拌砂浆保持其内部水分不泌出流失的能力称为保水性。保水性不好的砂浆，其塑性也较差，在存放与运输过程中水分容易离析，砌筑时水分容易被砖、石基底吸收，施工较为困难，对砌体质量将会带来不利影响。砂浆的保水性主要取决于其中的砂子粒径和细微颗料含量。如果砂浆选用的集料较粗，水泥用量较少，则组成材料的总表面积小，吸附水分的能力较小，砂浆的保水性较差。因此，砂浆中必须有一定数量的细微颗粒才能保证所需的保水性。实践证明，凡是砂浆内胶凝材料充足，尤其是掺用增塑性掺加料（石灰膏、增稠剂等）的砂浆，其保水性都较好。砂浆中掺入适量的外加剂能显著改善砂浆的保水性和流动性。

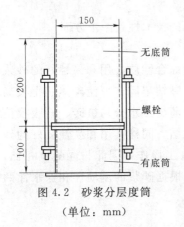

图 4.2　砂浆分层度筒
（单位：mm）

砂浆的保水性可根据泌水率（或保水率）的大小来评定，泌水率是指砂浆中泌出的水分占拌和水的百分率（保水率＝100％－泌水率）。《建筑砂浆基本性能试验方法标准》（JGJ/T 70—2009）用分层度来评判砂浆的保水性。分层度的测定是将搅拌均匀的砂浆先测出其稠度，再装入分层度筒（图 4.2），静置 30min 后，去掉上部 200mm 厚的砂浆，再测出筒下部剩余部分砂浆的稠度，两次稠度之差即为分层度。砂浆在静置过程中，由于固体颗粒下沉，水分上浮，使上下层砂浆的稠度发生差异，保水性愈差，差异就愈大，即分层度愈大。

砌筑砂浆的保水率应符合表 4.2 要求。

表 4.2　　　　　　　　　　砌 筑 砂 浆 的 保 水 率　　　　　　　　　　　　　　　　％

砂　浆　种　类	保　水　率
水泥砂浆	≥80
水泥混合砂浆	≥84
预拌砌筑砂浆	≥88

在《砌筑砂浆配合比设计规程》（JGJ/T 98—2010）中，参考了国外标准及考虑到我国目前砂浆品种日益增多，一些新品种砂浆用分层度试验来衡量砂浆各组分的稳定性或保

持水分的能力已不太适宜，而且在砌筑实际试验应用中与保水率相比，分层度难操作、可复验性差且准确性低，所以取消了分层度指标，增加了保水率要求。

4.2.2 硬化砂浆的技术性质

砂浆硬化后成为砌体的组成之一，应能与砖石结合，传递和承受各种外力，使砌体具有整体性和耐久性。因此，砂浆应具有一定的抗压强度、黏结强度、耐久性以及工程所要求的其他技术性质。砂浆与砖石的黏结强度受许多因素影响，如砂浆强度高，砖石表面粗糙、洁净，砖石经充分润湿，灰缝填筑饱满，均有助于提高黏结强度。耐久性主要取决于水灰比。试验结果表明，黏结强度、耐久性均与抗压强度有一定的相关关系。抗压强度提高，黏结强度和耐久性随之提高。抗压强度试验简单准确，故工程实践中以抗压强度作为砂浆的主要技术指标。

4.2.2.1 砂浆抗压强度与强度等级

砂浆抗压强度采用边长为 70.7mm 的立方体，一组三块试件在标准条件下养护 28d 后，用标准试验方法测得的抗压强度平均值（MPa）。水泥砂浆及预拌砌筑砂浆的强度等级共分为 M5、M7.5、M10、M15、M20、M25、M30 七个；水泥混合砂浆的强度等级共分为 M5、M7.5、M10、M15 四个。工程中常用的砂浆强度等级为 M5、M7.5、M10 等，对特别重要的砌体或有较高耐久性要求的工程，宜采用 M10 以上的砂浆。

4.2.2.2 砂浆抗压强度的影响因素

砂浆不含粗骨料，是一种细骨料混凝土，因此有关混凝土的强度规律原则上亦适用于砂浆。影响砂浆强度的因素很多，如水泥的强度等级与用量、水灰比、骨料状况、外加剂的品种与数量、掺加料的状况、施工及硬化时的条件等。在实际工程中，多根据具体的组成材料，经过试验来确定其抗压强度。对于普通水泥配制的砂浆，其主要影响因素有下列两种情况。

（1）用于砌筑不吸水基底（致密砖、石）的砂浆。

砂浆强度的影响因素与普通混凝土相似，主要取决于水泥强度和水灰比。强度公式表示如下

$$f_{m,o} = A f_{ce} \left(\frac{C}{W} - B \right) \tag{4.1}$$

式中：$f_{m,o}$ 为砂浆 28d 试配抗压强度，MPa；f_{ce} 为水泥 28d 实测抗压强度，MPa；C/W 为灰水比；A、B 为经验系数。

（2）砌筑多孔吸水基底（砖砌体和其他多孔材料）的砂浆。

当原材料及灰砂比相同时，即使砂浆拌和时的稠度有所不同，用水量也稍有不同，但因砂浆具有保水性能，经过基底吸水后，保留在砂浆中的水分大致相同（即有条件地把水量视为一个常量）。因此，砂浆强度主要取决于水泥强度等级和水泥用量，可用下式表示

$$f_{m,o} = \alpha f_{ce} Q_c / 1000 + \beta \tag{4.2}$$

式中：$f_{m,o}$ 为砂浆 28d 试配抗压强度，MPa；Q_c 为每立方米砂浆的水泥用量，kg；α、β 为经验系数，一般 $\alpha = 3.03$，$\beta = -15.09$（各地区也可用本地区试验资料确定 α、β 值，统计用的试验组数不得少于 30 组。）；f_{ce} 为水泥 28d 实测抗压强度，MPa。

4.2.2.3 砂浆黏结力

砂浆的黏结力是影响砌体抗剪强度、耐久性和稳定性乃至建筑物抗震能力和抗裂性的基本因素之一。通常，砂浆的抗压强度越高黏结力越大。砂浆的黏结力还与基底材料的表面状态、清洁程度、润湿情况及施工养护等条件有关。在润湿的、粗糙的、清洁的基底表面上使用且养护良好的砂浆与基底表面的黏结较好。

4.2.2.4 砂浆变形性

砂浆在承受荷载、温度和湿度变化时均会产生变形，如果变形过大或不均匀，会降低砌体的质量，引起砌体沉降或开裂。若使用轻骨料配制砂浆或掺合料过多会引起砂浆收缩变形过大。

4.2.2.5 砂浆抗渗性与抗冻性

关于砂浆抗渗性和抗冻性的问题，从技术上来说，只要控制水灰比便可以达到要求。但砂浆的用水量大，水灰比降低时将会使水泥用量大增，而且仅用高抗渗等级的砂浆并不足以保证某些砌体的抗渗性能。因此砌石坝工程中，常对坝体采取其他防渗措施，砂浆只按强度要求配制，这样具有更好的技术经济效果。对防水砂浆或直接受水和冰冻作用的砌体，则应考虑砂浆的抗渗和抗冻要求，在其配制中除控制水灰比外，常加入外加剂来改善其抗渗与抗冻性能，如掺入减水剂、引气剂及防水剂等，当设计有抗冻要求时，必须进行冻融试验，经冻融试验后，质量损失率不得大于 5%，抗压强度损失率不得大于 25%。

4.3　砌筑砂浆的配合比设计

根据《砌筑砂浆配合比设计规程》（JGJ/T 98—2010）的规定，砌筑砂浆应根据工程类别及砌体部位的设计要求来选择砂浆的类别与强度等级，再按砂浆的强度等级确定其配合比。

砂浆强度等级确定后，一般情况下，可以根据设计、施工要求及组成原材料，查阅有关手册或资料来选择砂浆配合比。如需计算及试验，较精确地确定砂浆配合比，可按下列步骤进行。

1）计算砂浆试配强度（$f_{m,0}$）。

2）按式（4.2）计算每立方米砂浆中的水泥用量 Q_C。

3）计算每立方米砂浆中石灰膏用量 Q_D。

4）确定每立方米砂浆中砂用量 Q_S。

5）按砂浆稠度选择每立方米砂浆中用水量 Q_w。

6）进行砂浆试配。

7）配合比确定。

4.3.1　砂浆配合比计算

水泥混合砂浆及水泥砂浆配合比计算如下。

4.3.1.1 水泥混合砂浆配合比计算

（1）砂浆试配强度的确定。

1）计算公式。砂浆试配强度按式（4-3）计算

$$f_{m,0} = k f_2 \tag{4.3}$$

式中：$f_{m,0}$ 为砂浆的试配强度，精确至 $0.1 \mathrm{MPa}$；f_2 为砂浆强度等级值，精确至 $0.1 \mathrm{MPa}$；k 为系数，按表 4.3 取值。

表 4.3   **砂浆强度标准差 σ 及 k 值**

强度等级 施工水平	强度标准差 σ/MPa							k
	M5.0	M7.5	M10	M15	M20	M25	M30	
优 良	1.00	1.50	2.00	3.00	4.00	5.00	6.00	1.15
一 般	1.25	1.88	2.50	3.75	5.00	6.25	7.50	1.20
较 差	1.50	2.25	3.00	4.50	6.00	7.50	9.00	1.25

2）砂浆强度等级的选择。砂浆强度等级一般由工程设计要求确定，也可根据经验确定。例如，办公楼、教学楼及多层商店多采用 M5～M10 混合砂浆；平房宿舍、商店多采用 M5～M7.5 混合砂浆；食堂、仓库、锅炉房、变电站、地下室、工业厂房等多用 M5～M10 砂浆；水塔、冷凝塔及烟囱等可采用 M15～M30 的水泥砂浆；检查井、雨水井、化粪池等可用 M5 水泥砂浆；对于特别重要的砌体或有较高耐久性要求的土建、水利工程可采用 M10～M30 的水泥砂浆。

3）砂浆现场强度标准差确定。

a. 当近期同一品种砂浆强度资料充足时，现场标准差 σ 按数理统计方法算得（见第 3 章相关内容）。

b. 当不具有近期统计资料时，现场强度标准差 σ 可按表 4.3 取用。

（2）水泥用量的确定。

1）不吸水基底的混合砂浆。由于用于不吸水基底砂浆的强度影响因素与混凝土相似，只是公式中经验系数 A，B 有所不同，因此当求得砂浆试配强度后，根据选用水泥强度便能求得所需的灰水比（C/W），再根据施工稠度要求所得的每立方米砂浆中的用水量值 Q_w，由下式计算水泥用量

$$Q_C = Q_W (C/W) \tag{4.4}$$

2）对多孔吸水基底的砂浆，按下式计算水泥用量

$$Q_C = \frac{1000(f_{m,0} - \beta)}{\alpha f_{ce}} \tag{4.5}$$

式（4.5）由式（4.2）变换而来，式中各符号含意同式（4.2），计算时在未测得水泥的实测强度值时，可按下式计算 f_{ce}

$$f_{ce} = r_c f_{ce,k} \tag{4.6}$$

式中：$f_{ce,k}$ 为水泥强度等级对应的强度值，MPa；r_c 为水泥强度等级的富余系数，该值应按实际统计资料确定，无统计资料时 r_c 可取 1.0。

（3）水泥混合砂浆石灰膏用量的确定。

水泥混合砂浆中石灰膏用量按下式计算

$$Q_D = Q_A - Q_C \tag{4.7}$$

式中：Q_D 为每立方米砂浆中的石灰膏用量，精确至 1kg；石灰膏使用时的稠度宜为

（120±5）mm；如稠度不在规定范围可按表 4.4 进行换算；Q_C 为每立方米砂浆中的水泥用量，精确至 1kg；Q_A 为每立方米砂浆中水泥和石灰膏总量，精确至 1kg，可达 350kg。

表 4.4 　　　　　　　　　　石灰膏不同稠度的换算系数

稠度	120	110	100	90	80	70	60	50	40	30
换算系数	1.00	0.99	0.97	0.95	0.93	0.92	0.90	0.88	0.87	0.86

注　当计算石灰膏用量为 160kg 时，若石灰膏的实际稠度为 110mm，此时称量石灰膏的质量为 158.4kg。

（4）水泥混合砂浆中砂子用量的确定。

每立方米砂浆中的砂子用量，应以干燥状态（含水率小于 0.5％）的松散堆积表观密度值作为计算值

$$Q_s = V \gamma_{s干} \tag{4.8}$$

式中：Q_s 为每立方米砂浆中砂的用量，kg；$\gamma_{s干}$ 为砂在干燥状态下的堆积密度，kg/m³；V 为砂浆体积，取 1m³。

（5）砂浆中的用水量确定。

每立方米砂浆中的用水量，根据砂浆稠度等要求可选用 210～310kg。当下列情况时，应适当调整用水量值。

1）混合砂浆中的用水量，不包括石灰膏中的水，当石灰膏的稠度不等于（120±5）mm 时，应按表 4.4 调整用水量。

2）当采用细砂或粗砂时，用水量分别取上限或下限。

3）稠度小于 70mm 时，用水量可小于下限。

4）施工现场气候炎热或干燥季节，可酌量增加水量。

4.3.1.2　水泥砂浆配合比选用

根据试验及工程实践，供试配的水泥砂浆配合比可直接查表 4.5 选用。

表 4.5 　　　　　　　　每立方米水泥砂浆材料用量　　　　　　　　单位：kg/m³

强　度　等　级	水　泥	砂	用　水　量
M5	200～230		
M7.5	230～260		
M10	260～290		
M15	290～330	砂的堆积 表观密度值	270～330
M20	340～400		
M25	360～410		
M30	430～480		

注　1. M15 及 M15 以下强度等级水泥砂浆，水泥强度等级为 32.5 级；M15 以上强度等级水泥砂浆，水泥强度等级为 42.5 级。

　　2. 当采用细砂或粗砂时，用水量分别取上限或下限。

　　3. 稠度小于 70mm 时，用水量可小于下限。

　　4. 施工现场气候炎热或干燥季节，可酌量增加用水量。

　　5. 试配强度应按式（4.3）计算。

4.3.1.3　水泥粉煤灰砂浆配合比选用

水泥粉煤灰砂浆中的材料用量包括水泥和粉煤灰，可按表 4.6 选用。

表 4.6		水泥粉煤灰砂浆材料用量		单位：kg/m³
强度等级	水泥和粉煤灰总量	粉 煤 灰	砂	用 水 量
M5	210～240	粉煤灰掺量可占胶凝材料总量的 15%～25%	砂的堆积表观密度值	270～330
M7.5	240～270			
M10	270～300			
M15	300～330			

注 1. 表中水泥强度等级为 32.5 级。

2. 当采用细砂或粗砂时，用水量分别取上限或下限。

3. 稠度小于 70mm 时，用水量可小于下限。

4. 施工现场气候炎热或干燥季节，可酌量增加用水量。

5. 试配强度应按式（4.3）计算。

4.3.2 配合比试配、调整与确定

无论是计算得出的配合比还是查表得到的配合比，都要经过试配调整，求出和易性及强度满足要求且水泥用量最省的配合比。

（1）试配时应采用工程实际使用的材料；搅拌方法应采用机械搅拌。搅拌时间应自投料结束算起，并符合：①对水泥砂浆和水泥混合砂浆，不得小于 120s；②对掺用粉煤灰和外加剂的砂浆，不得小于 180s。

（2）按计算或查表所得配合比进行试拌，测定其拌和物的稠度和保水率，若不能满足要求，则应调整用水量或掺加料，直到符合要求为止。然后确定为试配时的砂浆基准配合比。

（3）试配时至少应采用三个不同的配合比，其中一个为上述基准配合比，其余两个配合比的水泥用量应按基准配合比分别增加及减少 10%。在保证稠度、保水率合格的条件下，可将用水量、石灰膏、保水增稠材料或粉煤灰等活性掺合料用量作相应调整。

（4）按《建筑砂浆基本性能试验方法》（JGJ/T 70—2009）的规定，对上述三种配比配制的砂浆制作试件，并测定砂浆表观密度及强度，选择满足试配强度及和易性要求且水泥用量较少的配合比作为所需的砂浆试配配合比。

（5）砌筑砂浆试配配合比应按下列步骤进行校正。

1）应根据上面（4）确定的砂浆配合比材料用量，按下式计算砂浆的理论表观密度值

$$\rho_t = Q_c + Q_d + Q_s + Q_w \tag{4.9}$$

式中：ρ_t 为砂浆的理论表观密度值，kg/m³，应精确至 10kg/m³。

2）应按下式计算砂浆配合比校正系数 δ

$$\delta = \frac{\rho_c}{\rho_t} \tag{4.10}$$

式中：ρ_c 为砂浆的实测表观密度值，kg/m³，应精确至 10kg/m³。

3）当砂浆的实测表观密度值与理论表观密度值之差的绝对值不超过理论值的 2% 时，可将按（4）得出的试配配合比确定为砂浆设计配合比；当超过 2% 时，应将试配配合比中每项材料用量均乘以校正系数 δ 后，确定为砂浆设计配合比。

(6) 当原材料有变更时，对已确定的配合比必须重新通过试验确定。

过去，砂浆的配合比多采用材料的松散堆积体积比表示，因配料误差大，已逐步被质量比取代。但体积比便于施工，至今仍有工程采用。在砌石坝等较大工程中，砂浆用量大，质量要求严格，砂浆配合比设计宜采用混凝土配合比设计方法，以灰砂比和单位用水量作为配比参数，通过试验确定。以便有效地控制施工质量。

4.3.3 砂浆配合比计算举例

【例 4.1】 配制用于砌筑空心黏土砖的水泥砂浆，设计强度等级为 M10，稠度 70～90mm。采用 P. C 32.5R 复合硅酸盐水泥（实测 28d 抗压强度为 35MPa）；采用含水率为 3.5％的中砂，其干燥松散堆积表观密度为 1450kg/m³；该单位施工质量一般，试计算其配合比：

解 (1) 根据表 4.5 选取水泥用量 $Q_c = 260$kg/m³。

(2) 砂子用量 $Q_s = 1450 \times (1 + 3.5\%) = 1501$kg/m³。

(3) 用水量 $Q_w = 290$kg/m³。

砂浆试配时各材料的用量比例：水泥：砂 = 260：1501 = 1：5.77。

按前述方法进行配合比试配、调整与确定，即得到适宜的配合比。

【例 4.2】 设计用于砌筑砖墙的 M7.5 等级、稠度 70～90mm 的水泥石灰混合砂浆配合比。已知：水泥为 P. C 32.5R 复合硅酸盐水泥（实测 28d 抗压强度为 36.2MPa）；砂子为中砂，干松散堆积表观密度为 1450kg/m³，含水率为 2％；石灰膏稠度 110mm；施工水平一般，试计算其配合比：

解 (1) 计算砂浆试配强度 $f_{m,0}$

$$f_{m,0} = k f_2$$

式中：$f_2 = 7.5$MPa；$k = 1.20$（查表 4.3 得）

$$f_{m,0} = 1.20 \times 7.5 = 9.0 \text{ (MPa)}$$

(2) 计算水泥用量

$$Q_C = \frac{1000(f_{m,0} - \beta)}{\alpha \cdot f_{\alpha}}$$

式中：$\alpha = 3.03$；$\beta = -15.09$；$f_{\alpha} = 36.2$MPa，代入上式得

$$Q_C = \frac{1000(9.0 + 15.09)}{3.03 \times 36.2} \approx 220 \text{ (kg)}$$

(3) 计算石灰膏用量 Q_D

$$Q_D = Q_A - Q_C$$

取 $Q_A = 350$kg 则

$$Q_D = 350 - 220 = 130 \text{ (kg)}$$

查表 4.4 得，石灰膏的实际稠度为 110mm，此时称量石灰膏的质量为 128.7kg。

(4) 计算砂子用量。

含水率为 2％的砂子用量为：$Q_S = 1450 \times (1 + 0.02) = 1479$ (kg/m³)

(5) 选择用水量。

根据砂浆稠度等要求可选用水量为 210～310kg/m³，现选 $Q_w = 230$kg/m³。

（6）砂浆试配时各材料的用量比例

水泥：石灰膏：砂：水＝220：130：1479：230＝1：0.59：6.72：1.05

（7）根据计算出的砌筑砂浆配合比，按前述方法进行配合比试配、调整与确定，即得适宜的配合比。

4.4　其他建筑砂浆

4.4.1　普通砂浆

4.4.1.1　抹面砂浆

抹面砂浆用以涂抹在建筑物或建筑物构件的表面，兼有保护基层和满足使用要求的作用。对抹面砂浆的主要要求是具有良好的和易性，容易抹成均匀平整的薄层，与基底有足够的黏结力，长期使用不致开裂或脱落。

普通抹面砂浆的功能是保护结构主体免遭各种侵蚀，提高结构的耐久性，改善结构的外观。常用的普通抹面砂浆有石灰砂浆、水泥砂浆、水泥混合砂浆、麻刀石灰浆（简称麻刀灰）、纸筋石灰浆（简称纸筋灰）等。

为了提高抹面砂浆的黏结力，其胶凝材料（包括掺合料）的用量比砌筑砂浆多，常常加入适量有机聚合物（占水泥质量的10%），如聚乙烯醇缩甲醛胶（俗称108胶）或聚醋酸乙烯等。为提高抗拉强度，防止抹面砂浆的开裂，常加入麻刀、纸筋、稻草、玻璃纤维等纤维材料。

为了保证抹灰层表面平整，避免裂缝和脱落，常采用分层薄涂的方法，一般分两层或三层施工。底层起黏结作用，中层起抹平作用，面层起装饰作用。用于砖墙的底层抹灰，常为石灰砂浆，有防水、防潮要求时用水泥砂浆。用于混凝土基层的底层抹灰，常为水泥混合砂浆，中层抹灰常用水泥混合砂浆或石灰砂浆，面层抹灰常用水泥混合砂浆、麻刀灰或纸筋灰。

4.4.1.2　防水砂浆

用作防水层的砂浆称为防水砂浆。砂浆防水层又称刚性防水层，适用于不受振动和具有一定刚度的混凝土或砖石砌体的表面，如水塔、水池、地下工程等的防水。

防水砂浆可用普通水泥砂浆制作，也可在水泥砂浆掺入防水剂制得。水泥砂浆宜选用普通硅酸盐水泥和级配良好的中砂。在水泥砂浆中掺入一定量的防水剂，可促使砂浆结构致密，堵塞毛细孔，提高砂浆的抗渗能力，这是目前最常用的方法。常用的防水剂有水玻璃类、金属皂类、氯化物金属盐及有机硅类等。

防水砂浆施工方法有人工多层抹压法和喷射法等。采用人工多层抹压法，应做好层间结合。一般分4～5层分层涂抹在基础面上，每层涂抹厚度5mm，总厚度20～30mm。每层在初凝前压实一遍，最后一遍要压光，并精心养护，以减少砂浆层内部连通的毛细孔通道，提高密实度和抗渗性。防水砂浆还可以用膨胀水泥和无收缩水泥来配制。

4.4.1.3　地面砂浆

地面砂浆是用于建筑物的室内外地坪涂抹一定厚度的砂浆，直接与地面结构黏结在一起的砂浆。它的作用是提高地面承受外部机械力的作用、抗化学腐蚀侵袭、抗雨水冲刷能力。使地面平整光滑，清洁美观且便于装修。

　　地面砂浆在技术上要求具有良好的强度、黏结力和耐磨性能，且收缩率要低。在施工中要求便于输送（如可泵送），能大面积施工和快速施工，施工方法简单易用，节约人力。

4.4.2 特种砂浆

4.4.2.1 隔热砂浆

　　隔热砂浆是以水泥、石灰、石膏等胶凝材料与膨胀珍珠岩砂、膨胀蛭石、火山渣或浮石砂、陶砂等轻质多孔骨料按一定比例配制成的砂浆。隔热砂浆的导热系数为 $0.07\sim0.10W/(m\cdot K)$。隔热砂浆通常均为轻质，可用于屋面隔热层、隔热墙壁及供热管道隔热层等处。如在绝热砂浆掺入或在绝热砂浆表面喷涂憎水剂，则这种砂浆的保温隔热效果会更好。

4.4.2.2 吸声砂浆

　　由轻质多孔骨料制成的隔热砂浆都具有吸声性能。另外，也可用水泥、石膏、砂、锯末配制成吸声砂浆。还可在石灰、石膏砂浆中掺入玻璃纤维、矿物棉等松软纤维材料得到吸声砂浆。吸声砂浆用于有吸声要求的室内墙壁和顶棚的抹灰。

4.4.2.3 耐腐蚀砂浆

　　1）耐碱砂浆。使用 42.5 强度等级以上的普通硅酸盐水泥（水泥熟料中铝酸三钙含量应小于 9%），细骨料可采用耐碱、密实的石灰岩类（石灰岩、白云岩、大理岩等）、火成岩类（辉绿岩、花岗岩等）制成的砂和粉料，也可采用石英质的普通砂。耐碱砂浆可耐一定温度和浓度下的氢氧化钠和铝酸钠溶液的腐蚀，以及任何浓度的氨水、碳酸钠、碱性气体和粉尘等的腐蚀。

　　2）水玻璃类耐酸砂浆。在水玻璃和氟硅酸钠配制的耐酸涂料中，掺入适量由石英岩、花岗岩、铸石等制成的粉及细骨料可拌制成耐酸砂浆。耐酸砂浆常用作衬砌材料、耐酸地面和耐酸容器的内壁防护层。

　　3）硫黄砂浆。以硫黄为胶结料，加入填料、增韧剂，经加热熬制而成。采用石英粉、辉绿岩粉、安山岩粉作为耐酸粉料和细骨料。硫黄砂浆具有良好的耐腐蚀性能，几乎能耐大部分有机、无机酸和中性、酸性盐的腐蚀，对乳酸亦有很强的耐蚀能力。

4.4.2.4 防射线砂浆

　　在水泥中掺入重晶石粉、重晶石砂可配制成具有防 X 射线和 γ 射线能力的砂浆。其配合比约为水泥：重晶石粉：重晶石砂＝1：0.25：（4～5）。在水泥浆中掺加硼砂、硼酸等配制成的砂浆具有防中子辐射能力，应用于射线防护工程。厚重气密不易开裂的砂浆也可以阻止地基中土壤或岩石里的氡（具有放射性的惰性气体）向室内的迁移或流动。

4.4.2.5 聚合物砂浆

　　聚合物砂浆是在水泥砂浆中加入有机聚合物乳液配制而成，具有黏结力强、干缩率小、脆性低、耐蚀性好等特性，用于修补和防护工程。常用的聚合物乳液有氯丁胶乳液、丁苯橡胶乳液、丙烯酸树脂乳液等。

4.4.2.6 瓷砖黏结砂浆

　　瓷砖粘接砂浆是采用优质水泥、精细骨料、填料、特殊外加剂及聚合物均匀混合而成，是一种有机—无机复合型瓷砖胶黏剂，无毒无害，适合于薄层粘贴施工，是取代传统水泥砂浆粘贴瓷砖的最佳选择。具有耐碱、耐冻融、不空鼓、不开裂的特点，适用于内外墙瓷砖粘贴、厨卫间瓷砖粘贴、瓷砖地坪及文化石粘贴。因瓷砖胶黏剂具有良好的保水性，因此瓷砖和基面无须预浸泡和润湿，可直接将干燥瓷砖以微微旋转的方式压入瓷砖胶中。薄层瓷砖胶黏剂的优点通过使用纤维素醚和可再分散乳胶粉得到。

4.4.2.7 界面处理砂浆

随着实心黏土砖的淘汰，各种新型墙体材料得到广泛应用，如加气混凝土砖、粉煤灰砖、页岩砖、加气混凝土砌块、轻质 GRC 隔墙板等。但新型墙体材料表面的物理性质与传统的黏土砖相比有很大差别：表面空隙率大、吸水率高、轻质多孔、黏结强度低，因此运用普通砂浆进行砌筑或抹面，会产生开裂、空鼓、脱落、渗漏等质量问题。这些问题可通过运用多用途界面处理砂浆得到有效解决。

多用途界面处理砂浆保水性佳，黏结强度高，不开裂，可塑性大，施工快捷，适用于各种基材的抹面。对于脱模后光滑的混凝土墙体、剪力墙、柱体，无须凿毛，直接刮抹，增加表面附着力和强度。对于各种多孔、吸水率高的轻型砖进行表面处理，提高黏结强度和抗渗性。在进行外保温施工时，对基面进行处理，大大提高与聚苯板和 XPS 板的黏结性及抗垂性。

4.4.2.8 装饰砂浆

装饰砂浆是指涂抹在建筑物内外墙表面，具有美化装饰、改善功能、保护建筑物的抹面砂浆。

装饰砂浆的胶凝材料采用石膏、石灰、白水泥、彩色水泥，或在水泥中掺和白色大理石粉，使砂浆表面色彩明朗。

骨料多为白色、浅色或彩色的天然砂及彩釉砂和着色砂，也可用彩色大理岩或花岗岩碎屑、陶瓷碎粒或特制的塑料色粒。有时也可加入少量云母碎片、玻璃碎粒、长石、贝壳等使表面获得发光效果。

掺颜料的砂浆常用在室外抹灰工程中，将经受风吹、日晒、雨淋及大气中有害气体的腐蚀和污染，因此，装饰砂浆中的颜料，应采用耐碱和耐光晒的矿物颜料。

常用的装饰砂浆有如下工艺做法：

1）拉毛。先用水泥砂浆做底层，再用水泥石灰砂浆做面层。在砂浆尚未凝结之前，用抹刀将表面拍拉成凹凸不平的形状。

2）水刷石。用颗粒细小（约 5mm）的石渣拌成的砂浆做面层，在水泥终凝前，喷水冲刷表面，冲洗掉石渣表面的水泥浆，使石渣表面外露。水刷石用于建筑物的外墙面，具有一定的质感，且经久耐用，不需维护。

3）干粘石。在水泥砂浆的面层表面，黏结粒径 5mm 以下的白色或彩色石渣、小石子、彩色玻璃、陶瓷碎粒等。要求石渣黏结均匀、牢固。干粘石的装饰效果与水刷石相近，且石子表面更洁净艳丽，避免了喷水冲洗的湿作业，施工效率高，而且节约材料和水。干粘石在预制外墙板的生产中有较多的应用。

4）斩假石。又称为剁假石、斧剁石。砂浆的配制与水刷石基本一致。砂浆抹面硬化后，用斧刃将表面剁毛并露出石渣。斩假石的装饰效果与粗面花岗石相似。

5）假面砖。将硬化的普通砂浆表面用刀斧锤凿刻划出线条，或者在初凝后的普通砂浆表面用木条、钢片压划出线条，亦可用涂料画出线条，将墙面装饰成仿砖砌体、仿瓷砖贴面、仿石材贴面等艺术效果。

6）水磨石。用普通水泥、白水泥、彩色水泥或普通水泥加耐碱颜料拌和各种色彩的大理石石渣做面层，硬化后用机械反复磨平抛光表面而成。水磨石多用于地面、水池等工程部位。可事先设计图案色彩，磨平抛光后更具艺术效果。水磨石还可制成预制件或预制块，做楼梯踏步、窗体板、柱面、台度、踢脚板、地面板等构件。室内外的地面、墙面、台面、柱面等也可用水磨石进行装饰。

装饰砂浆还可采用喷涂、弹涂、辊压等工艺方法，做成丰富多彩、形式多样的装饰面层。装饰砂浆的操作方便，施工效率高。与其他墙面、地面装饰相比，成本低、耐久性好。

4.5　预　拌　砂　浆

4.5.1　预拌砂浆的基本概念

《预拌砂浆》（GB/T 25181—2010）中定义，预拌砂浆是指专业生产厂生产的湿拌砂浆或干混砂浆。同时还指出：湿拌砂浆是用水泥、细骨料、矿物掺合料、外加剂、添加剂和水，按一定比例，在搅拌站经计算、拌制后运至使用地点，并在规定时间内使用的拌和物。干混砂浆是用水泥、干燥骨料或粉料、添加剂及根据性能确定的其他组分，按一定比例，在专业生产厂经计量、混合而成的，在使用地点按规定加水或配套组分拌和使用的砂浆产品。

预拌砂浆的优点在于：①由于集中生产，计量准确，质量得到保证；②便于使用各种新材料，使砂浆获取新的性能，并使砂浆的各项性能指标大幅度提高；③可改善施工环境，降低劳动强度。

4.5.2　预拌砂浆的品种

4.5.2.1　湿拌砂浆

湿拌砂浆按用途分为湿拌砌筑砂浆、湿拌抹灰砂浆、湿拌地面砂浆和湿拌防水砂浆。

湿拌砂浆还可按强度等级、稠度、凝结时间和抗渗等级分类，见表 4.7。《预拌砂浆》（GB 25181—2010）湿拌砂浆标记为：

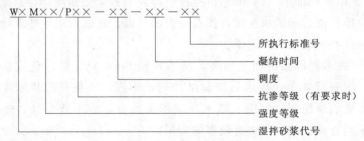

$$W\times M\times\times/P\times\times-\times\times-\times\times-\times\times$$

所执行标准号
凝结时间
稠度
抗渗等级（有要求时）
强度等级
湿拌砂浆代号

湿拌砂浆的强度等级、稠度、凝结时间和抗渗等级可以根据工程实际选择（即同样的强度等级可以选择相同或不同的稠度、凝结时间）。

例如：（1）湿拌砌筑砂浆的强度等级为 M10，稠度为 70mm，凝结时间为 12h，其标记为：

WM M10—70—12—GB 25181—2010

（2）湿拌砌筑砂浆的强度等级为 M10，稠度为 90mm，凝结时间为 24h，其标记为：

WM M10—90—24—GB 25181—2010

（3）湿拌砌筑砂浆的强度等级为 M10，稠度为 50mm，凝结时间为 8h，其标记为：

WM M10—50—8—GB 25181—2010

表 4.7 　　　　　　　　　　**湿 拌 砂 浆 分 类**

项　目	湿拌砌筑砂浆	湿拌抹灰砂浆	湿拌地面砂浆	湿拌防水砂浆
强度等级	M5、M7.5、M10、M15、M20、M25、M30	M5、M10、M15、M20	M15、M20、M25	M10、M15、M20
抗渗等级	—	—	—	P6、P8、P10
稠度/mm	50、70、90	70、90、110	50	50、70、90
凝结时间/h	≥8、≥12、≥24	≥8、≥12、≥24	≥4、≥8	≥8、≥12、≥24

湿拌砂浆的基本性能要求见表 4.8。

表 4.8 　　　　　　　　　　**湿 拌 砂 浆 性 能 指 标**

项　目		湿拌砌筑砂浆	湿拌抹灰砂浆	湿拌地面砂浆	湿拌防水砂浆
保水率/%		≥88	≥88	≥88	≥88
14d 拉伸黏结强度/MPa		—	M5：≥0.15 >M5：≥0.20	—	≥0.20
28d 收缩率/%		—	≤0.20	—	≤0.15
抗冻性[①]	强度损失率/%	≤25			
	质量损失率/%	≤0.205			

[①] 有抗冻要求时，应进行抗冻性试验。

4.5.2.2　干混砂浆

干混砂浆按用途分为干混砌筑砂浆、干混抹灰砂浆、干混地面砂浆、干混普通防水砂浆、干混陶瓷砖黏结砂浆、干混界面砂浆、干混保温板黏结砂浆、干混保温板抹面砂浆、干混聚合物水泥防水砂浆、干混自流平砂浆、干混耐磨地坪砂浆和干混装饰面砂浆。

干混砌筑砂浆、干混抹灰砂浆、干混地面砂浆和干混普通防水砂浆按强度等级、抗渗等级的分类见表 4.9。

表 4.9 　　　　　　　　　　**干 混 砂 浆 分 类**

项　目		干混砌筑砂浆		干混抹灰砂浆		干混地面砂浆	干混普通防水砂浆
		普通砌筑砂浆	薄层砌筑砂浆	普通抹灰砂浆	薄层抹灰砂浆		
强度等级		M5、M7.5、M10、M15、M20、M25、M30	M5、M10	M5、M10、M15、M20	M5、M10	M15、M20、M25	M10、M15、M20
抗渗等级		—	—	—	—	—	P6、P8、P10

干混砌筑砂浆、干混抹灰砂浆、干混地面砂浆、干混普通防水砂浆的基本性能要求见表 4.10。

干混砂浆的发展非常迅速，除上述由 GB/T 25181—2010 中规定的品种外，新产品还在不断地涌现，从而会提出更多的性能指标和标准，需要多加关注。

表 4.10　　　　　　　　　　　　　干 混 砂 浆 性 能 指 标

项　　目		干混砌筑砂浆		干混抹灰砂浆		干混地面砂浆	干混普通防水砂浆
		普通砌筑砂浆	薄层砌筑砂浆①	普通抹灰砂浆	薄层抹灰砂浆①		
保水率/%		≥88	≥99	≥88	≥99	≥88	≥99
凝结时间/h		3～9	—	3～9	—	3～9	3～9
2 h 稠度损失率/%		≤30	—	≤30	—	≤30	≤30
14 d 拉伸黏结强度/MPa		—	—	M5：≥0.15 >M5：≥0.20	≥0.30	—	≥0.20
28 d 收缩率/%		—	—	≤0.20	≤0.20	—	≤0.15
抗冻性②	强度损失率/%	≤25					
	质量损失率/%	≤5					

①　干混薄层砂浆宜用于灰缝厚度不大于 5 mm；干混薄层抹灰砂浆宜用于砂浆厚度不大于 5 mm 的抹灰。
②　有抗冻要求时，应进行抗冻性试验。

预拌砂浆的抗压强度要求见表 4.11。

表 4.11　　　　　　　　　　　预 拌 砂 浆 抗 渗 强 度　　　　　　　　单位：MPa

强度等级	M5	M7.5	M10	M15	M20	M25	M30
28d 抗压强度	≥5.0	≥7.5	≥10.0	≥15.0	≥20.0	≥25.0	≥30.0

预拌防水砂浆的抗渗压力要求见表 4.12。

表 4.12　　　　　　　　　　　预 拌 砂 浆 抗 渗 压 力　　　　　　　　单位：MPa

抗渗等级	P6	P8	P10
28d 抗渗压力	≥0.6	≥0.8	≥1.0

复 习 思 考 题

1. 新拌建筑砂浆的和易性与混凝土拌和物的和易性要求有何异同？
2. 影响建筑砂浆分层度的因素主要有哪些？如何改进其保水性能？
3. 影响砂浆强度的因素有哪些？
4. 某工地要配制 M10、稠度 70～90mm 的砌砖用水泥石灰混合砂浆，采用含水率为 2% 的中砂，松散堆积表观密度为 1500kg/m³，P.O42.5 级普通水泥，石灰膏稠度 120mm，施工水平一般。求该砂浆的配合比。

第5章 沥青及沥青混合料

沥青是一种有机胶凝材料，常温下呈黑色或黑褐色的固体、半固体或黏稠性液体，能溶于汽油、二硫化碳等有机溶剂中，但几乎不溶于水，属憎水材料。它与矿物材料有较强的黏结力，具有良好的防水、抗渗、耐化学侵蚀性，在交通、建筑、水利等工程中广泛用作路面、防水、防潮和防护材料。

沥青材料是含沥青质材料的总称，可分为地沥青质和焦油沥青两大类。

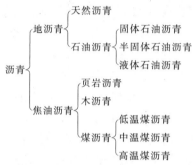

地沥青按其产源不同分为天然沥青和石油沥青两种：天然沥青为石油沥青浸入岩石或流出地表后，经地球物理因素的长期作用，轻质组分挥发和缩聚而成的沥青类物质；石油沥青是用石油炼制其他油品后的残渣加工而得到的产品。

焦油沥青是将各种有机物（煤、泥炭、木材等）干馏加工得到的焦油经再加工而得到的产品。焦油沥青按其加工的有机物名称来命名，如由煤干馏所得的煤焦油经再加工后得到的沥青称煤沥青（俗称柏油）。页岩沥青的技术性质接近石油沥青，而其生产工艺则接近焦油沥青。

工程上使用的沥青材料主要为石油沥青和煤沥青，石油沥青的技术性质优于煤沥青，故应用最广。本章主要介绍沥青材料及沥青混合料。

5.1 沥 青 材 料

5.1.1 石油沥青

石油沥青是石油（原油）经蒸馏等提炼出各种轻质油（如汽油、煤油、柴油等）及润滑油以后的残留物，或再经加工而得的产品。石油沥青的性质与石油成分及加工方法有关。石油按其成分不同分为石蜡基、环烷基及中间基等基属，按现行常规工艺，作为生产沥青原料，最好是选用环烷基原油，其次是中间基原油，不宜选用石蜡基原油，因为石蜡基原油中含有较多石蜡，如果按照常规生产工艺，将给沥青的性能带来不良影响。目前我国已开发的石油资源多为石蜡基原油，个别原油的含蜡量很高，我国现代沥青的生产技术已能由石蜡基原油生产出优质沥青。

将石油沥青经常压蒸馏和减压蒸馏后，在蒸馏塔底所剩的黑色黏稠物称为渣油，属于高牌号的慢凝液体沥青。通常以慢凝液体沥青为原料，采用不同的工艺方法得到黏稠沥青。渣油经过再减压蒸馏工艺，进一步深入提炼出各种重质油品，可得到直馏沥青；渣油经过不同深度的氧化后，可以得到不同稠度的氧化沥青或半氧化沥青，如建筑沥青。用溶剂法处理渣油，使蜡质溶解，沥青脱出，可得溶剂沥青。为了得到不同稠度的沥青，也可以采用黏稠沥青与慢凝液体沥青以适当比例调配所得产品，称为调配沥青。

5.1.1.1 石油沥青的组成与结构

（1）石油沥青的组分。

石油沥青是由多种碳、氢化合物及其非金属（氧、硫、氮）的衍生物组成的混合物。它是石油中分子量最大、组成和结构最为复杂的部分。沥青的组成元素主要是碳（80%~87%）和氢（10%~15%），其次是非烃元素，如氧、硫、氮等非金属元素（<3%）。此外，还有一些微量的金属元素，如镍、钒、铁、锰、钙、镁、钠等，约为几个至几十个ppm（百万分之一）。一般认为，他们的含量与沥青的加工工艺（如与催化剂的匹配）和性能改善（如与改性剂的协同作用）有较密切的关系。

由于沥青化学组成结构的复杂性，现代分析技术还不能把沥青分离为纯粹的化合物单体。而实际生产与应用中发现，并没有这样的必要。因为许多化学元素组成相近的沥青，性质上可以表现出很大的差异；而性质相近的沥青，其化学元素组成并不一定相同。因此，许多研究者在研究沥青的组成时，将沥青分为几个组分，致力于沥青化学组分的分析与研究。化学组分分析就是将沥青分离为物理化学性质相近，而且与沥青的性质又有一定联系的几个组，这些组就称为"组分"。石油沥青的化学组分，根据我国现行《公路工程沥青及沥青混合料试验规程》（JTG E20—2011　T0617、T0618）中规定有三组分和四组分两种分析法。石油沥青的三组分分析法是将石油沥青分离为油分、树脂和沥青质三个组分（本法即国际上常用的 Marcusson 法，是一种典型的溶剂吸附法）。因我国富产石蜡基或中间基沥青，在油分中往往含有蜡，故在分析时还应将油和蜡分离。石油沥青中各组分的含量与性状如表 5.1 所示。

表 5.1　　　　石油沥青的组分及特性

组分名称	颜色	状态	密度/（g/cm³）	分子量	含量/%	特点	作用
油分	淡黄至红褐色	透明液体	0.7~1.0	300~500	45~60	溶于苯等有机溶剂，不溶于酒精	赋予沥青以流动性，但含量多时，沥青的温度稳定性差
树脂	黄色至黑褐色	黏性半固体	1.0~1.1	600~1000	15~30	溶于汽油等有机溶剂，难溶于酒精和丙酮	赋予沥青以塑性，树脂组分含量高，不但沥青塑性好，黏性也好
沥青质	深褐色至黑色	脆性固体微粒	1.1~1.5	1000~6000	5~30	溶于三氯甲烷，二硫化碳，不溶于酒精	赋予沥青温度稳定性和黏性，地沥青含量高，温度稳定性好，但其塑性降低，沥青的硬脆性增加

1) 油分。油分为淡黄色至红褐色的油状液体，是沥青中分子量最小和密度最小的组分，密度介于 $0.7\sim1.0g/cm^3$ 之间。在 170℃ 较长时间加热，油分可以挥发。油分能溶于石油醚、二硫化碳、三氯甲烷、苯、四氯化碳和丙酮等有机溶剂中，但不溶于酒精。油分赋予沥青以流动性，它能降低沥青的黏度和软化点，含量适当还能增大沥青的延度。

2) 树脂（沥青脂胶）。树脂为黄色至黑褐色黏稠状物质（半固体），分子量比油分大（见表5.1），密度为 $1.0\sim1.1g/cm^3$。树脂中绝大部分属于中性树脂。中性树脂能溶于三氯甲烷、汽油和苯等有机溶剂，但在酒精和丙酮中难溶解或溶解度很低，它赋予沥青以良好的黏结性、塑性和可流动性。中性树脂含量增加，石油沥青的延度和黏结力等性能愈好。另外，沥青树脂中还含有少量的酸性树脂，是沥青中的表面活性物质，它改善了石油沥青对矿物材料的浸润性，特别是提高了对碳酸盐类岩石的黏附性，并有利于石油沥青的乳化。沥青脂胶使石油沥青具有良好的塑性和黏结性。

3) 沥青质（地沥青质）。沥青质为深褐色至黑色固态无定形物质（固体粉末），分子量比树脂大（见表5.1），密度为 $1.1\sim1.5g/cm^3$，不溶于酒精、正戊烷，但溶于三氯甲烷和二硫化碳，染色力强，对光的敏感性强，感光后就不能溶解。沥青质是决定石油沥青温度敏感性、黏性的重要组成部分，其含量愈多，则软化点愈高，黏性愈大，即愈硬脆。

另外，石油沥青中还含 $2\%\sim3\%$ 的沥青碳和似碳物，为无定形的黑色固体粉末，是石油沥青在高温裂化、过度加热或深度氧化过程中脱氢而生成的，是石油沥青中分子量最大的，它能降低石油沥青的黏结力。

石油沥青还含有蜡，它会降低石油沥青的黏结性和低温塑性，增大对温度的敏感性（即温度稳定性差），所以蜡是石油沥青的有害成分。我国生产的普通石油沥青即为多蜡沥青。

四组分分析法首先是由美国人提出，后来又作了改进，它是将沥青分为饱和分、芳香分、胶质和沥青质等四个组分。其中：饱和分含量增加，可使沥青的稠度降低（针入度增大）；胶质含量增大，可使沥青的延性增加；在有饱和分存在的条件下，沥青质含量增加，可降低沥青的温度敏感性；胶质和沥青质的含量增加，可提高沥青的黏度。

（2）石油沥青的胶体结构。

沥青的组分可分为沥青质和可溶质两个部分，可溶质包括油分和树脂，它们可以相互溶解。沥青是以沥青质为分散相，可溶质为分散介质组成的胶体分散体系。以沥青质为胶核，在其周围吸附有树脂及油分分子，构成胶团。胶团内被吸附的树脂和油分按分子量自大至小逐渐向外扩散分布。由于沥青组分含量及化学结构的不同，则形成不同类型的胶体结构，并表现出不同的性状。

1) 溶胶型结构。在石油沥青中，如沥青质组分很少，且其分子量与树脂相近时，只能构成少量的胶团，胶团之间距离较大，沥青表面吸附着较厚的树脂外膜，胶团之间的相互吸引力很小，故形成高度分散的溶胶型结构。由于溶胶型沥青中胶团易于相互运动，并较好地服从牛顿液体运动规律，因而具有较好的流动性和塑性，较强的裂缝自愈能力。但对温度的敏感性高，温度稳定性差。液体沥青多属溶胶型胶体结构。

2) 凝胶型结构。沥青中沥青质组分增多，胶团数量相应增多，胶团之间的距离随之减小，沥青质吸附的树脂外膜较薄。由于胶团之间的吸引力增大，胶团相互连接聚集成空间网络，形成凝聚型结构。凝胶型沥青具有明显的弹性效应，流动性和塑性较低，对温度的敏感性低，温度稳定性高。氧化沥青多属凝胶型胶体结构。

3）溶—凝胶型结构。如沥青中沥青质和树脂含量适当，则可形成介于溶胶和凝胶之间的结构，即溶—凝胶型结构。溶—凝胶型沥青在常温下变形时，最初阶段有明显的弹性效应，但变形增大到一定程度后，则表现为牛顿黏性液体。大多数的优质道路沥青属于溶—凝胶型胶体结构。

溶胶型、溶—凝胶型和凝胶型沥青的胶体结构如图 5.1。

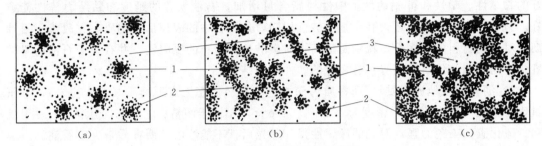

图 5.1　石油沥青胶体结构示意图
（a）溶胶型；（b）溶—凝胶型；（c）凝胶型
1—沥青质；2—胶质；3—油分

沥青的胶体结构受温度的影响，当沥青受热温度升高时，油分对树脂的溶解能力提高，沥青质的吸附能力降低，原来被沥青质吸附的树脂，部分溶解于油分中，沥青转变为液体状态。

随着对石油沥青研究的不断深入，有些学者已开始摒弃石油沥青胶体结构的观点，而认为它是一种高分子溶液。在石油沥青高分子溶液里，分散相沥青质与分散介质地沥青脂（树脂和油分）具有很强的亲和力，而且在每个沥青质分子的表面上紧紧地保持着一层地沥青脂的溶剂分子，而形成高分子溶液。石油沥青高分子溶液对电解质具有较大的稳定性，即加入电解质不能破坏高分子溶液。高分子溶液具有可逆性，即随沥青质与地沥青脂相对含量的变化，高分子溶液可以是较浓的或是较稀的。较浓的高分子溶液沥青质含量就多，相当于凝胶型石油沥青；较稀的高分子溶液沥青质含量少，地沥青脂含量多，相当于溶胶型石油沥青；稠度介于二者之间的为溶—凝胶型。这种理论应用于沥青老化和再生机理的研究，已取得一些初步的成果。

5.1.1.2　石油沥青的技术性质

（1）黏滞性（黏稠性）。

黏滞性是沥青材料抵抗外力作用下发生黏性变形的能力，是沥青材料的一项重要物理力学性质。黏滞性可用动力黏度（绝对黏度）或运动黏度来表征。由于动力黏度测量较为复杂，故对沥青材料多采用各种条件黏度来评定其黏滞性。

1）针入度。针入度是表示黏稠石油沥青黏度的指标。针入度试验如图 5.2 所示。在一定温度条件下，在规定时间内，标准针垂直贯入沥青试件的深度（以 1/10mm 计）称为针入度。针入度试验通常规定试验温度 25℃，标准针重 100g，贯入时间 5s，可表示为 P（25℃，100g，5s）。针入度值表示沥青材料抵抗剪切变形的能力。针入度值越大，沥青的黏度越小。为了研究沥青黏度与温度的关系，针入度试验可以规定不同的试验条件，如 P（0℃，200g，60s）、P(4℃，200g，60s)、P(46℃，50g，5s)、P(38℃，50g，5s) 等。

2）标准黏度。液体沥青的黏度须用流出型黏度计测定。流出型黏度计的种类很多，目前我国常用的标准黏度计如图 5.3 所示。使一定温度（20℃、25℃、30℃、50℃ 或 60℃）的沥青试样，通过一定孔径（3、5 或 10mm）的孔口流出 50mL 所经历的时间（s）即为其标准黏度。标准黏度表示为 $C_{T,d}$，d 代表流孔的直径，mm；T 代表试验温度，℃；如 $C_{25,5}55$ 即表示试验温度 25℃、流孔直径 5mm、流出 50mL 沥青的时间为 55s。试验温度越高，流孔直径越大，流出时间越长，则表示沥青的黏度越大。

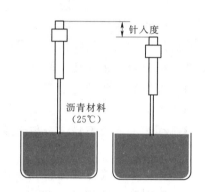

图 5.2　针入度测定示意图

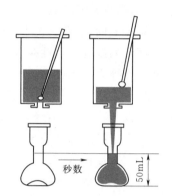

图 5.3　标准黏度测定示意图

（2）耐热性。

耐热性是指黏稠沥青在高温下不软化、不流淌的性能。可用软化点 $t_{软}$ 表示。软化点通常用环球法测定，图 5.4 所示。将沥青注入标准铜环内制成试件，试件中央放一重 3.5g 的铜球，并置于水（或甘油）中，以 5℃/min 的升温速度加热，沥青逐渐软化下垂，当其与下金属板接触时的水温（或甘油温度）即为软化点（以 ℃ 为单位）。

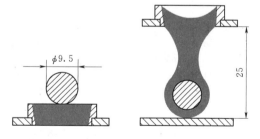

图 5.4　软化点测定示意图（单位：mm）

沥青受热后逐渐变软，由固态转变为液态时，没有明显的熔点，软化点是沥青达到某特定黏性流动状态时的温度（试验证明：沥青在软化点温度下的针入度值约为 800）。在软化点温度以下，沥青材料在自重作用下，短时间内不致流淌。软化点高的沥青耐热性好。

（3）温度稳定性。

沥青为热塑性材料，黏度随温度变化而变化。温度稳定性是指沥青的黏度受温度变化影响的程度。温度稳定性差的沥青，对温度变化的反应敏感，较小的温度变化可使沥青黏度出现较大的变化。沥青材料应具有一定的温度稳定性，以免当气温变化时沥青黏度出现过大变化，给工程应用造成不利影响。故温度稳定性是一项重要的技术性质。

不同温度条件下，沥青材料的变形特性不同，其根源是由于沥青分子运动状况不同所致。当温度很低时，沥青分子不能自由运动，好像被冻结一样，这时在外力作用下所发生的变形很少，如同玻璃一样硬脆，故称作"玻璃态"。随着温度升高，沥青分子获得了一定能量，活动能力也增加了，这时在外力作用下，表现出很高的弹性，称"高弹态"。当温度继续升高时，沥青分子获得了更多能量，分子运动更加自由，从而使分子间发生相对滑动，此时沥青就像液体一样可黏性流动，称"黏流态"。由高弹态向玻璃态转化的温度为沥青的脆化点 $t_{脆}$ （相当于沥青针入度为 1.2 时的温度），而由高弹态向黏流态转化的温度为软化点 $t_{软}$ （相当于沥青针入度为 800 时的温度）。令

$$\Delta T = t_{软} - t_{脆}$$

式中：ΔT 为黏弹性温度区域。

沥青的结构不同，ΔT 的大小不同。ΔT 愈大，说明沥青材料从固态向液态转变的温度间隔越大，沥青的温度稳定性越高。因此，温度稳定性低的沥青在温度降低时，很快变为脆硬的固体，受外力作用极易产生裂缝而破坏；在温度升高时，又很快变软而流淌。建筑工程中宜选用温度稳定性较高的沥青。一般认为，石油沥青中沥青质的含量多，在一定程度上能提高其温度稳定性。在组分不变情况下，掺入沥青中的矿物颗粒愈小愈细，分散度愈大，则所得沥青胶的温度稳定性愈好。故在工程使用时往往加入滑石粉、石灰粉或其他矿物填料来提高温度稳定性。

由于沥青材料的变态温度间隔通常随软化点提高而增大，温度稳定性亦相应提高。所以软化点也是反映沥青材料温度稳定性的一个指标，软化点愈高，温度稳定性愈好。

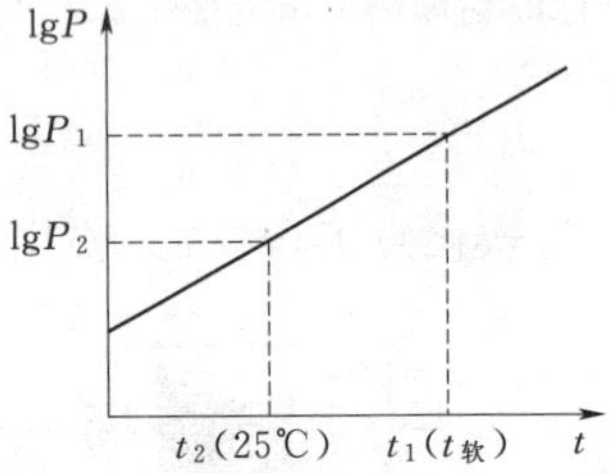

图 5.5 沥青针入度与温度的关系

近年来工程上还常采用针入度指数 $P \cdot I$ 作为沥青温度稳定性的指标。试验结果表明，沥青针入度的对数与温度有如图 5.5 所示的直线关系，直线的斜率表示沥青黏度（以针入度的对数表示）对温度的变化率，斜率愈大，温度稳定性愈差。因此，可用此斜率作为沥青温度稳定性的评定指标，并称之为针入度—温度感应系数 A。

若取 t_1 为软化点，即 $t_1 = t_{软}$，则 $P_1 = 800$；再取 $t_2 = 25℃$，则 P_2 为 25℃条件下的针入度，即 $P_2 = P(25℃，100g，5s)$，则

$$A = \frac{\lg 800 - \lg P(25℃,100g,5s)}{t_{软} - 25} \tag{5.1}$$

由于 A 值常为一小数，使用不便。故引入针入度指数 $P \cdot I$。取 $P \cdot I$ 为 A 的函数，并使其变化范围为 $-10 \sim 20$，且典型溶—凝胶型沥青（$A = 0.04$）的 $P \cdot I$ 值为 0。则针入度指数

$$P \cdot I = \frac{30}{1 + 50A} - 10 \tag{5.2}$$

$P \cdot I$ 值愈大，沥青温度稳定性愈好。根据 $P \cdot I$ 值可以对沥青的胶体结构类型作出判断：

溶胶型沥青 $P \cdot I < -2$

溶—凝胶型沥青 $-2 < P \cdot I < 2$

凝胶型沥青 $P \cdot I > 2$

（4）塑性。

塑性是指沥青材料在外力作用下产生变形而不破坏，除去外力后仍能保持变形后形状的性质，可用延伸度表示（简称延度）。延度试验如图 5.6 所示，将一定温度（25、15 或 0℃）的沥青标准试件，以一定的拉伸速度（50mm/min 或 10mm/min）延伸，试件拉断时延伸的长度即为延度，单位以 cm 计。通常采用的试验条件为温度 25℃、拉伸速度 50mm/min。延度越大，表示沥青的塑性越好。

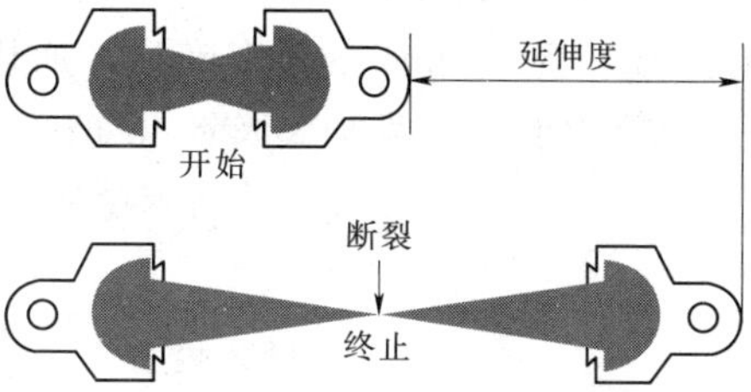

图 5.6 延伸度测定示意图

沥青的延度与其组分、胶体结构类型、温度及拉伸速度等因素有关。沥青质含量增加，黏性增大，塑性降低；树脂含量增多，沥青胶团膜层增厚，则塑性提高。溶胶型沥青各胶团之间较易相对运动，比凝胶型沥青具有较大的延度，故沥青的延度随针入度指数 $P \cdot I$ 的增大而降低。当温度在一定范围内升高（或降低）时，沥青的延度有所增大（或减小）。凝胶型沥青的延度受温度的影响较小，溶胶型沥青的延度受温度的影响较大，如针入度指数 $P \cdot I$ 小的溶胶型沥青，25℃的延度虽然较大，由于温度降低对延长影响较大，其低温延度可能并不大。因此，15℃及 0℃条件下的延度，具有重要的工程意义。拉伸速度快时，沥青延度值偏小；拉伸速度慢时，延度值偏大。在常温下，塑性较好的沥青在产生裂缝时也可能由于特有的黏塑性而自行愈合，故塑性还反映了沥青开裂后的自愈能力。沥青之所以能制造出性能良好的柔性防水材料，很大程度上决定于沥青的塑性。沥青的塑性对冲击振动荷载产生的能量有一定的吸收能力，并能减少摩擦时产生的噪声，故沥青是一种优良的道路路面材料。

（5）耐久性。

沥青材料在施工过程中的长时间高温加热，在使用条件下受到空气、阳光、气温和风雨冰冻等气候因素的综合作用，以及与矿料相互作用等的影响下，内部产生复杂的物理化学变化，导致塑性降低、脆性增加，性能不断恶化，逐步丧失使用功能的过程称为沥青的老化。沥青材料的耐久性常称为抗老化性，或大气稳定性、耐候性。

沥青材料在热、空气、阳光等因素影响下，会产生轻质油分挥发，更重要的是由于氧化、缩合和聚合的作用，使较低分子量的组分向较高分子量的组分转化，如油分转化为树脂，树脂转化为沥青质等。这样，沥青中的油分和树脂数量明显减小，沥青质等固体类物质大量增加，使软化点升高，针入度及延度减小，性能逐步恶化。矿料中含有铝、铁等盐类具有加速沥青老化的作用。

沥青加热温度越高，加热时间越长，组分转化越严重，老化程度也越甚。因此，施工中应注意控制沥青加热温度和加热时间，以减轻热老化现象。

沥青在正常使用过程中，温度一般不超过 80℃，纯热老化不致成为沥青老化的主要因素。实践证明常温下沥青在阴暗处老化很缓慢，有阳光照射时，老化大大加速。这种现象表明日照对促进沥青氧化有重要的作用，称为光—氧化作用。在不同波长的光线中，又以光量子能量较大的紫外光的作用最强。光—氧化作用一般发生在沥青表面 $4\sim10\mu m$ 薄层内，内部沥青主要受无光照下的氧化作用，老化速度缓慢得多。

石油沥青的大气稳定性常以蒸发损失和蒸发后针入度比来评定。其测定方法是：将 50g 沥青试样注入 $\phi140mm\times10mm$ 平底金属皿内，放入薄膜加热烘箱内在 163℃ 温度下（金属皿以 5.5r/min 的速度旋转）加热 5h，测定加热前后沥青试样的质量和针入度的变化，按下式计算蒸发损失及针入度比。

$$蒸发损失=\frac{沥青试样原质量-沥青试样加热后质量}{沥青试样原质量}\times100\%$$

$$针入度比=\frac{沥青试样加热后针入度}{沥青试样原针入度}\times100\%$$

蒸发损失大，表明轻质油分挥发量多，针入度比小，表明沥青易氧化，原有组分较多地转化为分子量更高的组分，即沥青的抗老化性能较差。因此，蒸发损失愈大、针入度比愈小的沥青，其大气稳定性愈低，"老化"愈快。

（6）其他技术指标。

1）脆点。在温度下降过程中，沥青材料由黏塑性状态转变为弹脆性状态的温度称为脆点。我国技术标准采用弗氏（Fraass）脆点，测试方法如图 5.7 所示，在 40mm×20mm 金属片上涂 0.15mm 厚的沥青薄膜，将其装在弯曲器上，弯曲器可使两夹钳之间距离缩短 2.5mm。弯曲器放入冷却浴中，以 1℃/min 的冷却速度降温，同时使试件以 1 次/min 的频率进行弯曲，沥青薄膜开始出现裂纹时的温度即为脆点。脆点是沥青发生脆性破坏的温度界限，是表征低温特性的指标。

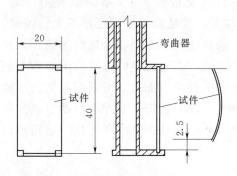

图 5.7　脆点试验示意图（单位：mm）

2）溶解度。沥青可溶于苯、四氯化碳、三氯甲烷等有机溶剂，如沥青过热或局部过分氧化，可能生成碳青质和油焦质，这些组分不能溶于上述溶剂。溶解度指标可用来检查生产过程是否正常，以及沥青中是否混入无机杂质。

3）闪点和燃点。沥青加热时，轻质油分挥发的蒸气与周围空气组成混合气体，油分蒸发的浓度随沥青加热温度升高而增大。邻近沥青表面的混合气体遇火后发生闪火时的沥青温度即为闪点。若温度继续升高，遇火后沥青将开始燃烧，燃点是火焰能延续燃烧不小于 5s 时的沥青温度。沥青的闪点一般在 240~330℃ 范围内，燃点比闪点高 3~6℃。沥青加热温度应控制在闪点以下，以防火灾，保证安全生产。

5.1.1.3　石油沥青的技术标准

我国石油沥青产品有道路沥青类、建筑沥青类、普通沥青及专用沥青等。专用沥青是用于特殊工业的沥青，如油漆沥青、绝缘沥青、电缆沥青等，水利及土木建筑工程中应用的主要是其他的三类沥青产品。根据我国现行石油沥青标准，现将道路石油沥青和建筑石油沥青的质量指标要求列于表 5.2 中。

5.1 沥 青 材 料

表 5.2 道路石油沥青和建筑石油沥青技术标准

类别 牌号 质量指标	(中、轻交通)道路石油沥青 (GB 50092—96)							建筑石油沥青 (GB 494—2010)		
	A—200	A—180	A—140	A—100甲	A—100乙	A—60甲	A—60乙	40	30	10
针入度(25℃,100g,5s)/(1/10mm)	201~300	161~200	121~160	91~120	81~120	51~80	41~80	36~50	26~35	10~25
延度(25℃)/cm	—	≥100	≥100	≥90	≥60	≥70	≥40	≥3.5	≥3	≥1.5
软化点(环球法),不低于/℃	30~45	35~45	38~48	42~52	42~52	45~55	45~55	70	70	95
溶解度(三氯乙烯,四氯化碳或苯)/%	≥99	≥99	≥99	≥99	≥99	≥99	≥99	≥99.5	≥99.5	≥99.5
蒸发损失(163℃,5h)/%	≤1	≤1	≤1	≤1	≤1	≤1	≤1	≤1	≤1	≤1
蒸发后针入度比/%	≥50	≥60	≥60	≥65	≥65	≥70	≥70	≥65	≥65	≥65
闪点(开口法)/℃	≥180	≥200	≥230	≥230	≥230	≥230	≥230	≥230	≥230	≥230

从表5.2看出,三种石油沥青都是按针入度指标来划分牌号的,每个牌号还应保证相应的延度和软化点。此外,对溶解度、蒸发损失、蒸发后针入度比、闪点等也有相应的规定。

(1)道路石油沥青。

道路石油沥青有7个牌号,牌号越高,则黏性越小(即针入度越大),塑性越好(即延度越大),温度敏感性越大(即软化点越低)。

道路石油沥青主要用于道路路面或车间地面等工程,一般拌制成沥青混凝土或沥青砂浆等混合料使用。道路石油沥青的牌号较多,选用时应注意不同的工程要求、施工方法和环境温度。

道路石油沥青还可作密封材料、黏结剂以及沥青涂料等,此时一般选用黏性较大和软化点较高的道路石油沥青,如A-60甲。

根据我国高等级公路建设的需要,国家标准《沥青路面施工及验收规范》(GB 50092—96)规定了重交通量道路石油沥青的技术标准,见表5.3。

表 5.3 重交通量道路石油沥青技术要求

牌号 质量指标	AH—130	AH—110	AH—90	AH—70	AH—50
针入度(25℃,100g,5s)/(1/10mm)	120~140	100~120	80~100	60~80	40~60
延度(5cm/min,15℃)/cm	>100	>100	>100	>100	>80
软化点(环球法)/℃	40~50	41~51	42~52	44~54	45~55
闪点(开口法)/℃	>230				
含蜡量(蒸馏法)/%	≤3				
密度(15℃)/(g/cm³)	实 测 记 录				
溶解度(三氯乙烯)/%	>99.0				

续表

质量指标	牌号	AH—130	AH—110	AH—90	AH—70	AH—50
薄膜加热试验（163℃，5h）	质量损失/%	＜1.3	＜1.2	＜1.0	＜0.8	＜0.6
	针入度比/%	＞45	＞48	＞50	＞55	＞58
	延度（25℃）/cm	＞75	＞75	＞75	＞50	＞40
	延度（15℃）/cm	实 测 记 录				

　注　1. 在有条件时，应测定沥青在60℃动力黏度（Pa·s）、135℃运动黏度（mm²/s），并在检验报告中注明。

　　　2. 如有需要，用户可对表中密度及薄膜加热试验后的15℃延度向供方提要求。

　　重交通量道路石油沥青对针入度、软化点及延度等指标提出了更高的要求，并增加了蜡含量、密度和15℃延度的要求，用薄膜烘箱试验取代了加热试验，产品质量优于道路石油沥青，现已开始用于高速公路建设。

　　《水工沥青混凝土施工规范》（SL 514—2013）参照《公路沥青路面施工技术规范》（JTG F40—2004）中A级沥青、相应于最严酷气候分区的技术要求，对水工沥青混凝土用沥青材料提出了相应要求，见表5.4。一般较重要的水利工程宜采用70号或90号沥青，而面板封闭层宜采用50号的沥青。

表5.4　　　　　　　　　　　　水工沥青混凝土所用沥青技术要求

质量指标	沥青标号	110	90	70	50	试验方法
针入度（25℃，100g，5s）/（1/10mm）		100～120	80～100	60～80	40～60	5.4
针入度指数 $P·I$		−1.5～+1.0				5.4
软化点 $T_{R\&B}$/℃		≥43	≥45	≥46	≥49	≥5.6
延度（10℃）/cm		≥40	≥45	≥25	≥15	≥5.5
延度（15℃）/cm		≥100		≥80		
含蜡量（蒸馏法）/%		≤2.2				≤5.12
闪点/℃		≥230	≥245	≥260		≥5.9
溶解度/%		≥99.5				≥5.7
密度（15℃）/（g/cm³）		实 测 记 录				5.3
薄膜加热后	质量损失/%	≤±0.8				≤5.8
	残留针入度比（25℃）/%	≥55	≥57	≥61	≥63	≥5.4
	残留延度（10℃）/cm	≥10	≥8	≥6	≥4	≥5.5
	残留延度（15℃）/cm	≥30	≥20	≥15	≥10	

　注　1. 试验方法按照《水工沥青混凝土试验规程》（DL/T 5362—2006）规定的方法执行，表中试验方法一栏所列数字为该试验规程中的章节号。用于仲裁试验求取 $P·I$ 值时的5个温度的针入度关系的相关系数不应小于0.997。

　　　2. 经设计单位同意，表中 $P·I$ 值、15℃延度可作为选择性指标，也可作为施工质量检验指标。

　　　3. 对于浇筑式沥青混凝土，表中 $P·I$ 值可放宽为−2.0～2.0。

　　（2）建筑石油沥青。

　　建筑石油沥青针入度较小（黏性较大），软化点较高（耐热性较好），但延伸度较小（塑性较小），主要用作制造油纸、油毡、防水涂料和沥青嵌缝油膏。它们绝大部分用于屋面及地下防水、沟槽防水防腐蚀及管道等工程。使用时制成的沥青胶膜较厚，增大了对温度的敏感性，高温时易流淌。同时黑色沥青又是好的吸热体，同一地区的沥青屋面的表面温度比其他材料的都高，测试发现，夏季沥青屋面的表面温度常可比当地最高气温高25～30℃。为避免夏季流淌，一般屋面用沥青材料的软化点还应比本地区屋面可能的最高温度高20℃以上。例如西安、武汉、长沙地区夏季沥青屋面温度约达68℃，选用沥青的软化点应在90℃左右。软化点低了夏季易流淌，过高则冬季低温环境下易硬脆甚至开裂，所以选用石油沥青牌号时要根据地区、工程环境及要求而定。

（3）普通石油沥青。

普通石油沥青含蜡较多（有害成分），一般含量大于5%，有的高达20%以上，故又称多蜡石油沥青。以化学结构讲，蜡为固态烷烃，正构烷烃称为石蜡，多为片状或带状晶体；异构烷烃称为地蜡，常为针状晶体。石油沥青中的蜡往往同时含有正构烷烃和异构烷烃，确定其为石蜡基石油沥青或地蜡基石油沥青是按它们的比例而定的。

普通石油沥青由于含有较多的蜡，故温度敏感性较大，达到液态时的温度与其软化点相差很小，与软化点大体相同的建筑石油沥青相比，针入度较大即黏性较小，塑性较差。故在建筑工程上不宜直接使用。

普通石油沥青可以采用吹气氧化法改善其性能，该法是先将沥青加热脱水，加入少量的氯化锌（约1%），再加热吹气进行处理（不超过280℃），以沥青达到要求的软化点和针入度为止。

5.1.2 煤沥青

煤沥青又称焦油沥青，在烟煤炼焦或制煤气时，从干馏所挥发的物质中冷凝出煤焦油，再将煤焦油继续蒸馏得轻油、中油、重油和蒽油所剩的残渣即为煤沥青。它大部分用于化工，而小部分用于制作建筑防水材料。根据煤干馏时的温度不同，煤焦油分为高温煤焦油和低温煤焦油。高温煤焦油是炼焦或制造煤气时得到的副产品，所含大分子量的组分较多，故有较大的密度，技术性质优于低温煤焦油。生产煤沥青和配制各种防水材料多采用高温煤焦油。

根据煤焦油蒸馏深度的不同，又分为软煤沥青和硬煤沥青两类。软煤沥青是从煤焦油中蒸馏出轻油和中油后的产品。若将重油和蒽油也基本上蒸馏出去，则得到硬脆的硬煤沥青。硬煤沥青不能直接用于工程，须用重油、蒽油掺配使用。经掺配而成的煤沥青称为回配煤沥青。掺配比例应根据工程需要通过试验确定。

根据《沥青路面施工及验收规范》（GB 50092—96）规定，道路用煤沥青按黏度等技术指标分为9个标号，其技术标准见表5.5。建筑工程中以T-7、T-8、T-9三个牌号应用较广。

5.1.2.1 煤沥青的组成

煤沥青的化学组成主要是芳香族碳氢化合物及其与氧、硫、氮的衍生物的混合物。按化学性质相似且与技术性质有关划分，其主要组分如下。

1）油分。油分主要由较低分子量的液态芳香族碳氢化合物所组成，它赋予煤沥青流动性，但降低黏性。

表 5.5　　　　　　　　　　　　　软 煤 沥 青 技 术 指 标

项目		标号								
		T-1	T-2	T-3	T-4	T-5	T-6	T-7	T-8	T-9
黏度/s	$C_{30,5}$	5~25	26~70							
	$C_{30,10}$			5~20	21~50	51~120	121-200			
	$C_{50,10}$							10~75	76-200	
	$C_{60,10}$									25~65
蒸馏试验馏出量/%	170℃前	<3	<3	<3	<2	<1.5	<1.5	<1.0	<1.0	<1.0
	270℃前	<20	<20	<20	<15	<15	<15	<10	<10	<10
	300℃前	15~25	15~35	<30	<30	<25	<25	<20	<20	<15
300℃蒸馏残渣软化点（环球法）/℃		30~45	30~45	35~65	35~65	35~65	35~65	35~70	35~70	35~70
水分/%		<3.0	<3.0	<1.0	<1.0	<1.0	<0.5	<0.5	<0.5	<0.5
甲苯不溶物/%		<20	<20	<20	<20	<20	<20	<20	<20	<20
含萘量/%		<5	<5	<5	<4	<4	<3.5	<3	<2	<2
焦油酸含量/%		<4	<4	<3	<3	<1.5	<2.5	<1.5	<1.5	<1.5

2）树脂。树脂有硬树脂和软树脂（可溶树脂）之分。硬树脂为固态结晶物质，类似于石油沥青中的沥青质，可提高煤沥青的黏性；软树脂为赤褐色黏塑性物质，稳定性较低，类似于石油沥青中的树脂，使煤沥青具有塑性。

3）游离碳。游离碳是高分子量的有机化合物的固体碳质微粒，不溶于任何有机溶剂，只有在高温下产生分解，具有良好的稳定性。游离碳的存在有利于提高煤沥青的黏性和温度稳定性。但超过一定限度，将使煤沥青变得硬脆。

此外，煤沥青中尚有少量碱性物质（吡啶、喹啉）和酸性物质（酚），它们都属于表面活性物质，能改善煤沥青与酸、碱性矿物的黏结力。

5.1.2.2　煤沥青的性质特点

煤沥青与石油沥青相比，由于所含组分不同，在性质上表现出以下特点。

1）温度稳定性较差。煤沥青是较粗的分散系，其中软树脂的温度稳定性较差，由固态和黏稠态转变为黏流态（或液态）的温度间隔较小，夏天易软化流淌，而冬天易脆裂，即温度敏感性较大。因此，使用时加热温度和时间要严格控制，更不宜反复加热，否则易引起性质急剧恶化。

2）塑性较差。煤沥青由于含有较多的游离碳，塑性降低，易因变形而开裂。

3）大气稳定性差。煤沥青含挥发性成分和化学稳定性差的芳香烃成分较多，在热、阳光、氧气等长期综合作用下，其组分变化较大，易老化而硬脆。

4）防腐性较好。煤沥青中含有带毒性和臭味的蒽、酚等，故其防腐能力较好，适用于木材等材料的防腐处理。

5）黏结性较好。煤沥青中含有较多的表面活性物质，与矿物材料表面有较强的黏结力。

根据煤沥青和石油沥青的某些特征，可按表 5.6 所列方法识别两种沥青。

表 5.6 　　　　　　　　　石油沥青与煤沥青的简易鉴别方法

鉴 别 方 法	石 油 沥 青	煤 沥 青
密度/（g/cm³）	≈1.0	≈1.25
锤击	声哑、有弹性感	声清脆、韧性差
燃烧	烟无色、无刺激性臭味、有松香味	烟呈黄色、有刺激性臭味
溶液颜色	用 30～50 倍汽油或煤油溶化，用玻璃棒滴到滤纸上，斑点均匀散开呈棕色	用 30～50 倍汽油或煤油溶化，用玻璃棒滴到滤纸上，呈现出内外两圈，内圈为黑的斑点，外圈为棕色或黄绿色

5.1.2.3　煤沥青的应用

煤沥青具有很好的防腐能力、良好的黏结能力。因此，可用于配制防腐涂料、胶黏剂、防水涂料、油膏以及制作油毡等。

将煤沥青和石油沥青按适当比例混合可形成一种稳定胶体，称为混合沥青（见5.1.3.2）。混合沥青综合了两种沥青的优点，使得黏性、温度稳定性、塑性均有显著改善，特别适用于铺筑路面、停车场等。

5.1.3　改性沥青（改性石油沥青）

建筑上使用的沥青必需具有一定的物理性质和黏附性。在低温条件下应有弹性和塑性，在高温条件下要有足够的强度和稳定性，在加工和使用条件下具有抗"老化"能力，还应与各种矿料和结构表面有较强的黏附力，以及对构件变形的适应性和耐疲劳性。通常，石油加工厂制备的沥青不一定能全面满足这些要求，尤其我国大多数用大庆油田的原油加工出来的沥青，如只控制了耐热性（软化点），其他方面就很难达到要求，致使目前沥青防水屋面渗漏现象严重，使用寿命短。为此，常用橡胶、树脂和矿物填料等对沥青改性。橡胶、树脂和矿物填料等通称为石油沥青的改性材料。

5.1.3.1　沥青材料掺配

某一种牌号的石油沥青往往不能满足工程技术要求，需用不同牌号沥青进行掺配。

在进行掺配时，为了不使掺配后的沥青胶体结构破坏，应选表面张力相近和化学性质相似的沥青。试验证明，同产源的沥青容易保证掺配后的沥青胶体结构的均匀性。所谓同产源是指同属石油沥青，或同属煤沥青（或煤焦油）。

两种沥青掺配时应保证掺配量与软化点之间呈比例关系，通常按直线律（图 5.8）进行两种沥青掺配计算

$$Q = \frac{T - T_1}{T_2 - T_1} \times 100\%$$

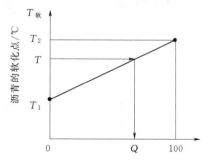

图 5.8　沥青掺配比例图

式中：Q 为牌号较低沥青的掺量，%；T 为掺配后所需的软化点，℃；T_1 为牌号较高沥青的软化点，℃；T_2 为牌号较低沥青的软化点，℃。

较高牌号沥青的掺量为 100%～Q%。

【**例 5.1**】　某工程需要用软化点为 85℃ 的石油沥青，现有 10 号及 60 号两种沥青，应

如何掺配以满足工程需要？

【解】 由试验测得，10 号石油沥青软化点为 95℃，60 号石油沥青软化点为 45℃。估算掺配用量为

$$10 \text{ 号石油沥青用量} = \frac{T - T_1}{T_2 - T_1} \times 100 = \frac{85 - 45}{95 - 45} \times 100 = 80\%$$

60 号石油沥青用量＝100－80＝20%

根据估算的掺配比例和在其邻近的比例（±5%～±10%）进行试配（混合熬制均匀），测定掺配后沥青的软化点，然后绘制掺配比—软化点曲线，即可从曲线上确定所要求的掺配比例。

5.1.3.2 石油沥青与煤沥青的掺配（混合沥青）

一般情况下，石油沥青和煤沥青使用时都自成体系，不允许交互使用。这是因为它们的化学组成及结构有差异，密度及表面张力也不同，混合后容易发生絮凝或沉淀。但若选择化学性质及密度均相近的石油沥青和煤沥青，按适当的比例掺和，也可能得到稳定的混合沥青，石油沥青的掺量一般应小于 20% 或大于 70%。混合沥青综合了石油沥青和煤沥青的优点，使温度稳定性、延伸性和黏结性均得到改善。

5.1.3.3 液体沥青和乳化沥青

使用沥青时一般都是将沥青加热熔化使其具有流动性，然后施工。液体沥青和乳化沥青在常温下便具有流动性，不需加热即可施工。施工后由于溶剂或水分蒸发，又恢复固体沥青的性能。液体沥青是将沥青溶解于有机溶剂，也称为稀释沥青；乳化沥青是将沥青在水中乳化分散而得。

（1）液体沥青—冷底子油。

冷底子油是将汽油、煤油、柴油、工业苯、煤焦油（回配煤沥青）等有机溶剂与沥青溶合制得的一种液体沥青。它黏度小、流动性好，将它涂刷在混凝土、砂浆等基层表面，能很快地渗入到材料的毛细孔隙中，待溶剂挥发后，在其表面形成一层牢固的沥青膜，使基面沥青化而具有一定的憎水性（见图 5.9）。这种液体沥青多在常温下用于防水工程的底层，故名冷底子油。冷底子油用于屋面防水工程，涂刷在混凝土基层，作为基层处理剂，一方面可防止基层水分蒸发，防止"起鼓"现象出现，另一方面为黏结其他防水材料创造了有利条件。

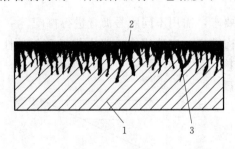

图 5.9 冷底子油渗入材料毛细孔示意图
1—材料基面；2—冷底子油；
3—渗入进去的冷底子油

建筑工地使用冷底子油常随配随用，一般可参考下列配合比（质量比），石油沥青：汽油＝30：70；石油沥青：煤油或轻柴油＝40：60。将石油沥青加热到 120～140℃，熔融后在不断搅拌下，慢慢注入溶剂中，直至沥青完全溶解形成均匀体系为止。

液体沥青按其凝固速度的快慢分为快凝的、中凝的和慢凝的三种。快凝液体沥青用沸点低的汽油等为稀释剂，也称快凝稀释沥青；慢凝液体沥青用沸点高的柴油等作稀释剂，也称慢凝稀释沥青；中凝液体沥青用煤油等作稀释剂，其凝固速度介于上述二者之间，称

为中凝稀释沥青。一般在干燥的底层上宜使用快凝液体沥青，在潮湿底层上宜用中凝液体沥青。

（2）乳化沥青。

乳化沥青是将热熔沥青经强力机械作用分散成为沥青微滴（1～6μm），分散在含有表面活性物质（乳化剂、稳定剂）的水溶液中所构成的稳定的乳状液。

1）乳化及成膜原理。水是极性分子，沥青是非极性分子，两者表面张力不同，两者在一般情况下是不能互相溶合的，当仅靠强力机械作用使沥青成微小颗粒分时，形成的沥青—水分散体系是不稳定的，沥青颗粒会自动聚集，最后同水分离。当加入一定量的乳化剂时，由于乳化剂是表面活性物质，在两相界面上产生强烈的吸附作用，形成了吸附层。吸附层中的分子有一定取向，极性基团朝水、与水分子牢固结合，形成水膜；非极性基团朝沥青，形成乳化膜，如图5.10。当沥青颗粒互相碰撞时，水膜和乳化膜共同组成的保护膜就能阻止颗粒的聚结，使乳液获得稳定。

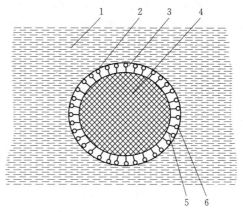

图 5.10　乳化沥青示意图
1—水；2—水膜；3—乳化剂；4—沥青颗粒；
5—乳化剂极性端；6—乳化剂非极性端

2）乳化剂的分类。沥青乳化剂可分为有机的和无机的两大类。

$$乳化剂\begin{cases}有机乳化剂\begin{cases}阴离子乳化剂（如肥皂、洗衣粉、松香皂等）\\阳离子乳化剂（如DT、OT等）\\非离子乳化剂（聚乙烯醇、OP等）\end{cases}\\无机乳化剂\begin{cases}膨润土、高岭土\\无机氯化物、氢氧化物、不溶性硅酸铝、水溶性硅酸钠\end{cases}\end{cases}$$

根据使用的乳化剂不同，可制备不同类型的乳化沥青，如阴离子乳化沥青，阳离子乳化沥青、非离子乳化沥青、无机乳化沥青等。阳离子型乳化沥青具有凝结速度快、与矿料的黏结性好等特点，性能优于价格便宜、使用较早的阴离子型乳化沥青，现在国内推广使用较快。

3）乳化沥青的特点及应用。乳化沥青的一般组分含量为：沥青50％～60％，含有乳化剂、稳定剂的水溶液40％～50％，其中乳化剂等的掺量约为1％～3％。

乳化沥青是一种棕黑色的水剂冷用乳状液，具有无毒、无嗅、不燃、干燥快、黏结力强等特点，在0℃以上任意温度下可流动，因此宜于涂刷和喷涂。特别是它在潮湿基层上使用，改变了用热沥青施工时，需在干燥基层上涂刷的施工方法，于常温下作业，避免了烫伤、中毒，加快了施工速度。采用乳化沥青黏结防水卷材做防水层，造价低、用量省，即可减轻防水层自重，又有利于防水构造的改革。在水利工程及道路建筑上，乳化沥青可以与湿骨料混合，用于铺筑坝面、渠道、路面，是一种新型的筑坝、铺路材料。

乳化沥青一般由工厂配制，其储存期一般不宜超过6个月，储存时间过长容易引起凝聚分层。一般不宜在 0℃ 以下储存，不宜在 −5℃ 以下施工，以免水分结冰而破坏防水层。

5.1.3.4　其他改性沥青

（1）矿物填充料改性沥青。

为了提高沥青的黏性和温度稳定性，常在沥青中加入一定数量的矿物填充料。

1）矿物填充料的种类。矿物填充料是由矿物质材料经过粉碎加工而成的细微颗粒，因所用矿物岩石的品种不同而不同。按其形状不同可分为粉状和纤维状，按其化学组成不同可分为含硅化合物类及碳酸盐类等。常用的有以下几种：

a. 滑石粉。它是由滑石经粉碎、筛选而制得的，主要化学成分为含水硅酸镁（$3MgO \cdot 4SiO_2 \cdot H_2O$）。它亲油性好，易被沥青浸润，可提高沥青的机械强度和抗老化性能。

b. 石灰石粉。由天然石灰石粉碎、筛选而制成，主要成分为碳酸钙，属亲水性的碱性岩石，但亲水性较弱，与沥青有较强的物理吸附和化学吸附性，是较好的矿物填充料。

c. 云母粉。天然云母矿经粉碎、筛选而成，具有优良的耐热性、耐酸、耐碱性和电绝缘性，多覆于沥青材料表面，用于屋面防护层时有反射作用，可降低表面温度，反射紫外线防止老化，延长沥青使用寿命。

d. 石棉粉。一般由低级石棉经加工而成，主要成分是钠、钙、镁、铁的硅酸盐，呈纤维状，富有弹性，具有耐酸、耐碱和耐热性，是热和电的不良导体，内部有很多微孔，吸油（沥青）量大，掺入沥青后可提高其热稳定性、抗流变性和抗弯强度，但石棉粉尘属致癌物质，对人体有害，污染环境，工程中不宜直接使用。

此外，可用作沥青矿物填充料的还有白云石粉、磨细砂、粉煤灰、水泥、砖粉、硅藻土等。

2）矿物填充料的作用机理。在沥青中掺入矿物填充料后，矿物颗粒能否被沥青包裹，并有牢固的黏结能力，必须具备两个条件：①矿物颗粒被沥青所浸润；②沥青与矿物颗粒间具有较强的吸附力，并不被水剥离。

一般具有共价键或分子键结合的矿物属憎水性即亲油性矿物，这种矿物颗粒表面能被沥青所包裹而不会被水所剥离，例如，滑石粉对沥青的亲和力大于对水分子的亲和力，故能被沥青包裹形成稳定的混合物。

具有离子键结合的矿物如碳酸盐、硅酸盐、云母等属亲水性矿物，即有憎油性。但是，因沥青中含有酸性树脂，它是一种表面活性物质，能够与矿物颗粒表面产生较强的物理吸附作用。如石灰石粉颗粒表面上的钙离子和碳酸根离子，对树脂的活性集团有较大的吸附力，还能与沥青酸或环烷酸发生化学反应形成不溶于水的沥青酸钙或环烷酸钙，产生了化学吸附力，故石灰石粉与沥青也可形成稳定的混合物。

由于沥青对矿物填充料的润湿和吸附作用，沥青可呈单分子状排列在矿物颗粒（或纤维）表面，形成结合力牢固的沥青薄膜，有的称它为"结构沥青"。结构沥青有较高的黏性和温度稳定性。结构沥青层外为自由沥青，使沥青混合物在低温下仍具有一定韧性。由此可见，掺入矿物填充料的数量要适当，以形成恰当的结构沥青膜层。如图 5.11 所示。

另外，矿物填充料的种类、细度都对形成结构沥青膜层有影响。

（2）橡胶沥青。

橡胶是沥青的重要改性材料，它和沥青有较好的混溶性，并能使沥青具有橡胶的很多优点，如高温变形性小，低温柔性好。橡胶的品种不同，掺入的方法也有所不同，所得橡胶改性沥青的性能也不相同。现将常用的几种分述如下。

1）氯丁橡胶沥青。氯丁橡胶与沥青相互作用的机理至今尚未完全清楚。初步认为，橡胶的加入对沥青的胶体结构（分散结构）有影响，改变了分散介质的组成，促进了沥青分子的相互排斥，也改变了分散相的组成，易于形成弹性结构网。在氯丁橡胶和沥青的混合物中由于溶剂蒸发等原因，固体分子之间相互接触，分子链段彼此渗透、搭接，橡胶沥青便固化成富有弹性的结构网。且橡胶分子在固化初期还会自行"硫化"，使结构网进一步增强。

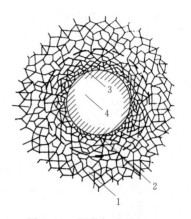

图5.11 沥青与矿粉相互
作用的结构图式
1—自由沥青；2—结构沥青；
3—钙质薄膜；4—矿粉颗粒

沥青中掺入氯丁橡胶后，其气密性、低温柔性、耐化学腐蚀性、耐光、耐臭氧性、耐气候性和耐燃烧性等都得到大大改善。

氯丁橡胶掺入沥青中的方法有溶剂法和水乳法。先将氯丁橡胶溶于一定的溶剂（如甲苯）中形成溶液，然后掺入沥青（液体状态）中，混合均匀即成为氯丁橡胶沥青；或者分别将橡胶和沥青制成乳液，再混合均匀即可使用。

2）丁基橡胶沥青。丁基橡胶沥青的配制方法与氯丁橡胶沥青类似，只是较简单一些。

将丁基橡胶碾切成小片，于搅拌条件下把小片加到100℃的溶剂中（不得超过110℃），制成浓溶液。同时将沥青加热脱水熔化成液体状沥青。通常在100℃左右把两种液体按比例混合搅拌均匀进行浓缩15～20min，达到要求性能指标。丁基橡胶在混合物中的含量一般为2％～4％。同样也可以分别将丁基橡胶和沥青制备成乳液，然后再按比例把两种乳液混合。

丁基橡胶沥青具有优异的耐分解性，并有较好的低温抗裂性能和耐热性能，多用于道路路面工程和制作密封材料和涂料。

3）再生橡胶沥青。再生胶掺入沥青中以后，同样可大大提高沥青的气密性，低温柔性，耐光、耐热、耐臭氧性、耐气候性。

再生胶与石油沥青作用机理和氯丁橡胶相类似，而且更为复杂。在制备过程中，石油沥青及再生胶里的链状物和网状结构部分受到破坏转变成溶液，而大部分再生胶仍呈凝胶状态。在这个体系里，大量的再生胶凝胶分散在由沥青和再生胶可溶部分的胶液中。在再生胶与沥青的混合物中由于溶剂蒸发等原因，除像氯丁橡胶那样形成弹性结构网外，同时还有大量的再生胶凝胶分子分散于其间的集结作用。

制备再生橡胶沥青方法先将废旧橡胶加工成1.5mm以下的颗粒，然后与沥青混合，经加热搅拌脱硫，就能得到具有一定弹性、塑性和黏结力良好的再生胶沥青材料。废旧橡胶的掺量视需要而定，一般为3％～15％。

（3）合成树脂类改性材料。

掺树脂的改性沥青又称树脂沥青。掺入合成树脂，可改善沥青的防水性、黏结性和低温性能，尤其对耐热性、温度稳定性的改善效果更为明显。石油沥青与树脂的相溶性一般较差，煤沥青与树脂相溶性较好，故树脂是煤沥青的重要改性材料。

用于石油沥青改性的树脂常用的有：①古马隆树脂，掺量一般为 40% 左右，能使沥青的黏结性和耐热性大大提高；②聚乙烯树脂，掺量一般为 7%～10%，可以提高沥青的耐热性及水稳定性等；③聚丙烯树脂，一般采用无规聚丙烯（APP），可提高沥青的耐热性并改善其低温韧性。

树脂的掺入方法也很多，常用的是机械搅拌法。将树脂加入脱水的热熔沥青中，经强烈搅拌使树脂均匀熔化于沥青中。还可同时掺入橡胶和树脂来改性，效果更好。

由苯乙烯—丁二烯—苯乙烯嵌段聚合而成的聚合物（SBS）是一种热塑性弹性体，它兼有橡胶和树脂的特性，常温下具有橡胶的弹性，高温下具有接近线性聚合物的流体状态。是一种良好的沥青改性材料，已广泛应用于防水卷材的生产。

（4）植物油类改性材料。

沥青中掺入适量的蓖麻油、鱼油、桐油或桐油渣等，对沥青有一定改性作用。这类材料价格较便宜，可以就地取材。因此得到了发展和应用。

5.1.4　沥青材料使用的注意事项

沥青在储运中，不同品种和牌号的沥青应分别堆放，避免相互混杂，以免造成质量事故。沥青材料的堆放应避开热源，勿使阳光直接照射，以免沥青软化流淌。存放中应防止砂、土等杂质和水分的混入。

沥青材料加热温度不能过高，一般应控制在软化点以上 100℃ 左右。加热时间不能过长，一般不超过 6～8h，并应避免反复加热，以减少热老化作用对沥青质量的影响。

沥青材料是易燃物质，通常又是高温操作施工，因此应十分注意安全防火工作，以防烫伤及火灾事故发生。

煤沥青略具毒性，施工中应遵守劳动保护规程，防止中毒事故。

5.2　沥青混合料

沥青材料一般情况下很少单独使用，多数是与级配合适的矿物质材料拌和均匀，经铺筑、成型后制成沥青混凝土、沥青砂浆、沥青胶（玛琋脂）等，统称为沥青混合料。沥青混合料主要用于铺路、水工防渗及建筑防水。矿物质材料包括粗集料、细集料和填料，统称为矿料，其中：粗集料系指公称粒径大于 2.5mm 的石料；细集料系指公称粒径 0.075～2.5mm（或 0.08～2.5mm）的石料；填料系指公称粒径小于 0.075mm 的矿物质粉末，也称矿粉。

沥青混凝土按所用矿料的最大公称粒径分为粗粒式、中粒式、细粒式和砂粒式。粗粒式的矿料最大公称粒径为 35mm 或 30mm；中粒式为 25mm 或 20mm；细粒式为 15mm 或 10mm；砂粒式为 5mm。水工沥青混凝土矿料的最大粒径主要根据沥青混凝土的性能、施工和易性和均匀性等来考虑，多选择 $D_{max}=15～25mm$，即细粒式和中粒式应用较多。

沥青混凝土按密实程度分为密级配、开级配和沥青碎石。密级配沥青混凝土的孔隙率小于 5%，主要用作防渗层材料；开级配沥青混凝土的孔隙率大于 5%，主要用作整平胶结层材料；沥青碎石的孔隙率大于 15%，渗透性强，主要用作排水层材料。

沥青混合料按施工铺筑方法分为碾压式和浇注式。碾压式沥青混合料须用碾压机械压实，浇注式沥青混合料具有大的流动性，混合料在自重作用下可自行密实。碾压式和浇注式沥青混合料在防渗墙工程中均被采用。

沥青混合料按施工温度不同可分为热铺和冷铺。热铺沥青混合料是将材料加热后，在高温下进行拌和和铺筑；冷铺沥青混合料采用稀释沥青或乳化沥青配制，可在常温下施工。

在水利工程中，沥青混合料主要用作防渗和防护材料，它抗渗性好、变形能力大、工程量小、并能机械化作业，施工进度快，故在堤坝、渠道、储水池等工程中均得到推广应用。在水工防渗工程中，沥青混合料的类型有沥青混凝土面板中的防渗层、整平胶结层与排水层沥青混凝土，封闭层的沥青砂浆和沥青胶（玛琋脂）；碾压式和浇筑式沥青混凝土心墙；混凝土坝伸缩缝或沉陷缝的沥青胶等。沥青混凝土防渗墙现已用于许多大型水利水电工程。

5.2.1 沥青胶

沥青胶也称沥青玛琋脂，是用沥青、粉状或纤维状填充料以及改性添加材料等配制而成。采用普通沥青防水卷材铺设防水层时，沥青胶和冷底子油是与之配合使用的黏结剂。沥青胶还可用作嵌缝材料、防水涂层以及沥青砂浆防水层的底层等。

根据溶剂的不同，可分为溶剂型沥青胶，无溶剂沥青胶；根据胶黏剂的胶黏工艺，可分为热黏型沥青胶、冷黏型沥青胶。建筑上应用最广泛的沥青胶为无溶剂热黏型沥青胶。根据沥青材料的不同，沥青胶分为石油沥青胶和煤沥青胶，石油沥青胶用于粘贴石油沥青防水卷材，煤沥青胶用于粘贴煤沥青防水卷材，一般不得交混使用，以保证黏结质量。

（1）沥青胶的技术性质。

碾压式沥青混凝土面板封闭层使用的沥青胶应与防渗层黏结牢固，高温不流淌、低温不脆裂，并易于涂刷和喷洒。其技术性质有耐热性、柔韧性和黏结性等。其技术要求见表 5.7。

表 5.7　　　　　　　　碾压式沥青混凝土面板封闭层沥青胶的技术要求

序号	项 目	指 标	试 验 方 法 与 说 明
1	斜坡热稳定性	不流淌	在沥青混凝土防渗层 20cm×30cm 面上涂 2mm 厚封闭层，在 1:1.7 坡度或按设计坡度，70℃，48h
2	低温脆裂	无裂纹	按当地最低气温进行二维冻裂试验
3	柔性	无裂纹	0.5mm 厚涂层，180°对折，5℃

（2）影响沥青胶性质的因素。

沥青胶性质取决于沥青、矿物填充料的性质及两者之配合比。

耐热度是沥青胶的主要技术指标，可通过选择适宜软化点的沥青及适当填充料的方法来满足设计要求。配制沥青胶时要先选好沥青的软化点。

沥青软化点高，配制的沥青胶耐热性好，夏季受热不易流淌；沥青延度大，沥青胶柔韧性好，变形后不易开裂。若软化点过高，沥青胶的柔韧性会降低；软化点过低则耐热度不足。沥青的软化点一般可比沥青胶要求的耐热度低 5～10℃。

矿物填充料的掺入不仅可节约沥青用量，而且可以改善沥青的某些性质（见 5.1 节）。矿物填充料的细度愈大，总表面积就愈大，由表面吸附作用所产生的有利影响也愈大。当掺入的矿粉呈碱性时，能与沥青发生一定化学作用，使矿粉表面的沥青膜黏结得很牢固，所以，用于防潮、防水工程的沥青胶，一般采用石灰石粉等作矿物填充料。但用于耐腐蚀的工程时，则应采用酸性较强的石英粉、花岗岩粉等作为矿物填充料。为提高沥青胶的柔韧性，还可掺入纤维状的填料。两者之配比可根据用途选择，一般可掺入 10%～25% 的粉状填充料或掺入 5%～10% 的纤维填充料，掺量过多沥青胶脆性增大；掺量过少则耐热度不足。填充料掺量还应能使沥青胶保持适于施工的流动性为度。填充料的含水率不宜大于 3%，粉状填充料应全部通过 0.20mm 孔径的筛子，其中大于 0.075mm 的颗粒不应超过 15%。

沥青胶配合比应通过试验确定，选择在满足耐热度要求条件下具有较好的塑性和流动性的配合比。通常为了满足耐热度的要求，若需掺入大量的矿物填充料时，则会给施工带来困难，这时选择软化点较高的掺配沥青而适当减少填充料，便是方便的处理途径。

（3）沥青胶的配制及应用。

沥青胶的配制通常在施工现场进行。无溶剂热用沥青胶的配制是先将矿物填充料加热到 100～110℃，然后慢慢倒入已熔化脱水的沥青中，充分搅拌均匀，保温至 200℃ 即可。当采用熔化沥青配料时，可采用体积比；当采用块状沥青时，应采用质量比。

冷沥青胶配制是将沥青用有机溶剂稀释，再与填充料等材料配合。冷沥青胶可在常温下施工，但须耗用大量有机溶剂，黏结质量也不及热沥青胶好，故工程上应用较少。

配制沥青胶时，常掺加硬脂酸、蒽油或桐油等，以改善其塑性。当普通沥青玛瑞脂难于满足高温不流淌或低温不脆裂的要求时，可以采用改性沥青代替普通沥青。

5.2.2　水工沥青混凝土

5.2.2.1　水工沥青混凝土的组成材料

（1）石油沥青。

沥青混凝土（及砂浆）所用沥青材料，应根据气候条件、建筑物工作条件、沥青混凝土（及砂浆）种类和施工方法等条件来选择。对于气候较热的地区，受荷载较大的建筑物，细粒式或砂粒式的混合料，应选用牌号（标号）较低的沥青，反之则选用牌号（标号）较高的沥青。道路石油沥青称牌号见表 5.2 与表 5.3，水工石油沥青称标号见表 5.4。

一般较重要的工程宜采用表 5.4 中的 70 号或 90 号沥青；沥青混凝土面板封闭层宜采用 50 号沥青；对于碾压式沥青混凝土防渗面板，在确保斜坡热稳定性的前提下，沥青混凝土宜采用较高牌号的沥青；浇筑式沥青混凝土可采用较低牌号（50 号或 70 号）的沥青；整平胶结层的沥青质量标准可以适当放宽。一些中小型工程和浇筑式沥青混凝土（及砂浆）工程可以选用道路沥青 A-60 甲或 A-100 甲，温和地区用 A-60 甲，寒冷地区宜用 A-100 甲，但均需通过试验和技术经济论证。

（2）矿料（粗骨料、细骨料、填料）。

沥青混凝土矿料应质地坚硬，密实、清洁、不含过量的有害杂质，级配良好，并要求与沥青材料有较好的黏结性。

1）粗骨料。沥青混凝土用粗骨料宜采用人工碎石。若用天然砾石（卵石）作为粗骨料，应通过试验论证。粗骨料宜采用碱性岩石（石灰岩、白云岩等）。当采用酸性岩石时，应进行试验论证，必要时可采取措施（如掺用消石灰、水泥等）改善骨料与沥青的黏附性。防渗沥青混凝土粗骨料的最大粒径不应超过压实后沥青混凝土铺筑层厚度的1/3，且不应大于 19mm；对非防渗沥青混凝土，不应超过层厚的 1/2，且不应大于26.5mm。骨料粒径尺寸应以方孔筛筛孔尺寸测量。粗骨料可根据其最大粒径分成 2～4级进行配料。在施工过程中应保持粗骨料级配稳定。水工沥青混合料对粗骨料的质量技术要求见表 5.8。

2）细骨料。沥青混凝土用细骨料可采用人工砂和天然砂。人工砂宜采用碱性岩石加工。人工砂可单独使用或与天然砂混合使用。细骨料的质量技术要求见表 5.8。加工碎石筛余的石屑应充分利用。

表 5.8　　　　　　　　　沥青混合料对粗、细骨料的质量技术要求

指　标	粗 骨 料		细 骨 料	
	技术要求	试验方法	技术要求	试验方法
超径率/%	≤5	8.1	≤5	7.1
逊径率/%	≤10		—	—
表观密度/（g/cm³）	≥2.6	8.2	≥2.55	7.2
吸水率/%	≤2		≤2	
含泥量/%	≤0.5	8.4	≤2	7.4
有机质含量	—	—	浅于标准色	7.7
针片状颗粒含量/%	≤25	8.6	—	—
压碎值/%	≤30	8.7	—	—
坚固性/%	≤12	8.8	≤15	7.5
与沥青的黏附性/级	≥4	8.9	—	—
水稳定等级/级	—	—	≥6	7.8

注　1. 试验方法按照 DL/T 5362 规定的方法执行，表中试验方法一栏所列数字为该试验规程中的章节号。

　　　2. 粗骨料的超径率为相对于骨料的最大粒径的超径率，逊径率为相对于 2.36mm 粒径的逊径率。细骨料的超径率为对于 2.36mm 粒径的超径率。

3）填料。填料是粒径小于 0.075mm 的矿料，填料宜采用石灰岩、白云岩、大理岩等碳酸岩加工，料源中的泥土、杂质应清除干净。通过试验论证，填料也可采用水泥、滑石粉等材料。填料应不含泥土、有机质和其他杂质，无团粒结块。要求密度不小于 2.5g/cm³，含水量不大于 1%，0.075mm 筛通过率≥85%，0.15mm 筛通过率≥90%，0.6mm 筛通过率 100%。

4）矿料与沥青材料的黏结能力可用以下方法评定。

a. 粗骨料的黏附力。将粗骨料表面用热熔沥青裹覆，再悬挂于烧杯中煮沸 3min。由于沸水的作用，沥青膜将发生剥离现象，如图 5.12 所示。按表 5.9 的标准可将骨料黏结力分为 5 个等级。水工沥青混凝土粗骨料的黏结力要求不低于 4 级。

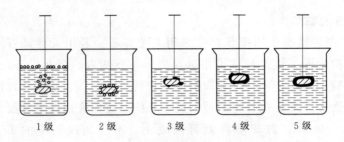

1级　　2级　　3级　　4级　　5级

图 5.12　骨料黏结力分级示意图

b. 细骨料的水稳定性等级。按表 5.10 配成 10 种不同浓度的碳酸钠溶液，将裹覆沥青膜的细骨料，放入上述不同浓度的溶液中煮沸 1min，当剥落量不超过总量 50％时的溶液浓度，即为砂子水稳定性等级。水工沥青混凝土细骨料的水稳定性等级，要求不低于 4 级。

表 5.9　　　　　　　　　　　骨料黏结力等级评定表

颗粒表面沥青膜的特征	黏结力等级
沥青膜保持完整	5
沥青膜稍稍被水所移动，其厚度不均匀，但颗粒仍未露出	4
沥青膜在个别地点显著被水所破坏，但沥青仍黏附在颗粒表面	3
沥青膜全部被水破坏，颗粒外露，但还有点滴沥青尚未脱离上浮	2
沥青膜全部被水破坏，颗粒表面无沥青黏附，全部沥青上浮至水面	1

表 5.10　　　　　　　　　碳酸钠溶液浓度及对应的水稳定性等级

碳酸钠溶液浓度/（mol/L）	0	$\frac{1}{256}$	$\frac{1}{128}$	$\frac{1}{64}$	$\frac{1}{32}$	$\frac{1}{16}$	$\frac{1}{8}$	$\frac{1}{4}$	$\frac{1}{2}$	1	1mol/L 溶液不分离者为 10 级
水稳定性等级	0	1	2	3	4	5	6	7	8	9	

c. 填料的亲水系数。将等量的填料分别放入水和煤油中，充分搅拌后让其沉淀，测定填料在水中的沉淀体积 $V_水$ 和在煤油中的沉淀体积 $V_油$，亲水性系数 $\eta = V_水 / V_油$。

用于沥青混合料的填料以憎水性强、亲水性弱为佳。水工沥青混凝土填料的亲水系数要求小于 1。

（3）掺料及加筋网格。

掺料是为了改善沥青混合料的某些技术性质而掺入的材料，例如：为了提高矿料与沥青的黏附性，增强抗剥离的能力，可掺入消石灰、水泥；为了提高沥青混合料的耐热性和低温抗裂能力，可掺入橡胶或合成高分子材料；为了提高沥青混合料的温度稳定性，可掺入矿物纤维或木质素纤维（技术要求见表 5.11）。添加木质素纤维可以提高沥青混凝土的斜坡稳定值，但掺后生产的沥青混凝土不能再生使用，目前应用的矿物纤维较多。掺料在沥青混合料中用量虽少，但影响甚大，故应根据试验确定最优用量。

纤维应在 210℃的干拌温度下不变质、不发脆，并应符合环保要求，不危害操作人员身体健康。在混合料拌和过程中，纤维应能充分分散均匀。矿物纤维宜采用玄武岩等矿石制造，且不应使用石棉纤维。纤维应存放在室内或有棚盖的地方，松散纤维在运输及使用过程中应避免受潮，不结团。

表 5.11 木质素纤维质量技术要求

项 目	指 标	试 验 方 法
纤维长度/mm	≤6	水溶液用显微镜观测
灰分含量/%	18±5	高温 590～600℃燃烧后测定残留物
pH 值	7.5±1.0	水溶液用 pH 试纸或 pH 计测定
吸油率	纤维质量的 5 倍	用煤油浸泡后放在筛上经振敲后称量
含水率（以质量计）/%	≤5	105℃烘箱烘 2h 后冷却称量

为了改善沥青混凝土结构的抗裂性能，可以根据设计要求选用玻璃网格或聚酯网格等作为加强材料，以提高面板在基础局部不均匀沉陷时的抗裂性能。加筋网格的技术要求如表 5.12。

表 5.12 加筋网格的技术要求

序 号	项 目	技 术 指 标	试 验 方 法
1	单位面积质量/（g/m²）	＞260	
2	网孔尺寸/mm	约 30	
3	拉伸强度/（kN/m）	＞50	纵、横向
4	断裂伸长率/%	＞5	纵、横向
5	耐热性/℃	＞190	材料性质稳定
6	收缩性/%	约 1	15min，190℃

注 加筋网格技术指标的试验方法参照 SL 235—2012 进行。

5.2.2.2 水工沥青混凝土的技术要求

水工沥青混凝土（及砂浆）主要用作各种防渗及防护材料，其技术性质应满足工程的设计要求。例如：沥青混凝土防渗墙是为了防止水的渗漏，沥青混凝土必须具有一定的抗渗性；为了适应结构物的沉陷和位移，沥青混凝土（及砂浆）必须满足设计要求的柔性和有关力学指标；为保证高温季节沥青混凝土（及砂浆）不发生流淌和流变，应具有足够的热稳定性和抗流变能力；低温季节沥青混凝土（及砂浆）应具有一定柔性或低温抗裂能力；沥青混凝土（及砂浆）受各种外界因素作用会逐渐老化，为保证工程使用寿命，应有一定耐久性。此外，沥青混合料还应具有与施工方法相适应的施工和易性。综合上述，水工沥青混凝土（及砂浆）的主要技术要求有抗渗性、稳定性、柔性、耐久性及施工和易性等。

（1）抗渗性。

沥青混凝土（及砂浆）抗渗性用渗透系数来评定。渗透系数常用变水头或常水头渗透试验来测定。防渗用密级配沥青混凝土的渗透系数一般为 $10^{-9} \sim 10^{-6}$ mm/s；排水层开级配沥青混凝土的渗透系数可达 0.1～1.0mm/s。

沥青混凝土抗渗性取决于矿料级配、沥青用量及其压实程度，可用沥青混凝土孔隙率来评定。沥青混凝土渗透系数与孔隙率的关系见图 5.13。当孔隙率小于 4% 时，渗透系数可小于 10^{-6} mm/s。

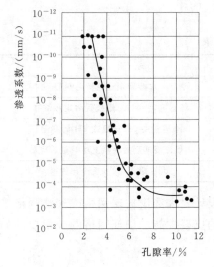

图 5.13 沥青混凝土渗透系数
与孔隙率的关系曲线

沥青混凝土抗渗性还随所受压力的增加而增大。实际建筑物上沥青混凝土常受到一定压应力，故实际渗透系数常较试验所测定的渗透系数为小，抗渗性较高。

（2）稳定性。

沥青混凝土（及砂浆）的稳定性主要包括结构稳定性、温度稳定性（高温不流淌、低温不脆裂）和水稳定性。这里稳定性是指沥青混凝土在高温条件下及外荷长期作用下不发生严重变形或流淌的性质，又称为高温稳定性。沥青混凝土的稳定性可用高温抗压强度、热稳定性系数或斜坡流淌值及马歇尔试验来评定。

1）沥青混凝土高温抗压强度及热稳定性系数为

$$热稳定性系数 = f_{20}/f_{50}$$

式中：f_{20} 为 20℃时沥青混凝土（或砂浆）抗压强度值；f_{50} 为 50℃时沥青混凝土（或砂浆）抗压强度值。

热稳定性系数越小，稳定性越好。

2）斜坡流淌值。它是对沥青混凝土面板流变特性所进行的模拟试验。将 $\phi100\text{mm}\times63\text{mm}$ 的试件，置于与坝面坡度相同的斜坡上（如无规定，一般取 1：1.7），在与工程实际达到的最高温度下（如无规定，一般为 70℃）保持 48h，测出距试件底部高度为 50mm 处的位移（以 0.1mm 计），即为斜坡流淌值。它是一个经验性指标，用来控制沥青混凝土面板的流变变形。

3）马歇尔试验。沥青混凝土（及砂浆）稳定性可用马歇尔试验的稳定度和流值作为评定指标。马歇尔试验如图 5.14 所示。将 $\phi101.6\text{mm}\times63.5\text{mm}$ 的圆柱试件侧放在试验机加荷压头内，试验机以（50±5）mm/min 的变形速率加荷，试件破坏时达到的最大荷载即为稳定度（以 N 计），试件达到最大荷载时所发生的变形即为流值（以 0.1mm 计）。

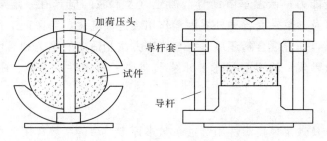

图 5.14 马歇尔试验试件加荷方式示意图

马歇尔试验的设备和方法较为简便，稳定度和流值指标与沥青混凝土（及砂浆）的稳定性及沥青混凝土承载能力和变形性能之间有一定相关性。目前，许多国家采用马歇尔试验的稳定度和流值作为评定沥青混合料性能的主要指标，并以此法作为沥青混合料配合比设计方法。我国《沥青路面施工及验收规范》（GB 50092—96）也规定了不同级别道路的热拌沥青混合料马歇尔试验技术指标。我国水工沥青混凝土《土石坝沥青混凝土面板和心墙设计规范》(DL/T 5411—2009)与 SL 501—2010 中的主要技术指标见表 5.13,并采用马歇尔试验选择其初步配合比,用马歇尔试验作为施工质量控制的主要方法。

表 5.13　　　　　　　　　　　　水工沥青混凝土主要技术要求

项目	部位	碾压式沥青混凝土面板			碾压式沥青混凝土心墙	浇筑式沥青混凝土心墙
		防渗层	整平胶结层	排水层		
孔隙率/%	芯样	≤3	10~15	—	≤3	≤3
	马歇尔试样	≤2	10~15	—	≤2	≤2
渗透系数/(cm/s)		≤1×10^{-8}	—	≥1×10^{-2}	<1×10^{-8}	<1×10^{-8}
水稳定性系数(或残留稳定度)		≥0.90	≥0.85	≥0.85	≥0.90	≥0.90
热稳定性系数		—	≤4.5	≤4.5	—	—
斜坡流淌值/0.1mm		≤8	—	—	—	—
其他性质		满足设计要求的强度、柔性低温抗裂性			满足力学性质和柔性	抗流变性好分离度≤1.05
沥青含量/%		6.5~8.5	3.5~5.0	3.0~4.0	6.0~7.5	9.0~13.0
粗骨料最大粒径/mm		≤16	≤19	≤26.5	≤19	≤26.5

沥青混合料的稳定性与原材料的性质及其配合比有关。为了提高其稳定性,应选用软化点较高、温度稳定性较好的沥青,并选用级配良好的碱性岩石的碎石作集料。混合料中沥青用量不能过多,否则将使其稳定性降低,混合料中填充料的掺量应适当。当填充料增加时,矿料表面沥青吸附膜较薄,沥青混合料稳定性提高,但若填充料用量过多,将会使矿料内摩擦阻力减少,稳定性反而减小。此外,当温度升高时,沥青材料体积膨胀,膨胀的沥青会造成矿料颗粒间距增大,使稳定性降低。因此沥青混凝土应保留一定的孔隙率,以提供沥青材料遇热膨胀所需之空间。当孔隙率大于 2% 时,可保证沥青混凝土具有较好的稳定性。

(3)柔性。

柔性是指沥青混凝土(及砂浆)在自重或外力作用下,能适应变形而不产生裂缝的性能。柔性好的沥青混凝土,能适应变形而不易裂缝,即使产生裂缝,在高水头压力作用下裂缝也能自行封闭。

当温度降低时,表层防渗沥青混凝土及砂浆由于其体积收缩受到基层的约束而产生强迫变形,当强迫变形超过沥青混凝土在该温度下的极限拉伸变形时,就会出现裂缝。特别是在接缝或断面变化等部位,更容易发生裂缝。为了防止裂缝的产生,必须使沥青混凝土在低温时仍具有一定的柔性。

沥青混凝土的柔性可以根据工程中的具体情况,采用弯曲试验或拉伸试验测出试件破坏时梁的挠跨比或极限拉伸变形,予以评定。

沥青混凝土的柔性主要取决于沥青的性质和用量、矿质混合料的级配,以及填充料与沥青用量的比值。

为了提高沥青混凝土(或砂浆)的柔性,应选用针入度较大,低温延伸度较大的沥青。但沥青的软化点必须能保证耐热性的要求。为此,可在满足耐热性的前提下多用沥青，以增加沥青混合料的柔性。但是随着沥青用量的增多，沥青混凝土的温度变形又要随之增大，受温度影响而产生裂缝的可能性也会增加。因此，沥青用量必须适当。

一般连续级配或颗粒偏细的沥青混合料，比间断级配或颗粒偏粗的沥青混合料柔性好。

填充料和沥青用量的比值（质量比）对沥青混凝土的柔性影响较大。比值过大，将使其柔性降低，一般应控制在 1.5 左右。

（4）耐久性。

评定沥青混凝土（及砂浆）耐久性的指标有水稳定性系数、残留稳定度等。

$$水稳定系数 = \frac{真空饱水后沥青混凝土抗压强度}{未浸水的沥青混凝土抗压强度}$$

水稳定性系数越大，沥青混凝土耐久性越好。水工沥青混凝土防渗层要求水稳定性系数不小于 0.85。

$$残留稳定度 = \frac{浸水饱和后马歇尔稳定度}{未浸水的马歇尔稳定度}$$

耐久性合格的沥青混凝土，残留稳定度应不小于 0.85。

沥青混凝土及砂浆耐久性主要决定于沥青材料抗老化性能、矿料与沥青材料的黏结力以及沥青混凝土的孔隙率等。实践证明，对于亲水性较大的酸性矿料，当沥青混合料长期浸在水中时，水分会侵入矿料与沥青的界面，从而导致沥青混凝土的破坏。沥青材料的老化程度，与沥青混凝土的孔隙率有关，当孔隙率小于 5% 时，沥青材料只有轻微的老化现象。沥青用量对沥青混合料寿命有重要影响。沥青用量减少，则沥青膜变薄，混合料的延伸能力降低，脆性增大，且将使孔隙率增大，使沥青膜暴露增多，促进老化，耐久性降低。例如，当沥青用量较最佳用量减少 0.5%，可使沥青混凝土寿命减少一半。若在铺筑完毕的沥青混凝土表面涂刷一层沥青胶，则可显著提高其耐久性。

（5）施工和易性。

沥青混合料的和易性是指它在拌和、运输、摊铺及压实过程中具有与施工条件相适应，既保证质量又便于施工的性能。对沥青混合料的和易性至今尚无成熟的测定方法，大多凭经验在施工前进行现场铺筑试验来决定。

沥青混合料的和易性与所用材料的性质，用量及拌和质量有关。

5.2.2.3　水工沥青混凝土配合比设计

水工沥青混凝土配合比设计，是经过合理选材、初步选择配合比参数，然后通过室内和现场试验，选出满足设计提出的各项技术要求且经济上合理的配比。沥青混凝土配合比多采用矿料级配和沥青用量两个参数。

沥青混凝土配合比设计方法及基本步骤如下。

（1）矿料级配的确定。

1）矿料设计级配的选定。矿料设计级配可在表 5.14 推荐的范围内选择。例如，拟选定一防渗层沥青混凝土的矿料设计级配，所用矿料最大粒径为 15mm。则可选定表 5.14 中 $D_M = 15mm$ 密级配的矿料级配范围，并从中选一级为设计级配，它是计算矿料合成级配的依据。

表 5.14　水工沥青混凝土矿料料级配范围（总通过率）　　　　%

级配类别	筛孔尺寸 35mm	25mm	20mm	15mm	10mm	5mm	2.5mm	1.2mm	0.6mm	0.3mm	0.15mm	0.074mm	沥青用量
开级配	100	68.4~80.6	53.1~69.9	38.4~58.3	24.3~45.3	11.1~29.8	5.0~20.0	2.1~13.6	0.9~9.8	0.4~7.5	0.1~6.0	0~5.0	3.0~4.0
		100	74.9~84.7	51.5~68.5	30.4~51.1	12.4~31.5	5.0~20.0	1.9~13.0	0.7~9.3	0.3~7.0	0.1~5.8	0~5.0	3.5~4.5
			100	66.1~78.8	36.9~56.7	13.6~33.0	5.0~20.0	1.7~12.6	0.6~8.8	0.2~6.8	0.1~5.6	0~5.0	4.0~5.0
粗粒式级配		100	84.7~90.0	68.5~78.6	51.1~65.1	31.5~47.5	20.0~35.0	13.3~25.8	9.3~19.6	7.0~15.3	5.8~12.2	5.0~10.0	4.0~5.0
			100	78.6~85.9	56.7~69.5	33.0~48.9	20.0~35.0	12.6~25.2	8.8~19.0	6.8~14.8	5.6~11.9	5.0~10.0	4.5~5.5
				100	67.8~77.8	35.8~51.5	20.0~35.0	11.9~24.2	8.2~18.0	6.4~14.0	5.5~11.6	5.0~10.0	5.0~6.0
密级配		100	90.0~93.6	78.6~86.6	65.1~76.2	47.5~61.9	35.0~50.0	25.8~39.7	19.6~31.7	15.3~25.1	12.2~19.6	10.0~15.0	6.0~8.0
			100	85.9~90.9	69.5~79.9	48.9~63.1	35.0~50.0	25.2~39.1	19.0~30.9	14.8~24.4	11.9~19.2	10.0~15.0	6.5~8.5
				100	77.8~85.3	51.5~65.1	35.0~50.0	24.2~38.1	18.0~29.7	14.0~23.4	11.6~18.6	10.0~15.0	7.5~9.0
细粒式级配			93.9~96.5	86.6~92.1	77.0~85.9	62.4~75.4	50.0~65.0	38.9~54.3	29.9~44.3	22.2~34.4	15.7~24.7	10.0~15.0	6.0~8.0
			96.6~98.5	91.3~94.9	80.1~87.8	63.6~76.2	50.0~65.0	38.2~53.7	29.1~43.4	21.5~33.6	15.3~24.7	10.0~15.0	6.5~8.5
			100	95.0~97.8	85.8~91.4	65.7~77.6	50.0~65.0	37.1~52.7	27.7~42.1	20.3~32.4	14.6~23.4	10.0~15.0	7.5~9.0
碎石薄层沥青				92.3~96.5	86.2~93.4	75.6~87.7	65.0~80.0	53.7~70.8	43.0~60.3	32.1~47.9	21.2~33.1	10.0~15.0	6.0~8.0
				95.0~97.8	88.1~94.4	76.4~87.7	65.0~80.0	53.1~70.4	42.1~59.7	31.3~47.2	20.6~32.5	10.0~15.0	6.5~8.5
				100	91.6~96.0	77.6~88.5	65.0~80.0	52.1~69.7	40.7~58.6	29.9~46.0	19.8~31.6	10.0~15.0	7.5~9.0

注　沥青用量按矿料总质量的百分率计。

表 5.15　矿料合成级配计算总通过率　　　　%

项目	筛孔尺寸 15mm	10mm	5mm	2.5mm	1.2mm	0.6mm	0.3mm	0.15mm	0.074mm
矿料设计级配范围	100	77.8~85.3	51.5~65.1	35.0~50.0	24.2~38.1	18.0~29.7	14.0~23.4	11.6~18.6	10.0~15.0
矿料自然级配　15~10mm碎石	100	4.1	2.8	1.6	0	0	0	0	0
矿料自然级配　10~5mm碎石	100	100	16.4	1.6	0	0	0	0	0
矿料自然级配　天然河砂	100	100	98.0	86.2	70.3	41.5	25.6	11.5	2.4
矿料自然级配　矿物粉	100	100	100	100	100	100	95.0	90.5	78.6
第一次试算　15~10mm碎石，25%	25.0	1.0	0.7	0.4	0	0	0	0	0
第一次试算　10~5mm碎石，25%	25.0	25.0	4.1	0.4	0	0	0	0	0
第一次试算　天然河砂，30%	30.0	30.0	29.4	25.7	21.1	12.5	7.7	3.5	0.7
第一次试算　矿物粉，20%	20.0	20.0	20.0	20.0	20.0	20.0	19.0	18.1	15.7
第一次试算　矿料合成级配	100	76	54.2	46.1	41.1	32.5	26.7	21.6	16.4
第一次试算　合成级配与设计级配范围比较	0	-1.8			+3.0	+2.8	+3.3	+3.0	+1.4
第二次试算　15~10mm碎石，20%	20.0	0.8	0.6	0	0	0	0	0	0
第二次试算　10~5mm碎石，30%	30.0	30.0	4.9	0.5	0	0	0	0	0
第二次试算　天然河砂，38%	38.0	38.0	37.2	32.8	26.7	15.8	9.7	4.4	0.9
第二次试算　矿物粉，12%	12.0	12.0	12.0	12.0	12.0	12.0	11.4	10.9	9.4
第二次试算　矿料合成级配	100	80.8	54.7	45.3	38.7	27.8	21.1	15.3	10.3
第二次试算　合成级配与设计级配范围比较					+0.6				

为了更好地确定矿料级配，配合比设计时可在级配范围选择几条设计级配曲线，通过对沥青混凝土技术性质的对比试验，找出适宜的矿料级配。也可用矿料级配范围作为试算法计算合成级配的依据，见表 5.15。

2）矿料合成级配的确定。沥青混凝土的矿料，由粗、细集料及矿物粉等几级按一定比例合成。矿料合成级配的确定可用图解法、解析法、试算法等，求得各级矿料的合成比例，使合成级配曲线与设计级配曲线尽量相近。上述方法中，试算法简便实用。现举例说明如下。

【例 5.2】　设前例防渗层沥青混凝土采用矿料分别为：15～10mm 碎石、10～5mm 碎石、天然河砂及矿物粉四种。试求四种矿料的合成比例。

【解】　四种矿料自然级配的测定结果列于表 5.15。先试选一个合成比例，如 15～10mm 碎石占 25%、10～5mm 碎石占 25%、天然河砂占 40%、矿物粉占 10%。则每种矿料在某筛上的总通过率计算结果见表 5.15。合成级配等于各种矿料在某筛上的总通过率之和。

将矿料合成级配与设计级配范围比较，可以看出，按第一次试算合成比例不够理想。调整比例后，做第二次试算，所得级配基本满意。则各矿料的合成比例可以确定为：15～10mm 碎石 20%、10～5mm 碎石 30%、天然河砂 38%、矿物粉 12%。应当指出，由于多种矿料自然级配的限制，不可能使合成级配曲线与设计级配曲线完全重合，偏差总是存在的。一般认为合成级配在规范推荐的上下限范围内，即为较好的解答。第二次试算的结果即为其中之一。

（2）配合比初选试验。

1）沥青用量的初步选择。沥青混凝土的配合比，通常以矿料总量为 100，沥青用量按其占矿料总重的百分率计。对一定级配的矿料而言，沥青用量成为唯一的配比参数。为了确定沥青用量，对每一种级配的矿料一般须选定 3～4 个沥青用量进行试验。图 5.16 所列沥青用量范围可供参考。例如，前例的防渗层沥青混凝土中，沥青用量范围为 7.5%～9.0%，现选择五种沥青用量为 7.0%、7.5%、8.0%、8.5%、9.0%。

2）马歇尔试验。将沥青用量为 7.0%、7.5%、8.0%、8.5%、9.0% 五种配合比的沥青混凝土进行马歇尔试验，并测定沥青混凝土的表观密度及孔隙率。试验结果见图 5.15。然后按照设计要求的技术指标（例如孔隙率为 2%～4%，稳定度大于 4kN，流值为 40～60），由图 5.15 可以得出：满足孔隙率要求的沥青用量范围为 7.5%～8.2%，在试验的沥青用量范围内稳定度均可满足要求，满足流值要求的沥青用量范围为 7.8%～8.7%。综合试验结果，可得出同时满足孔隙率、稳定度、流值等技术要求的沥青用量范围为 7.8%～8.2%（图 5.16）。在此范围内确定一个（或几个）沥青用量作为初选配合比。现以中值 8.0% 作为选定结果。

（3）配合比验证试验。

对初步选定的配合比，再根据设计规定的技术要求，如水稳定系数、热稳定系数（或斜坡流淌值）、渗透系数以及柔性、强度等指标全面进行检验，如各项技术指标均能满足设计要求，则该配合比即可确定为试验室配合比，否则须另选矿料合成级配及沥青用量进行试验。

（4）配合比现场铺筑试验。

试验室所用的原材料和成型条件与现场情况不尽相同，试验室配合比用于施工现场能

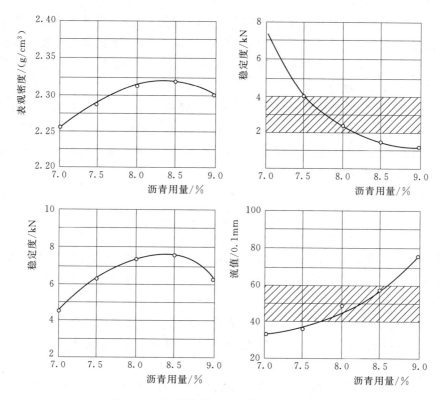

图 5.15　沥青混凝土几项技术性质的试验

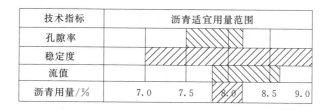

技术指标	沥青适宜用量范围				
孔隙率					
稳定度					
流值					
沥青用量/%	7.0	7.5	8.0	8.5	9.0

图 5.16　沥青用量的适宜范围图

否达到预期的质量，必须经过现场铺筑试验加以检验，必要时应作适当的调整，最后选定出技术性质能符合设计要求，又能保证施工质量的配合比，即施工配合比。

5.2.2.4　浇筑式沥青混凝土及沥青砂浆配合比

在沥青混凝土防渗墙工程中碾压式沥青混凝土应用较多，但在中小型工程中，浇筑式沥青混凝土也得到应用。表 5.16 可供配合比初选时参考。

表 5.16　　　　　　　　　　　浇筑式沥青混凝土参考配合比　　　　　　　　　　%

材料名称	沥青	碎石	砂	填料
沥青砂浆	12~18	—	60~70	15~20
沥青混凝土	9~15	35~45	30~40	10~20

注　1. 表中配合比为各种材料的质量百分组成。

　　　2. 沥青混凝土用碎石粒径为（4.75~19mm），砂子粒径为（≤4.75mm）。

沥青砂浆配合比设计的原则与沥青混凝土基本相同，由于它们的组成材料不同，在试验方法上也有所区别。水利工程中一般常用孔隙率小于 2％ 的水工沥青砂浆，其配合比中沥青用量为 14％～20％，填充料用量为 20％～45％，砂子用量为 38％～63％。砂子应选细度模数在 1.5～2.2 的细砂。

配制沥青砂浆时，正确选择沥青品种和牌号同样是关键，一般应根据建筑物所在地区的气候条件来选择。例如：在寒冷地区，采用的沥青软化点应为 45℃ 左右；温和地区应为 50～60℃；南方炎热地区应为 75～85℃。当普通沥青砂浆难于满足高温不流淌或低温不脆裂的要求时，可以采用改性沥青来配制沥青砂浆。

复 习 思 考 题

1. 试述石油沥青的主要组分及其特点。组分、结构、性质三者之间怎样互相关联？

2. 石油沥青的老化与组分有何关系？沥青性质在老化过程中发生哪些变化？对工程有何影响？

3. 石油沥青的主要技术性质是什么？影响这些性质的主要因素各是什么？进行沥青试验时为什么特别强调温度？作软化点试验时，如果加热升温速度过快或过慢对试验结果的影响如何？

4. 划分与确定石油沥青牌号的依据是什么？牌号大小与主要性质间关系有何规律？

5. 现有下列几种石油沥青，其牌号不详，检验结果如下表：

指标 \ 编号	1	2	3	4	5
软化点/℃	50	45	102	78	75
25℃延度/cm	50	90	2	3	5
25℃针入度/0.1mm	70	100	24	30	40
牌号评定					

请评定其牌号，对其中的道路石油沥青，计算出其针入度指数 $P \cdot I$。

6. 已知屋面工程需使用软化点为 75℃ 的石油沥青，现有 10 号、A-60 号两种石油沥青，试计算这两种沥青的掺配比例。

7. 某沥青胶用软化点为 50℃ 和 100℃ 两种沥青和占沥青总重 25％ 的滑石粉配制，沥青胶的沥青软化点为 80℃，试计算每吨沥青胶所需材料用量。

8. 与石油沥青比较，煤沥青在组成、结构、性质上有何不同？其主要用途是什么？

9. 为什么要对沥青进行改性？改性沥青的种类及其特点有哪些？

10. 何谓乳化沥青？乳化原理、成膜过程是怎样的？

11. 什么是沥青胶？它的标号以什么指标划分？沥青胶的性能取决于哪几方面因素？

第6章 建 筑 钢 材

6.1 概 述

钢铁材料包括生铁和钢材，是应用最广、产量最大的金属材料，也称为黑色金属材料。钢及钢材是工农业和国防工业的重要原料，也是建筑工程中的主要材料之一。

生铁是铁矿石在高炉内通过焦炭还原而得的铁碳合金，其含 C 量大于 2%，并有较多 Si、Mn、S、P 等杂质，分为炼钢生铁、铸造生铁（简称铸铁）。铸铁有可锻铸铁、球墨铸铁及合金铸铁等。钢是用生铁冶炼而成的。将生铁（及废钢）在熔融状态下进行氧化，除去过多的碳及杂质即得钢液。钢液在氧化过程中会含有较多 FeO，故在冶炼后期需加入脱氧剂（锰铁、硅铁、铝等）进行脱氧，然后才能浇铸成合格的钢锭。

纯铁质软、易加工，但强度低，几乎不能用于工业。生铁抗拉强度低、塑性差，尤其是炼钢生铁硬而脆，不易加工，更难以使用。铸铁虽可加工，但不能承受冲击及振动荷载，使用范围有限。钢材则具有良好的物理及机械性能，应用范围极其广泛。

钢的冶炼方法有氧气转炉法、平炉法及电炉法三种。电炉法的质量最好，但成本高，多用来炼制合金钢。我国建筑钢材主要是用氧气转炉法及平炉法冶炼。

根据钢液脱氧程度的不同，钢可分为沸腾钢、镇静钢、特殊镇静钢。合金钢一般都是镇静钢或特殊镇静钢。

沸腾钢属脱氧不充分的钢，当钢液注入锭模时会有大量 CO 逸出呈沸腾状，故名沸腾钢。沸腾钢的化学成分有偏析、不均匀，钢锭内残留气泡较多，致密程度较差，故抗腐蚀性、冲击韧性、塑性及可焊性均较差，只适用于次要结构。但沸腾钢的钢锭缩孔较小，成品率较高，成本较低。

镇静钢为脱氧完全的钢，注入锭模时的钢液平静地冷却凝固。镇静钢组织致密，化学成分均匀，性能稳定，是质量较好的钢种，但在凝固时，头部会产生收缩孔，加工时必须除去，因而降低了钢的产率，所以成本较高。镇静钢的机械性能较好，多用于重要结构以及承受冲击荷载和焊接的结构，如桥梁、高压容器、水电站压力钢管及高压闸门等。

特殊镇静钢是比镇静钢脱氧程度更充分彻底的钢，故称为特殊镇静钢。特殊镇静钢的质量最好，适用于特别重要的结构工程。

钢材的品种繁多，为了方便管理、选用和比较，根据钢的某些特性，从不同角度出发可以对钢材进行若干分类。

根据国家标准《钢分类 第一部分 按化学成分分类》（GB/T 13304.1—2008）规定，钢可分为非合金钢、低合金钢及合金钢三大类。钢中的合金元素（如 Al、B、Mn、Si、Mo、V 等），应分别处于国家标准所规定的界限范围内。

通常，将钢按含碳的多少分为低碳钢（C＜0.25％）、中碳钢（0.25％≤C≤0.6％）及高碳钢（C＞0.6％）。

钢按金相组织分类：按照平衡态或退火组织分为亚共析钢、共析钢、过共析钢和莱氏体钢；按正火态组织有珠光体钢、贝氏体钢、马氏体钢和奥氏体钢；根据室温时的组织分为铁素体钢、马氏体钢、奥氏体钢和双相钢等。

钢按其质量分为普通质量钢、优质钢和特殊质量钢。

钢按其主要性能及使用特性分为结构钢（包括机械制造用钢及工程结构用钢）、工具钢、特殊性能钢等。

结构钢包括碳素结构钢、优质碳素结构钢、低合金高强度结构钢及合金结构钢等。碳素结构钢及低合金高强度结构钢是建筑工程用的主要钢种，大多数型钢、钢板、钢筋等是用这些钢轧制的。

工具钢又可分为刃具钢、冷变形模具钢、热变形模具钢、量具钢等，一般属于高碳、高合金钢。建筑工程中的凿岩钢钎等也是用碳素工具钢或合金工具钢制造的。

专门用途钢主要有桥梁钢、铁道用钢、船舶用钢、压力容器用钢及低温压力容器用钢等。

特殊性能钢分为抗氧化用钢、不锈钢、无磁钢等，主要用于各种特殊要求的场合，如化工工业的不锈耐酸钢、核电站用的耐热钢等。

钢材按其加工工艺分为压钢、锻钢及铸钢。

压钢是指用热轧、冷轧、冷拔等工艺加工所得的各种钢材，是工程中应用最广的钢材。

锻钢是指经锤打或锻压成型的钢材。锻打工艺可改善钢材组织结构，提高钢材质量。重要部件常采用锻钢。

铸钢是用钢液直接浇铸成型的钢。其化学成分可以调节，钢件具有较高的机械性能。铸钢件必须进行热处理，以消除内应力。

建筑钢材具有优良的机械性能，可焊接、铆接和螺栓连接。用型钢制作的厂房、桥梁、闸门及高压管道等安全性强、质量轻，适于大跨度及多、高层结构。用钢筋和混凝土组成的钢筋混凝土结构强度高、耐久性好，适用范围广。现代大、中型水工建筑物主要是由混凝土、钢筋混凝土及各种钢结构所组成的。钢材的生产条件严格，质量均匀，性能可靠，对工程结构的安全起着决定性作用。工程中合理使用钢材，严格检验其质量，对保证工程质量具有重要意义。

6.2 建筑钢材的力学性能和工艺性能

钢材在建筑结构中主要是承受拉力、压力、弯曲、冲击等外力作用。施工中还经常对钢材进行冷弯或焊接等。因此，钢材的力学性能和工艺性能既是设计和施工人员选用钢材的主要依据，也是生产钢材、控制材质的重要参数。

6.2.1 力学性能

建筑钢材的力学性能主要有抗拉屈服强度 R_a、抗拉极限强度 R_m、伸长率 A、硬度和冲击韧性等。本节仅就有关性能进行简述。

（1）抗拉屈服强度（R_{el}）。

抗拉屈服强度是指钢材在拉力作用下，开始产生塑性变形时的应力。当某些钢材的屈服点不明显时，可按规定以产生残余应变为 0.2% 时的应力作为屈服强度，记为 $R_{p0.2}$。

当构件的实际应力达到屈服点时，将产生不可恢复的永久变形。这在结构上是不允许的。因此屈服强度是确定钢结构容许应力的主要依据。

（2）抗拉极限强度（R_m）。

抗拉极限强度指试件破坏前，应力—应变图上的最大应力值，亦称抗拉强度。

钢材的抗拉屈服强度与极限强度的比值（屈服强度/极限强度，简称屈强比）是钢结构和钢筋混凝土结构中用以选择钢材的一个质量指标。比值小者，结构安全度大，不易因局部超载而造成破坏；但太小时，钢材的有效利用率小，不经济。一般碳素钢屈强比为 0.6~0.65，低合金结构钢为 0.65~0.75，合金结构钢为 0.84~0.86。

（3）伸长率（A）。

伸长率是钢材拉断后，试件标距长度的伸长量 ΔL 与原标距长 L_0 的比值，即

$$A = \frac{\Delta L}{L_0} = \frac{L_1 - L_0}{L_0} \times 100\%$$

式中：L_1 为试件拉断后原标距间的长度。

由于伸长率的大小受试件标距长短的影响，因此，国家标准规定：标准拉伸试验的标距长度为 $L_0 = 10d_0$ 或 $5d_0$（d_0 是试件直径）。其伸长率相应被称为 A_{10} 或 A_5，对于同种钢材 $A_5 > A_{10}$。伸长率是衡量钢材塑性的重要指标，其值越大说明钢材的塑性越好。

（4）硬度。

硬度是指材料抵抗另一更硬物体压入其表面的能力。钢材的硬度常用压痕的深度或压痕单位面积上所受压力作为衡量指标。

建筑钢材常用的硬度指标是布氏硬度。其测定原理是用一定直径的钢球或硬质合金球，在规定的试验压力作用下压入试样表面。经规定的保持时间（钢铁材料保持 10~15s）后，测量试样表面的压痕直径，如图 6.1 所示，试验压力除以压痕球形表面积所得之商，即为布氏硬度。计算公式为

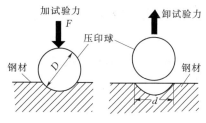

图 6.1 布氏硬度试验示意图

$$布氏硬度 = 0.102 \frac{2F}{\pi D^2 \left[1 - \sqrt{1 - \frac{d^2}{D^2}} \right]}$$

式中：F 为试验压力，N；对钢铁材料，当布氏硬度值大于 140 时，取 $F = 294.2D^2$；D 为球体直径，mm；有 10、5、2.5 等；d 为压痕平均直径，mm。

布氏硬度的表示符号，当压头为钢球时用 HBS 表示，适用于布氏硬度值在 450 以下的材料；当压头为硬质合金球时用 HBW 表示，适用于布氏硬度值在 650 以下的材料。当布氏硬度值超过 350 时，用钢球和用硬质合金球得到的试验结果明显不同，试验结果中应予以注明。

硬度的大小，既可以判断钢材的软硬，又可以近似地估计钢材的抗拉强度，还可以检验热处理的效果。一般来说，硬度高，耐磨性较好，但脆性亦大。

（5）冲击韧性。

冲击韧性是指材料抵抗冲击荷载作用的能力。建筑钢材的冲击韧性通过夏比（V 形缺口）冲击试验来测定。用带有 V 形缺口的标准试样，在摆锤式试验机上，进行冲击弯曲试验，测定在冲击负荷作用下试样折断时所吸收的功，如图 6.2 所示。

1）冲击吸收功 A_{kv}（J）计算式为

$$A_{kv} = W(h_1 - h_2)$$

A_{kv} 值可由试验机刻度盘上直接读出。

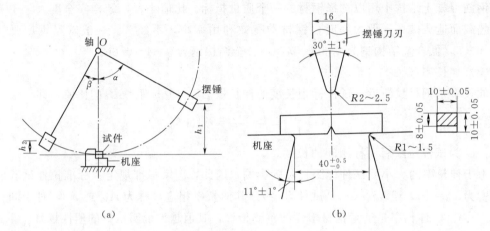

图 6.2　冲击韧性试验示意图（单位：mm）

（a）冲击试验示意图；（b）试样、支座及摆锤刀刃主要尺寸

2）冲击韧性值 a_{kv}（J/cm²）。为单位面积的试样断口所吸收的冲击功，计算式为

$$a_{kv} = A_{kv}/A$$

以上各式中：W 为摆锤所受的重力，N；h_1 为摆锤举起的高度，m；h_2 为摆锤冲断试样再升起的高度，m；A 为试样缺口处的截面积，cm²。

A_{kv}（或 a_{kv}）值愈大，表示冲断时吸收的功愈多，钢材的冲击韧性愈好。

同一种钢材的冲击韧性常随温度下降而降低。钢材的化学成分、晶粒度对冲击韧性有很大影响。此外，冶炼或加工时形成的微裂隙以及晶界析出物等，都会使冲击韧性显著下降。故对一切承受动荷载并可能在负温下工作的建筑钢材，都必须通过冲击韧性试验。

随着断裂力学的发展，国内外都把断裂韧性作为超高强钢材性能的一项技术指标。所谓断裂韧性即指该材料抵抗裂纹扩展的能力，也是度量材料韧性的一个定量指标。

6.2.2　工艺性能

（1）可焊性。

焊接是采用加热或加热且加压的方法使两个分离的金属件联结在一起的方法。在焊接过程中，由于高温及焊后急剧冷却，会使焊缝及其附近区域的钢材发生组织构造的变化，产生局部变形、内应力和局部变硬变脆等，甚至在焊缝周围产生裂纹，降低了钢材质量。可焊性是指在一定的材料、工艺和结构条件下，金属经过焊接后能具有良好接头的性能。良好接头的焊缝金属和热影响区金属不会发生裂纹，其力学性能也不低于被焊钢材。钢材含 C>0.3％后，可焊性变差；杂质及其他元素增加，可焊性降低，特别是硫（S）能使焊缝硬脆。焊接可以节约钢材，在钢结构和钢筋混凝土结构工程中大量采用，因此，可焊性也就成了重要的工艺性能之一。

（2）冷弯性能。

冷弯性能是指钢材在常温下承受静力弯曲时所容许的变形能力，是建筑钢材工艺性能的一项技术指标。冷弯性能合格是指钢材试件在受到规定的弯曲角度和弯心直径条件下，弯曲试件的外拱面不发生裂缝、断裂或起层等现象。钢材含 C、P 较高或曾经过不正常冷热处理，则其冷弯性能往往不合格。

各钢种和钢材的冷弯要求见本章 6.6 节的有关指标。冷弯试验的装置如图 6.3（a）所示，弯曲程度的三种类型如图 6.3（b）、（c）、（d）所示。

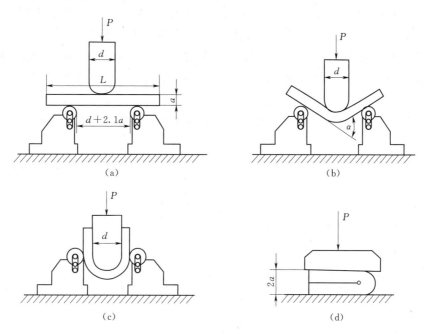

图 6.3　钢材冷弯示意图

6.3　铁碳合金的晶体结构

钢铁是以铁元素为基础的合金。常温下呈固体状态，这种固体是由众多晶体粒子所组成。这些晶体粒子的种类、结构形态、晶粒的大小以及晶格的完整程度等是影响钢铁材料各种性能的决定因素。

6.3.1　纯铁的晶体组织

纯铁的晶体组织是形成铁碳合金组织的基础，并对钢铁的性能有一定影响。纯铁晶体

图 6.4　纯铁的晶格及

其滑移面示意图

（a）体心立方晶格；

（b）面心立方晶格

组织随温度而不同，有体心立方晶格和面心立方晶格两种，如图 6.4 所示。

当温度低于 723℃ 时，纯铁晶体为体心立方晶格，称为 α-Fe。当温度处于 910～1390℃ 范围时，纯铁晶体为面心立方晶格，称为 γ-Fe。面心立方晶格的 γ-Fe 晶粒中，存在较多的原子密集面，在外力作用下，晶格容易沿原子密集面产生相对滑动，因此，γ-Fe 比 α-Fe 具有更好的塑性。

6.3.2　铁碳合金的晶体组织

铁碳合金晶体分为固溶体、化合物和机械混合物三种形态。

（1）固溶体。

在 α-Fe 或 γ-Fe 晶格内溶解有 C 或其他元素的晶体，称为固溶体。分为间隙固溶体和置换固溶体两种。

间隙固溶体是在纯铁晶格的间隙中溶有一些 C、N、B 等半径小的非金属原子。这些原子的嵌入造成纯铁晶格畸变，使钢材强度增加，塑性和韧性下降。

置换固溶体是纯铁晶格中有一些 Fe 原子被 Mn、Cr、Si、Al、Ni 等金属原子置换。它使纯铁晶格发生畸变，钢材强度增强。当 α-Fe 中固溶 Mn 时，韧性下降；固溶 Si 时，塑性降低；而固溶 Ni 时，韧性有所改善。

普通钢铁中主要是 C 在 α-Fe 或 γ-Fe 中形成的固溶体。它们分别称为铁素体和奥氏体。

1）铁素体。其 C 的溶解度约为 0.02%。铁素体强度和硬度低，塑性好，伸长率大（约 50%）。

2）奥氏体。其 C 的溶解度随温度而变。当温度为 1130℃ 时，溶解度达 2.0%。奥氏体是强度、塑性和韧性都很高的组织。

（2）化合物。

钢材中的化合物主要是 Fe_3C，称为渗碳体。渗碳体含 C 量达 6.67%，其晶体结构复杂，性质硬而脆，是碳钢中的主要强化组分。在较高温度下长时间保温，渗碳体会发生分解而析出石墨。

（3）机械混合物。

钢铁中以机械混合物形式存在的晶体组织有珠光体和莱氏体两种。

1）珠光体。它是铁素体和渗碳体的混合物。其含 C 为 0.8%。通常为层状结构，即在铁素体内分布着片状渗碳体。珠光体的性能介于铁素体和渗碳体之间。当在较低温度下形成珠光体时，其渗碳体层片厚度较薄，铁素体与渗碳体间的界面增多，使钢的强度、硬度提高，同时钢的塑性也较好。

在对钢材作退火热处理时，由于加热温度不太高，在奥氏体内仍残留有渗碳体质点，在逐渐冷却时，渗碳体可依这些质点而析出，形成粒状珠光体。粒状珠光体中铁素体为连续相，相界面也较少，故其硬度低、塑性好。

2）莱氏体。当温度高于 723℃ 时，莱氏体是奥氏体与渗碳体的机械混合物，当温度低

于 723℃时，莱氏体是以渗碳体为基体的珠光体和渗碳体的机械混合物。莱氏体含 C 为
4.3%。莱氏体的性能介于珠光体和渗碳体之间。

6.3.3 铁碳合金状态图

铁碳合金状态图是表示不同含 C 量的铁碳合金，在不同温度下晶体组织变化的图形。
在理想缓冷条件下的合金状态简图如图 6.5 所示。

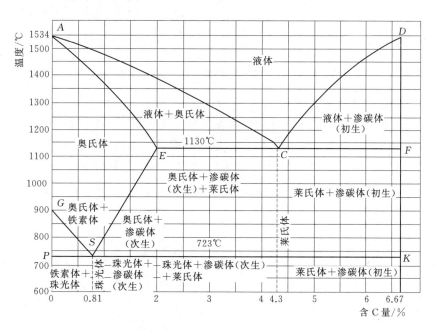

图 6.5 铁碳合金状态简图

图中左端含 C 量为 0，相当于纯铁在不同温度下的晶体组织；右端含 C 量为 6.67%，
相当于渗碳体的晶体组织。

ACD 线以上，铁碳合金为液体状态。*AECF* 线以下，铁碳合金全部结晶成固体。当
温度降到 *PSK* 线（723℃）以下时，纯铁晶格呈 α - Fe，其奥氏体也转变为珠光体或铁素
体加珠光体。对于含 C 量小于 2% 的钢，当温度自低温升到 *GSE* 线以上时，铁素体、珠光
体及渗碳体全部转变为奥氏体。

利用铁碳合金状态图可以讨论钢铁组织构造的转变过程。

6.3.4 钢的结晶过程及组织构造

根据含 C 量的多少可分为以下几种情况。

（1）工业纯铁（含 C 量小于 0.02%）。

当温度低于 *PS* 线时，全部形成铁素体。若温度继续下降，铁素体中所固溶的 C 也可
能以渗碳体形式析出，并弥散在铁素体晶粒内。故常温下工业纯铁是由大小不等、形状及
方向各异的铁素体晶粒所组成的。

（2）共析钢（含 C 量为 0.8%）。

当温度高于 *S* 点时，钢中全部为奥氏体（γ - Fe）；当温度低于 *S* 点时，奥氏体转变为
珠光体。随着温度降低铁素体内 C 的溶解度不断降低，使珠光体内片状渗碳体数量不断

增多，共析钢的晶体结构转变如图 6.6 所示。

图 6.6　共析钢的晶体结构转变示意图

（3）亚共析钢（含 C 量小于 0.8％）。

当温度高于 *GS* 线以上时，钢中全部为奥氏体。温度降至 *GS* 线以下时，于奥氏体的晶界处不断析出铁素体，且其中奥氏体含 C 量逐渐增多，直到温度降至 *PS* 时，奥氏体含 C 量为 0.8％，温度再降低，则奥氏体一次转变为珠光体（与共析钢同）。因此，亚共析钢是由颗粒尺寸比原奥氏体小得多的铁素体晶体包围着珠光体晶粒所组成。亚共析钢的晶体结构转变示意图见图 6.7。

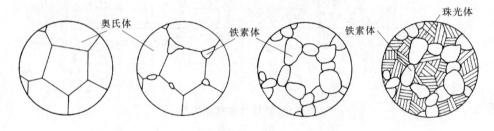

图 6.7　亚共析钢的晶体结构转变示意图

由亚共析钢的结构可知，这种钢具有较高的强度、良好的塑性及可焊性。

（4）过共析钢（含 C 量大于 0.8％）。

当温度自 *SE* 线以上降至 *SE* 线时，奥氏体内含 C 量不断减少，在奥氏体晶界处不断析出渗碳体；降至 *SK* 线时，所剩奥氏体内含 C 量为 0.8％。当温度降至 *SK* 线以下时，奥氏体一次转变为珠光体。过共析钢晶体结构转变如图 6.8 所示。

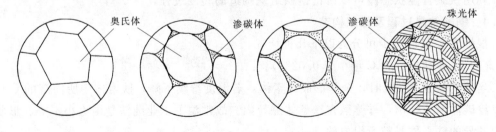

图 6.8　过共析钢的晶体结构转变示意图

由图 6.8 可见，过共析钢是由渗碳体包围着珠光体晶粒所组成。沿晶界呈网状分布的渗碳体，对钢的韧性及冷弯性能都有危害。

6.3.5 生铁的结晶过程及组织结构

生铁为含 C 量大于 2% 的铁碳合金。它分为共晶生铁、亚共晶生铁、过共晶生铁以及铸铁和球墨铸铁等。

（1）共晶生铁（含 C 量为 4.3%）。

当温度高于 1130℃ 时，呈液态；当温度低于 1130℃ 时，结晶成莱氏体。

（2）亚共晶生铁（含 C 量大于 2.0% 小于 4.3%）。

当温度降至 AC 线以下时，铁液中不断析出奥氏体。当温度降至 1130℃ 时，铁液含碳量为 4.3%。温度低于 1130℃ 时，铁液一次结晶成莱氏体。当温度自 1130℃ 降至 723℃ 时，被莱氏体包围着的奥氏体周围不断析出渗碳体。当温度降至 723℃ 以下时，奥氏体又转变成珠光体。因此，亚共晶生铁是由莱氏体、渗碳体和珠光体所组成的。其晶体构造如图 6.9（a）所示。

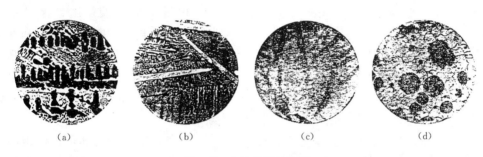

图 6.9　生铁结晶结构图

（a）亚共晶生铁；（b）过共晶生铁；（c）普通灰口铁；（d）球墨铸铁

（3）过共晶生铁（含 C 量大于 4.3%）。

当温度降至 CD 线以下时，铁液中不断析出渗碳体。当温度降至 1130℃ 以下时，尚未结晶的铁液一次结晶成莱氏体。因此，过共晶生铁是由莱氏体和渗碳体所组成。其结构如图 6.9（b）所示。

上述几种生铁，都是以莱氏体为基体相，其间夹杂有渗碳体或渗碳体加珠光体。它们的断口均呈银白色，故通称白口铁。莱氏体及渗碳体均为硬脆的固体，所以白口铁硬度高、脆性大、加工困难。

（4）灰口铁及球墨铸铁。

1）灰口铁。当铁液中含有较多的 Si，且冷却速率较慢时，铁液中的 C 会以石墨形态析出，Fe_3C 也会分解并析出石墨。这时，生铁中渗碳体及莱氏体减少，铁素体及珠光体增多。由于铁中含有石墨，故断口呈灰色，称灰口铁。其结构如图 6.9（c）所示。

灰口铁的硬度低，铸造后可切削加工，是制造铸件的原料，也称为铸铁。铸铁中的石墨呈条状或片状分布，降低了晶粒间的结合力，故其抗拉强度低、脆性也较大。

2）球墨铸铁。在灰口铁的铁液中加入适量的稀土镁硅复合合金（球化剂），使冷却过程中析出的石墨呈球形分布于铁素体或珠光体之间，即为球墨铸铁。其结构如图 6.9（d）所示。

球墨铸铁既有铸铁的优点（易铸造、易切削、耐磨），又有钢材的优点（塑性好、韧性好、抗拉强度较高等），故广泛应用于农业机械、铁道及水力机械中。

6.4 化学元素对钢材性能的影响

冶炼后存在于钢内的合金元素（包括特意加入的元素）和杂质，对钢材性能都有显著影响。

(1) 碳（C）。

碳是普通碳素钢中的重要元素，通常以固溶体、化合物（Fe_3C）及机械混合物等形式存在。它对钢的机械性能的影响如图6.10所示。

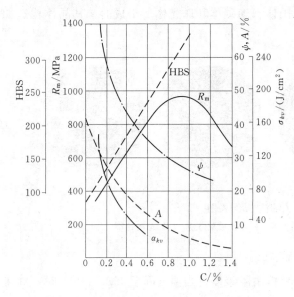

图 6.10 含碳量对热轧碳素钢性质的影响

R_m—抗拉强度；α_{kv}—冲击韧性；

HBS—硬度；A—伸长率；ψ—面积缩减率

由图6.10可见，随着含C量的增加，钢的伸长率、断面收缩率和冲击韧性逐渐下降，但硬度增大，抗拉强度则在含C量小于0.8%时随着含C量增加而逐渐提高，含C量大于1.0%时则逐渐下降。

此外，C含量增加，将使钢的冷弯性能、焊接性能和抗腐蚀性能下降。

(2) 硅（Si）。

在钢冶炼过程中，为了脱氧、减少钢内气泡而加入硅铁，脱氧后多余的Si存留了下来。在一般碳素钢中，Si的含量不大于0.35%；在合金钢中，有时多加入一定量的Si，以改善其机械性能。Si在钢内固溶于$\alpha-Fe$内，形成含硅铁素体，使钢的硬度和强度提高，当含量超过1.0%时，钢的塑性和冲击韧性显著降低，冷脆性增加，焊接性能变差。

(3) 锰（Mn）。

在炼钢过程中，锰可形成MnO及MnS，成为钢渣而排出，故Mn起着脱氧去硫作用，能消除钢的热脆性，改善热加工性。过剩的Mn固溶于钢内，形成含Mn的合金铁素体和合金渗碳体，能提高钢的屈服强度和抗拉强度。Mn的有害作用是使钢的伸长率略有下降，当锰的含量较高时，还会显著降低可焊性。在普通碳素钢中，Mn的含量在0.50%～1.50%以下，在低合金钢中含量在1.70%～2.00%以下。含Mn量高达11%～14%的钢，称为高锰钢，具有很高的耐磨性，可用来制造铁路道岔、坦克履带及挖掘机铲齿等构件。

(4) 磷（P）。

磷能固溶于铁素体中，使钢的屈服点和抗拉强度提高，但塑性降低、韧性显著下降。磷的存在会带来钢的冷脆性（韧性随温度下降而急剧恶化的现象），这对于承受冲击荷载或低温下使用的钢材是有害的。含磷还能使钢的冷弯性能急剧下降，可焊性变坏。故钢材对磷的含量给予严格限制，普通碳素钢中磷的含量最多不得超过0.045％。但磷在钢中能提高钢材在大气作用下的耐腐蚀性，冶炼某些耐候钢时可加入较多的磷。如焊接结构耐候钢中最多不超过0.030％，高耐候结构钢中含磷量可达0.07％～0.15％。

（5）硫（S）。

硫在钢内以FeS形式存在于晶界上。由于FeS的熔点低，使钢材在热加工过程中产生晶粒的分离，引起钢的断裂，即所谓热脆现象。硫的存在也降低了钢的冲击韧性、疲劳强度、可焊性和抗腐蚀性。硫为钢的有害成分，故其含量受严格控制，在普通碳素钢中最高含量不得大于0.05％。

（6）氧（O）。

氧在钢中多以氧化物形式存在，使钢材强度下降，热脆性增加，冷弯性能变坏，并使钢的热加工性能和焊接性能下降，氧有促进时效倾向的作用。氧也是钢中的有害杂质。

（7）氮（N）。

氮在钢中虽有部分溶于铁素体，可提高钢的屈服点、抗拉强度和硬度，但会使钢材的塑性和冲击韧性显著下降，也会增大冷脆性、热脆性和时效敏感性，并使钢的焊接性能和冷弯性能变坏，因此，应尽量减少钢中氮的含量。

6.5 钢的压延加工及热处理

压延加工是将钢锭（或钢材）在加热条件下或室温条件下，进行压延加工来改变钢材外形的工艺。钢材经过压延加工后，其微观组织及力学性质都会发生变化。热处理是将钢材进行加热、冷却等处理的工艺，以达到改善钢材组织和性能的目的。在冷热加工过程中及加工后钢材性能发生的延时性变化，称为钢的时效硬化。本节仅介绍压延加工、热处理及时效硬化的一些基本知识。

（1）压力热加工。

压力热加工是生产钢材或制造零件的一种常用方法。将加热到900～1200℃的钢锭（或钢材）通过碾轧或锻压，以获得一定大小或形状的钢材或零件。压力热加工可消除钢锭中的某些缺陷，如使粗大晶粒破碎变为相对均匀的细晶，使气孔焊合而增大密实性，从而带来机械性能的提高。这是热轧薄钢板或较小截面型钢的强度较高的重要原因之一。锻造工艺使钢材机械性能提高，其原理也在于此。

（2）冷加工及冷加工强化。

冷加工工艺是常温下钢材的冷拉、冷拔、冷轧等工艺的总称。在冷加工过程中，钢材产生了塑性变形，并引起其强度和硬度的提高，塑性和韧性降低，称为冷加工强化。产生冷加工强化的原因是钢材在塑性变形过程中，晶粒破碎而细化、晶格发生拉长、压扁或歪扭等畸变，晶界处位错密度增大。低碳钢经冷拉后的应力—应变曲线如图6.11

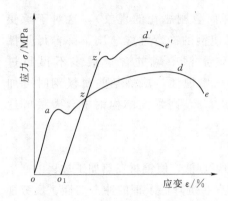

图 6.11 低碳钢经冷加工、时效后的应力—应变曲线变化图

所示。

（3）钢的热处理。

钢的热处理是通过对钢进行加热、保温、冷却等手段，来改变钢材组织结构，以达到改善性质的一种工艺。基本的热处理工艺如下。

1）退火。将钢材加热到一定温度，保温若干时间，而后缓慢冷却，以获得接近图 6.5 状态图的金相组织，称为退火。根据加热温度不同分为完全退火、不完全退火及低温退火。完全退火是将钢材加热到铁碳合金状态图的 GSK 线以上 20～30℃，而后缓慢冷却。它可以消除钢材成分偏析、均匀组织、细化晶粒、消除内应力，使钢材硬度降低，便于切削加工。

低温退火的加热温度一般为 600～650℃，其目的是减少钢的晶格畸变、消除内应力和降低硬度。

2）淬火。将钢材加热到铁碳合金状态图的 GSK 线以上 30～50℃，保温一段时间后，在盐水、冷水或油中急速冷却的处理过程，称为淬火。淬火的目的是要获得更高强度和硬度的钢材。钢材经淬火后强度和硬度提高的原因是，钢材中奥氏体在速冷的情况下，不能按状态图生成铁素体和珠光体等，而是生成了 C 在 α-Fe 中的过饱和固溶体，并产生晶格畸变。

含 C 过多的钢，淬火后钢材太脆；含 C 过少的低碳钢，淬火后性能变化不显著；最适宜淬火的钢，其含 C 在 0.9% 左右。

3）回火。将淬火处理后的钢，再进行加热、冷却处理，称为回火。回火的目的是消除钢件的内应力，增加其韧性。回火温度一般在 150～650℃ 范围内。回火温度越高，其硬度降低和韧性提高越显著。对刀具、钻头等一般使用较低的回火温度。

4）正火。将钢材加热到铁碳合金状态图的 GSK 线以上 30～50℃（或更高温度），保持足够时间，然后静置于空气中冷却，称为正火。对于断面尺寸较大的钢件，正火相当于退火的效果。低碳钢退火后硬度太低，改用正火可提高硬度，以改善其切削加工性能。高碳钢正火处理后，可使其具有较好的综合力学性质。

5）调质处理。对钢材进行多次淬火、回火等多种处理的综合热处理工艺，称为调质处理。其目的是使钢材具有所需的晶体组织（奥氏体、索氏体等）及均匀的细晶结构，从而得到强度、硬度、韧性等力学性质均较满意的钢材。

（4）钢材的时效。

钢材随时间的延长，强度、硬度提高，而塑性、冲击韧性下降的现象叫时效。时效包括冷时效和热时效两种。由于时效过程中内应力的消减，故可使钢材的弹性模量得到基本恢复。钢材的时效是一个极长的缓慢过程，有些未经冷加工的钢材，长期存放后也会出现时效现象。

钢材经冷加工后，在常温下放置 15～20d，或加热至 100～200℃ 保持 2h 左右，其屈服强度、抗拉强度及硬度都会得到进一步提高，而塑性及韧性则会持续降低，前者称为自然时效，后者称为人工时效。冷加工可以加速时效的发展。所以在实际工程中，冷加工和时效常常被一起采用。进行冷拉时，一般须通过试验来确定冷拉控制参数和时效方式。通常，强度较低的钢材宜采用自然时效，强度较高的钢材则应采用人工时效。

热时效又称淬火时效，是低碳钢由高温快速冷却后，其塑性和韧性会随静置时间延长而不断降低的现象。如某些钢材的焊接焊缝，它相当于局部淬火处理，放置 3 个月后，其冲击韧性可显著降低，有时仅为放置前的 40%，当在低温下静置时，这种现象更为严重。若没有焊缝，该钢材放置时间很长，其冲击韧性也不会有显著变化。

产生淬火时效的原因是钢中的微量元素 C、N 在淬火过程中形成了在 $\alpha-Fe$ 中的过饱和固溶体，这种固溶体是不稳定的，随着时间的延长，其 C、N 原子在晶界或晶格缺陷处聚集，使钢材变得硬脆。沸腾钢的淬火时效倾向较大；镇静钢使用 Al、Mn 等作脱氧剂，可消除 N 对淬火时效的作用。

焊接的钢结构及承受动荷或冲击荷载的钢结构（如桥梁），应对钢材提出时效冲击韧性值的要求。

钢材经冷加工后，将发生冷加工强化现象（如前述），静置一段时间后，又会发生冷加工时效。低碳钢冷拉及时效后的应力—应变曲线如图 6.11 所示。

如图所示，冷拉后钢材应力—应变曲线为 o_1zde，屈服点自 a 提高到 z，屈服平台消失。时效后应力—应变曲线为 $o_1z'd'e'$，钢材强度进一步提高，塑性及韧性进一步降低，并在 z' 处可以重新出现屈服平台。

产生冷加工时效的原因是冷加工的塑性变形使钢中位错数增加，并降低了 C、N 原子在 $\alpha-Fe$ 中的溶解度。C、N 原子较未受冷加工者更易于在位错线附近聚集。由于 C、N 原子在位错线附近聚集，使钢材强度进一步提高，韧性进一步降低；另外，存在 C、N 原子在位错线附近聚集的钢材，当发生某种程度的塑性变形时，C、N 原子可与位错分离，从而使位错运动的阻力突然减小，塑性变形突然增大，即重新出现屈服平台。

时效可引起船舶、桥梁及受动荷的水工钢结构（如受水击作用的压力钢管）发生突然断裂，从而失事，尤其在低温下工作的结构，这种影响更为严重。因时效而导致钢材性能改变的程度称为时效敏感性。时效敏感性大的钢材，经时效后，其冲击韧性、塑性改变较大。承受振动、冲击荷载作用的重要性结构，应选用时效敏感性小的钢材。

建筑工程中，将钢筋通过冷加工强化和时效，来提高钢筋的屈服强度，达到节约钢材的目的。

6.6 建筑钢材的牌号与应用

建筑钢材分为钢结构用钢材和钢筋混凝土用钢筋。

6.6.1 钢结构用钢材

钢结构是用各种型钢、钢板，经焊接、铆接或螺栓连接而成的工程结构，如厂房、桥梁等。水工钢结构主要有钢闸门及压力钢管等。

钢结构的特点如下：

1）构件尺寸大，形状复杂，不可能对其进行整体热处理，钢材必须在供货状态下直接工作。

2）构件在制作过程中，常需经冷弯、焊接等，要求钢材可焊性好，冷加工时效敏感性小。

3）结构暴露于自然环境，尤其是水工钢结构多处于潮湿、腐蚀或低温条件下工作，要求钢材具有在所处环境下的可靠性及耐久性。

6.6.1.1 常用钢结构用钢的牌号及性能

（1）碳素结构钢。

碳素结构钢又称普通碳素结构钢。国家标准《碳素结构钢》（GB/T 700—2006）将碳素结构钢以其力学性能划分为不同牌号。牌号的表示方法由字母 Q、屈服点值（以 MPa 计）、质量等级符号（A、B、C、D）及脱氧方法符号（F—沸腾钢；Z—镇静钢；TZ—特殊镇静钢；Z 及 TZ 予以省略）四部分组成。例如，Q235AF 即为屈服点不低于 235MPa、A 级质量、沸腾钢的碳素结构钢。碳素结构钢的化学成分、力学性能及冷弯性能应分别符合表 6.1、表 6.2、表 6.3 的规定。

碳素结构钢牌号由 Q195～Q275 时，钢的含 C 量逐渐增多，强度提高，塑性降低，冷弯及可焊性下降。质量等级由 A～D 时，钢的含 C 量逐渐降低，钢中有害杂质 S、P 含量逐渐减少，低温冲击韧性改善，质量提高。

Q195 及 Q215 钢的强度低；Q275 钢虽然强度高，但塑性及可焊性较差；Q235 钢既有较高的强度，又有较好的塑性及可焊性，是建筑工程中应用广泛的钢种。

表 6.1　　　　碳素结构钢的牌号和化学成分（GB/T 700—2006）（熔炼分析）

牌号	统一数字代号[1]	等级	厚度（或直径）/mm	脱氧方法	化学成分（质量分数）/%				
					C	Si	Mn	P	S
Q195	U11952	—		F、Z	≤0.12	≤0.30	≤0.50	≤0.035	≤0.040
Q215	U12152	A		F、Z	≤0.15	≤0.35	≤1.20	≤0.045	≤0.050
	U12155	B							≤0.045
Q235	U12352	A		F、Z	≤0.22	≤0.35	≤1.40	≤0.045	≤0.050
	U12355	B			≤0.20[2]				≤0.045
	U12358	C		Z	≤0.17			≤0.040	≤0.040
	U12359	D		TZ				≤0.035	≤0.035
Q275	U12752	A	—	F、Z	≤0.24	≤0.35	≤1.50	≤0.045	≤0.050
	U12755	B	≤40		≤0.21			≤0.045	≤0.045
			>40		≤0.22				
	U12758	C		Z	≤0.20			≤0.040	≤0.040
	U12759	D		TZ				≤0.035	≤0.035

① 表中为镇静钢、特殊镇静钢牌号的统一数字，沸腾钢牌号的统一数字代号为：Q195F—U11950；Q215AF—U12150，Q215BF—U12153；Q235AF—U12350，Q235BF—U12353；Q275AF—U12750。

② 经需方同意，Q235B 的碳含量可不大于 0.22%。

表 6.2

碳素结构钢的力学性能（GB/T 700—2006）

牌号	等级	屈服强度① R_{eH} /(N/mm²) 厚度（或直径）						抗拉强度② R_m /(N/mm²)	断后伸长率 A/% 厚度（或直径）					冲击试验（V形缺口）	
		≤16mm	16（不含）~40mm	40（不含）~60mm	60（不含）~100mm	100（不含）~150mm	150（不含）~200mm		≤40mm	40（不含）~60mm	60（不含）~100mm	100（不含）~150mm	150（不含）~200mm	温度/℃	冲击吸收功（纵向）/J
Q195	—	≥195	≥185	—	—	—	—	315~430	≥33	—	—	—	—	—	—
Q215	A	≥215	≥205	≥195	≥185	≥175	≥165	335~450	≥31	≥30	≥29	≥27	≥26	—	—
	B													+20	≥27
Q235	A	≥235	≥225	≥215	≥215	≥195	≥185	370~500	≥26	≥25	≥24	≥22	≥21	—	—
	B													+20	≥27③
	C													0	
	D													-20	
Q275	A	≥275	≥265	≥255	≥245	≥225	≥215	410~540	≥22	≥21	≥20	≥18	≥17	—	—
	B													+20	≥27
	C													0	
	D													-20	

① Q195 的屈服强度值仅供参考，不做交货条件。

② 厚度大于 100mm 的钢材，抗拉强度下降允许降低 20N/mm²。宽带钢（包括剪切钢板）抗拉强度上限不做交货条件。

③ 厚度小于 25mm 的 Q235B 级钢材，如供需方能保证冲击吸收功值合格，经需方同意，可不做检验。

表 6.3   碳素结构钢冷弯性能（GB/T 700—2006）（冷弯试验 180°$B=2a$）

牌　号	试 样 方 向	弯心直径 d	
		钢材厚度（或直径）≤60mm	钢材厚度（或直径）60（不含）～100mm
Q195	纵	0	—
	横	0.5a	
Q215	纵	0.5a	1.5a
	横	a	2a
Q235	纵	a	2a
	横	1.5a	2.5a
Q275	纵	1.5a	2.5a
	横	2a	3a

　注　1. B 为试样宽度，a 为试样厚度（或直径）。

　　　2. 钢材厚度（或直径）大于 100mm 时，弯曲试验由双方协商确定。

　　（2）低合金高强度结构钢及高强度结构用调制钢板。

　　低合金高强度结构钢是在碳素钢的基础上，加入适量的合金元素冶炼而成的。它比碳素结构钢具有更高的屈服强度，同时还有良好的塑性、冷弯性、可焊性、耐腐蚀性和低温冲击韧性，更适用于大跨度钢结构及大型水工建筑物。

　　根据国家标准《低合金高强度结构钢》（GB/T 1591—2008），低合金高强度结构钢牌号表示方法与碳素结构钢相似（其质量等级分为五级）。各牌号钢的化学成分和力学性能分别符合表 6.4、表 6.5 和表 6.6 的规定。

　　近年来为满足工程日益向高参数、轻量化、大型化发展的要求，生产了经热处理的高强度结构用调制钢板。根据《高强度结构用调制钢板》（GB/T 16270—2009），各牌号钢的化学成分和力学性能分别符合表 6.7 和表 6.8 的规定。

　　（3）优质碳素结构钢及合金结构钢。

　　优质碳素结构钢是生产过程中对质量控制较严（如控制 S<0.035％、P<0.035％），质量较稳定的碳素钢。根据国家标准《优质碳素结构钢》（GB/T 699－1999）的规定，按其含 Mn 量不同，分为普通含 Mn 量（含 Mn<0.8％）和较高含 Mn 量（含 Mn0.7％～1.2％）两组，其质量等级分为优质钢、高级优质钢及特级优质钢三级。优质碳素结构钢牌号用含 C量多少（以万分计的两位数表示）来表示。对较高含 Mn 量者在其后加 "Mn"，对沸腾钢在其后面加 "F"。例如 08F 钢，即为平均含 C 为 0.08％、含 Mn<0.8％的沸腾钢。又如25Mn 钢，即为平均含 C 为 0.25％、含 Mn0.7％～1.2％的镇静钢。在优质钢牌号后加"A" 即为高级优质钢，加 "E" 即为特级优质钢。例如，25MnA。

　　合金结构钢是合金元素含量较高的钢。根据国家标准《合金结构钢》（GB/T 3077－1999），合金结构钢牌号表示方法，由含 C 量及主要合金元素符号组成。前两位数字代表平均含 C 量（以万分计），其后标写主要合金元素符号。若该元素平均含量小于 1.5％时只标写元素符号；若元素平均含量为 1.5％～2.49％，则在元素符号后加注 "2"；若元素平均含量为 2.5％～3.49％时，在元素符号后加注 "3"；余类推。如 35Mn2、40Cr、34CrNi3Mo、45Si2MnV 等。

表6.4　低合金高强度结构钢的化学成分（GB/T 1591—2008）

%

牌号	质量等级	化学成分（质量分数）														
		C	Si	Mn	P	S	Nb	V	Ti	Cr	Ni	Cu	N	Mo	B	Als
Q345	A	≤0.20	≤0.50	≤1.70	0.035	0.035	≤0.07	≤0.15	≤0.20	≤0.30	≤0.50	≤0.30	≤0.012	≤0.10	—	—
	B	≤0.20			0.035	0.035									—	—
	C	≤0.20			0.030	0.030										≥0.015
	D	≤0.18			0.030	0.025										≥0.015
	E	≤0.18			0.025	0.020										≥0.015
Q390	A	≤0.20	≤0.50	≤1.70	0.035	0.035	≤0.07	≤0.20	≤0.20	≤0.30	≤0.50	≤0.30	≤0.015	≤0.10	—	—
	B				0.035	0.035									—	—
	C				0.030	0.030										≥0.015
	D				0.030	0.025										≥0.015
	E				0.025	0.020										≥0.015
Q420	A	≤0.20	≤0.50	≤1.70	0.035	0.035	≤0.07	≤0.20	≤0.20	≤0.30	≤0.80	≤0.30	≤0.015	≤0.20	—	—
	B				0.035	0.035									—	—
	C				0.030	0.030										≥0.015
	D				0.030	0.025										≥0.015
	E				0.025	0.020										≥0.015
Q460	C	≤0.20	≤0.60	≤1.80	0.030	0.030	≤0.11	≤0.20	≤0.20	≤0.30	≤0.80	≤0.55	≤0.015	≤0.20	≤0.004	≥0.015
	D				0.030	0.025										≥0.015
	E				0.025	0.020										≥0.015
Q500	C	≤0.18	≤0.60	≤1.80	0.030	0.030	≤0.11	≤0.12	≤0.20	≤0.60	≤0.80	≤0.55	≤0.015	≤0.20	≤0.004	≥0.015
	D				0.030	0.025										≥0.015
	E				0.025	0.020										≥0.015
Q550	C	≤0.18	≤0.60	≤2.00	0.030	0.030	≤0.11	≤0.12	≤0.20	≤0.80	≤0.80	≤0.80	≤0.015	≤0.30	≤0.004	≥0.015
	D				0.030	0.025										≥0.015
	E				0.025	0.020										≥0.015

续表

牌号	质量等级	化学成分（质量分数）														
		C	Si	Mn	P	S	Nb	V	Ti	Cr	Ni	Cu	N	Mo	B	Als
Q620	C	≤0.18	≤0.60	≤2.00	0.030	0.030	≤0.11	≤0.12	≤0.20	≤1.00	≤0.80	≤0.80	≤0.015	≤0.30	≤0.004	≥0.015
	D				0.030	0.025										
	E				0.025	0.020										
Q690	C	≤0.18	≤0.60	≤2.00	0.030	0.030	≤0.11	≤0.12	≤0.20	≤1.00	≤0.80	≤0.80	≤0.015	≤0.30	≤0.004	≥0.015
	D				0.030	0.025										
	E				0.025	0.020										

注：1. 型材及棒材 P、S 含量可提高 0.005%，其中 A 级钢上限可为 0.045%。
　　2. 当细化晶粒元素组合加入时，20（Nb+V+Ti）≤0.22%，20（Mo+Cr）≤0.30%。

表 6.5　低合金高强度结构钢的拉伸性能（GB/T 1591—2008）

牌号	质量等级	下屈服强度 R_{eL}/MPa　以下公称厚度（直径、边长）									抗拉强度 R_m/MPa　以下公称厚度（直径、边长）							断后伸长率 A/%　公称厚度（直径、边长）					
		≤16mm	16(不含)~40mm	40(不含)~63mm	63(不含)~80mm	80(不含)~100mm	100(不含)~150mm	150(不含)~200mm	200(不含)~250mm	250(不含)~400mm	≤40mm	40(不含)~63mm	63(不含)~80mm	80(不含)~100mm	100(不含)~150mm	150(不含)~250mm	250(不含)~400mm	≤40mm	40(不含)~63mm	63(不含)~100mm	100(不含)~150mm	150(不含)~250mm	250(不含)~400mm
Q345	A	≥345	≥335	≥325	≥315	≥305	≥285	≥275	≥265	≥265	470~630	470~630	470~630	450~600	450~600	450~600	450~600	≥21	≥20	≥20	≥19	≥18	≥17
	B																						
	C																						
	D																						
	E																						
Q390	A	≥390	≥370	≥350	≥330	≥330	≥310	—	—	—	490~650	490~650	490~650	470~620	470~620	—	—	≥20	≥20	≥20	≥19	—	—
	B																						
	C																						
	D																						
	E																						

续表

牌号	质量等级	以下公称厚度（直径、边长）下屈服强度 R_{eL}/MPa									以下公称厚度（直径、边长）抗拉强度 R_m/MPa							公称厚度（直径、边长）断后伸长率 A/%					
		≤16mm	16(含)~40mm	40(含)~63mm	63(含)~80mm	80(含)~100mm	100(含)~150mm	150(含)~200mm	200(含)~250mm	250(含)~400mm	≤40mm	40(含)~63mm	63(含)~80mm	80(含)~100mm	100(含)~150mm	150(含)~250mm	250(含)~400mm	≤40mm	40(含)~63mm	63(含)~100mm	100(含)~150mm	150(含)~250mm	250(含)~400mm
	A																						
	B																						
Q420	C	≥420	≥400	≥380	≥360	≥360	≥340	—	—	—	520~680	520~680	520~680	520~680	500~650	—	—	≥19	≥18	≥18	≥18	—	—
Q420	D	≥420	≥400	≥380	≥360	≥360	≥340	—	—	—	520~680	520~680	520~680	520~680	500~650	—	—	≥19	≥18	≥18	≥18	—	—
Q420	E	≥420	≥400	≥380	≥360	≥360	≥340	—	—	—	520~680	520~680	520~680	520~680	500~650	—	—	≥19	≥18	≥18	≥18	—	—
Q460	C	≥460	≥440	≥420	≥400	≥400	≥380	—	—	—	550~720	550~720	550~720	530~700	530~700	—	—	≥17	≥16	≥16	≥16	—	—
Q460	D	≥460	≥440	≥420	≥400	≥400	≥380	—	—	—	550~720	550~720	550~720	530~700	530~700	—	—	≥17	≥16	≥16	≥16	—	—
Q460	E	≥460	≥440	≥420	≥400	≥400	≥380	—	—	—	550~720	550~720	550~720	530~700	530~700	—	—	≥17	≥16	≥16	≥16	—	—
Q500	C	≥500	≥480	≥470	≥450	≥440	—	—	—	—	610~770	600~760	590~750	540~730	—	—	—	≥17	≥17	—	—	—	—
Q500	D	≥500	≥480	≥470	≥450	≥440	—	—	—	—	610~770	600~760	590~750	540~730	—	—	—	≥17	≥17	—	—	—	—
Q500	E	≥500	≥480	≥470	≥450	≥440	—	—	—	—	610~770	600~760	590~750	540~730	—	—	—	≥17	≥17	—	—	—	—
Q550	C	≥550	≥530	≥520	≥500	≥490	—	—	—	—	670~830	620~810	600~790	590~780	—	—	—	≥16	≥16	—	—	—	—
Q550	D	≥550	≥530	≥520	≥500	≥490	—	—	—	—	670~830	620~810	600~790	590~780	—	—	—	≥16	≥16	—	—	—	—
Q550	E	≥550	≥530	≥520	≥500	≥490	—	—	—	—	670~830	620~810	600~790	590~780	—	—	—	≥16	≥16	—	—	—	—
Q620	C	≥620	≥600	≥590	≥570	—	—	—	—	—	710~880	690~880	670~860	—	—	—	—	≥15	≥15	—	—	—	—
Q620	D	≥620	≥600	≥590	≥570	—	—	—	—	—	710~880	690~880	670~860	—	—	—	—	≥15	≥15	—	—	—	—
Q620	E	≥620	≥600	≥590	≥570	—	—	—	—	—	710~880	690~880	670~860	—	—	—	—	≥15	≥15	—	—	—	—
Q690	C	≥690	≥670	≥660	≥640	—	—	—	—	—	770~940	750~920	730~900	—	—	—	—	≥14	≥14	≥14	—	—	—
Q690	D	≥690	≥670	≥660	≥640	—	—	—	—	—	770~940	750~920	730~900	—	—	—	—	≥14	≥14	≥14	—	—	—
Q690	E	≥690	≥670	≥660	≥640	—	—	—	—	—	770~940	750~920	730~900	—	—	—	—	≥14	≥14	≥14	—	—	—

注　1. 当屈服不明显时，可测量 $R_{p0.2}$ 代替下屈服强度。

2. 宽度不小于600mm扁平材，拉伸试验取横向试样，宽度小于600mm的扁平材、型材及棒材取纵向试样，断后伸长率的最小值相应提高1%（绝对值）。

3. 厚度250（不含）~400mm的数值适用于扁平材。

表 6.6　　夏比（V 形）冲击试验的试验温度和冲击吸收能量（GB/T 1591—2008）

牌　号	质量等级	试验温度/℃	冲击吸收能量 KV_2[①]/J		
			公称厚度（直径、边长）		
			12～150mm	>150～250mm	>250～400mm
Q345	B	20	≥34	≥27	—
	C	0			
	D	−20			27
	E	−40			
Q390	B	20	≥34	—	—
	C	0			
	D	−20			
	E	−40			
Q420	B	20	≥34	—	—
	C	0			
	D	−20			
	E	−40			
Q460	C	0	≥34	—	—
	D	−20			
	E	−40			
Q500、Q550、Q620、Q690	C	0	≥55	—	—
	D	−20	≥47		
	E	−40	≥31		

① 冲击试验取纵向试样。

优质碳素结构钢及合金结构钢，是用于机械结构的主要钢种，在建筑工程及水工钢结构中，常用来加工制作各种轴、杆、铰、高强螺栓等受力构件，以及钢铸件。

（4）专门用途钢。

专门用途钢是在低合金高强度结构钢、优质碳素结构钢及合金结构钢基础上，适当调整合金元素，严格控制 S、P 含量，改善质量等级，使钢材性能满足特定要求的钢种。其牌号的表示方法是在基础钢牌号后面加上专门符号。例如，q 表示桥梁用钢，如 Q345q；R 表示压力容器用钢，如 Q345R；DR 表示低温压力容器用钢，如 16MnDR；NH 表示耐候钢❶，如 Q295NH；GNH 表示高耐候钢，如 Q295GNH 等。

6.6.1.2　建筑工程及水工钢结构钢材的选用

一般建筑工程钢结构，主要选用碳素结构钢 Q235 — A、Q235 — B 及低合金高强度结构钢 Q345 — A、Q345 — B 等。有特殊要求时，应选用专门用途钢，如承受动荷时用

❶ 耐候钢即耐大气腐蚀钢。钢中含有 Cu、Cr、Ni 等，使其在金属表面形成保护层而提高耐候性，同时还保持钢材具有良好的可焊性，为焊接结构耐候钢，广泛用于桥梁建筑等；钢中含有 Cu、P 或 Cu、P、Ni、Cr 等元素，其耐大气腐蚀性能更高，称为高耐候钢，主要用于螺栓连接、铆接以及厚度较薄的焊接构件，如车辆、塔架等。

表6.7 高强度结构用调制钢板各牌号钢的化学成分（GB/T 16270—2009）　　%

牌号	化学成分① （质量分数）													CEV② 产品厚		
	C	Si	Mn	P	S	Cu	Cr	Ni	Mo	B	V	Nb	Ti	≤50mm	>50~100mm	>100~150mm
Q460C	≤0.20	≤0.80	≤1.70	≤0.025	≤0.015	≤0.50	≤1.50	≤2.00	≤0.70	≤0.0050	≤0.12	≤0.06	≤0.05	≤0.47	≤0.48	≤0.50
Q460D	≤0.20	≤0.80	≤1.70	≤0.025	≤0.015	≤0.50	≤1.50	≤2.00	≤0.70	≤0.0050	≤0.12	≤0.06	≤0.05	≤0.47	≤0.48	≤0.50
Q460E	≤0.20	≤0.80	≤1.70	≤0.020	≤0.010	≤0.50	≤1.50	≤2.00	≤0.70	≤0.0050	≤0.12	≤0.06	≤0.05	≤0.47	≤0.48	≤0.50
Q460F	≤0.20	≤0.80	≤1.70	≤0.020	≤0.010	≤0.50	≤1.50	≤2.00	≤0.70	≤0.0050	≤0.12	≤0.06	≤0.05	≤0.47	≤0.48	≤0.50
Q500C	≤0.20	≤0.80	≤1.70	≤0.025	≤0.015	≤0.50	≤1.50	≤2.00	≤0.70	≤0.0050	≤0.12	≤0.06	≤0.05	≤0.47	≤0.70	≤0.70
Q500D	≤0.20	≤0.80	≤1.70	≤0.025	≤0.015	≤0.50	≤1.50	≤2.00	≤0.70	≤0.0050	≤0.12	≤0.06	≤0.05	≤0.47	≤0.70	≤0.70
Q500E	≤0.20	≤0.80	≤1.70	≤0.020	≤0.010	≤0.50	≤1.50	≤2.00	≤0.70	≤0.0050	≤0.12	≤0.06	≤0.05	≤0.47	≤0.70	≤0.70
Q500F	≤0.20	≤0.80	≤1.70	≤0.020	≤0.010	≤0.50	≤1.50	≤2.00	≤0.70	≤0.0050	≤0.12	≤0.06	≤0.05	≤0.47	≤0.70	≤0.70
Q550C	≤0.20	≤0.80	≤1.70	≤0.025	≤0.015	≤0.50	≤1.50	≤2.00	≤0.70	≤0.0050	≤0.12	≤0.06	≤0.05	≤0.65	≤0.77	≤0.83
Q550D	≤0.20	≤0.80	≤1.70	≤0.025	≤0.015	≤0.50	≤1.50	≤2.00	≤0.70	≤0.0050	≤0.12	≤0.06	≤0.05	≤0.65	≤0.77	≤0.83
Q550E	≤0.20	≤0.80	≤1.70	≤0.020	≤0.010	≤0.50	≤1.50	≤2.00	≤0.70	≤0.0050	≤0.12	≤0.06	≤0.05	≤0.65	≤0.77	≤0.83
Q550F	≤0.20	≤0.80	≤1.70	≤0.020	≤0.010	≤0.50	≤1.50	≤2.00	≤0.70	≤0.0050	≤0.12	≤0.06	≤0.05	≤0.65	≤0.77	≤0.83
Q620C	≤0.20	≤0.80	≤1.80	≤0.025	≤0.015	≤0.50	≤1.50	≤2.00	≤0.70	≤0.0050	≤0.12	≤0.06	≤0.05	≤0.65	≤0.77	≤0.83
Q620D	≤0.20	≤0.80	≤1.80	≤0.025	≤0.015	≤0.50	≤1.50	≤2.00	≤0.70	≤0.0050	≤0.12	≤0.06	≤0.05	≤0.65	≤0.77	≤0.83
Q620E	≤0.20	≤0.80	≤1.80	≤0.020	≤0.010	≤0.50	≤1.50	≤2.00	≤0.70	≤0.0050	≤0.12	≤0.06	≤0.05	≤0.65	≤0.77	≤0.83
Q620F	≤0.20	≤0.80	≤1.80	≤0.020	≤0.010	≤0.50	≤1.50	≤2.00	≤0.70	≤0.0050	≤0.12	≤0.06	≤0.05	≤0.65	≤0.77	≤0.83
Q690C	≤0.20	≤0.80	≤2.00	≤0.025	≤0.015	≤0.50	≤1.50	≤2.00	≤0.70	≤0.0050	≤0.12	≤0.06	≤0.05	≤0.65	≤0.77	≤0.83
Q690D	≤0.20	≤0.80	≤2.00	≤0.025	≤0.015	≤0.50	≤1.50	≤2.00	≤0.70	≤0.0050	≤0.12	≤0.06	≤0.05	≤0.65	≤0.77	≤0.83
Q690E	≤0.20	≤0.80	≤2.00	≤0.020	≤0.010	≤0.50	≤1.50	≤2.00	≤0.70	≤0.0050	≤0.12	≤0.06	≤0.05	≤0.65	≤0.77	≤0.83
Q690F	≤0.20	≤0.80	≤2.00	≤0.020	≤0.010	≤0.50	≤1.50	≤2.00	≤0.70	≤0.0050	≤0.12	≤0.06	≤0.05	≤0.65	≤0.77	≤0.83
Q800C	≤0.20	≤0.80	≤2.00	≤0.025	≤0.015	≤0.50	≤1.50	≤2.00	≤0.70	≤0.0050	≤0.12	≤0.06	≤0.05	≤0.72	≤0.82	—
Q800D	≤0.20	≤0.80	≤2.00	≤0.025	≤0.015	≤0.50	≤1.50	≤2.00	≤0.70	≤0.0050	≤0.12	≤0.06	≤0.05	≤0.72	≤0.82	—
Q800E	≤0.20	≤0.80	≤2.00	≤0.020	≤0.010	≤0.50	≤1.50	≤2.00	≤0.70	≤0.0050	≤0.12	≤0.06	≤0.05	≤0.72	≤0.82	—
Q800F	≤0.20	≤0.80	≤2.00	≤0.020	≤0.010	≤0.50	≤1.50	≤2.00	≤0.70	≤0.0050	≤0.12	≤0.06	≤0.05	≤0.72	≤0.82	—
Q890C	≤0.20	≤0.80	≤2.00	≤0.025	≤0.015	≤0.50	≤1.50	≤2.00	≤0.70	≤0.0050	≤0.12	≤0.06	≤0.05	≤0.72	≤0.82	—
Q890D	≤0.20	≤0.80	≤2.00	≤0.025	≤0.015	≤0.50	≤1.50	≤2.00	≤0.70	≤0.0050	≤0.12	≤0.06	≤0.05	≤0.72	≤0.82	—
Q890E	≤0.20	≤0.80	≤2.00	≤0.020	≤0.010	≤0.50	≤1.50	≤2.00	≤0.70	≤0.0050	≤0.12	≤0.06	≤0.05	≤0.72	≤0.82	—
Q890F	≤0.20	≤0.80	≤2.00	≤0.020	≤0.010	≤0.50	≤1.50	≤2.00	≤0.70	≤0.0050	≤0.12	≤0.06	≤0.05	≤0.72	≤0.82	—
Q960C	≤0.20	≤0.80	≤2.00	≤0.025	≤0.015	≤0.50	≤1.50	≤2.00	≤0.70	≤0.0050	≤0.12	≤0.06	≤0.05	≤0.82	—	—
Q960D	≤0.20	≤0.80	≤2.00	≤0.025	≤0.015	≤0.50	≤1.50	≤2.00	≤0.70	≤0.0050	≤0.12	≤0.06	≤0.05	≤0.82	—	—
Q960E	≤0.20	≤0.80	≤2.00	≤0.020	≤0.010	≤0.50	≤1.50	≤2.00	≤0.70	≤0.0050	≤0.12	≤0.06	≤0.05	≤0.82	—	—
Q960F	≤0.20	≤0.80	≤2.00	≤0.020	≤0.010	≤0.50	≤1.50	≤2.00	≤0.70	≤0.0050	≤0.12	≤0.06	≤0.05	≤0.82	—	—

① 根据需要生产厂可添加其中一种或几种合金元素，最大值应符合合表中规定，其含量应在质量证明书中报告。钢中至少添加 Nb、Ti、V、Al 中的一种细化晶粒元素，其中至少一种元素的最小量为 0.015%（对于 Al 为 Als），也可用 Alt 替代 Als，此时最小量为 0.018%。

② CEV=C+Mn/6+（Cr+Mo+V）/5+（Ni+Cu）/15。

表 6.8　高强度结构用调制板各牌号钢的力学性能 (GB/T 16270—2009)

牌号	拉伸试验①							冲击试验②			
	屈服强度③ R_{eH}/MPa			抗拉强度 R_m/MPa			断后伸长率 A/%	冲击吸收能量（纵向）KV_2/J			
	厚度			厚度				试验温度			
	≤50mm	50（不含）~100mm	100（不含）~150mm	≤50mm	50（不含）~100mm	100（不含）~150mm		0℃	-20℃	-40℃	-60℃
Q460C	≥460	≥440	≥400	550~720	550~720	500~670	17	47	—	—	—
Q460D								—	47	—	—
Q460E								—	—	34	—
Q460F								—	—	—	34
Q500C	≥500	≥480	≥440	590~770	590~770	540~720	17	47	—	—	—
Q500D								—	47	—	—
Q500E								—	—	34	—
Q500F								—	—	—	34
Q550C	≥550	≥530	≥490	640~820	640~820	590~770	16	47	—	—	—
Q550D								—	47	—	—
Q550E								—	—	34	—
Q550F								—	—	—	34
Q620C	≥620	≥580	≥560	700~890	700~890	650~830	15	47	—	—	—
Q620D								—	47	—	—
Q620E								—	—	34	—
Q620F								—	—	—	34

续表

牌号	拉伸试验①							冲击试验②			
	屈服强度③ R_{eH}/MPa			抗拉强度 R_m/MPa			断后伸长率 A/%	冲击吸收能量（纵向）KV_2/J			
	厚度			厚度				试验温度			
	≤50mm	50（不含）~100mm	100（不含）~150mm	≤50mm	50（不含）~100mm	100（不含）~150mm		0℃	−20℃	−40℃	−60℃
Q690C	≥690	≥650	≥630	770~940	760~930	710~900	14	47			
Q690D									47		
Q690E										34	
Q690F											34
Q800C	≥800	≥740	—	840~1000	800~1000	—	13	34			
Q800D									34		
Q800E										27	
Q800F											27
Q890C	≥890	≥830	—	940~1100	880~1100	—	11	34			
Q890D									34		
Q890E										27	
Q890F											27
Q960C	≥960	—	—	980~1150	—	—	10	34			
Q960D									34		
Q960E										27	
Q960F											27

①、② 拉伸试验适用于横向试样，冲击试验适用于纵向试样。

③ 当屈服现象不明显时，采用 $R_{P0.2}$。

桥梁钢或 C、D 质量等级的低合金高强度结构钢，严寒地区应选用低温压力容器用钢，露天结构或大气腐蚀较严重地区应选用耐候钢或合金结构钢。

水工钢结构所用钢材，应根据结构种类、工作性质、运行操作条件、结构连接方式及工作环境温度等，并根据《水利水电工程钢闸门设计规范》（SL 74—2013）的规定选择相应的钢材的品种和牌号。

水电站压力钢管的受力条件可归属于大直径的压力容器，可根据《压力钢管制造安装及验收规范》（DL 5017—2007），按需要选择压力容器用钢板及经调质热处理的高强结构钢钢板。根据《水电站压力钢管设计规范》（SL 281—2003），按需要选择钢管的支承环、岔管加强构件等。

严寒地区的水工钢结构，应用强度较高、可焊性好、冲击韧性好和脆性转变温度低的钢材，根据《水工建筑物抗冰冻设计规范》（SL 211—2006），在负温下操作或工作的闸门门叶、起吊杆、自动挂脱梁、销锭梁等，应选用耐低温钢材。

6.6.2 钢筋混凝土结构用钢筋、钢棒及钢丝

钢筋混凝土结构用钢筋主要有热轧钢筋、冷轧带肋钢筋等，钢棒有预应力混凝土用钢棒，钢丝主要有不同规格的预应力混凝土钢丝及钢绞线。

6.6.2.1 热轧钢筋

钢筋混凝土用热轧钢筋有热轧带肋钢筋、热轧光圆钢筋和余热处理钢筋。经热轧成型并自然冷却的成品光圆钢筋，称为热轧光圆钢筋；其成品为带肋钢筋，称为热轧带肋钢筋。经热轧成型后立即穿水，进行表面控制冷却，然后利用芯部余热完成回火处理所得的成品钢筋，称为余热处理钢筋。

国家标准《钢筋混凝土用热轧带肋钢筋》（GB 1499.2—2007）规定，热轧带肋钢筋牌号见表 6.9；钢筋的屈服强度 R_{el}、抗拉强度 R_m、断后伸长率 A、最大力总伸长率 A_{gt} 等力学性能和工艺性能特征应符合表 6.10 的规定。

表 6.9　　　　热轧带肋钢筋牌号定义 （GB 1499.2—2007）

类　别	牌　号	牌 号 构 成	英 文 字 母 含 义
普通热轧钢筋	HRB335	由 HRB＋屈服强度特征值构成	HRB：热轧带肋钢筋的英文（Hot rolled Ribbed Bars）缩写
	HRB400		
	HRB500		
细品粒热轧钢筋	HRBF335	由 HRBF＋屈服强度特征值构成	HRBF：在热轧带肋钢筋的英文缩写后加"细"的英文（Fine）首位字母
	HRBF400		
	HRBF500		

国家标准《钢筋混凝土用热轧光圆钢筋》（GB 1499.1—2008）规定，热轧光圆钢筋牌号见表 6.11；钢筋的屈服强度 R_{el}、抗拉强度 R_m、断后伸长率 A、最大力总伸长率 A_{gt} 等力学性能特征应符合表 6.12 的规定。

300 级、335 级、400 级光圆及带肋钢筋，适用于普通钢筋混凝土结构用钢筋（简称普通钢筋）。其中 300 级钢筋强度较低，塑性及可焊性好，主要用于一般钢筋混凝土结构的受力筋及各种钢筋混凝土结构的构造筋。300 级、335 级、400 级钢筋强度较高，塑性

及可焊性也较好,适用于大、中型钢筋混凝土结构的受力筋,以及有抗震要求的结构。而在《绿色建筑评价标准》(GB/T 50378—2013)中规定,建筑主体钢筋混凝土结构中的受力钢筋400级、500级若占到70%以上是较好水平。

表 6.10 热轧带肋钢筋力学特性和工艺性能 (GB 1499.2—2007)

牌号	拉 伸 试 验				弯 曲 试 验		
	R_{el}/MPa	R_m/MPa	A/%	A_{gt}/%	180°弯心直径 d,钢筋公称直径 a		
					6～25mm	28～40mm	40(不含)～50mm
HRB335	≥335	≥455	≥17		$3a$	$4a$	$5a$
HRBF335							
HRB400	≥400	≥540	≥16	7.5	$4a$	$5a$	$6a$
HRBF400							
HRB500	≥500	≥630	≥15		$6a$	$7a$	$8a$
HRBF500							

表 6.11 热轧光圆钢筋牌号定义 (GB 1499.1—2008)

名　称	牌　号	牌 号 构 成	英文字母含义
热轧光圆钢筋	HPB300	由 HPB+屈服强度特征值构成	HPB 为热轧光圆钢筋 (Hot rolled Plain Bars) 的英文缩写

表 6.12 热轧光圆钢筋力学特性 (GB 1499.1—2008)

牌号	拉 伸 试 验				冷弯试验
	R_{el}/MPa	R_m/MPa	A/%	A_{gt}/%	180° d=弯心直径 a=钢筋公称直径
HPB300	≥300	≥420	≥25.0	≥10.0	$d=a$

应当指出的是,有较高抗震要求的结构用热轧带肋钢筋,其牌号应在原有牌号后加E,如 HRB400E、HRBF400E 等。该类钢筋的技术性能除满足表6.10要求外,还应满足以下几点要求:

1) 钢筋实测抗拉强度与实测屈服强度之比不小于1.25;

2) 钢筋实测屈服强度与表6.10中规定的屈服强度特征值之比不大于1.30;

3) 钢筋的最大力总伸长率 A_{gt} 不小于9%。

HRB500 带肋钢筋,强度高但塑性较差,适用于预应力钢筋混凝土结构中施加预应力的钢筋(简称预应力钢筋)。

6.6.2.2 冷轧带肋钢筋

冷轧带肋钢筋是由热轧圆盘条经冷轧而成,其表面带有沿长度方向均匀分布的三面或两面月牙形横肋。国家标准《冷轧带肋钢筋》(GB 13788—2008)规定,冷轧带肋钢筋分为 CRB550、CRB650、CRB800、CRB970 等 4 个牌号,其力学性能和工艺性能应符合表

6.13、表 6.14 中的规定。

表 6.13　　　　　　力学性能和工艺性能（GB 13788—2008）

牌号	$R_{P0.2}$/MPa	R_m/MPa	伸长率/%		弯曲试验 180°	反复弯曲次数	1000h 松弛率/%
			$A_{11.3}$	A_{100}			
CRB550	≥500	≥550	≥8.0	—	$D=3d$	—	
CRB650	≥585	≥650	—	≥4.0		3	≤8
CRB800	≥720	≥800	—	≥4.0		3	≤8
CRB970	≥875	≥970	—	≥4.0		3	≤8

注　1. 表中 D 为弯心直径，d 为钢筋公称直径。
　　2. 应力松弛初始应力相当于公称抗拉强度的 70%。

表 6.14　　　　反复弯曲试验的弯曲半径（GB 13788—2008）　　　　单位：mm

钢筋公称直径	4	5	6
弯曲半径	10	15	15

冷轧带肋钢筋具有强度高、塑性好、综合力学性能优良及握裹力强等优点，既可节约钢材，又可提高结构的整体强度和抗震能力。CRB550 为普通钢筋混凝土用钢筋，其他牌号为预应力混凝土用预应力钢筋。

6.6.2.3　预应力混凝土用钢棒

根据国家标准《预应力混凝土用钢棒》（GB/T 5223.3—2005）的规定，这类钢棒按表面形状分为光圆、螺旋槽、螺旋肋和带肋等 4 种。钢棒的公称直径、横截面积、重量和性能见表 6.15。

表 6.15　　　钢棒的公称直径、横截面积、重量及性能（GB/T 5223.3—2005）

表面形状类型	公称直径 D_n /mm	公称截面积 S_n /mm²	横截面积 S/mm²		每米参考质量 /（g/m）	抗拉强度 R_m /MPa	规定非比例延伸强度 $R_{P0.2}$ /MPa	弯曲性能	
			最小	最大				性能要求	弯曲半径 /mm
光圆	6	28.3	26.8	29.0	222			反复弯曲 180°≥4 次	15
	7	38.5	36.3	39.5	302				20
	8	50.3	47.5	51.5	394				20
	10	78.5	74.1	80.4	616				25
	11	95.0	93.1	97.4	746	≥1080 ≥1230 ≥1420 ≥1570	≥930 ≥1080 ≥1280 ≥1420	弯曲 160°～180°后弯曲处无裂纹	弯芯直径为钢棒公称直径的 10 倍
	12	113	106.8	115.8	887				
	13	133	130.3	136.3	1044				
	14	154	145.6	157.8	1209				
	16	201	190.2	206.0	1578				
螺旋槽	7.1	40	39.0	41.7	314				—
	9	64	62.4	66.5	502				
	10.7	90	87.5	93.6	707				
	12.6	125	121.5	129.9	981				

续表

表面形状类型	公称直径 D_n /mm	公称截面面积 S_n /mm²	横截面积 S/mm²		每米参考质量 / (g/m)	抗拉强度 R_m /MPa	规定非比例延伸强度 $R_{P0.2}$ /MPa	弯曲性能	
			最小	最大				性能要求	弯曲半径 /mm
螺旋肋	6	28.3	26.8	29.0	222	≥1080 ≥1230 ≥1420 ≥1570	≥930 ≥1080 ≥1280 ≥1420	反复弯曲 180°≥4 次	15
	7	38.5	36.3	39.5	302				20
	8	50.3	47.5	51.5	394				20
	10	78.5	74.1	80.4	616				25
	12	113	106.8	115.8	888			弯曲 160°~180°后弯曲处无裂纹	弯芯直径为钢棒公称直径的 10 倍
	14	154	145.6	157.8	1209				
带肋	6	28.3	26.8	29.0	222				—
	8	50.3	47.5	51.5	394				
	10	78.5	74.1	80.4	616				
	12	113	106.8	115.8	887				
	14	154	145.6	157.8	1209				
	16	201	190.2	206.0	1578				

预应力混凝土用钢棒的强度高，与混凝土黏结性好，应力松弛率低。这种钢棒不允许存在焊接的电接头。

6.6.2.4 预应力混凝土用钢丝及钢绞线

（1）预应力混凝土用钢丝。

预应力混凝土用钢丝是用优质碳素结构钢热轧盘条，经淬火、回火等调质处理后，再冷拉加工制得的钢丝，简称为预应力钢丝。国家标准《预应力混凝土用钢丝》（GB/T 5223—2014）规定，按钢丝加工状态分为冷拉钢丝和消除应力钢丝两类；消除应力钢丝又分为低松弛钢丝和普通松弛钢丝。按钢丝外形分为光圆（代号 P）、螺旋肋（代号 H）及刻痕（代号 I）三种。

冷拉钢丝是用调质处理的盘条，通过拔丝模或轧辊冷加工制成的成品钢丝（代号为 WCD）。

低松弛钢丝（代号为 WLR）是在冷拉过程中钢丝处于塑性变形下进行短时热处理，以消除内应力，使其晶体结构更稳定，松弛率更小。

普通松弛钢丝（代号 WNR），是在冷拉并通过矫直工序后，在适当温度下进行短时热处理而得的钢丝（一般不推荐使用）。

冷拉钢丝的直径及力学性能，见表 6.16。

消除应力钢丝的直径及力学性能，见表 6.17。

预应力钢丝强度高、柔性好、无接头、质量稳定、施工简便、安全可靠，主要用于大型预应力混凝土结构、压力管道、轨枕及电杆等。

表 6.16　　　　冷拉钢丝的公称直径及力学性能（GB/T 5223—2014）

公称直径	抗拉强度 σ_b /MPa	规定非比例伸长应力 $\sigma_{p0.2}$ /MPa	最大力下总伸长率 $(L_0=200mm)$ /%	断面收缩率 ψ/%	弯曲		每 210mm 扭矩的扭转次数	1000h 后应力松弛 $(\sigma_{con}=0.7\sigma_b)$ /%
					半径 /mm	次数 /（次/180°）		
3.00mm	≥1470	≥1100		—	7.5		—	
4.00mm	≥1570	≥1180		≥35	10	≥4	≥8	
	≥1670	≥1250			15		≥8	
5.00mm	≥1770	≥1330	≥1.5		15		≥8	≤8
6.00mm	≥1470	≥1100			15		≥7	
7.00mm	≥1570	≥1180		≥30	20	≥5	≥6	
	≥1670	≥1250			20		≥5	
8.00mm	≥1770	≥1330			20		≥5	

表 6.17　　　　消除应力钢丝公称直径及力学性质（GB/T 5223—2014）

钢丝外形	公称直径 /mm	抗拉强度 σ_b /MPa	规定非比例伸长应力 $\sigma_{p0.2}$/MPa		最大力下总伸长率 $(L_0=200mm)$ /%	弯曲		1000h 应力松弛/%					
			WLR	WNR		半径 /mm	弯曲次数 /（次/180°）	WLR			WNR		
								初始应力相当 σ_b					
								60%	70%	80%	60%	70%	80%
P H	4.00	≥1470	≥1290	≥1250		10	≥3						
		≥1570	≥1380	≥1330									
	4.80	≥1670	≥1470	≥1410		15	≥4						
		≥1770	≥1560	≥1500		15	≥4						
	5.00	≥1860	≥1640	≥1580		15	≥4						
	6.00	≥1470	≥1290	≥1250		15	≥4						
	6.25	≥1570	≥1380	≥1330	≥3.5	20	≥4	1.0	2.0	4.5	4.5	8	12
		≥1670	≥1470	≥1410		20	≥4						
	7.00	≥1770	≥1560	≥1500		20	≥4						
	8.00	≥1470	≥1290	≥1250		20	≥4						
	9.00	≥1570	≥1380	≥1330		25	≥4						
	10.00	≥1470	≥1290	≥1250		25	≥4						
	12.00					30	≥4						
I	≤5.00	≥1470	≥1290	≥1250		15	≥3	1.5	2.5	4.5	4.5	8	12
		≥1570	≥1380	≥1330									
		≥1670	≥1470	≥1410									
		≥1770	≥1560	≥1500	≥3.5								
		≥1860	≥1640	≥1580									
	>5.00	≥1470	≥1290	≥1250		20							
		≥1570	≥1380	≥1330									
		≥1670	≥1470	≥1410									
		≥1770	≥1640	≥1500									

（2）预应力混凝土用钢绞线。

预应力混凝土用钢绞线是用冷拉光圆钢丝或冷拉刻痕钢丝捻制而成的钢绞线。国家标准《预应力混凝土用钢绞线》（GB/T 5224—2014）规定，钢绞线按结构分为五类：两根光圆钢丝捻制的钢绞线，代号 1×2；3 根光圆钢丝捻制的钢绞线，代号 1×3；3 根刻痕钢丝捻制的钢绞线，代号 $1 \times 3 \text{I}$；7 根光圆钢丝捻制的标准型钢绞线❶，代号 1×7；7 根光圆钢丝捻制又经模拔的钢绞线，代号 (1×7) C。钢绞线的结构及公称直径见表 6.18。

表 6.18　　　　　钢绞线的结构及公称直径（GB/T 5224—2014）

钢绞线结构	1×2						1×3					
公称直径 D/mm	5.00	5.80	8.00	10.00	12.00		6.20	6.50	8.60	8.74	10.80	12.90
钢绞线截面积/mm²	，9.82	13.2	25.1	39.3	56.5		19.8	21.2	37.7	38.6	58.9	84.8

钢绞线结构	1×13	1×7						(1×7) C		
公称直径 D/mm	8.74	9.50	11.10	12.70	15.20	15.70	17.80	12.70	15.20	18.00
钢绞线截面积/mm²	38.6	54.8	74.2	98.7	140	150	191	112	165	223

制造钢绞线用钢材的牌号和化学成分及其抗拉强度级别与《预应力混凝土用钢丝》（GB/T 5223—2014）相同。钢绞线捻制后，均在一定张力下进行短时热处理，使其结构稳定化，使绞线切断后不松散，并减少使用时的应力松弛（达到低松弛率）。规范规定，各种规格的钢绞线在最大力下的总伸长率（$L_0 \geqslant 400\text{mm}$）不小于 3.5%；初始荷载相当于公称最大力 60% 时的 1000h 应力松弛不大于 1.0%；相当于 70% 时，应力松弛率不大于 2.5%；相当于 80% 时，应力松弛率不大于 4.5%。规定非比例延伸力 $F_{p0.2}$ 值不小于钢绞线公称最大力 F_m 的 90%。钢绞线以盘卷状供货，每盘一根，其质量不少于 1000kg。

钢绞线主要用于大型预应力混凝土结构以及山体、岩洞等岩体锚固工程等。

6.7 钢材的腐蚀与防护

钢材的腐蚀是指钢材受周围的气体、液体等介质作用，产生化学或电化学反应而遭到的破坏。

6.7.1 钢材腐蚀的原因

根据钢材与周围介质作用的不同，一般把腐蚀分为化学腐蚀和电化学腐蚀两种。

（1）化学腐蚀。

化学腐蚀是指钢材与周围介质直接起化学反应而产生的腐蚀。如在高温中与干燥的 O_2、NO_2、SO_2、H_2S 等气体以及与非电解质的液体发生化学反应，在钢材的表面生成氧化铁、硫化铁等。腐蚀的程度随时间和温度的增加而增加。

（2）电化学腐蚀。

电化学腐蚀是钢材与介质之间发生氧化还原反应而产生的腐蚀。其特点是有电流产生。如钢材在潮湿空气中、水中或酸、碱、盐溶液中产生的腐蚀；不同金属接触处产生的腐蚀以及钢材受到拉应力作用的区域发生的腐蚀等。

电化学腐蚀的原因是钢材内部不同合金组织的电极电位不同，当钢材处于电解质溶液中时构成微原电池。如碳素钢中铁素体的电极电位较渗碳体或其他杂质为低，易于失去电

---

❶ 用冷拉光圆钢丝捻制的钢绞线，也称标准型钢绞线。

子。铁素体呈阳极，渗碳体（或其他杂质）为阴极，在钢材内电子自铁素体移向渗碳体。铁素体发生氧化反应，生成 Fe^{2+} 并不断投入溶液；渗碳体上聚集的电子与溶液中的 H^+ 作用，放出氢气，或当溶液中有 O_2 时电子与 O_2 及 H^+ 作用结合成水。溶液中 OH^- 和 Fe^{2+} 作用生成 $Fe(OH)_2$，进而又被氧化成 $Fe(OH)_3$，附着在钢材表面，即为铁锈。

钢材中渗碳体及杂质含量较多时，腐蚀较快。

6.7.2 腐蚀的类型

（1）均匀腐蚀。

腐蚀均匀地分布在材料表面。一般来说，这种腐蚀较轻微，危害性也较小。

（2）晶间腐蚀和孔蚀。

沿晶界面进行的腐蚀，称为晶间腐蚀。在晶界面内由于偏析，所含渗碳体及杂质等一般较多，故构成原电池的阴极，与其相邻的铁素体为阳极。在有腐蚀介质时，铁素体易被氧化成 Fe^{2+} 进入介质，而发生腐蚀。

在钢材表面因热处理、焊接及机械加工等所遗留下的破损处，及因化学腐蚀而覆盖有锈皮的地方，均易发生腐蚀，称为孔蚀。在这些缺陷表面吸附的水珠所溶解的 O_2，近缺陷处浓度较低，与大气接触处浓度较高，形成了浓差电池。在有污垢（或锈皮）的金属表面以及与裂隙或伤痕等相接触的金属部位，构成阳极；远离这些缺陷部位构成阴极。从而发生电化学腐蚀，使锈蚀沿裂隙等不断发展。这类腐蚀是最常见的腐蚀。

（3）应力腐蚀。

钢材经冷加工后具有残余应力；钢结构在受荷时，也会有应力集中或应力不均匀现象。在应力作用下，金属晶格将发生变形，其电极电位较未变形时低。当有腐蚀性介质存在时，晶格发生变形的部位构成原电池的阳极，其余部位为阴极。因此，受应力部位处于特别容易生锈的状态。例如，钢筋弯钩的弯曲部，圆钉的顶端和尖部。

（4）疲劳腐蚀。

疲劳腐蚀是指在腐蚀介质和重复应力的共同作用下，具有孔蚀和应力腐蚀的联合作用。这种情况下钢材更易于发生破坏。

（5）冲刷腐蚀。

这种腐蚀是在腐蚀介质和机械磨损的共同作用下所产生的。机械冲刷磨损作用破坏了钢材表面的钝化膜，可加速腐蚀介质的作用，钢材的腐蚀产物又使其表面抗冲刷能力下降，从而加速钢材的破坏。

6.7.3 防止腐蚀的方法

从钢材腐蚀的原因中不难找到防止其腐蚀的方法。

（1）保护膜法。

保护膜法是在钢材表面涂布一层保护层，以隔离空气或其他介质。常用的保护层有搪瓷、涂料、耐腐蚀金属（铅、锡等）、塑料等，或经化学处理使钢材表面形成氧化膜（发蓝处理）或磷酸盐膜。

（2）阴极保护法。

阴极保护法是根据电化学原理进行保护的一种方法，这种方法可由两种途径来实现。

1）牺牲阳极保护法。即在需要保护的钢结构上，特别是位于水下的钢结构上，焊接较钢材更为活泼的金属，如锌、镁等。于是这些更为活泼的金属在介质中成为原电池的阳极而遭到腐蚀，取代了铁素体，而钢结构均成为阴极而得到保护。

2）外加电流保护法。此法是在钢结构的附近，安放一些废钢铁或其他难熔金属，如高硅铁、铅银合金等。将外加直流电源的负极接在被保护的钢结构上，正极接在废钢铁或难熔金属上。通电后阳极被腐蚀，钢结构成为阴极而得到保护。

也可采用保护膜与外加电源联合保护法，效果更好。

港口建筑物的钢筋混凝土中钢筋的防腐蚀措施，除应增大混凝土保护层厚度外，还可在结构表面用聚氯乙烯或人造橡胶敷设覆盖层，以避免海水的渗入，亦可用环氧漆作保护膜。在混凝土中掺入阻锈剂——亚硝酸钠，亦可延缓钢筋的锈蚀。对于重要的钢筋混凝土结构，可将其钢筋用导线引出结构物，并采用阴极保护法。

复 习 思 考 题

1. 何谓沸腾钢、镇静钢？它们的优缺点如何？

2. 何谓屈强比？$R_{P0.2}$ 的含义如何？A_5 及 A_{10} 的含义如何？

3. 钢材质量等级分几级？哪级质量好？

4. 铁碳合金的基本结晶组织有哪些？

5. 何谓共析钢、亚共析钢及过共析钢？它们的结晶结构如何？

6. 何谓白口铁、灰口铁及球墨铸铁？其组织结构及性能有何差别？

7. 简述化学成分对钢材性能的影响。

8. 简述低碳钢的冷加工强化及钢材时效后机械性能的变化。

9. 解释 Q235B、Q460D、40Si2Mn、Q345q、Q345R 钢号的含义。

10. 简述低合金高强度结构钢的优点。

11. 简述钢筋混凝土用钢筋的主要种类、等级及适用范围。

12. 简述钢材锈蚀的原因、主要类型及防锈措施。

第7章 墙体材料和屋面材料

用于墙体和屋面的材料是建筑工程中最重要的材料之一。我国传统的墙体材料和屋面材料是用黏土烧制的砖和瓦，统称为烧土制品，它历史悠久，素有"秦砖汉瓦"之称。但是，随着现代建筑的发展，一些传统材料已无法满足要求，烧土制品由于需要耗用大量农田，影响农业生产和生态环境，目前这类材料在我国大部分地区的使用已受到严格限制。因此，利用地方性资源和工农业废料大力研发、生产和应用轻质、高强、耐久、多功能、节能环保的绿色墙体材料和屋面材料是发展趋势。

如今，用于墙体的材料主要有砖、砌块和板材三类。墙体砖按所用原料不同分为黏土砖和废渣砖（如页岩砖、灰砂砖、煤矸石砖、粉煤灰砖、炉渣砖等）；按生产方式不同分为烧结砖和非烧结砖；按砖的外形不同分为普通砖（实心砖）、多孔砖及空心砖。砌块有混凝土砌块、蒸压加气混凝土砌块、粉煤灰硅酸盐砌块等。板材有混凝土大板、玻纤水泥板、加气混凝土板、石膏板及各种复合墙板等。

用于屋面的材料主要为各种材质的瓦和板材，目前也有一些新型屋面材料在使用，如夹芯板屋面、GRC屋面等。

7.1 烧土制品的原料及生产工艺简介

7.1.1 烧土制品原料

7.1.1.1 黏土

将黏土作为原料烧制建筑材料制品已不流行，这一部分内容主要是为了了解中国传统烧土建筑制品而保留的，从中可以获得修复一些老建筑所需要的材料信息。

（1）黏土的组成。

黏土的主要组成矿物为黏土矿物，它是以具有层状结晶结构的含水铝硅酸盐（$mSiO_2 \cdot nAl_2O_3 \cdot xH_2O$）为主，其中 SiO_2 和 Al_2O_3 的含量分别为 $55\% \sim 65\%$ 和 $10\% \sim 15\%$。常见的黏土矿物有高岭石、蒙脱石、水云母等。黏土中除黏土矿物外，还含有石英、长石、碳酸盐、铁质矿物及有机质等杂质。杂质直接影响制品的性质，例如，细分散的褐铁矿和碳酸盐会降低黏土的耐火度（烧熔温度），块状的碳酸钙焙烧后形成石灰杂质，使制品发生石灰爆裂。

黏土的颗粒组成直接影响其可塑性。可塑性是黏土的重要特性，它决定了制品成型性能。黏土中含有粗细不同的颗粒，其中极细（小于 $0.005mm$）的片状颗粒，使黏土获得极高的可塑性，这种颗粒含量愈多，可塑性愈高。

黏土的种类很多，可从不同角度分类。通常按其杂质含量、耐火度及用途不同，分为以下四种。

1) 高岭土（瓷土）。杂质含量极少，为纯净黏土，不含氧化铁等染色杂质。焙烧后呈白色。耐火度高达 1730～1770℃，多用于制造瓷器。

2) 耐火黏土（火泥）。杂质含量小于 10％，焙烧后呈淡黄至黄色。耐火度在 1580℃以上，是生产耐火材料，内墙面砖及耐火、耐酸陶瓷制品的原料。

3) 难熔黏土（陶土）。杂质含量为 10％～15％，焙烧后呈淡灰、淡黄至红色，耐火度为 1350～1580℃，是生产地砖、外墙面砖及精陶制品的原料。

4) 易熔黏土（砖土、砂质黏土）。杂质含量高达 25％。耐火度低于 1350℃，是生产黏土砖瓦及粗陶制品的原料。当其在氧化气氛中焙烧时，因高价氧化铁的存在而呈红色；在还原气氛中焙烧时，因低价氧化铁的存在而呈青色。

（2）黏土焙烧时的变化。

黏土焙烧后能成为石质材料，这是其极为重要的特性。

1) 黏土成为石质材料的过程。黏土在焙烧过程中发生一系列的变化，因黏土种类的不同其变化过程也有很大差异。一般的物理化学变化大致如下：焙烧初期，黏土中自由水分逐渐蒸发，当温度达到 110℃时，自由水分完全排出，黏土失去可塑性。温度升至 500～700℃时，有机物烧尽，黏土矿物及其他矿物的结晶水脱出。随后黏土矿物发生分解。继续加热到 1000℃以上时，已分解出的各种氧化物将重新结合生成硅酸盐矿物。与此同时，黏土中的易熔化合物开始形成熔融体（液相），一定数量的熔融体包裹未熔的颗粒，并填充颗粒之间的空隙，冷却后便转变为石质材料。随着熔融体数量的增加，焙烧黏土中的开口孔隙减少，吸水率降低，强度、耐水性及抗冻性等提高。

2) 黏土的烧结性。黏土在熔烧过程中变得密实，转变为具有一定强度的石质材料的性质，称为黏土的烧结性。图 7.1 为焙烧温度与焙烧后黏土吸水率间的关系，由该图可以说明黏土的烧结性。随着温度的升高，焙烧后的黏土吸水率减小，即烧结程度提高，直到 C 点。t_A 为烧结开始温度。在 t_C 温度下，黏土熔融或出现膨胀，即出现过烧。$t_A - t_C$ 的温度间隔称为黏土的烧结范围。烧结范围与黏土组成有关，此范围愈宽，焙烧的制品愈不易

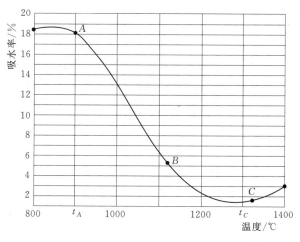

图 7.1 烧土制品吸水率与焙烧温度关系曲线

变形，因而可获得烧结程度高的密实制品。易熔黏土耐火度很低，烧结范围也很窄，只有50～100℃。耐火黏土的烧结范围可高达400℃。

7.1.1.2　工业废渣

1）页岩。页岩中含有大量黏土矿物，可用来代替黏土生产烧土制品。由于页岩粉磨细度不如黏土，故坯料调制时所需水分较少，这有利于坯体干燥，且干燥时制品体积收缩较小。

2）煤矸石。它是煤矿的废料。煤矸石的化学成分波动较大，适合作烧土制品的是热值相对较高的黏土质煤矸石。煤矸石中所含黄铁矿（FeS_2）为有害杂质，故其含硫量应限制在10％以下。

用煤矸石作原料时，需将其粉碎成适当细度的粉料，并根据其含碳量及可塑性进行配料。用煤矸石作原料，不仅节约黏土、消纳大量废渣，还可节约大量焙烧制品的燃料。

3）粉煤灰。用电厂排出的粉煤灰作烧土制品的原料，可部分代替黏土。通常为了改善粉煤灰的可塑性，需加入适量黏土。当粉煤灰掺入量（体积比）小于30％时，按黏土砖对待。

7.1.2　烧土制品生产工艺简介

烧土制品生产工艺的简、繁，因产品不同而异。

烧结普通砖或空心砖的工艺流程为：坯料调制—成型—干燥—焙烧—制品。烧结饰面烧土制品（饰面陶瓷）的工艺流程为：坯料调制—成型—干燥—上釉—焙烧—制品。也有的制品工艺流程是在成型、干燥后先第一次焙烧（素烧），然后上釉后再烧第二次（釉烧）。

（1）坯料调制。

坯料调制的目的是破坏原料的原始结构，粉碎大块原料，剔除有害杂质，按适当组分调配原料再加入适量水分拌和，制成均匀的、适合成型的坯料。

（2）制品成型。

坯料经成型制成一定形状、尺寸后称为生坯。成型方法有：

1）塑性法：用可塑性良好的坯料。当原料为黏土时，其含水率为15％～25％。将坯料用挤泥机挤出一定断面尺寸的泥条，切割后获得制品的形状。此法适合成型烧结普通砖、多孔砖及空心砖。

2）模压法（半干压或干压法）：坯料含水率低（半干压法为8％～12％、干压法为4％～6％）可塑性差的坯料，在压力机上成型。由于所得生坯的含水率小，有时可不经干燥直接进行焙烧，简化了工艺。如黏土平瓦、外墙面砖及地砖多用此法成型。

3）注浆法：坯料呈泥浆状，原料为黏土时，其含水率可高达40％。将坯料注入模型中成型，模型吸收水分，坯料变干获得制品的形状。此法适合成型形状复杂或薄壁制品，如卫生陶瓷、内墙面砖等。

（3）生坯干燥。

生坯的含水率必须降至8％～10％才能入窑焙烧，因此要进行干燥。干燥处理分为自然干燥（在露天阴干，再在阳光下晒干）和人工干燥（利用焙烧窑余热，在室内进行）。干燥是生产工艺的重要步骤。要防止生坯脱水过快或不均匀脱水，制品裂缝大多是在此阶段形成的。

（4）焙烧。

　　焙烧是生产工艺的关键阶段。生坯在此阶段将实现排出自由水分、结晶水脱出、黏土矿物分解、形成硅酸盐矿物和熔融体等过程完成烧结。根据黏土矿物的烧结性，当生产多孔制品时，为使其既具有相当的强度，又有足够的孔隙率，烧成温度宜控制在稍高于开始烧结温度 t_A，约为 $900 \sim 950℃$。当生产密实制品时，则应将烧成温度控制在略低于烧结极限（耐火度），使所得制品密实而又不坍流变形。

　　因烧成温度过低或时间过短，坯料未能达到烧结状态的，称为欠火。欠火制品通常颜色较浅，呈黄皮或黑心，敲击声哑，孔隙率很大，强度低，耐久性差。因烧成温度过高使坯体坍流变形的，称为过火。过火制品通常颜色较深，外形有弯曲变形或压陷、粘底等质量问题，但过火制品敲击声脆（呈金属声），较密实、强度高、耐久性好。

　　由于原料不同，以及烧成温度和烧结程度高低之别，焙烧所得的制品有多种，其坯体结构可以是坚硬致密的也可以是疏松多孔的；其吸水率可以很小也可以相当大（从 $0.5\% \sim 27\%$）。烧制的坯体按其致密程度（由高到低）可分为：瓷器、炻器（如地面砖、锦砖）、陶器（如排水陶管）、土器（如黏土砖、瓦）。

　　焙烧工艺有连续式和间歇式两种。目前国内多采用连续式生产，即在隧道窑或轮窑中，将装窑、预热、焙烧、冷却、出窑等过程同步进行，生产效率较高。农村中的立式土窑则属间歇式生产。有的制品在焙烧时要放在匣钵内，以防止温度不均和窑内气流对制品外观的影响。

　　（5）上釉。

　　为了提高制品的强度和化学稳定性，并获得洁净美观的效果，还可对坯体表面作上釉处理。釉料是一种熔融温度低、易形成玻璃态的材料，通过掺加颜料可形成各种艳丽色彩。通常上釉的方法有两种：一种是在干燥后的生坯上施以釉料，然后焙烧，如内墙面砖、琉璃瓦上的釉层；另一种是在制品焙烧的最后阶段，在窑的燃烧室内投入食盐，其蒸汽被制品表面吸收生成易熔物，从而形成釉层，如陶土排水管上的釉层。

7.2 烧 结 砖

　　目前，在墙体材料中以各类工业废渣和黏土为原料的主要有烧结普通砖、烧结多孔砖、烧结空心砖及空心砌块。为了节约黏土和充分利用工业废渣，近年来大力推广使用煤矸石、页岩、粉煤灰等作为烧砖原料，全部或部分代替黏土生产各种烧结砖（页岩砖、煤矸石砖和粉煤灰砖）。

7.2.1 烧结普通砖

　　根据国家标准《烧结普通砖》（GB 5101—2003）的规定，烧结普通砖按其主要原料分为黏土砖（N）、页岩砖（Y）、煤矸石砖（M）和粉煤灰砖（F）。

　　烧结普通砖的规格为 $240mm \times 115mm \times 53mm$（公称尺寸）的直角六面体。在烧结普通砖的砌体中，加上灰缝 10mm，每 4 块砖长、8 块砖宽或 16 块砖厚均为 1m。$1m^3$ 砌体需用砖 512 块。

7.2.1.1 烧结普通砖的主要技术性质

　　烧结普通砖的技术要求包括：尺寸偏差、外观质量、强度、抗风化性能、泛霜、石灰爆裂及欠火砖、酥砖和螺纹砖（过火砖）等，并划分为不同强度等级和优等品（A）、一等品（B）和合格品（C）三个质量等级。

1）强度。烧结普通砖根据 10 块试样抗压强度的试验结果，分为五个强度等级（试验方法见第 10 章）。各强度等级的抗压强度应符合表 7.1 的规定，否则，为不合格品。

表 7.1　　　　　　　　　烧结普通砖及多孔砖的强度　　　　　　　　　单位：MPa

强度等级	抗压强度平均值 $\overline{f}$	变异系数 $\delta \leqslant 0.21$ 时抗压强度标准值 f_k	变异系数 $\delta > 0.21$ 时单块最小抗压强度 f_{min}
MU30	≥30.0	≥22.0	≥25.0
MU25	≥25.0	≥18.0	≥22.0
MU20	≥20.0	≥14.0	≥16.0
MU15	≥15.0	≥10.0	≥12.0
MU10	≥10.0	≥6.5	≥7.5

2）尺寸偏差。烧结普通砖根据 20 块试样的公称尺寸检验结果，分为优等品（A）、一等品（B）及合格品（C）。各质量等级砖的尺寸偏差应符合表 7.2 的规定，否则为不合格品。

表 7.2　　　　　　　　　烧结普通砖的尺寸允许偏差　　　　　　　　　单位：mm

公称尺寸	优 等 品		一 等 品		合 格 品	
	样本平均偏差	样本极差	样本平均偏差	样本极差	样本平均偏差	样本极差
长度 240	±2.0	≤6	±2.5	≤7	±3.0	≤8
宽度 115	±1.5	≤5	±2.0	≤6	±2.5	≤7
厚度 53	±1.5	≤4	±1.6	≤5	±2.0	≤6

3）外观质量。烧结普通砖的外观质量应符合表 7.3 的规定。产品中不允许有欠火砖、酥砖和螺旋纹砖（过火砖），否则为不合格品。

表 7.3　　　　　　　　　烧结普通砖的外观质量要求　　　　　　　　　单位：mm

项　　目		优等品	一等品	合格品
两条面高度差		≤2	≤3	≤4
弯曲		≤2	≤3	≤4
杂质凸出高度		≤2	≤3	≤4
缺棱掉角的三个破坏尺寸，不得同时大于		5	20	30
裂纹长度	a. 大面上宽度方向及其延伸至条面的长度	≤30	≤60	≤80
	b. 大面上长度方向及其延伸至顶面的长度或条顶面上水平裂纹的长度	≤50	≤60	≤100
完整面（不得少于）		二条面和二顶面	一条面和一顶面	—
颜色		基本一致	—	—

注　1. 为装饰而施加的色差，凹凸纹、拉毛、压花等不算作缺陷。
　　2. 凡有下列缺陷之一者，不得称为完整面：
　　（1）缺损在条面或顶面上造成的破坏面尺寸同时大于 10mm×10mm。
　　（2）条面或顶面上裂纹宽度大于 1mm，其长度超过 30mm。
　　（3）压陷、粘底、焦花在条面或顶面上的凹陷或凸出超过 2mm，区域尺寸同时大于 10mm×10mm。

4）泛霜。泛霜是指原料中可溶性盐类（如硫酸钠等），随着砖内水分蒸发而在砖表面产生的盐析现象，一般为白色粉末，常在砖表面形成絮团状斑点。轻微泛霜就能对清水砖墙的建筑外观产生较大影响。国标 GB 5101—2003 规定，优等品砖不允许有泛霜现象；一等品砖不得有中等泛霜；合格品砖不得有严重泛霜。

5）石灰爆裂。如果原料中夹杂石灰石，则烧砖时将被烧成生石灰留在砖中。有时掺入的内燃料（煤渣）也会带入生石灰，这些生石灰在砖体内吸水消化时产生体积膨胀，导致砖发生胀裂破坏，这种现象称为石灰爆裂。

石灰爆裂对砖砌体影响较大，轻者影响美观，重者将使砖砌体强度降低直至破坏。砖中石灰质颗粒越大，含量越多，对砖体强度影响越大。国家标准《烧结普通砖》（GB 5101—2003）规定，优等品砖不允许出现最大破坏尺寸大于 2mm 的爆裂区域；一等品砖不允许出现大于 10mm 爆裂区，且 2～10mm 爆裂区域者，每组砖样中也不得多于 15 处；合格品砖不允许出现大于 15mm 的爆裂区域，且 2～15mm 爆裂区域者，每组砖样中不得多于 15 处，其中 10～15mm 的不得多于 7 处。

6）抗风化性能。砖的抗风化性能是烧结普通砖耐久性的重要标志之一。抗风化性能越好，砖的使用寿命越长。通常以抗冻性、吸水率及饱和系数等指标来判定砖的抗风化性能。国家标准《烧结普通砖》（GB 5101—2003）规定，根据工程所处的省区，对砖的抗风化性能（吸水率、饱和系数及抗冻性）提出不同要求。

全国各地风化程度不同，将东北、西北及华北各省区划为严重风化区。将山东省、河南省及黄河以南地区划为非严重风化区。对于东北、内蒙古及新疆地区（特别严重风化区）的砖，必须进行冻融试验。按 5 块砖样经 15 次冻融后，每块砖样不允许出现裂纹、分层、掉皮、缺棱、掉角等冻坏现象，且质量损失不大于 2％时，评为抗风化性能合格。其他省区的砖，其抗风化性能以吸水率及饱和系数按表 7.4 评定，当符合表7.4 的规定时，可不做冻融试验，评为抗风化性能合格，否则，必须进行上述冻融试验。

表7.4 抗 风 化 性 能 单位：mm

砖种类	严重风化区				非严重风化区			
	5h 沸煮吸水率/％		饱和系数		5h 沸煮吸水率/％		饱和系数	
	平均值	单块最大值	平均值	单块最大值	平均值	单块最大值	平均值	单块最大值
黏土砖	≤18	≤20	≤0.85	≤0.87	≤19	≤20	≤0.88	≤0.90
粉煤灰砖①	≤21	≤23			≤23	≤25		
页岩砖	≤16	≤18	≤0.74	≤0.77	≤18	≤20	≤0.78	≤0.80
煤矸石砖								

① 粉煤灰掺入量（体积比）小于 30％时，按黏土砖规定判定。

7.2.1.2 烧结普通砖的应用

烧结普通砖主要用于砌筑建筑工程的承重墙体、柱、拱、烟囱、沟道、基础等，有时也用于小型水利工程，如闸墩、涵管、渡槽、挡土墙等。其中优等品砖可用于清水墙和墙体装饰，一等品及合格品砖可用于混水墙。中等泛霜的砖不能用于潮湿部位。

在采用烧结普通砖砌体时，必须认识到砖砌体的强度不仅取决于砖的强度，而且受砌筑砂浆性质的影响很大。砖的吸水率大，一般为 15%～20% 左右，在砌筑时将大量吸收砂浆中的水分，致使水泥不能正常凝结硬化，导致砖砌体强度下降。因此，在砌筑前，必须预先将砖进行吮水润湿。

7.2.2　烧结多孔砖

烧结多孔砖为大面有孔的直角六面体，孔多而小，孔洞垂直于受压面。砖的主要规格有 M 型：190mm×190mm×90mm 及 P 型：240mm×115mm×90mm。砖的形状如图 7.2 所示。

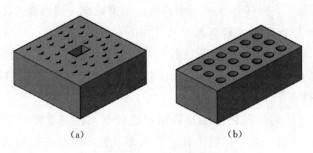

图 7.2　烧结多孔砖

(a) M 型；(b) P 型

《烧结多孔砖和多孔砌块》（GB 13544—2011）规定，根据抗压强度，烧结多孔砖分为 MU30、MU25、MU20、MU15、MU10 五个强度等级（表 7.1）。根据砖的尺寸偏差、外观质量、孔型及孔排列、强度等级和物理性能（冻融、泛霜、石灰爆裂、吸水率等）分为优等品（A）、一等品（B）和合格品（C）三个质量等级。

烧结多孔砖的孔洞率在 28% 以上，表观密度约为 1400kg/m³。虽然多孔砖具有一定的孔洞率，使砖受压时有效受压面积减少，但因制坯时在较大的压力作用下孔壁致密程度提高，且对原材料要求也较高，这就补偿了因有效面积减少而造成的强度损失，故烧结多孔砖的强度仍较高，常被用于砌筑 6 层以下的承重墙。

7.2.3　烧结空心砖和空心砌块

烧结空心砖为顶面有孔洞的直角六面体，孔大而少，孔洞为矩形条孔（或其他孔形），平行于大面和条面，在与砂浆的接合面上，设有增加结合力的深度为 1mm 以上的凹线槽，如图 7.3 所示。

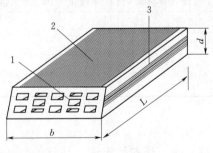

图 7.3　烧结空心砖

1—顶面；2—大面；3—条面

L—长度；b—宽度；d—高度

根据国家标准《烧结空心砖和空心砌块》（GB 13545—2014）的规定，空心砖和砌块的规格尺寸（长度、宽度及高度）应符合 390mm、290mm、240mm、190mm、180mm（175mm）、140mm、115mm 和 90mm 的系列（也可由供需双方商定）。按砖及砌块的表观密度，分为 800kg/m³、900kg/m³、1000kg/m³ 及 1100kg/m³ 四个表观密度等级。按其抗压强度分为 MU10.0、MU7.5、MU5.0 及

MU3.5 四个强度等级（表 7.5）。

表 7.5 烧结空心砖及空心砌块的强度指标

强度等级	抗压强度平均值 $\overline{f}$	抗压强度标准值 f_k/MPa	单块最小抗压强度 f_{min}/MPa	密度等级范围/（kg/m³）
		变异系数 $\delta \leqslant 0.21$	变异系数 $\delta > 0.21$	
MU10.0	≥10.0	≥7.0	≥8.0	
MU7.5	≥7.5	≥5.0	≥5.8	≤1100
MU5.0	≥5.0	≥3.5	≥4.0	
MU3.5	≥3.5	≥2.5	≥2.8	

对于强度、密度、抗风化性及放射性物质合格的空心砖及砌块，根据尺寸偏差、外观质量、孔洞排列及其结构、泛霜、石灰爆裂及吸水率等评价空心砖和砌块的质量。

烧结空心砖和空心砌块，孔洞率一般在 40% 以上，质量较轻，强度不高，因而多用作非承重墙，如多层建筑内隔墙或框架结构的填充墙等。

烧结多孔砖和烧结空心砖可节省黏土、节省能源，且砖的质量轻、热工性能好，使用多孔砖尤其是空心砖，既可提高建筑施工效率，降低造价，还可减轻墙体自重，改善墙体的热工性能。

7.3 非 烧 结 砖

随着工业生产的发展，各种工业废料的排放量不断增多。近年来，为保护环境、变废为宝，充分利用工业废渣（如粉煤灰、煤渣、矿渣等），开发生产了不少新型墙体材料。以含二氧化硅为主要成分的天然材料（如砂）或工业废料，配以少量石灰、石膏，经拌制、成型、蒸压或蒸养而成的砖，称为非烧结砖，也称为硅酸盐砖。

（1）蒸压灰砂砖。

蒸压灰砂砖简称灰砂砖。砖的主要原料是磨细砂子，加入 10%～20% 的石灰，成坯后需经高压蒸汽养护，磨细的二氧化硅和氢氧化钙在高温高湿条件下反应生成水化硅酸钙而具有强度。国家标准《蒸压灰砂砖》（GB 11945—1999）规定，按砖浸水 24h 后的抗压强度和抗折强度分为 MU25、MU20、MU15、MU10 四个等级。

由于灰砂砖中的一些组分如水化硅酸钙、氢氧化钙等不耐酸，也不耐热，若长期受热会产生分解、脱水，甚至还会使石英发生晶型转变，因此灰砂砖应避免用于长期受热高于 200℃、受急冷急热交替作用或有酸性介质侵蚀的建筑部位。此外，砖中的氢氧化钙等组分会被流水冲失，所以灰砂砖不能用于有流水冲刷的地方。

（2）蒸养粉煤灰砖。

蒸养粉煤灰砖也称粉煤灰砖。是以粉煤灰、石灰为主要原料，加入适量石膏、外加剂、颜料和集料等，经坯料制备、压制成型、常压或高压蒸气养护而成的实心砖。

由于粉煤灰具有火山灰效应，在水热环境中，在石灰的碱性激发和石膏的硫酸盐激发共同作用下，形成水化硅酸钙、水化硫铝酸钙等多种水化产物，而获得一定的强度。国家建材行业标准《粉煤灰砖》（JC 239—2001）根据砖的抗压强度和抗折强度将其分为MU30、MU25、MU20、MU15、MU10 五个强度等级。并根据尺寸偏差、外观质量及干燥收缩性质分为优等品（A）、一等品（B）及合格品（C）三个质量等级。

粉煤灰砖能大量处理工业废料，节约黏土资源，因此，利用粉煤灰砖取代黏土砖已得到大量应用。粉煤灰砖可用于工业与民用建筑的墙体和基础，但用于基础或易受冻融和干湿交替作用的建筑部位必须使用一等品砖与优等品砖。粉煤灰砖也不能用于长期受热（200℃以上）、受急冷急热和有酸性介质侵蚀的建筑部位。用煤灰砖砌筑的建筑物，应适当增设圈梁及伸缩缝或采用其他措施，以避免或减少收缩裂缝的产生。

（3）炉渣砖。

炉渣砖又称为煤渣砖，是以煤燃烧后的炉渣为主要原料，加入适量石灰、石膏（或电石渣、粉煤灰）和水搅拌均匀，并经陈伏、轮碾、成型、蒸汽养护而成。炉渣砖按抗压强度和抗折强度分为 MU20、MU15、MU10 三个强度等级。

炉渣砖可用于一般工程的内墙和非承重外墙。其他使用要点与灰砂砖、粉煤灰砖相似。

7.4　建　筑　砌　块

砌块是用于建筑的人造块材，外形多为直角六面体，也有异形的。其分类见表 7.6。

制作砌块可以充分利用地方材料和工业废料，且砌块尺寸比较大，施工方便，能提高砌筑效率，还可改善墙体功能。因此，近年来在建筑领域砌块的应用越来越广泛。本节仅简单介绍几种较有代表性的砌块。

表 7.6　　　　　　　　　　　　砌　块　的　分　类

按 尺 寸 分 类	按密实情况分类		按主要原材料分类
大型砌块（主规格高度＞980mm）	实心砌块		普通混凝土砌块
中型砌块（主规格高度380～980mm）	空心砌块	空心率＜25％	轻骨料混凝土砌块
		空心率25％～40％	粉煤灰硅酸盐砌块
小型砌块（主规格高度115～380mm）	多孔砌块（表观密度300～900kg/m³）		煤矸石砌块
			加气混凝土砌块

（1）加气混凝土砌块。

蒸压加气混凝土砌块（简称加气混凝土砌块）是以钙质材料和硅质材料以及加气剂、少量调节剂，经配料、搅拌、浇注成型、切割和蒸压养护而成的多孔轻质块体材料。原料中的钙质材料和硅质材料可分别采用石灰、水泥、矿渣、粉煤灰、砂等。国家标准《蒸压加气混凝土砌块》（GB/T 11968—2006）规定，砌块的规格（公称尺寸），长度 L 有：600mm；宽度 B 有：100、125、150、200、250、300mm 及 120、180、240mm；高度 H 有：200、240、250、300mm 等多种。

砌块的质量，按其尺寸偏差、外观质量、表观密度级别分为：优等品（A）、合格品（B）两个质量等级。砌块强度级别按 100mm×100mm×100mm 立方体试件抗压强度值

（MPa）划分为七个强度级别，不同强度级别砌块抗压强度应符合表7.7的规定。砌块表观密度级别，按其干燥表观密度分为：B03、B04、B05、B06、B07及B08六个级别，不同质量等级砌块的干燥表观密度值应符合表7.8的规定。

不同质量等级与不同表观密度的砌块强度级别应符合表7.9的规定。

表 7.7 　　　　　　　　　　不同强度级别的砌块抗压强度 　　　　　　　　　单位：MPa

强 度 级 别	A1.0	A2.0	A2.5	A3.5	A5.0	A7.5	A10.0
立方体抗压强度平均值	≥1.0	≥2.0	≥2.5	≥3.5	≥5.0	≥7.5	≥10.0
立方体抗压强度最小值	≥0.8	≥1.6	≥2.0	≥2.8	≥4.0	≥6.0	≥8.0

表 7.8 　　　　　　　　　　　砌块的干燥表观密度 　　　　　　　　　　单位：kg/m³

表 观 密 度 级 别	B03	B04	B05	B06	B07	B08
优等品（A）	≤300	≤400	≤500	≤600	≤700	≤800
合格品（B）	≤325	≤425	≤525	≤625	≤725	≤825

表 7.9 　　　　　　　　　砌块的强度级别与表观密度级别关系

表 观 密 度 级 别		B03	B04	B05	B06	B07	B08
强度级别 应符合	优等品（A）	A1.0	A2.0	A3.5	A5.0	A7.5	A10.0
	合格品（B）			A2.5	A3.5	A5.0	A7.5

1）加气混凝土砌块的特性。加气混凝土砌块是新型墙体材料的重要品种之一。近年来，由于加气混凝土砌块具有节能和环保的优点，在国内外建筑中普遍应用，其环保节能特性主要是指能充分利用工农业固体废弃物，如可在原材料中掺加一定量的粉煤灰等。加气混凝土砌块质量轻，一般每立方米质量为500~700kg，仅为黏土砖和灰砂砖的1/4~1/3，普通混凝土的1/5。加气混凝土砌块保温隔热性能好，导热系数≤（0.1~0.16）W/(m·K)，是黏土砖和灰砂砖的1/4，普通混凝土的1/6，采用加气混凝土作墙体可以大大减薄墙体厚度，节约建筑材料，从而减轻建筑物的自重，不但能扩大建筑物的有效使用面积，而且可有效减少电、热能源的损耗起到节能减排的作用。

加气混凝土砌块具有很好的加工性能，锯、刨、钉、铣、钻样样能行，强度可靠、施工效率高。另外，加气混凝土是多孔结构，所以其吸音、隔音的性能较强，能减免噪声污染，使室内与外界较好隔离；采用加气混凝土砌筑，可大大降低地震时建筑物产生的水平推力，有较好的抗震性。

加气混凝土砌块多用于高层建筑物非承重的内外墙，也可用于一般建筑物的承重墙，还可用于屋面保温，是当前广泛使用的节能建筑材料之一。加气混凝土砌块由于内部具有封闭的独立球状结构气孔，吸水率大，因此要特别注意砌块的体积稳定性和外墙面的防水处理，尽量难免开裂和渗水。

2）加气混凝土砌块的生产工艺。加气混凝土生产过程主要由原料制备、配料、浇注、静养、切割、蒸压养护六大工序组成，其中浇注工序是加气混凝土区别于其他各种混凝土的独具特色的生产工序之一。浇注工序是把配料工序配制好的物料浇注到模具中，混合料浆在模具中进行发气等一系列的化学反应，形成加气混凝土坯体。浇注工序是加气混凝土能否形成良好气孔结构的重要工序，它与配料工序一道构成加气混凝土生产工艺过程的核心环节。

在低碳、环保、绿色的大趋势中，蒸压加气混凝土砌块因其特有的性质在建筑业中发挥着重要作用。

（2）普通混凝土小型砌块。

普通混凝土小型砌块是由水泥、矿物掺合料、砂石等为原料，经与水拌合、振动成型、养护而制成的砌块，包括空心砌块和实心砌块。在空心砌块和实心砌块中又分为承重砌块和非承重砌块。据国家标准《普通混凝土小型砌块》（GB 8239—2014），砌块的强度等级共有 MU5.0、MU7.5、MU10.0、MU15.0、MU20.0、MU25.0、MU30.0、MU35.0 和 MU40.0 共九个等级。

混凝土小型空心砌块具有质量轻、生产简便、施工速度快、适用性强、造价低等优点，广泛用于低层和中层建筑的内外墙。这种砌块在砌筑时一般不宜浇水，但在气候特别干燥炎热时，可在砌筑前稍喷水湿润。

（3）轻集料混凝土小型空心砌块（LHB）。

轻集料混凝土小型砌块，是由水泥、轻集料、普通砂、掺合料、外加剂，加水搅拌，灌模成型养护而成。《轻集料混凝土小型空心砌块》（GB/T 15229—2011）规定，砌块主规格尺寸为 390mm×190mm×190mm。按砌块内孔洞排数分为：实心（O）、单排孔（1）、双排孔（2）、三排孔（3）和四排孔（4）五类。砌块表观密度分为：500、600、700、800、900、1000、1200、1400kg/m³ 等八个等级，其中，用于建筑围护结构或保温结构的实心砌块表观密度不应大于 800kg/m³。砌块抗压强度分为 MU2.5、MU3.5、MU5.0、MU7.5、MU10.0 等五个强度等级。按砌块尺寸偏差及外观质量分为一等品（B）及合格品（C）两个质量等级。

（4）粉煤灰硅酸盐中型砌块。

粉煤灰硅酸盐砌块简称为粉煤灰砌块。粉煤灰中型砌块是以粉煤灰、石灰、石膏和骨料等为原料，经加水搅拌、振动成型、蒸汽养护而制成的密实砌块。其主规格尺寸为 880mm×380mm×240mm 及 880mm×430mm×240mm 两种。国家建材行业标准《粉煤灰砌块》（JC 238—91）规定，按砌块的抗压强度分为 MU10 和 MU13 两个强度等级；按砌块尺寸偏差、外观质量及干缩性能分为一等品（B）和合格品（C）两个质量等级。

粉煤灰硅酸盐砌块可用于一般工业和民用建筑物的墙体和基础，但不宜用在有酸性介质侵蚀的建筑部位，也不宜用于经常受高温影响的建筑物，如铸铁和炼钢车间、锅炉房等的承重结构部位。在常温施工时，砌块应提前浇水润湿，冬季施工时则不需浇水润湿。

7.5　建　筑　板　材

在建筑物的墙体和屋面采用板材具有质量轻、施工速度快、造价低等优点。常用的板材有：预应力空心墙板、玻璃纤维增强水泥板、轻质隔热夹芯板、网塑夹芯板和纤维增强低碱度水泥建筑平板等。

（1）预应力空心墙板。

预应力空心墙板是用高强度低松弛预应力钢绞线，强度等级 52.5 级早强水泥及砂、石为原料，经过钢绞线张拉、水泥砂浆搅拌、挤压、养护及放张、切割而成的混凝土制品。

预应力空心墙板板面平整，尺寸误差小，施工使用方便，减少了湿作业，可加快施工速度，提高工程质量。该墙板可用于承重或非承重的外墙板及内墙板，并可根据需要增加保温层、吸声层、防水层和多种饰面层（彩色水刷石、剁斧石、喷砂和釉面砖等），也可以制成各种规格尺寸的楼板、屋面板、雨罩和阳台板等。

（2）玻璃纤维增强水泥基多孔墙板。

该多孔墙板是以低碱水泥为胶结料，抗碱玻璃纤维（或中碱玻璃纤维）的网格布为增强材料，以膨胀珍珠岩、加工后的锅炉炉渣、粉煤灰为集料，按适当配合比经搅拌、灌注、成型、脱水、养护等工序制成的。

该多孔墙板质量轻、强度高、不燃、可锯、可钉、可钻，施工方便且效率高。主要用于工业和民用建筑的内隔墙。

（3）轻质隔热夹芯板。

轻质隔热夹芯板外层是高强材料（镀锌彩色钢板、铝板、不锈钢板或装饰板等），内层是轻质绝热材料（阻燃型发泡聚苯乙烯或矿棉等），通过自动成型机，用高强度黏结剂将两者粘合，经加工、修边、开槽、落料而成板材。

该板质量约为 $10\sim14\text{kg/m}^2$，导热系数为 0.021W/（m·K），具有良好的绝热和防潮等性能，又具备较高的抗弯和抗剪强度，并且安装灵活快捷，可多次拆装重复使用。可用于厂房、仓库和净化车间、办公楼、商场等工业和民用建筑，还可用于房屋加层、组合式活动房、室内隔断、天棚、冷库等。

（4）网塑夹芯板。

网塑夹芯板是由呈三维空间受力的镀锌钢丝笼格作骨架，中间填以阻燃型发泡聚苯乙烯组合而成的复合墙板。

网塑夹芯板质量轻，绝热吸声性能好，施工速度快。主要用于宾馆、办公楼等的内隔墙。

7.6 屋 面 材 料

建筑物对屋面材料的一般要求是：具有一定的强度以承受一定的荷载、要有足够的隔热性能、突出的防水性能等。本节先介绍传统的屋面材料，用以了解传统屋面材料的演变过程，然后再介绍两种新型屋面材料。

7.6.1 传统屋面材料

瓦是最常用的传统屋面材料，主要起防水和防渗等作用。除黏土瓦外，以往在一些建筑上经常使用的有水泥瓦、石棉水泥瓦、塑料瓦和沥青瓦等。

（1）黏土瓦。

在我国建筑历史上，黏土瓦已使用了相当长的时间。黏土瓦是以黏土、页岩为主要原料，经成型、干燥、焙烧而成。生产黏土瓦的原料应杂质少、塑性好。成型方式可用模压成型或挤压成型。生产工艺和烧结普通砖相同。

黏土瓦有平瓦和脊瓦两种，颜色有青色和红色，平瓦用于屋面，脊瓦用于屋脊。

根据行业标准《黏土瓦》（JC 709—1998），平瓦的规格尺寸主要在 400mm×240mm 至 360mm×220mm 之间。屋面需覆盖的片数分别为 14～16.5 块/m²。平瓦分为优等品、一等品及合格品三个质量等级。单片瓦最小的抗折荷重不得小于 1020N。经 15 次冻融循环后无分层、开裂和剥落等损伤。抗渗性要求不得出现水滴。

黏土瓦质量大、质脆、易破损，在贮运和使用时应注意横立堆垛，垛高不得超过 5 层。

（2）混凝土瓦。

混凝土瓦是以水泥、砂或无机的硬质细骨料为主要原料，经配料混合、加水搅拌、机械滚压或人工揿压成型、养护而成。

根据行业标准《混凝土瓦》（JC/T 746—2007），其主要规格尺寸为 420mm×330mm。按承载力和吸水率要求分为：优等品（A）、一等品（B）及合格品（C）三个质量等级。此外，混凝土瓦尚需满足规范所要求的尺寸偏差、外观质量、质量偏差及抗渗性、抗冻性等。

混凝土平瓦可用来代替黏土瓦，其耐久性好、成本低，但质量大于黏土瓦。如在配料时加入颜料，可制成彩色混凝土平瓦。

（3）石棉水泥波瓦。

石棉水泥波瓦是用水泥和温石棉为原料，经加水搅拌、压波成型、养护而成的波形瓦。分为大波瓦、中波瓦、小波瓦和脊瓦四种。

根据国家标准《石棉水泥波瓦及其脊瓦》（GB/T 9722—1996），其规格尺寸如下：大波瓦为 2800mm×994mm、中波瓦为 2400mm×745mm 和 1800mm×745mm、小波瓦为 1800mm×720mm。按波瓦的抗折力、吸水率和外观质量分为优等品、一等品及合格品三个质量等级。

石棉水泥波瓦既可作屋面材料来覆盖屋面，也可作墙面材料装敷墙壁。

石棉纤维对人体健康有害，现正逐步采用耐碱玻璃纤维和有机纤维生产水泥波瓦。

（4）铁丝网水泥大波瓦。

铁丝网水泥大波瓦是用普通水泥和砂加水混合后浇模，中间放置一层冷拔低碳钢丝网，成型后经养护而成。其尺寸为 1700mm×830mm×14mm，质量较大［(50±5) kg］，适用于做工厂散热车间、仓库及临时性建筑的屋面或围护结构。

（5）塑料瓦。

1）聚氯乙烯波纹瓦。聚氯乙烯波纹瓦又称塑料瓦愣板，是以聚氯乙烯树脂为主体，加入添加材料，经塑化、压延、压波而制成的波形瓦。其规格尺寸为 2100mm×（1100～1300）mm×（1.5～2）mm。塑料瓦愣板具有质量轻、防水、耐腐、透光、有色泽等特点。常用作车棚、凉棚、果棚等简易建筑的屋面，也可用作遮阳板。

2）玻璃钢波形瓦。玻璃钢波形瓦是用不饱和聚酯树脂和玻璃纤维为原料，经手工糊制而成。其尺寸为长1800mm，宽740mm，厚0.8～2.0mm。这种瓦质量轻、强度高、耐冲击、耐高温、耐腐蚀、透光率高、色彩鲜艳和生产工艺简单。适用于屋面、遮阳、车站月台和凉棚等。

（6）金属波形瓦。

金属波形瓦是以铝合金板、薄钢板或镀锌铁板等轧制而成（也称为金属瓦楞板），还有用薄钢板轧成瓦楞状，再涂以搪瓷釉，经高温烧制而得的搪瓷瓦楞板。金属波形瓦质量轻、强度高、耐腐蚀、光反射好、安装方便，适用于屋面、墙面等。

7.6.2 新型屋面材料

我国常用的新型屋面材料主要有夹芯板屋面、GRC屋面和新型组合结构保温屋面等。

（1）夹芯板屋面。

夹芯板是复合保温板的主要品种之一，独特的"三明治"结构使其具有许多优异的材料特性，被广泛应用于有保温要求的各类建筑的墙体和屋面材料。夹芯板是由上下两块强度较大的薄外层表板（承载层）和轻而软的中间层（夹芯）通过黏结剂黏结而成的一类复合保温板。通常，夹芯板的上下两层是由金属材料、非金属材料以及复合材料作为面材，在面板中间以隔热绝热材料为芯材。因此，屋面用夹芯板产品按照覆面材料的不同主要分为：金属面夹芯板、铝塑复合板，此外还有其他一些类型的夹芯板。

夹芯板芯层保温材料按照其形态可分为三种：散粒状保温材料、板块状保温材料和纤维状保温材料。散粒状保温材料主要有膨胀珍珠岩、膨胀蛭石等；板块状保温材料包括泡沫混凝土、泡沫玻璃、聚苯乙烯泡沫塑料、酚醛树脂泡沫塑料、纳米孔硅气凝胶等；纤维状保温材料主要有岩矿棉、玻璃棉等。

金属面夹芯板是由双金属面和黏结于两金属面之间的绝热芯材组成的自支撑的复合板材。金属面夹芯板自问世以来发展迅速，特别是美国、德国、日本、英国、丹麦、澳大利亚等国在建筑中应用更为广泛。金属面夹芯板具有优异的防水、隔热、保温和抗震的性能，以及轻质、高强和良好的可加工性能（可钉、可锯，可用自攻螺钉、膨胀螺栓、抽芯铆钉等紧固）。金属面夹芯板板面平整、线条清晰、尺寸精度较高，外表具有各种颜色以适应建筑的不同风格和色调的需要，以此种板材构筑的建筑，其表面无需面饰，屋面无需再做防水。对于一些大跨度的建筑屋面，为了减轻结构的自重和施工的简便，建筑设计师往往选用金属面夹芯板这一既可承受一定荷载、自重又轻、板幅面又较大的具有多功能的复合板材作为屋面材料。在建筑中，该种板材无论应用于墙体，还是应用于屋面，完全采用现场组装的施工方式，施工工具简单，而且不受季节和气候的影响。

铝塑复合板（简称铝塑板），上、下两层为高强度防锈铝合金（或纯铝），中间为低密度PVC泡沫板或聚乙烯（PE）芯板，表面施加装饰性或保护性涂层。铝塑复合板的主要特点：具备良好的装饰效果，具备良好的加工和施工特点，具备良好的建筑功能，使用寿命较长、适应环境能力较强。

（2）GRC屋面。

玻璃纤维增强水泥复合材料（Glassfiber Reinforced Cement，简称GRC）是一种无机复合材料。GRC具有轻质、高强、抗裂、耐火、抗冻、抗温湿度变化、装饰性好、加工性好等优点，可以与多种绝热材料复合制成多功能墙体与屋面材料，广泛应用在大型复合屋面板、隔墙板、模板和建筑物的补修等领域。GRC 屋面是指利用 GRC 板建筑的屋面，其中，GRC 与保温绝热体组合形成的叠合屋面材料，在屋面工程中有广阔的应用前景。

目前，GRC 在非承重建筑构件领域应用较多，它有轻质高强的特点，可消除水泥基材料内部的集中应力，抑制基材裂缝的发生与发展，提高其抗裂性。这种材料的生产是将一定数量的耐碱玻璃纤维按照一定的工艺（喷射或拌和）分散到水泥浆或水泥砂浆中，经搅拌并在模具内浇灌成型，可形成造型、质感丰富的产品。耐碱玻璃纤维具有较高的抗拉强度和韧性，可显著提高水泥浆或水泥砂浆基体的抗弯、抗拉强度，增强其阻裂性能。

复 习 思 考 题

1. 加气混凝土砌块的组成、结构及性能特点是什么？
2. 目前所用的墙体材料有哪几类？各有哪些优缺点？

第 8 章 防 水 材 料

建筑物的渗漏是当前工程中较为普遍存在的质量问题之一。在水利工程中，堤坝、电站厂房，渠涵等建筑物，直接或间接地承受着有压或无压水的渗透及浸泡，其防水、止水结构是保证建筑物正常运行的重要条件。在房屋建设中，屋面、地下室及厕浴室等的防水工程质量，直接影响房屋的使用功能和寿命。此外，防水材料也广泛应用于道路、桥梁等工程中。

防水材料是能够防止建筑物遭受雨水、地下水以及环境水浸入或透过的各种材料，是建筑工程中不可缺少的主要建筑材料之一。其主要特征是自身致密、孔隙率很小，或具憎水性，或能够填塞、封闭建筑缝隙或隔断其他材料内部孔隙使其达到防渗止水目的。防水材料品种繁多，可按不同方法分类。

按组成成分可分为有机防水材料、无机防水材料（如防水砂浆、防水混凝土等）及金属防水材料（如镀锌薄钢板、不锈钢薄板、紫铜止水片等）。有机防水材料又可分为沥青基防水材料、塑料基防水材料、橡胶基防水材料以及复合防水材料等。

按防水材料的物理特性，可分为柔性防水材料和刚性防水材料。

按防水材料的变形特征，可分为普通型防水材料和自膨胀型防水材料（如膨胀水泥防水混凝土、遇水膨胀橡胶嵌缝条等）。

按防水材料的形态，可分为液态（涂料）、胶体（或膏状）及固态（卷材及刚性防水材料）等。

国内外使用沥青作为防水材料已有悠久的历史，目前，沥青基防水材料仍然是主要的传统防水材料，与之相适应的防水结构是所谓多层防水结构（如三毡四油等）。近年来，新型防水材料得到迅速发展，防水材料向橡胶和树脂基系列及改性沥青系列方向发展；防水层构造由多层向单层方向发展；施工方法由热熔法向冷粘法方向发展。

防水砂浆、防水混凝土等已在有关章节讨论，故本章主要介绍常用的有机防水材料及制品。

8.1 防 水 涂 料

保护建筑物构件不被水渗透或湿润，能形成具有抗渗性涂层的涂料，称为防水涂料。涂料是一种流态或半流态物质，传统上称为"油漆"。油漆在我国具有悠久的历史。随着生产及科学的发展，现在作为涂料的基料，已远远突破桐油和天然漆的范围，许多合成高分子材料及无机材料被应用。因此，"油漆"已无法概括所有涂料产品，故采用涂料这一统称。涂料则包括各种油漆、天然树脂漆、合成树脂漆、无机类涂料及复合型涂料等。

组成涂料的物质可概括为：主要成膜物（包括基料、胶粘剂、硬化剂等）、次要成膜物（包括颜料、填料）及辅助成膜物（包括溶剂、分散剂、催干剂等）三类。当其被涂覆于基体表面后，溶剂（包括水）等可挥发物质挥发，不挥发部分干固（或化学反应）形成具有一定厚度的弹性连续薄膜，牢固地附着于基体表面，使其与周围环境隔绝，而起到装饰和保护作用。

8.1.1 防水涂料的特性及基本要求

防水涂料为建筑涂料的一种。特别适合于结构复杂不规则部位的防水，并能形成无接缝的防水膜。它大多采用冷施工，减少了环境污染，改善了劳动条件。防水涂料可人工涂刷或喷涂，操作简单，进度快，便于维修。涂膜具有耐水、耐候、耐酸碱等特性及一定抗拉强度和延伸性能，能适应基层局部变形及裂缝。但防水涂料为薄层防水，且防水层厚度很难保持均匀一致，致使防水效果受到限制。

为满足防水工程的要求，防水涂料必须具备以下性能：

1）固体含量。系指涂料中所含固体比例。涂料涂刷后，固体成分将形成涂膜。因此固体含量多少与成膜厚度及涂膜质量密切相关。

2）耐热性。系指成膜后的防水涂料薄膜在高温下不发生软化变形、流淌的性能。

3）柔性（也称低温柔性）。系指成膜后的防水涂料薄膜在低温下保持柔韧的性能。它反映防水涂料低温下的使用性能。

4）不透水性。系指防水涂膜在一定水压和一定时间内不出现渗漏的性能。是防水涂料的主要质量指标之一。

5）延伸性。系指防水涂膜适应基层变形的能力。防水涂料成膜后必须具有一定的延伸性，以适应基层可能发生的变形，保证涂层的防水效果。

8.1.2 常用防水涂料

防水涂料按液态类型分为溶剂型、水乳型和反应型三大类；按主要成膜物质的不同，分为沥青类、高聚物改性沥青类及合成高分子类三类。

（1）沥青基防水涂料。

沥青基防水涂料有溶剂型和水乳型两类。溶剂型涂料即液体沥青（冷底子油），水乳型涂料即乳化沥青（见第 5 章）。根据建材行业标准《水乳型沥青防水涂料》（JC408—2005），产品按性能分为 H 型和 L 型。各类水乳型沥青防水涂料的物理力学性能应满足表8.1 的要求。

表 8.1　　　　　　　　　　水乳型沥青防水涂料物理力学性能

项　　目	L	H
固体含量/%	≥45	
耐热度/℃	80±2	110±2
	无流淌、滑动、滴落	
不透水性	0.1MPa，30min，无渗水	
黏结强度/MPa	≥0.30	
表干时间/h	≤8	
实干时间/h	≤24	

项 目		L	H
低温柔度/℃	标准条件	−15	0
	碱处理	−10	5
	热处理		
	紫外线处理		
断裂伸长率/%	标准条件	≥600	
	碱处理		
	热处理		
	紫外线处理		

沥青基防水涂料主要用于防水等级较低的屋面防水工程以及道路、水利等工程中的辅助性防水工程。

（2）高聚物改性沥青防水涂料。

采用橡胶、树脂等高聚物对沥青进行改性处理，可提高沥青的低温柔性、延伸率、耐老化性及弹性等（详见第 5 章）。高聚物改性沥青防水涂料一般是采用再生橡胶、合成橡胶或 SBS 聚合物对沥青改性，制成水乳型或溶剂型防水涂料。

目前，我国生产的溶剂型高聚物改性沥青防水涂料的品种很多，主要有氯丁橡胶沥青防水涂料及再生橡胶沥青防水涂料等。溶剂型橡胶沥青防水涂料防水材料的物理力学性能应符合《溶剂型橡胶沥青防水涂料》（JC/T 852—1999）的性能要求，见表 8.2。

表 8.2　　　　　　　　　　　　溶剂型橡胶沥青防水涂料主要性能

项 目		技 术 标 准	
		一等品	合格品
外观		黑色、黏稠状、细腻、均匀胶状液体	
固体含量/%		≥48	
抗裂性	基层裂缝/mm	0.3	0.2
	涂膜状态	无裂纹	
低温柔性（φ10mm，2h）		−15℃	−10℃
		无裂纹	
黏结性/MPa		≥0.2	
耐热性（80℃，5h）		无流淌、鼓泡、滑动	
不透水性（0.2MPa，30min）		不渗水	

水乳型高聚物改性沥青防水涂料主要品种有：再生橡胶沥青防水涂料；丁苯胶乳防水涂料；SBS 橡胶沥青防水涂料及氯丁橡胶沥青防水涂料等。水乳型高聚物改性沥青防水涂料的技术性能应符合表 8.1 的要求。

高聚物改性沥青防水涂料均属薄层防水涂料，与沥青基防水涂料相比较，其低温柔性和抗裂性均显著提高。适用于较高防水等级的屋面防水，地下室及卫生间防水，以及水利、道路等工程的一般防水处理。单独使用时厚度不小于 3mm，复合使用时厚度不小于 1.5mm 为宜。

（3）合成高分子防水涂料。

合成高分子材料是以合成高分子化合物（又称聚合物）为基础组成的材料。它与常用建筑材料（钢、水泥、砖、木材等）相比较，具有密度低、比强度（强度与质量之比）高、耐水性及耐化学侵蚀性强、抗渗性及防水性好、装饰性好、易加工等许多特点，是当代发展最快的材料之一，广泛应用于各类工程。

合成高分子材料也有一些缺点，主要是耐热性差、易燃烧、易老化等，使其应用范围受到一定局限。在工程中应用时，应扬长避短，合理使用。

高分子聚合物品种繁多，可按不同方式分类。常见的分类方式及类别见表 8.3。

高分子聚合物常用的命名方法如下：

1）在生成聚合物的单体名称之前加"聚"字。如聚乙烯、聚氯乙烯等。

2）在原料名称之后加"树脂"二字。如酚醛树脂、脲醛树脂等。

3）商品名称。如把聚酰胺纤维称为尼龙或绵纶，把聚丙烯腈纤维称为腈纶等。

聚合物的名称还常用其英文名称的缩写字母表示。如：聚乙烯——PE；聚氯乙烯——PVC；聚乙烯醇——PVA；丁苯橡胶——SBR；丙烯腈、丁二烯、苯乙烯共聚物为 ABS 树脂等。

表 8.3　　　　　　　　　　　　高分子聚合物常用分类方法

分 类 方 式	类 别	特 性
按聚合物的合成反应	加聚聚合物 缩聚聚合物	由加成聚合反应得到，无副产物 由缩聚反应得到，有副产物
按聚合物的性质	树脂及塑料 合成橡胶 合成纤维	高温时为黏流态，常温下为玻璃态，有固定形状 具有高弹性 单丝强度高
按聚合物的热行为	热塑性聚合物 热固性聚合物	线性分子结构，受热后结构类型不变，具有可塑性及可溶性体型分子结构，物理—力学性能强，化学稳定性好，失去了可塑性及可溶性

合成高分子防水涂料是以合成橡胶或合成树脂为主要成膜物质，加入其他辅料配制成的单组分或多组分防水涂料。主要品种有聚氨酯防水涂料、水乳型单组分有机硅橡胶防水涂料、水乳型丙烯酸酯防水涂料等。这类涂料具有良好的黏结性、防水性、耐候性、柔韧性及优良的耐高低温性能，适用于各等级的屋面防水工程及重要的水利、道路、化工等防水工程。其中有机硅防水涂料和丙烯酸酯防水涂料还具有无毒、不燃及可调配成各种颜色等特点，但其价格较高。

聚氨酯防水涂料具有优良的耐油、耐碱、耐磨、耐海水侵蚀性能，涂膜的弹性及延伸性好，抗拉强度和撕裂强度较高，借化学反应成膜，几乎不含溶剂，体积收缩小，涂膜整体性强，对基层裂缝有较强的适应性。国家标准《聚氨酯防水涂料》（GB/T 19250—2003）规定，产品分为单组分和多组分两种，并按拉伸性能分为Ⅰ、Ⅱ两类。其技术性能应符合

表 8.4 的要求。

表 8.4 聚氨酯防水涂料物理力学性能（GB/T 19250—2003）

项　　目	类　　别	单 组 分		多 组 分	
		Ⅰ	Ⅱ	Ⅰ	Ⅱ
拉伸强度/MPa		≥1.9	≥2.45	≥1.9	≥2.45
撕裂强度/（N/mm）		≥12	≥14	≥12	≥14
断裂伸长率/%		≥550	≥450	≥450	≥450
固体含量/%		≥80		≥92	
表干时间/h		≤12		≤8	
实干时间/h		≤24		≤24	
低温弯折性/℃		≤−40		≤−35	
人工气候老化	拉伸强度保持率/%	80～150		80～150	
	断裂伸长率/%	≥500	≥400	≥400	≥400
	低温弯折性/℃	≤−35		≤−30	
不透水性		0.3MPa，水压 30min，不透水			
潮湿基面黏结强度/MPa		≥0.5			

8.2 防 水 卷 材

防水卷材是建筑工程中最常用的柔性防水材料。

防水卷材的品种很多。常按其组成材料不同分为沥青防水卷材、高聚物改性沥青防水卷材和合成高分子防水卷材三大类。按卷材的结构不同又可分为有胎卷材及无胎卷材两种。所谓有胎卷材，即是用纸、玻璃布、棉麻织品、聚酯毡或玻璃丝毡（无纺布）、塑料薄膜或纺织物等增强材料作胎料，将沥青、高分子材料等浸渍或涂覆在胎料上，所制成的防水卷材。所谓无胎卷材，即将沥青、塑料或橡胶与填充料、添加剂等经配料、混炼压延（或挤出）、硫化、冷却等工艺而制成的防水卷材。

8.2.1 沥青防水卷材

沥青防水卷材有石油沥青防水卷材和煤沥青防水卷材两种。一般生产和使用的多为石油沥青防水卷材。石油沥青防水卷材有纸胎油毡、油纸及玻璃布或玻璃毡胎石油沥青油毡等。

（1）石油沥青纸胎油毡。

采用低软化点沥青浸渍原纸所制成的无涂撒隔离物的纸胎卷材称为油纸。当再用高软化点沥青涂盖油纸两面，并撒布隔离材料后，则称为油毡。所用隔离物为粉状材料（如滑石粉、石灰石粉）时，为粉毡；用片状材料（如云母片）时，为片毡。

石油沥青纸胎油毡按卷重和物理性能分为Ⅰ型、Ⅱ型和Ⅲ型三种型号。油毡的物理性能应符合表 8.5 的要求。

表 8.5　　　　　　石油沥青纸胎油毡物理性能（GB 326—2007）

项　目		指　标		
		Ⅰ 型	Ⅱ 型	Ⅲ 型
卷重/（kg/卷）		≥17.5	≥22.5	≥28.5
单位面积浸涂材料总量/（g/m²）		≥600	≥750	≥1000
不透水性	压力/MPa	≥0.02	≥0.02	≥0.10
	保持时间/min	≥20	≥30	≥30
吸水率/%		≤3.0	≤2.0	≤1.0
耐热度		（85±2）℃，2h 涂盖层无滑动、流淌和集中性气泡		
拉力（纵向）/（N/50min）		≥240	≥270	≥340
柔度		（18±2）℃，绕 φ20mm 圆棒或弯板无裂纹		

注　本标准Ⅲ型产品物理性能要求为强制性的，其余为推荐性的。

　　Ⅰ型、Ⅱ型油毡适用于辅助防水、保护隔离层，临时性建筑防水、防潮及包装等。Ⅲ型油毡适用于屋面工程的多层防水。

　　（2）石油沥青玻璃纤维胎防水卷材。

　　石油沥青玻璃纤维胎防水卷材（简称玻纤胎油毡），是以无纺玻璃纤维薄毡为胎芯，用石油沥青浸涂薄毡两面，两面覆以隔离材料所制成的防水卷材。

　　根据《石油沥青玻璃纤维胎防水卷材》（GB/T 14686—2008），玻纤胎油毡按每单位面积质量分为 15 号、25 号；按上表面材料分为 PE 膜、砂面；按力学性能分为Ⅰ型和Ⅱ型，性能要求见表 8.6 和表 8.7。

　　石油沥青玻璃纤维胎防水卷材的抗拉强度、耐腐蚀性等性能均优于石油沥青纸胎油毡，可用于屋面、地下等防水工程。

表 8.6　　　　　　石油沥青玻璃纤维胎防水卷材单位面积质量

标　号	15 号		25 号	
上表面材料	PE 膜	砂面	PE 膜	砂面
单位面积质量/（kg/m²）	≥1.2	≥1.5	≥2.1	≥2.4

表 8.7　　　　　　石油沥青玻璃纤维胎防水卷材材料性能

序　号	项　目		指　标	
			Ⅰ 型	Ⅱ 型
1	可溶物含量/（g/m²）	15 号	≥700	
		25 号	≥1200	
		试验现象	胎基不燃	
2	拉力/（N/50mm）	纵向	≥350	≥500
		横向	≥250	≥400
3	耐热性		85℃	
			无滑动、流淌、滴落	

序 号	项 目		指 标	
			Ⅰ型	Ⅱ型
4	低温柔性		10℃	5℃
			无裂缝	
5	不透水性		0.1MPa，30min，不透水	
6	钉杆撕裂强度/N		≥40	≥50
7	热老化	外观	无裂纹、无起泡	
		拉力保持率/%	≥85	
		质量损失率/%	≥2.0	
		低温柔性	15℃	10℃
			无裂缝	

8.2.2 改性沥青防水卷材

以各种改性沥青为浸涂材料，以纤维织物、纤维毡或塑料膜为胎体，表面覆以矿物质粉粒或薄膜作隔离材料制成的可卷曲的防水材料，总称为改性沥青防水卷材。

改性沥青卷材所用浸渍及涂覆材料有：改性氧化沥青、丁苯橡胶改性氧化沥青、聚合物改性沥青（SBS 及 APP 等）三类。胎体材料有：玻纤毡、聚酯毡、聚乙烯膜、玻纤网格布增强玻纤毡以及玻纤网格布与聚酯毡或涤棉无纺布的复合毡等。隔离覆面材料有：细砂（S）、矿物粒（片）料（M）、聚乙烯膜（PE）及铝箔等。改性沥青防水卷材为有胎卷材，属中、高档防水卷材。常用的有：弹性体改性沥青防水卷材、塑性体改性沥青防水卷材、改性沥青聚乙烯胎防水卷材及自粘卷材和自粘聚酯胎卷材等。

（1）弹性体改性沥青防水卷材及塑性体改性沥青防水卷材。

弹性体改性沥青防水卷材是用苯乙烯—丁二烯—苯乙烯（SBS）橡胶改性沥青做涂层，用玻纤毡、聚酯毡、玻纤增强聚酯毡为胎基，两面覆以隔离材料所做成的一种性能优异的防水材料，具有耐热、耐寒、耐腐蚀、抗老化、热塑性好、抗拉力大、延伸率高、抗撕裂性强等优点。根据国家标准《弹性体改性沥青防水卷材》（GB 18242—2008），弹性体改性沥青防水卷材按胎基分为聚酯毡（PY）、玻纤毡（G）、玻纤增强聚酯毡（PYG）；按上表面隔离材料分为聚乙烯膜（PE）、细砂（S）、矿物粒料（M）；按下表面隔离材料为细砂（S）、聚乙烯膜（PE）；按材料性能分为Ⅰ型和Ⅱ型。各项性能要求见表 8.8。

表 8.8 弹性体改性沥青防水卷材材料性能

序号	项 目		指 标				
			Ⅰ型		Ⅱ型		
			PY	G	PY	G	PYG
1	可溶物含量/(g/m³)	卷材厚度 3mm	≥2100				—
		卷材厚度 4mm	≥2900				—
		卷材厚度 5mm	≥3500				
		试验现象	—	胎基不燃	—	胎基不燃	

续表

序号	项　目		指　标				
			Ⅰ型		Ⅱ型		
			PY	G	PY	G	PYG
2	耐热性	温度	90℃		105℃		
		上、下表面的滑动平均值	≤2mm				
		试验现象	无流淌、滴落				
3	低温柔性		−20℃		−25℃		
			无裂缝				
4	不透水性（30min）压力/MPa		0.3	0.2	0.3		
5	拉力	最大峰拉力/（N/50mm）	≥500	≥350	≥800	≥500	≥900
		次高峰拉力/（N/50mm）	—	—	—	—	≥800
		试验现象	拉伸过程中，时间中部无沥青覆盖层开裂或与胎基分离现象				
6	延伸率	最大峰时延伸率/%	≥30		≥40		—
		第二峰时延伸率/%	—		—		≥15
7	浸水后质量增加/%	PE，S	≤1.0				
		M	≤2.0				
8	热老化	拉力保持率/%	≥90				
		延伸率保持率/%	≥80				
		低温柔性	−15℃		−20℃		
			无裂痕				
		尺寸变化率/%	≤0.7	—	≤0.7	—	≤0.3
		质量损失/%	≤1.0				
9	渗油性	张数	≤2				
10	接缝剥离强度/（N/mm）		≥1.5				
11	钉杆撕裂强度 a/N		—				≥300
12	矿物粒料黏附性 b/g		≤2.0				
13	卷材下表面沥青涂盖层厚度 c/mm		≥1.0				
14	人工气候加速老化	外观	无滑动、流淌、滴落				
		拉力保持率/%	≥80				
		低温柔性	−15℃		−20℃		
			无裂缝				

注　1. a 仅适用于单层机械固定施工方式卷材；
　　2. b 仅适用于矿物粒表面的卷材；
　　3. c 仅适用于热熔施工的卷材。

　　塑性体改性沥青防水卷材以聚酯胎、玻纤毡、玻纤增强聚酯毡为胎基，以无规聚丙烯（APP）或聚烯烃类聚合物（APAO、APO 等）做石油沥青改性剂，两面覆以隔离材料所制成的防水卷材。国家标准《塑性体改性沥青防水卷材》（GB 18243—2008）规定，卷材胎体分为玻纤胎（G）、聚酯胎（PY）和玻纤增强聚酯毡（PYG）三种；上表面隔离材料分为聚乙烯膜（PE）、细砂（S）、矿物粒料（M）三种；下表面隔离材料为细砂（S）、聚乙烯膜（PE）两种；并按其物理性能分为Ⅰ、Ⅱ两个型号，见表8.9。

表 8.9 塑性体改性沥青防水卷材材料性能

序号	项 目		指 标				
			Ⅰ 型		Ⅱ 型		
			PY	G	PY	G	PYG
1	可溶物含量/(g/m³)	卷材厚度 3mm	≥2100				—
		卷材厚度 4mm	≥2900				—
		卷材厚度 5mm	≥3500				
		试验现象	—	胎基不燃	—	胎基不燃	—
2	耐热性	温度	110℃		130℃		
		上、下表面的滑动平均值	≤2				
		试验现象	无流淌、滴落				
3	低温柔性		−7℃		−15℃		
			无裂缝				
4	不透水性（30min）压力/MPa		0.3	0.2	0.3		
5	拉力	最大峰拉力/（N/50mm）	≥500	≥350	≥800	≥500	≥900
		次高峰拉力/（N/50mm）					≥800
		试验现象	拉伸过程中，时间中部无沥青覆盖层开裂或与胎基分离现象				
6	延伸率	最大峰时延伸率/%	≥25	—	≥40	—	—
		第二峰时延伸率/%	—	—	—	—	≥15
7	浸水后质量增加/%	PE，S	≤1.0				
		M	≤2.0				
8	热老化	拉力保持率/%	≥90				
		延伸率保持率/%	≥80				
		低温柔性	−2℃		−10℃		
			无裂痕				
		尺寸变化率/%	≤0.7	—	≤0.7	—	≤0.3
		质量损失/%	≤1.0				
9	接缝剥离强度/（N/mm）		≥1.5				
10	钉杆撕裂强度 a/N		—		≥300		
11	矿物粒料黏附性 b/g		≤2.0				
12	卷材下表面沥青涂盖层厚度 c/mm		≥1.0				
13	人工气候加速老化	外观	无滑动、流淌、滴落				
		拉力保持率/%	≥80				
		低温柔性	−2℃		−10℃		
			无裂缝				

注 1. a 仅适用于单层机械固定施工方式卷材；

2. b 仅适用于矿物粒料表面的卷材；

3. c 仅适用于热熔施工的卷材。

弹性体及塑性体改性沥青防水卷材具有抗拉强度高、柔性好、延伸率大、耐老化等特点，适用于各种防水等级的屋面防水，以及桥梁、蓄水池、隧道及水利工程。其中 SBS 卷材适用于环境温度较低的防水工程，APP 卷材适用于较高气温环境的防水工程。

（2）改性沥青聚乙烯胎防水卷材。

改性沥青聚乙烯胎防水卷材是以各种改性沥青为基料（浸涂材料），以高密度聚乙烯膜为胎体，经滚压、水冷成型制得的表面覆盖有隔离材料的防水卷材。国家标准《改性沥青聚乙烯胎防水卷材》（GB 18967—2009）规定，改性沥青聚乙烯胎防水卷材按产品的施工工艺分为热熔型和自粘型两种。热熔型产品按改性剂的成分分为改性氧化沥青防水卷材、丁苯橡胶改性沥青防水卷材、高聚物改性氧化沥青防水卷材和高聚物改性沥青耐根穿刺防水卷材四类。热熔型卷材上下表面隔离材料为聚乙烯膜；自粘防水卷材上下表面隔离材料为防粘材料。各种改性沥青防水卷材性能见表 8.10。

表 8.10　　　　　　　改性沥青聚乙烯胎防水卷材性能（GB 18967—2009）

卷材类别			热熔型（T）				自粘型（S）
基　料			O	M	P	R	M
不透不性			0.4MPa，30min，不透水				
耐热性			90℃				70℃
			无流淌，无起泡				
低温柔性			−5℃	−10℃	−20℃	−20℃	−20℃
			无　裂　纹				
拉伸性能	拉力 /（N/50mm）	纵向	≥200			≥400	≥200
		横向					
	断裂延伸率 /%	纵向	120				
		横向					
尺寸稳定性			90℃				70℃
			≤2.5%				
卷材下表面覆盖层厚度/mm			≥1.0				—
剥离强度/（N/mm）		卷材与卷材	—				≥1.0
		卷材与铝板	—				≥1.5
钉杆水密性			—				通过
持黏性/min			—				≥15
自粘沥青再剥离强度（与铝板）/（N/mm）			—				≥1.5
热空气老化	纵向拉力/（N/50mm）		≥200			≥400	≥200
	纵向断裂延伸率/%		≥120				
	低温柔性		5℃	0℃	−10℃	−10℃	−10℃
			无　裂　纹				

注　O 为改性氧化沥青防水卷材；M 为丁苯橡胶改性氧化沥青防水卷材；P 为高聚物改性沥青防水卷材；R 为高聚物改性沥青耐根穿刺防水卷材。

改性沥青聚乙烯胎防水卷材，综合了沥青和聚乙烯塑料薄膜的防水功能，具有不透水性强、抗拉等特点，并可热熔粘接施工。既可作单层防水也可作多层防水，适用于多种防水等级的工程。其中上表面覆盖聚乙烯膜的卷材，适用于非外露的防水工程；上表面覆盖防粘材料的卷材适用于外露的防水工程。

（3）自粘聚合物改性沥青防水卷材及自粘聚合物改性沥青聚酯胎防水卷材。

自粘聚合物沥青防水卷材是以 SBS 等弹性体、沥青为基料，以聚乙烯膜、铝箔为表面材料或无膜（双面自粘）、采用防粘隔离层的自粘防水卷材，简称自粘卷材。

以聚合物改性沥青为基料，采用聚酯毡为胎体，粘贴面背面覆以防粘材料的增强自粘防水卷材，称为自粘聚合物改性沥青聚酯胎防水卷材，简称自粘聚酯胎卷材。

《自粘聚合物改性沥青防水卷材》（GB 23441—2009）规定，自粘卷材按性能可以分为Ⅰ、Ⅱ两个型号。按上表面材料可以分为聚乙烯膜（PE）、细砂（S）和无膜双面自粘（D）三种。以聚乙烯膜或细沙覆面的Ⅰ型自粘卷材适用于一般及中档建筑的地下工程和没有刚性保护层的屋面做防水层；Ⅱ型的低温柔性好，适用于寒冷地区，高档建筑和设有刚性保护层的屋面做防水层。

自粘卷材是一种极具发展前景的新型防水材料，具有低温柔性、自愈性、及黏结性能好的特点，可常温施工、施工速度快、符合环保要求。聚酯胎抗拉强度高，延伸率较大，对基层伸缩和开裂变形适应能力强；以 SBS 改性沥青做涂覆材料，耐高温性能好。

8.2.3 合成高分子防水卷材

合成高分子防水卷材是以合成橡胶、合成树脂或两者共混物为基料，加入适量助剂及填充料，以压延法或挤出法生产的可卷曲片状防水材料，也称为高分子防水片材。经压延或挤出的均质片材称为均质片；若将上述基料与合成纤维等复合，制成带织物加强层者称为复合片。

高分子防水片材按所用基料不同分为硫化橡胶类、非硫化橡胶类及树脂类三种。主要原材料有三元乙丙橡胶、氯丁橡胶、再生胶、聚氯乙烯、聚乙烯、氯化聚乙烯、乙烯—醋酸乙烯、橡塑共混物等。

高分子防水片材属高中挡防水材料，常用的有：三元乙丙橡胶片材、聚氯乙烯防水卷材、氯化聚乙烯防水卷材、三元丁橡胶防水卷材（再生胶类）、氯化聚乙烯橡胶共混防水卷材等。

（1）三元乙丙橡胶片材及橡塑共混片材。

《高分子防水材料 第1部分：片材》（GB 18173·1—2012）规定，均质和复合型部分种类片材的物理性能应满足表 8.11 的要求。

表 8.11   **高分子防水材料、片材物理性能（部分）**

项　目		均　质　片				复　合　片	
		JL1	JL2	JF1	JF2	FL	FF
拉伸强度/MPa	常温（23℃）	≥7.5	≥6.0	≥4.0	≥3.0	—	—
	高温（60℃）	≥2.3	≥2.1	≥0.8	≥0.4	—	—
拉伸强度/（N/cm）	常温（23℃）	—	—	—	—	≥80	≥60
	高温（60℃）	—	—	—	—	≥30	≥20

续表

项 目		均 质 片				复 合 片	
		JL1	JL2	JF1	JF2	FL	FF
扯断伸长率 /%	常温（23℃）	≥450	≥400	≥450	≥200	≥300	≥250
	低温（−20℃）	≥200	≥200	≥200	≥100	≥150	≥50
撕裂强度 （常温23℃）	kN/m	≥25	≥24	≥18	≥10	—	
	N			—		≥40	≥20
不透水性（30min）		0.3MPa 无渗漏	0.3MPa 无渗漏	0.3MPa 无渗漏	0.2MPa 无渗漏	0.3MPa 无渗漏	0.3MPa 无渗漏
低温弯折		−40℃ 无裂纹	−30℃ 无裂纹	−30℃ 无裂纹	−20℃ 无裂纹	−35℃ 无裂纹	−20℃ 无裂纹
加热伸缩量/mm	延伸	≤2	≤2	≤2	≤4	≤2	≤2
	收缩	≥4	≥4	≥4	≥6	≥4	≥4
热空气老化 （80℃×168h）	拉伸强度保持率/%	≥80	≥80	≥90	≥60	≥80	≥80
	拉断伸长率保持率/%	≥70	≥70	≥70	≥70	≥70	≥70
耐碱性 10%Ca（OH）$_2$ （23℃×168h）	拉伸强度保持率/%	≥80	≥80	≥80	≥70	≥80	≥60
	拉断伸长率保持率/%	≥80	≥80	≥90	≥80	≥80	≥60
臭氧老化 （40℃×168h）	伸长率 4%，500×10^{-8}	无裂纹	—	无裂纹	—	—	—
	伸长率 20%，200×10^{-8}	—	无裂纹	—	—	无裂纹	无裂纹
	伸长率 20%，100×10^{-8}	—	—	—	无裂纹	—	—
人工气候 老化	拉伸强度保持率/%	≥80	≥80	≥80	≥70	≥80	≥70
	拉断伸长率保持率/%	≥70	≥70	≥70	≥70	≥70	≥70
黏结剥离强度 （片材与片材）	标准试验条件/（N/mm）			≥1.5			
	浸水保持率（23℃×168h）/%			≥70			

注 JL1 为硫化类三元乙丙橡胶均质片材；JF1 为非硫化类三元乙丙橡胶均质片材；JL2 为硫化类橡塑共混均质片材；JF2 为非硫化类橡塑共混均质片材；FL 为硫化橡胶类复合片材；FF 为非硫化橡胶类复合片材。

（2）聚氯乙烯防水卷材及氯化聚乙烯防水卷材。

聚氯乙烯防水卷材是以聚氯乙烯树脂为主要原料，加入适量添加剂制成的防水卷材（代号 PVC 卷材）。氯化聚乙烯防水卷材是以氯化聚乙烯树脂为主要原料，加入适量添加剂制成的防水卷材（代号 CPE 卷材）。根据国家标准《聚氯乙烯防水卷材》（GB 12952—2011）聚氯乙烯防水卷材按产品的组成分为均质卷材（代号 H）、带纤维背衬卷材（代号 L）、织物内增强卷材（代号 P）、玻璃纤维内增强卷材（代号 G）及玻璃纤维内增强带纤维背衬卷材（代号 GL）五种。聚氯乙烯防水卷材的材料性能应满足表 8.12 的要求。根据《氯化聚乙烯防水卷材》（GB 12953—2003）的规定，氯化聚乙烯防水卷材分为无复合层的（N 类）、用纤维单面复合的（L 类）及织物内增强的（W 类）三类。按其物理力学性能分为Ⅰ型及Ⅱ型两种。氯化聚乙烯防水卷材的物理力学性能应满足表 8.13 的要求。

8.2 防 水 卷 材

表 8.12

表 8.12   聚氯乙烯防水卷材材料性能指标

序号	项目		指标				
			H	L	P	G	GL
1	中间胎基上面树脂层的厚度/mm		—		≥0.40		
2	拉伸性能	最大拉力/（N/cm）	—	≥120	≥250	—	≥120
		拉伸强度/MPa	≥10.0	—	—	≥10.0	—
		最大拉力时伸长率/%	—	—	≥15	—	—
		断裂伸长率/%	≥200	≥150	—	≥200	≥100
3	热处理尺寸变化率/%		≤2.0	≤1.0	≤0.5	≤0.1	≤0.1
4	低温弯折性		−25℃无裂纹				
5	不透水性		0.3MPa，2h无渗漏				
6	抗冲击性能		0.5kg·m，不渗水				
7	抗静态荷载①		—		20kg不渗水		
8	接缝剥离强度/MPa		≥4.0或卷材破坏		≥3.0		
9	直角撕裂强度/MPa		≥50			≥50	
10	梯形撕裂强度/MPa		—	≥150	≥250	—	≥220
11	吸水率（70℃，168h）/%	浸水后	≤4.0				
		晾置后	≥−0.40				
12	热老化	时间/h	672				
		外观	无起泡、裂纹、分层、黏结或孔洞				
		最大拉力保持率/%	—	≥85	≥85	—	≥85
		拉伸强度保持率/%	≥85	—	—	≥85	—
		最大拉力时拉伸率保持率/%	—	—	≥80	—	—
		断裂伸长率保持率/%	≥80	≥80	—	≥80	≥80
		低温弯折性	−20℃无裂纹				
13	耐化学性	外观	无起泡、裂纹、分层、黏结或孔洞				
		最大拉力保持率/%	—	≥85	≥85	—	≥85
		拉伸强度保持率/%	≥85	—	—	≥85	—
		最大拉力时拉伸率保持率/%	—	—	≥80	—	—
		断裂伸长率保持率/%	≥80	≥80	—	≥80	≥80
		低温弯折性	−20℃无裂纹				
14	人工气候加速老化③	时间/h	1500②				
		外观	无起泡、裂纹、分层、黏结或孔洞				
		最大拉力保持率/%	—	≥85	≥85	—	≥85
		拉伸强度保持率/%	≥85	—	—	≥85	—
		最大拉力时拉伸率保持率/%	—	—	≥80	—	—
		断裂伸长率保持率/%	≥80	≥80	—	≥80	≥80
		低温弯折性	−20℃无裂纹				

① 抗静态荷载仅对应用于压铺屋面的卷材要求。

② b 单层卷材屋面使用产品的人工气候加速老化时间为 2500h。

③ 非外露使用的卷材不要求测定人工气候加速老化。

表 8.13　　　氯化聚乙烯防水卷材物理力学性能（GB 12953—2003）

项　目		氯化聚乙烯防水卷材			
		N		L、W	
		Ⅰ	Ⅱ	Ⅰ	Ⅱ
拉伸强度/MPa		≥5.0	≥8.0	—	
最大拉力/（N/cm）		—		≥70	≥120
断裂伸长率/%		≥200	≥300	≥125	≥250
低温弯折性，无裂纹/℃		−20	−25	−20	−25
热处理尺寸变化率/%	纵向	≤3.0	≤2.5	≤1.0	≤1.0
	横向		≤1.5		
剪切状态下黏合性/（N/mm）		≥3.0 或卷材破坏		L≥3.0 或卷材破坏　　W≥6.0 或卷材破坏	
抗渗性（0.3MPa，2h）		不　透　水			
抗穿孔性		不　渗　水			
外　观		无气泡、无黏结、无孔洞			
热老化处理	拉伸强度变化率/%	+50 −20	±20	≥55[1]	≥100[1]
	断裂伸长率变化率/%	+50 −30		≥100[2]	≥200[2]
	低温弯折性，无裂纹/℃	−15	−20	−15	−20
耐化学侵蚀	拉伸强度变化率/%	±30	±20	≥55	≥100[1]
	断裂伸长率变化率/%	±30		≥100	≥200[2]
	低温弯折性，无裂纹/℃	−15	−20	−15	−20
人工气候老化处理[3]	拉伸强度变化率/%	+50 −20	±20	≥55	≥100[1]
	断裂伸长率变化率/%	+50 −30		≥100	≥200[2]
	低温弯折性，无裂纹/℃	−15	−20	−15	−20

① 经热老化、化学侵蚀等处理后的拉伸强度值，N/cm。
② 经热老化、化学侵蚀等处理后的断裂伸长率值，%。
③ 非外露使用可以不考核人工气候加速老化性能。

　　合成高分子防水卷材属高档防水材料，它们都具有抗拉强度高、延伸率大，耐高、低温性能好，耐老化，使用寿命长等许多特点，适用于防水等级为Ⅰ、Ⅱ级的屋面防水工程、地下防水工程、桥涵及蓄水池等防水工程及大中型水利工程的防水工程。

8.3 建筑密封材料

密封材料是指能承受建筑物接缝位移以达到气密、水密目的而嵌入结构接缝中的定形和非定形材料。定形密封材料是具有一定形状和尺寸的密封材料，如止水带，密封条（带）、密封垫等。非定形密封材料，又称密封胶、密封膏，有溶剂型、乳剂型或化学反应型等黏稠状的密封材料，如沥青嵌缝油膏、聚氯乙烯建筑防水接缝材料、建筑窗用弹性密封剂等。

密封材料按其嵌入接缝后的性能分为弹性密封材料和塑性密封材料。弹性密封材料嵌入接缝后呈现明显弹性，当接缝位移时，在密封材料中引起的应力值几乎与应变量成正比；塑性密封材料嵌入接缝后呈现塑性，当接缝位移时，在密封材料中发生塑性变形，其残余应力迅速消失。密封材料按使用时的组分分为单组分密封材料和多组分密封材料。按组成材料分为改性沥青密封材料和合成高分子密封材料。

本节重点介绍常用建筑防水密封膏及合成高分子止水带。

8.3.1 建筑防水密封膏

建筑防水密封膏属非定形密封材料。一般由气密性和不透水性良好的材料组成。为了保证结构密封防水效果，所用材料应具有良好的弹塑性、延伸率、变形恢复率、耐热性及低温柔性；在大气中的耐候性及在侵蚀介质环境下的化学稳定性、抵抗拉—压循环作用的耐久性；与基体材料间良好的黏结性；易于挤出、易于充满缝隙且在竖直缝内不流淌不下坠及坍落等易于施工操作的性能等。所用材料主要有改性沥青材料和合成高分子材料两类。传统上使用的沥青胶及油灰等材料，其弹塑性差，属于低等级密封材料，只适用于普通或临时建筑填缝。

目前，常用的建筑防水密封膏有：建筑防水沥青嵌缝油膏、硅酮建筑密封膏、聚氨酯建筑密封膏、聚氯乙烯建筑防水接缝材料、丙烯酸酯建筑密封膏及窗用弹性密封剂等。

（1）建筑防水沥青嵌缝油膏。

建筑防水沥青嵌缝油膏（简称沥青嵌缝油膏），是以石油沥青为基料，加入改性材料、稀释剂、填料等配制成的黑色膏状嵌缝材料。常用的改性材料有废橡胶粉、硫化鱼油、桐油等。建材行业标准《建筑防水沥青嵌缝油膏》（JC/T 207—2011）按油膏的耐热性及低温柔性分为 702 和 801 两个型号。其物理性能符合表 8.14 的规定。

沥青嵌缝油膏主要用于冷施工型的屋面、墙面防水密封及桥梁、涵洞、输水洞及地下工程等的防水密封。

（2）聚氯乙烯建筑防水接缝材料（简称 PVC 接缝材料）。

聚氯乙烯接缝材料是以 PVC 树脂为基料，加入改性材料（如煤焦油等）及其他助剂（如增塑剂、稳定剂）和填充料等配制而成的防水密封材料。根据建材行业标准《聚氯乙烯建筑防水接缝材料》（JC/T 798—1997）的规定，PVC 接缝材料按耐热性和低温柔性分为 801 和 802 两个型号，其物理力学性能符合表 8.14 的规定。

表 8.14 沥青嵌缝油膏及聚氯乙烯接缝材料的物理性能

项　目		建筑防水沥青嵌缝油膏 （JC/T 207—2011）		聚氯乙烯建筑防水接缝材料 （JC/T 798—1997）	
		702	801	801	802
密度/（g/cm³）		≥（规定值①±0.1）		≥（±0.1）	
施工度/mm		22.0	20.0	—	
耐热性	温度/℃	70	80	80	80
	下垂值/mm	≤4.0		≤4.0	
低温柔性	温度/℃	−20	−10	−10	−20
	黏结状况	无裂纹，无剥离		无裂纹	
拉伸 黏结性	最大抗拉强度/MPa	—		0.02～0.15	
	最大延伸率/%	≥125		≥300	
浸水后拉 伸黏结性	最大抗拉强度/MPa	—		0.02～0.15	
	最大延伸率/%	≥125		≥250	
渗出性	渗出幅度/mm	≤5		—	
	渗出张数/张	≤4		—	
挥发性/%		≤2.8		≤3（仅限于 G 型）	
恢复率/%				80	

① 规定值由生产商提供或供需双方商定。

聚氯乙烯建筑防水接缝材料按施工工艺不同分为 J 型（俗称聚氯乙烯胶泥，系用热塑法施工）、G 型（俗称塑料油膏，系用热熔法施工）两种。

聚氯乙烯胶泥（J 型）有工厂生产的产品，也可现场配制。常用配比见表 8.15。配制方法是将煤焦油加热脱水，再将其他材料加入混溶，在 130～140℃ 温度下保持 5～10min，充分塑化后，即成胶泥。将熬好的胶泥趁热嵌入清洁的缝内，使之填注密实并与缝壁很好地粘接。冬季施工时，缝内应刷冷底子油。

表 8.15 聚 氯 乙 烯 胶 泥 配 比

材料名称	煤焦油	聚氯乙烯	邻苯二甲酸二丁酯	硬脂酸钙	滑石粉
质量比例	100	10～15	10～15	1	15～10

塑料油膏（G 型）是在 PVC 胶泥的基础上，加入了适量的稀释剂等而形成的。使用时，加热熔化后即可灌缝、涂刷或粘贴油毡等。塑料油膏选用废 PVC 塑料代替 PVC 树脂为原料，可显著降低成本。

PVC 接缝材料防水性能好，具有较好的弹性和较大的塑性变形性能，可适应较大的结构变形。适用于各种屋面嵌缝或表面涂抹成防水层，也可用于大型墙板嵌缝、渠道、涵洞、管道等的接缝处理。

（3）硅酮建筑密封胶（有机硅密封材料）。

硅酮密封胶是以聚硅氧烷为主要成分的单组分或双组分的室温固化建筑密封材料。单组分密封胶是把硅氧烷聚合物和硫化剂、填料及其他助剂在隔绝空气条件下混合均匀，装于密闭筒中的产品。使用时，从筒中挤出胶液嵌入缝隙，而后它吸收空气中的水分进行交联反应，形成橡胶状弹性体。

双组分密封胶将主剂、填料、助剂等混合作为一个组分，将交联剂等作为另一组分，分别包装。使用时，将两组分按比例混合均匀后嵌填于缝隙中，胶体发生交联反应形成橡胶状弹性体。

国家标准《硅酮建筑密封胶》（GB/T 14683—2003）规定，硅酮密封胶为单组分密封胶，分为 G 类和 F 类及高弹性模量和低弹性模量二级。G 类密封胶适用于玻璃及门窗等密封；F 类适用于混凝土墙板、花岗岩外墙面板及其建筑接缝的密封。

国家标准《建筑用硅酮结构密封胶》（GB 16776—2005）规定，建筑用硅酮结构密封胶简称结构胶，分为单组分及双组分两种；并按适用基材分为适用于黏结金属（M 型）、黏结玻璃（G 型）及其他（Q 型）等三类。结构胶适用于建筑玻璃幕墙及其他结构粘接装配。

硅酮密封胶具有优异的耐高低温性能、柔韧性、耐水性、耐候性及耐腐蚀性、拉—压循环疲劳耐久性，黏结力强，延伸率大，并能长期保持弹性，是一种高档密封材料，但价格较贵。

（4）聚氨酯密封膏。

聚氨酯密封膏是以聚氨基甲酸酯为主要成分的双组分反应型建筑密封材料。聚氨酯密封膏的特点是：①具有弹性模量低、高弹性、延伸率大、耐老化、耐低温、耐水、耐油、耐酸碱、耐疲劳等特性；②与水泥、木材、金属、玻璃、塑料等多种建筑材料有很强的黏结力；③固化速度较快，适用于要求快速施工的工程；④施工简便安全可靠。

根据《聚氨酯建筑密封膏》（JC 482—2003）规定，聚氨酯密封膏按流变性分为 N 型（非下垂型）和 L 型（自流平型）两种类型；按位移能力分为 25、20 两个级别；按拉伸模量分为高模量（HM）和低模量（LM）两个级别。

聚氨酯密封膏价格适中，应用范围广泛。它适用于各种装配式建筑的屋面板、墙板、地面等部位的接缝密封；建筑物沉陷缝、伸缩缝的防水密封；桥梁、涵洞、管道、水池、厕浴间等工程的接缝防水密封；建筑物渗漏修补；也可用于玻璃及金属材料的嵌缝等。

8.3.2 合成高分子止水带（条）

合成高分子止水带属定形建筑密封材料。它是将具有气密和水密性能的橡胶或塑料，制成一定形状（带状、条状、片状等），嵌入到建筑物接缝、伸缩缝、沉陷缝等结构缝内的密封防水材料。主要用于工业及民用建筑工程的地下及屋顶结构缝防水工程；闸坝、桥梁、隧洞、溢洪道等水工建筑物变形缝的防漏止水；闸门、管道的密封止水等。

目前，常用的合成高分子止水材料有橡胶止水带及止水橡皮、塑料止水带及遇水膨胀型止水条等。

（1）橡胶止水带和止水橡皮。

橡胶止水带和止水橡皮是以天然橡胶或合成橡胶为主要原料，加入各种助剂和填充料，经塑炼、混炼、挤出成型或模压成型制得的各种形状、尺寸的止水密封材料。常用的橡胶材料有天然橡胶、氯丁橡胶、三元乙丙橡胶、再生橡胶等。这些橡胶材料可单一使用，也可用几种橡胶复合。止水带的断面形状有哑玲形、桥形、锯齿形，以及两边嵌有钢板的有钢边型止水带等。

止水橡皮的断面形状有 P 形、无孔 P 形、L 形、U 形等。如图 8.1 所示。

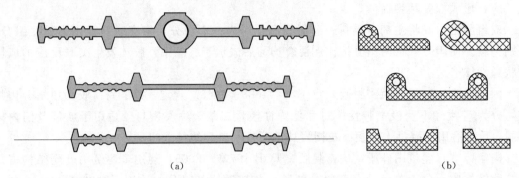

(a)　　　　　　　　　　　　　　　　　　　　　　(b)

图 8.1　止水带及止水橡皮断面形状
(a) 止水带；(b) 止水橡皮

《高分子防水材料　第二部分：止水带》（GB 18173·2—2014）规定，止水带按用途分为 B 类（变形缝用）、S 类（施工缝用）、J 类（有特殊耐老化要求的接缝用）、G 类（有钢边止水带）。

橡胶止水带及止水橡皮的物理性能见表 8.16。

表 8.16　　　　　　　　　　　　　　橡胶止水带及止水橡皮物理性能

项　目		橡胶止水带 (GB 18173·2—2014)			止水橡皮①		
		B	S	J	防 50	防 100	氯丁止水
硬度（邵氏 A）/度			60±5		55±5	65±5	60±5
拉伸强度/MPa		≥15	≥12	≥10	≥13	≥20	≥14
扯断伸长率/%		≥380	≥380	≥300	≥500	≥500	≥500
定伸永久变形/%					<30	<30	<15
压缩变久变形/%	70℃，24h		<35				
	23℃，168h		<20				
撕裂强度/（kN/m）		≥30	≥25	≥25			
脆性温度/℃		≤−45	≤−40	≤−40	≤−40	≤−40	≤−25
回弹率/%					≥45	≥43	—
热空气老化	70℃ 168h	硬度变化/度	≤+8	≤+8				
		拉伸强度/MPa	≥12	≥10		≥10	≥17	≥12
		扯断伸长率/%	≥300	≥300		≥400	≥420	≥420
	100℃ 168h	硬度变化/度			≤+8			
		拉伸强度/MPa			≥9			
		扯断伸长率/%			≥250			
臭氧老化（0.5μg/g，20%，48h）		2 级	2 级	0 级			
橡胶与金属黏结		断裂在弹性体内					

① 引自南京橡胶厂产品指标。防 50 适用于中小工程；防 100 适用于大、中工程；氯丁止水橡皮耐酸碱和耐老化性好，适用于大型工程及化工工程。

（2）塑料止水带。

塑料止水带是用聚氯乙烯树脂、增塑剂、防老剂、填料等原料，经塑炼、挤出等工艺加工成型的止水密封材料，其断面形状有桥形、哑铃形等（与橡胶止水带相似）。塑料止水带的物理性能见表 8.17。

表 8.17　　　　　　　　　　　塑 料 止 水 带 性 能

项　目	指　标	项　目		指　标
硬度（邵氏 A）/度	60~75	热空气老化（70℃×360h）	抗拉强度保持/%	>95
抗拉强度/MPa	≥12		相对伸长保持/%	>95
100%延伸率定伸强度/MPa	≥4.5	耐酸碱性能 1%KOH 或 NaOH	抗拉强度保持/%	>95
相对伸长率/%	≥300		相对伸长保持/%	>95
低温对折/℃	≤−40			

（3）遇水膨胀型橡胶止水条。

遇水膨胀型橡胶止水条是用改性橡胶制得的一种新型橡胶止水条。将无机或有机吸水材料及高黏性树脂等材料作为改性剂，掺入到合成橡胶后可制得遇水膨胀的改性橡胶。这种橡胶既保留原橡胶的弹性、延伸性等，又具有遇水膨胀的特性。将遇水膨胀橡胶止水条嵌在地下混凝土管或衬砌的接缝中，通过止水条的遇水膨胀，使管道或衬砌的缝隙更为密封，即可达到完全不漏水的目的。常用的吸水性材料有膨润土（无机）及水溶性聚氨酯树脂、丙烯酸钠等。

1）遇水膨胀橡胶。遇水膨胀橡胶是以水溶性聚氨酯预聚体、丙烯酸钠高分子吸水性树脂作吸水性材料，与天然橡胶或氯丁橡胶共混制得的遇水膨胀性防水橡胶。根据国家标准《高分子防水材料　第 3 部分：遇水膨胀橡胶》（GB 18173·3—2014）的规定，产品分为制品型（PZ）和腻子型（PN），并按其在静态蒸馏水中的体积膨胀率对制品型分为 150、250、400、600 四类，腻子型分为 150、220 及 300 三类。遇水膨胀橡胶物理性能如表 8.18 所示。

表 8.18　　　　　　　　　　　遇 水 膨 胀 橡 胶 物 理 性 能

项　目		制　品　型				腻　子　型		
		PZ150	PZ250	PZ400	PZ600	PN150	PN220	PN300
体积膨胀率/%		≥150	≥250	≥400	≥600	≥150	≥220	≥300
拉伸强度/MPa		≥3.5		≥3.0				
扯断伸长率/%		≥450		≥350				
硬度（邵氏 A）/度		42±7		45±7	48±7			
反复浸水试验	拉伸强度/MPa	≥3.0		≥2.0				
	扯断伸长率/%	≥350		≥250				
	体积膨胀率/%	≥150	≥250	≥300	≥500			
高温流淌（80℃，5h）						无流淌		
低温弯折（−20℃，2h）		无裂纹				无脆裂		

2）BW 型遇水膨胀橡胶。它是用橡胶、膨润土、高黏性树脂等材料加工制得的自黏性遇水膨胀型橡胶止水条。具有自黏性，可直接粘贴在混凝土基面上，施工简便；遇水后几十分钟内即可逐渐膨胀，吸水膨胀率可达 300％～400％；耐腐蚀、耐老化，具有良好的耐久性；使用温度范围宽，在 80℃温度时不流淌，在－20℃温度时不发脆。

复 习 思 考 题

1. 简述防水材料的类别及特点。
2. 油毡及改性沥青防水卷材的有哪些类型？它们都适用于哪些工程？
3. 合成高分子防水卷材的特点及其适用范围如何？
4. 防水涂料的常用品种及组成如何？
5. 防水密封材料的品种、特点及适用范围如何？

第9章　绝热、吸声及装饰材料

9.1　绝　热　材　料

建筑物中起保温、隔热作用的材料称为绝热材料。主要用于墙体及屋顶、热工设备及管道、冷藏设备及冷藏库等工程或冬季施工等。合理使用绝热材料可以减少热损失、节约能源，可以减少外墙厚度、减轻屋面体系的自重，从而节约材料、降低造价。在建筑工程中合理地使用绝热材料具有重要的意义。

9.1.1　绝热材料的基本要求及影响绝热作用的因素

对绝热材料的基本要求是：导热性低，导热系数不大于 0.23W/（m·K），表观密度值应小于 600kg/m³，热阻值应不小于 4.35（m²·K）/W，块状材料的抗压强度不低于 0.4MPa 以满足建筑构造和施工安装上的需要。

材料绝热性能好坏，主要受以下因素的影响。

1）材料的性质。不同材料的导热系数不同。一般说来，金属导热系数值最大，无机非金属次之，有机材料导热系数最小。对于同一种材料，内部结构不同导热系数也差别很大。结晶结构的最大，微晶体结构的次之，玻璃体结构的最小。对于多孔的绝热材料，由于孔隙率高，气体（空气）对导热系数的影响起主要作用，而固体部分的结构无论是晶态或玻璃态对其影响都不大。

2）表观密度与孔隙特征。材料中固体物质的导热能力比空气大得多，故表观密度小的材料，因其孔隙率大，导热系数就小。在孔隙率相同的条件下，孔隙尺寸越大，导热系数就越大；互相连通孔隙比封闭孔隙导热性高。对于表观密度很小的材料，特别是纤维状材料（如超细玻璃纤维），当其表观密度低于某一极限值时，导热系数反而会增大，这是由于孔隙率增大时互相连通的孔隙大大增多，而使对流作用加强的结果。因此这类材料存在一最佳表观密度，即在这个表观密度时导热系数最小。

3）湿度。材料吸湿受潮后，其导热系数增大，这在多孔材料中最为明显。这是由于当材料的孔隙中有了水分（包括水蒸汽）后，孔隙中蒸汽的扩散和水分子的运动将起主要传热作用，而水的导热系数为 0.58W/（m·K），比空气在标准状态下的导热系数 0.023W/（m·K）大得多的缘故。如果孔隙中的水结成了冰，冰的导热系数为 2.33W/（m·K），其结果使材料的导热系数更加增大。故绝热材料在应用时必须注意防水避潮。

4）温度。材料的导热系数随温度的升高而增大，因为温度升高时，材料固体分子的热运动增强，同时材料孔隙中空气的导热和孔壁间的辐射作用也有所增加。但这种影响，在温度为 0～50℃ 范围内并不显著，只有对处于高温或负温下的材料，才要考虑温度的影响。

5）热流方向。对于各向异性的材料，如木材等，当热流平行于纤维方向时，受到阻力较小；而垂直于纤维方向时，受到的阻力较大。以松木为例，当热流垂直于木纹时，导热系数为 0.17W/（m·K），平行于木纹时，导热系数为 0.35W/（m·K）。

对于常用绝热材料，上述各项因素中以表观密度和湿度的影响最大。因而在测定材料的导热系数时，必须同时测定材料的表观密度。至于湿度，对于多数绝热材料可取空气相对湿度为 80％～85％时材料的平衡湿度作为参考状态，应尽可能在这种湿度条件下测定材料的导热系数。

9.1.2　常用绝热材料

9.1.2.1　无机绝热材料

无机绝热材料主要由矿物质原料制成，不易腐朽生虫，不会燃烧，有的还能耐高温。多为纤维或松散颗粒制成的毡、板、管套等制品，或通过发泡工艺制成的多孔散粒料及制品。

1）纤维类制品。纤维类制品有天然石棉短纤维、石棉粉，以及用碳酸镁（或硅藻土）胶结成的石棉纸、毡、板等制品；有熔融高炉矿渣经喷吹或离心制成的矿渣棉，以及用沥青或酚醛树脂胶结成的各种矿渣棉制品，有玄武岩经熔化、喷吹成的火山岩棉；有用沥青或水玻璃胶结成的各种岩棉制品；有玻璃短棉（长度小于 150mm）和超细棉（直径小于 1～3μm），以及用沥青或酚醛树脂胶结的多种玻璃棉制品。

a. 石棉及其制品。石棉是一种天然矿物纤维，主要化学成分是含水硅酸镁，具有耐火、耐热、耐酸碱、绝热、防腐、隔音及绝缘等特性。常制成石棉粉、石棉纸板和石棉毡等制品。但石棉粉尘对人体有害，民用建筑中很少使用，主要用于工业建筑的隔热、保温及防火覆盖等。

b. 矿棉及其制品。矿棉一般包括矿渣棉和岩棉。矿渣棉所用原料有高炉硬矿渣、铜矿渣等，并加入一些调节性原料（钙质和硅质原料）；岩棉的主要原料为天然岩石（如白云岩、玄武岩或花岗岩等）。上述原料经熔融后，用喷吹法或离心法制成细纤维。矿棉具有轻质、不燃、绝热和绝缘等性能，且原料来源广泛、成本较低，可制成矿棉板、矿棉毡及管壳等。可用作建筑物的墙壁、屋顶、天花板等处的保温隔热和吸声材料，以及热力管道的保温材料。

c. 玻璃棉及其制品。玻璃棉是用玻璃原料或碎玻璃经熔融后制成的纤维材料，包括短棉和超细棉两种。短棉可制成沥青玻璃棉毡、板及酚醛玻璃棉毡、板等制品，广泛用于温度较低的热力设备和房屋建筑中的保温隔热，同时它还是良好的吸声材料。超细棉的绝热性更为优良。

d. 植物纤维复合板。植物纤维复合板是以植物纤维为主要材料加入胶结料和填料而制成，可用于墙体、地板、顶棚等，也可用于冷藏库、包装箱等。

e. 陶瓷纤维绝热制品。陶瓷纤维是以氧化硅、氧化铝为主要原料，经高温熔融、蒸汽或压缩空气喷吹或离心喷吹而制成，可加工成纸、绳、带、毯、毡等制品，供高温绝热或吸声用。

2）松散颗粒类及制品。松散颗粒类及制品有天然蛭石经锻烧、膨胀而得的多孔状膨胀蛭石粒料以及用水泥或水玻璃作胶结剂，现浇或预制成的各种制品；有天然玻璃质火山喷出岩经煅烧、膨胀而得的蜂窝泡沫状膨胀珍珠岩以及用水泥、水玻璃、磷酸盐或沥青胶结成的各种制品。

a. 膨胀蛭石及其制品。蛭石是一种天然矿物，经 850～1000℃ 煅烧，体积急剧膨胀，单颗粒体积能膨胀约 20 倍。膨胀蛭石不蚀、不腐，但吸水性较大。膨胀蛭石可以呈松散状铺设于墙壁、楼板、屋面等夹层中，作为绝热隔声之用。使用时应注意防潮，以免吸水后影响绝热效果。膨胀蛭石也可以与水泥、水玻璃等胶凝材料配合，浇制成板，用于墙、楼板和屋面板等构件的绝热。

b. 膨胀珍珠岩及其制品。膨胀珍珠岩是由天然珍珠岩煅烧而成的，呈蜂窝泡沫状白色或灰色颗粒，是一种高效能的绝热材料。具有吸湿小、无毒、不燃、抗菌、耐腐蚀、施工方便等特点。建筑上广泛用于围护结构、低温及超低温保冷设备、热工设备等的绝热保温材料，也可用于制作吸声制品。

膨胀珍珠岩制品是以膨胀珍珠岩为主，配合适量胶结材料，如水泥、水玻璃、磷酸盐、沥青等，经拌和、成型和养护或干燥、焙烧后制成的板、块和管壳等制品。沥青膨胀珍珠岩有绝热、防水双重功能。

3）多孔类制品。多孔类制品有用水泥、水和松香泡沫剂，或用粉煤灰、石灰、石膏和泡沫剂，经搅拌、成型、养护而成的泡沫混凝土；有用硅质材料（粉煤灰或磨细砂等）加石灰，掺入发气剂（铝粉）经蒸压或蒸养而成的加气混凝土；有用碎玻璃掺发泡剂，经熔化和膨胀而成的泡沫玻璃；有用硅藻土和石灰为主要原料，加少量石棉、水玻璃，经成型、蒸压、烘干而成的微孔硅酸钙。

a. 微孔硅酸钙制品。微孔硅酸钙制品是用粉状二氧化硅材料（硅藻土）、石灰、纤维增强材料及水等经搅拌、成型、蒸压处理和干燥等工序而制成。以托贝莫来石为主要水化产物的微孔硅酸钙的最高使用温度为 650℃。以硬硅酸钙石为主要水化产物的微孔硅酸钙，最高使用温度可达 1000℃，用于围护结构及管道保温，效果较水泥膨胀珍珠岩和水泥膨胀蛭石好。

b. 泡沫玻璃。泡沫玻璃是由玻璃粉和发泡剂等经配料、烧制而成。气孔率达 80％～95％，气泡直径达 0.1～5.0mm，且大量为封闭而孤立的小气泡。采用普通玻璃粉制成的泡沫玻璃最高使用温度为 300～400℃，用无碱玻璃粉生产的泡沫玻璃，最高使用温度可达 800～1000℃，且耐久性好、易于加工，可用于多种绝热需要。

c. 泡沫混凝土。泡沫混凝土由水泥、轻集料、水和泡沫剂混合后，经搅拌、成型、养护而制成的一种多孔、轻质、保温、绝热、吸声的材料。也可用粉煤灰、石灰、石膏和泡沫剂制成粉煤灰泡沫混凝土。

d. 加气混凝土。加气混凝土是由水泥、石灰、粉煤灰和发泡剂（铝粉）配制而成。是一种保温绝热性能良好的轻质材料。由于加气混凝土的表观密度小，导热系数也比烧结普通砖小很多，所以 240mm 厚的加气混凝土墙体，其保温绝热效果优于 370mm 厚的砖墙，且耐火性能良好。

e. 硅藻土。硅藻土是由水生硅藻类生物残骸堆积而成。具有很好的绝热性能，最高使用温度可达 900℃，可用作填充料或制成制品。

9.1.2.2 有机绝热材料

1）软木板。软木也叫栓木，软木板是用栓皮、栎树皮或黄菠萝树皮为原料，经破碎后与皮胶溶液拌和，再加压成型，在温度为 80℃ 的干燥室中干燥一昼夜而制成。软木板具有表观密度小、导热性低、抗渗和防腐性能好等特点。常用热沥青错缝粘贴，用于冷藏库隔热。

2）泡沫塑料。泡沫塑料是以各种树脂为基料，加入一定剂量的发泡剂、催化剂、稳定剂等辅助材料，经加热发泡而制成的一种具有轻质、保温、绝热、吸声、抗震性能的材料。目前我国生产的有：聚苯乙烯泡沫塑料、聚氯乙烯泡沫塑料、聚氨酯泡沫塑料、脲醛树脂泡沫塑料及其制品。该类绝热材料可用于复合墙板及屋面板的夹芯层、冷藏及包装等的绝热需要。由于这类材料造价高，且具有可燃性，所以使用上受到一定的限制。但随着这类材料性能的改善，正向高效、多功能方向发展。

3）蜂窝板。蜂窝板是由两块较薄的面板，牢固地黏结在一层蜂窝状芯材两面而制成的板材，亦称蜂窝夹层结构。蜂窝状芯材是用浸渍过合成树脂（酚醛、树脂等）的牛皮纸、玻璃布和铝片等，经加工黏合成六角形空腔（蜂窝状）的整块芯材。常用的面板为浸渍过树脂的牛皮纸、玻璃布或未经浸渍过的胶合板、纤维板、石膏板等。面板必须采用合适的胶粘剂与芯材牢固地黏合在一起，才能显示出蜂窝板的优异特性，即具有比强度大、导热性低和抗震性好等多种功能。

4）窗用隔热薄膜。窗用隔热薄膜是以聚酯薄膜为基材，经紫外线吸收剂处理，一侧表面镀铝，另一侧薄膜表面涂刷丙烯酸或溶剂型黏合剂，再贴上保护膜，使用时将保护膜撕去，将防热片贴在窗玻璃上即可，其效果与热反射玻璃相同。作用原理是将透过玻璃的大部分阳光反射出去，反射率最高可达 80%，从而起到遮蔽阳光、防止室内陈设物褪色、节约能源，增加美感等作用。

常用绝热材料的性能见表 9.1。

表 9.1　　　　　　　　　　常用绝热材料技术性能及用途

材料名称	表观密度 /（kg/m²）	强度 f_c /MPa	导热系数 /［W/（m·K）］	最高使用温度 /℃	用途
超细玻璃棉毡 沥青玻纤制品	30～80 100～150		0.035 0.041	300～400 250～300	墙体、屋面、冷藏库等
矿渣棉纤维	110～130		0.044	≤600	填充材料
岩棉纤维	80～150	＞0.012	0.044	250～600	填充墙体、屋面、热力管道等
岩棉制品	80～160		0.04～0.052	≤600	
膨胀珍珠岩	40～300		常温 0.02～0.044 高温 0.06～0.17 低温 0.02～0.038	≤800	高效能保温隔热填充材料
水泥膨胀珍珠岩制品	300～400	0.5～1.0	常温 0.05～0.081 低温 0.081～0.12	≤600	保温隔热用
水玻璃膨胀珍珠岩制品	200～300	0.6～1.7	常温 0.056～0.093	≤650	保温隔热用

续表

材料名称	表观密度 / (kg/m²)	强度 f_c /MPa	导热系数 / [W/ (m·K)]	最高使用温度 /℃	用 途
沥青膨胀珍珠岩制品	200～500	0.2～1.2	0.093～0.12		用于常温及负温部位的绝热
膨胀蛭石	80～900		0.046～0.070	1000～1100	填充材料
水泥膨胀蛭石制品	300～550	0.2～1.15	0.076～0.105	≤650	保温隔热用
微孔硅酸钙制品	250	＞0.5 ＞0.3	0.041～0.056	≤650	围护结构及管道保温
轻质钙塑板	100～150	0.1～0.3 0.11～0.7	0.047	650	保温隔热兼防水性能, 并具有装饰性能
泡沫玻璃	150～600	0.55～1.5	0.058～0.128	300～400	砌筑墙体及冷藏绝热
泡沫混凝土	300～500	9≥0.4	0.081～0.019		围护结构
加气混凝土	400～700	≥0.4	0.093～0.16		围护结构
木丝板	300～600	0.4～0.5	0.11～0.26		顶棚、隔墙板、护墙板
软质纤维板	150～400		0.047～0.093		顶棚、隔墙板、护墙板
芦苇板	250～400		0.093～0.13		顶棚、隔墙板
软木板	105～437	0.15～2.5	0.044～0.079	≤130	绝热结构
聚苯乙烯泡沫塑料	20～50	≥0.15	0.031～0.047	70	屋面、墙体保温隔热等
硬质聚氨酯泡沫塑料	30～40	0.25～0.5	0.022～0.055	-60～120	屋、墙体保温、冷藏库隔热
聚氯乙烯泡沫塑料	12～72	0.31～1.2	0.022～0.035	-196～70	屋面、墙体保温、冷藏库隔热

9.2 吸 声 材 料

吸声材料是一种能在较大程度上吸收由空气传递的声波能量的建筑材料。主要用于音乐厅、影剧院、大会堂、播音室及噪声大的工厂车间等室内的墙面、地面、天棚等部位。能改善声波在室内传播的质量，获得良好的音响效果及减少噪声的危害。

9.2.1 吸声材料的基本要求及影响吸声作用的因素

衡量材料吸声性能的重要指标是吸声系数，即被材料吸收的声能与传递给材料的全部入射声能之比，当门窗开启时，吸声系数相当于1，一般材料的吸声系数变动于0～1之间。吸声系数越大，材料的吸声效果越好。

材料的吸声性能除与材料本身性质、厚度及材料的表面状况有关外，还与声波的入射方向和频率有密切关系。同一材料对高、中、低不同频率声波的吸声系数可以有很大差别，故不能按一个频率的吸声系数来评定材料的吸声性能。为了全面反映材料的吸声性能，规定取125Hz、250Hz、500Hz、1000Hz、2000Hz、4000Hz六个频率吸声系数来表示材料的吸声性能。对上述六个频率的平均吸声系数大于0.2的材料，才称之为吸声材料。

材料吸声性能，主要受下列因素的影响。

　　1）材料的表观密度。对同一种多孔材料（如超细玻璃纤维），当其表观密度增大时（即孔隙率减小时），对低频声波的吸声效果有所提高，而对高频吸声效果则有所降低。

　　2）材料的厚度。增加多孔材料的厚度，可提高对低频声波的吸声效果，而对高频声波则没有多大影响。但材料厚度增加到一定程度后，吸声效果的变化就不明显。

　　3）材料的孔隙特征。孔隙越多、越细小，吸声效果越好。如果孔隙太大，则效果较差。如果材料中的孔隙大部分为单独的封闭的气泡，则因声波不能进入，从吸声机理上来讲，对吸声并不一定有利。当多孔材料表面涂刷油漆或材料吸湿时，则因材料表面的孔隙被水分或涂料所堵塞，使其吸声效果大大降低。

9.2.2　常用吸声材料及吸声结构

　　（1）多孔吸声材料。

　　多孔吸声材料是比较常用的一种吸声材料，它具有良好的中高频吸声性能。多孔材料具有大量内外连通的微小空隙和孔洞，当声波入射其中时，引起空隙中空气的振动。由于空气的黏滞阻力，空气与孔壁的摩擦和热传导作用，使声能转化为热能而损耗掉。

　　常用的多孔吸声材料有：木丝板、纤维板、玻璃棉、矿棉、珍珠岩砌块、泡沫混凝土、泡沫塑料等。具有弹性的泡沫塑料由于气孔密闭，其吸声效果不是通过孔隙中的空气振动，而是直接通过自身振动消耗声能来实现的。

　　（2）薄板振动吸声结构。

　　薄板振动吸声结构的特点是具有低频吸声特性，同时还有助于声波的扩散。常用的材料有：胶合板、薄木板、硬质纤维板、石膏板、石棉水泥板、金属板等。将其周边固定在墙或顶棚的龙骨上，并在背后保留一定的空气层，即构成薄板振动吸声结构。此种结构在声波作用下，薄板和空气层的空气发生振动，在板内部和龙骨间出现摩擦损耗，将声能转化成热能，起吸声作用。其共振频率通常在 80～300Hz 范围，故对低频声波的吸声效果较好。

　　（3）共振吸声结构。

　　共振吸声结构的形状为一封闭的较大空腔，有一较小的开口。受外力激荡时，空腔内的空气会按一定的共振频率振动，此时开口颈部的空气分子在声波作用下像活塞一样往复运动，因摩擦而消耗声能，起到吸声作用。在腔口蒙一层透气的细布或疏松的棉絮，可有助于加宽吸声频率范围和提高吸声量。为获得较宽频率带的吸声性能，常采用组合共振吸声结构或穿孔板组合共振吸声结构。

　　（4）穿孔板组合共振吸声结构。

　　这种结构是用穿孔的胶合板、硬质纤维板、石膏板、石棉水泥板、铝合金板、薄钢板等，将周边固定在龙骨上，并在背后设置空气层而构成。它可看作是许多单独共振吸声器的并联，起扩宽吸声频带的作用，特别对中频声波的吸声效果较好。穿孔板厚度、穿孔率、孔径、背后空气层厚度以及是否填充多孔吸声材料等，都直接影响其吸声性能。此种形式在建筑上使用得比较普遍。

　　（5）柔性吸声结构。

　　具有密闭气孔和一定弹性的材料，如聚乙烯泡沫塑料，表面仍为多孔材料，但因其有密闭气孔，声波引起的空气振动不是直接传递至材料内部，只能相应地产生振动，在振动过程中因克服材料内部的摩擦而消耗声能，引起声波衰减。这种材料的吸声特性是在一定的频率范围内出现一个或多个吸收频率。

（6）悬挂空间吸声体。

将吸声材料制成平板形、球形、圆锥形、棱锥形等多种形式，悬挂在顶棚上，即构成悬挂空间吸声体。此种构造增加了有效的吸声面积，并产生边缘效应，再加上声波的衍射作用，可以显著地提高实际吸声效果。

（7）帘幕吸声体。

将具有透气性能的纺织品，安装在离墙面或窗面一定距离处，背后设置空气层。此种结构装卸方便，兼具装饰作用，对中、高频的声波有一定的吸声效果。

常用吸声材料及吸声结构示意图，见图9.1。

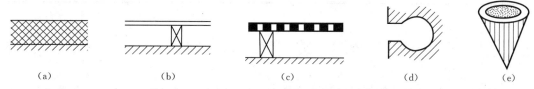

(a)　　　　　　(b)　　　　　　(c)　　　　　　(d)　　　　　　(e)

图9.1　常用吸声材料及吸声结构示意图

（a）多孔吸声材料；（b）薄板振动吸声结构；（c）穿孔板组合吸声结构

（d）共振吸声结构；（e）悬挂空间吸声体

工程中常用吸声材料及吸声系数见表9.2

表9.2　　　　　　　　　　建筑常用的吸声材料及其设置情况

材料名称		厚度/cm	各种频率下的吸声系数						设置情况
			125Hz	250Hz	500Hz	1000Hz	2000Hz	4000Hz	
无机材料	吸声砖	6.5	0.05	0.07	0.10	0.12	0.16	—	贴实
	石膏板（有花纹）	—	0.03	0.05	0.06	0.09	0.04	0.06	贴实
	水泥蛭石板	4.0	—	0.14	0.46	0.78	0.50	0.60	贴实
	石膏砂浆（掺水泥、玻璃纤维）	2.2	0.24	0.12	0.09	0.30	0.32	0.83	墙面粉刷
	水泥膨胀珍珠岩板	5	0.16	0.46	0.64	0.48	0.56	0.56	贴实
	水泥砂浆	1.7	0.21	0.16	0.25	0.40	0.42	0.48	墙面粉刷
	砖（清水墙面）	—	0.02	0.03	0.04	0.04	0.05	0.05	贴实
木质材料	软木板	2.5	0.05	0.11	0.25	0.63	0.70	0.70	贴实
	木丝板	3.0	0.10	0.36	0.62	0.53	0.71	0.90	钉在木龙骨上
	三夹板	0.3	0.21	0.73	0.21	0.19	0.08	0.12	钉在木龙骨上
	穿孔五夹板	0.5	0.01	0.25	0.55	0.30	0.16	0.19	钉在木龙骨上
	木花板	0.8	0.03	0.02	0.03	0.03	0.04	—	空气层和留5cm空气层两种
	木质纤维板	1.1	0.06	0.15	0.28	0.30	0.33	0.31	

续表

材料名称		厚度/cm	各种频率下的吸声系数						设置情况
			125Hz	250Hz	500Hz	1000Hz	2000Hz	4000Hz	
泡沫塑料	泡沫玻璃	4.4	0.11	0.32	0.52	0.44	0.52	0.33	贴实
	脲醛泡沫塑料	5.0	0.2	0.29	0.40	0.68	0.95	0.94	贴实
	泡沫水泥（外面粉刷）	2.0	0.18	0.05	0.22	0.48	0.22	0.32	紧贴墙面
	吸声蜂窝板	—	0.27	0.12	0.42	0.86	0.48	0.30	贴实
	泡沫塑料	1.0	0.03	0.06	0.12	0.41	0.85	0.67	贴实
纤维材料	矿棉板	3.13	0.10	0.21	0.60	0.95	0.85	0.72	贴实
	玻璃棉	5.0	0.06	0.08	0.18	0.44	0.72	0.82	贴实
	酚醛玻璃纤维板	8.0	0.25	0.55	0.80	0.92	0.98	0.95	贴实
	工业毛毡	3.0	0.10	0.28	0.55	0.60	0.60	0.56	紧贴墙面

9.3 装饰材料

建筑上使用的装饰材料是指铺设或涂抹在结构物内外表面的饰面材料，主要起装饰作用。建筑装饰材料通常按照在建筑中的装饰部位分为外墙、内墙、地面及顶棚装饰材料。按组成成分可分为有机装饰材料（如木材、有机高分子涂料等）和无机装饰材料。无机装饰材料又有金属材料（如铝合金）与非金属材料（如陶瓷、玻璃制品、水泥类装饰制品等）之分。

9.3.1 装饰材料的基本要求

对装饰材料的基本要求如下。

1）装饰效果。是指装饰材料通过自身的质感、线条和色彩，构成与建筑物使用目的和环境相协调的艺术美感。质感是由装饰材料表面线条的粗细、凹凸面对光线吸收、反射程度的不同而产生的感观效果。可以通过选用不同性质的装饰材料，或同一装饰材料的不同施工方法来达到。色彩则主要靠颜料来实现。

2）保护功能。是指装饰材料通过自身的强度和耐久性，来延长主体结构的使用寿命，或通过装饰材料的绝热、隔湿、密封及吸声功能，改善使用环境。

为了加强对室内装饰装修材料污染的控制，保障人体健康和安全，国家制定了《建筑材料放射性核素限值》（GB 6566—2010）以及关于室内装饰装修材料有害物质限量等 10 项国家标准。这 10 项标准是：

《室内装饰装修材料　人造板及其制品中甲醛释放限量》（GB 18580—2001）

《室内装饰装修材料　溶剂型木器涂料中有害物质限量》（GB 18581—2009）

《室内装饰装修材料　内墙涂料中有害物质限量》（GB 18582—2008）

《室内装饰装修材料　胶黏剂中有害物质限量》（GB 18583—2008）

《室内装饰装修材料　木家具中有害物质限量》（GB 18584—2001）

《室内装饰装修材料　壁纸中有害物质限量》（GB 18585—2001）

《室内装饰装修材料　聚氯乙烯卷材地板中有害物质限量》（GB 18586—2001）

《室内装饰装修材料　地毯、地毯衬垫及地毯胶黏剂有害物质释放限量》（GB 18587—2001）

《混凝土外加剂中释放氨限量》（GB 18588—2001）

《建筑材料放射性核素限值》（GB 6566—2010）

9.3.2　常用装饰材料

（1）木材和竹材。

木材是建筑装饰领域中应用最多、历史最悠久的材料。装饰木材包括木材、竹材以及各种人造板材等。

装饰用的木材树种包活杉木、红松、水曲柳、柞木、栎木、楠木、黄杨木等。凡木纹美丽的可做室内装饰之用，木纹细致、材质耐磨的可供铺设拼花地板。木材花纹自然天成，由于受生长量、年代、气候和地理条件等因素的影响，木纹图案在不同的部位有不同的变化，给人以多变、流畅、起伏、运动、生命的感觉，充分体现了造型中变化与统一的规律。木材对辐射线有独特的吸收和反射特征，使木材具有独特的光泽，木材吸收紫外线可减轻对人体的危害。木材的组成、界面构造、导热性能使其具有调节温度、湿度、散发芳香、吸声、调光等作用。

1）条木地板。条木地板是使用最普通的木质地面，分空铺和实铺两种，空铺条木地板是由龙骨、水平撑和地板三部分构成，地板有单层和双层两种。双层者下层为毛板，钉在龙骨上，面层为硬条木板，硬条木板多选用水曲柳、柞木、枫木、柚木、榆木等硬质木材。单层条木地板直接钉在龙骨上或粘贴于地面，常选用松、衫等软木树材。条木地板材质要求采用不易腐朽、不易变形开裂的木板。条木地板自重轻、弹性好、脚感舒适、导热性小、冬暖夏凉、且易于清洁，是被公认为良好的室内地面装饰材料，常使用于办公室、会客室、旅馆客房、住宅起居室、卧室、幼儿园等场所。

2）拼花木地板。拼花木地板是一种高级的室内地面装修材料，它是以不同色彩和树种的木皮拼接、在木质上呈现或具体或抽象的图案、极具装饰感。拼花木地板分单层和双层两种，二者面层均为拼花硬木板层，双层者下层为毛板层。面层拼花板材多选用水曲柳、柞木、核桃木、栎木、榆木、槐木、柳桉等质地优良、不易腐朽开裂的硬质木材。双层拼花木地板是将面层小条用暗钉钉在毛板上固定，单层拼花木地板是采用适宜的黏结材料，将硬木面板条直接粘贴于混凝土基层上。拼花木地板适合宾馆、会议室、办公室、疗养院、幼儿园、体育馆、舞厅、酒吧、民用住宅等的地面装饰。

3）复合地板。分为强化复合地板和实木复合地板两类。

a. 强化复合地板。强化复合木地板是近几年来流行的地面材料。官方学名：浸渍纸层压木质地板。它是在原木粉碎后，添加胶、防腐剂、添加剂，经热压机高温高压压制处理而成，因此它打破了原木的物理结构，克服了原木稳定性差的弱点。强化复合地板的强度高、规格统一、耐磨系数高、防腐、防蛀而且装饰效果好，克服了原木表面的疤节、虫眼、色差问题，且无需上漆打蜡，使用范围广、易打理，是最适合现代家庭生活节奏的地面材料。另外复合地板的木材使用率高，是很好的环保材料。

b. 实木复合地板。实木复合地板分为 3 层实木复合地板和多层实木复合地板。由于它是由不同树种的板材交错层压而成，因此克服了实木地板单向同性的缺点，干缩湿胀率小，具有较好的尺寸稳定性，并保留了实木地板的自然木纹和舒适的脚感。实木复合地板兼强化复合地板的稳定性与实木地板的美观性于一体，而且具有环保优势，性能价值比较高的新型实木复合地板，是木地板行业发展的趋势。

目前在居室装修中多使用 3 层实木复合地板。3 层结构实木复合地板，由 3 层实木交错层压形成，表层为优质硬木规格板条镶拼成，常用树种为水曲柳、桦木、山毛榉、柞木、枫木、樱桃木等。中间为软木板条，底层为旋切单板，排列呈纵横交错状。这样的结构组成使 3 层实木复合地板既有普通实木地板的优点，又有效地调整了木材之间的内应力，改进了木材随季节干湿度变化大的缺点。

4）人造板。人造板与天然木材相比，性质已有显著改变，它的板面宽，表面平整光洁，内部均匀致密，便于加工，没有节子、虫眼和各向异性等缺点，具有不易翘曲、开裂等优点。硬质纤维板和胶合板的强度相当高，如 3mm 厚的硬质纤维板可当 12mm 厚的天然板材使用。经过加工处理，硬质纤维板还具有防水、防火、防腐、耐酸等性能。硬质纤维板和胶合板主要用于房屋建筑、车船内部装修等。软质纤维板具有不导电、隔热、隔音、保温等性能，多用于电器绝缘和冷藏室、剧场等的装修工程。各类刨花板的用途亦很广。胶合板主要用于房屋装修、家具制造，经过精细加工和特殊处理后，可以用于飞机、船舶等的制造。

a. 纤维板。经过原料打碎、纤维分离（成为木浆）、成型加压、干燥处理等工序制成。因成型时不同的温度和压力，纤维板有硬质和软质之分。在高温高压下成型得到的称为硬质纤维板。在高温高压下，木材细胞壁中的木质素变为可塑体，把纤维胶结成为一个整体。软质纤维板一般不经热压处理。

b. 胶合板。是将沿年轮切下的薄层木片用胶粘合、压制而成。木片层数多为奇数，胶合时应使相邻木片的纤维互相垂直，所用胶料有耐水性差的动植物胶（如豆蛋白胶、酪素胶、血胶）和耐水性好的酚醛、脲醛等合成树脂胶。通常的长宽规格是：1220mm × 2440mm，而厚度规格则一般有 3mm、5mm、9mm、12mm、15mm、18mm 等。主要树种有：山樟、柳按、杨木、桉木等。

c. 刨花板。将原料经过打碎、筛选、烘干等工序，拌以胶料（动植物胶、合成树脂胶或无机胶凝材料如水泥、水玻璃等）压制成的人造板。包括木丝板、木屑板等。

5）竹材。竹材也可用于某些特色装修。竹地板是以天然优质竹子为原料，经过严格选材、制材、漂白、硫化、脱水、防虫、防腐等工序加工处理之后，再经高温、高压热固胶合而成的，外观是竹子的天然纹理，色泽美观，清新文雅，给人一种回归自然、高雅脱俗的感觉。竹地板耐磨、耐压、防潮、防火，它的物理性能优于实木地板，抗拉强度高于实木地板而收缩率低于实木地板，因此铺设后不开裂、不扭曲、不变形起拱。但竹地板强度高，硬度强，脚感不如实木地板舒适，外观也没有实木地板丰富多样。竹地板适用于饭店、住宅和办公室的地面装饰。

（2）装饰石材。

1）天然石材。天然石材结构致密、抗压强度高、耐水、耐磨、耐久性好、装饰性好，主要用于装饰等级要求高的工程中。常用的装饰板材有花岗岩和大理石两类。

a. 花岗岩板。花岗岩强度高，吸水率小，耐酸、耐磨及耐久性好，常用于室内外的墙面及地面，但花岗岩的耐火性差，因为石英在高温时会发生晶型转变产生膨胀而破坏岩石结构。花岗岩板由花岗岩经开采、锯解、切割、磨光而成。有深青、紫红、浅灰、纯墨等颜色，并有小而均匀的黑点。耐久性和耐磨性都很好。磨光花岗石板可用于室外墙面及地面，经斩凿加工的可铺设勒脚及阶梯踏步等。

b. 大理石板。大理石包括大理岩和白云岩，主要化学成分呈碱性，故易被酸侵蚀，除个别品种（汉白玉、艾叶青等）外，一般不宜用作室外装修，否则易受酸雨及空气中酸性氧化物遇水形成的酸类物质侵蚀，从而失去表面光泽，甚至出现斑点等现象。大理石板的加工工艺同花岗岩板。多具美丽花纹，有黄、绿、白、黑等颜色。多用于室内墙面、地面、柱面等处。

2）人造石材。人造石材是采用无机或有机胶凝材料作为黏结剂，以天然砂、碎石、石粉等为粗、细填充料，经成型、固化、表面处理而成的一种人造材料。常见的有人造大理石和人造花岗石，其色泽和花纹均可根据要求设计制作，还可以制作成弧形、曲面等天然石材难以加工的复杂形状。人造石材具有天然石材的质感，装饰性好，质量轻、强度高、耐腐蚀、耐污染、施工方便，适用于墙面、柱面、门套、台面及各种卫生洁具等。与天然石材相比，是一种较经济的饰面材料。但有的人造石材品种表面耐刻画能力较差，使用中会发生翘曲变形。按照生产材料和制造工艺的不同，人造石材可分为水泥型人造石材、树脂型人造石材、复合型人造石材和烧结型人造饰面石材等几类

（3）建筑陶瓷制品。

凡以黏土、长石和石英为基本原料，经配料、制坯、干燥和焙烧而制得的成品，统称为陶瓷制品。用于建筑工程的陶瓷制品称为建筑陶瓷，主要包括墙地砖、陶瓷锦砖、釉面砖、卫生陶瓷和琉璃制品等。

陶瓷制品按致密程度由小到大，或吸水率由大到小，可分为陶质制品、炻质制品和瓷质制品。陶质制品为多孔结构，通常吸水率大于 9%，断面粗糙无光，敲击声粗哑，分为无釉和施釉两类，又可分为粗陶和精陶两种。瓷质制品结构致密，基本不吸水，色洁白，具有一定的半透明性，表面通常施釉，可分为粗瓷和细瓷两种。炻质制品是介于陶质和瓷质之间的一类陶瓷制品，又称半瓷，其致密程度介于陶质和瓷质之间，炻质制品吸水率较小，坯体多带有颜色，无半透明性，可分为粗炻器和细炻器两种。

1）釉面砖。又称为内墙砖，属于精陶制品。它是以难熔黏土为主要原料，经破碎、研磨、筛分、配料、成型、施釉及焙烧等工序加工而成。釉面砖具有色泽柔和典雅、美观耐用、朴实大方、防火耐酸、易清洁等特点。主要用于建筑物内部墙面，如厨房、卫生间、浴室、墙裙等的装饰与保护。近年来，我国釉面砖有了很大的发展。颜色从单一色调发展成彩色图案，还专门烧制成供巨幅画拼装用的彩釉砖。在质感方面，已在表面光平的基础上增加了有凹凸花纹和图案的产品，给人以立体感。釉面砖的使用范围已从室内装饰推广到建筑物的外墙装饰。

2）外墙砖。用于建筑外墙装饰的饰面砖，通常为炻质制品。外墙砖的强度高、防潮、抗冻、防火、耐腐蚀、易于清洁、色彩丰富等，主要品种有彩釉砖、劈离砖、彩胎砖、陶瓷艺术砖和金属陶瓷面砖。

3）陶瓷地砖。陶瓷地砖主要用于室外台阶、地面及室内门厅、厨房、浴室等处地面的装饰，其强度高、耐腐耐磨，施工方便，还可拼成图案，常用品种有彩釉陶瓷地砖、无釉陶瓷地砖、瓷质地砖、麻石地砖等。

4）陶瓷锦砖。陶瓷锦砖俗称马赛克。是以优质瓷土为主要原料，经压制烧成的片状小瓷砖，表面一般不施釉。通常将不同颜色和形状的小块瓷片铺贴在牛皮纸上形成色彩丰富、图案繁多的装饰陶瓷锦砖联。陶瓷锦砖具有耐磨、耐火、吸水率低、抗压强度高、易清洁、色泽稳定等特点。广泛使用于建筑物门厅、走廊、卫生间、厨房、化验室等内墙和地面装饰，并可作建筑物的外墙饰面与保护。施工时，可以用不同花纹、色彩和形状的陶瓷锦砖联拼成多种美丽的图案。用水泥浆将其贴于建筑物表面后，用清水刷除牛皮纸，即可得到良好的装饰效果。

5）卫生陶瓷。卫生陶瓷为用于浴室、盥洗室、厕所等处的卫生洁具，例如洗面器、浴缸、水槽、便器等。卫生陶瓷结构型式多样，色彩也较丰富，表面光亮、不透水、易于清洁，并耐化学腐蚀。

6）建筑琉璃制品。建筑琉璃制品是我国陶瓷宝库中的古老珍品之一。它以难熔黏土为主要原料烧制而成。颜色有绿、黄、蓝、青等。品种可分为瓦类（板瓦、滴水瓦、筒瓦、沟头）、脊头和饰件类（吻、博古、兽）三种。琉璃制品色彩绚丽、造型古朴、质坚耐久，用它装饰的建筑物富有我国传统的民族特色。主要用于具有民族色彩的宫殿式房屋和园林中的亭、台、楼阁等。

（4）装饰玻璃制品。

玻璃是用石英砂、纯碱、石灰石为主要原料，经高温熔融、成型、退火等加工而成的无定形各向同性材料。玻璃具有优良的光学性能，既能透光，还能反射和吸收光线；玻璃具有较高的化学稳定性，通常能抵抗除氢氟酸以外的酸、碱、盐侵蚀；玻璃的抗压强度较高，一般为 $600\sim1200$MPa，但抗拉强度很小，为 $40\sim80$MPa，故玻璃抗冲击破坏的能力很小，是典型的脆性材料。除平板玻璃大量用于建筑物的门窗，起透光、挡风和保温作用外，还有下列其他品种的制品。

1）装饰平板玻璃。装饰平板玻璃有用机械方法或化学腐蚀方法将表面处理成均匀毛面的磨砂玻璃，只透光不透视。有经压花或喷花处理而成的花纹玻璃；有在原料中加颜料或在玻璃表面喷涂色釉后再烘烤而得的彩色玻璃，前者透明而后者不透明。

2）安全玻璃。安全玻璃有经加热骤冷处理，使其表面产生预压应力而增强的钢化玻璃；有用透明塑料膜将多层平板玻璃胶结而成的夹层玻璃；有在生产过程中压入铁丝网的夹丝玻璃。它们都具有不易破碎以及破碎时碎片不易脱落或碎块无锐利棱角、比较安全的特点。夹丝玻璃还有良好的隔绝火势的作用，又有防火玻璃之称。

3）特种玻璃。特种玻璃有在玻璃原料中掺入吸热着色剂，或在表面喷涂吸热着色薄膜的吸热玻璃；有在表面涂敷金属及金属氧化物，或描贴有机薄膜的热反射玻璃（又名镜面玻璃）。它们都具有极好的隔热、遮光性。后者大面积使用即成玻璃幕墙，有较好的装饰效果。还有在玻璃或夹层中加入感光化合物，其颜色随光线的强弱自动调节的光致变色玻璃等。

4）中空玻璃。中空玻璃是由两片或多片平板玻璃制成，用边框隔开，边缘部分用密封胶密封，玻璃层间充有干燥气体。中空玻璃具有保温、绝热，隔声、防结露等特性，非常适合在建筑住宅中使用。

5）玻璃马赛克。玻璃马赛克又称玻璃锦砖，是一种小规格的彩色饰面玻璃，其色泽柔和、颜色绚丽，可呈现辉煌豪华气派，且施工方便，价格便宜，广泛用于宾馆、医院、办公室、住宅等建筑物的外墙和内墙，也可用于壁画装饰，制得立体感很强的图案、字画及广告等。

（5）装饰砂浆及装饰混凝土。

装饰砂浆目前惯用的除普通抹面砂浆外，有在水泥中加有色石渣或白色白云石或大理石渣及颜料，最后磨光上蜡的水磨石；有在硬化后表面用斧刃剁毛的剁斧石；有在硬化前喷水冲去面层水泥浆使石渣外露的水刷石等。近年来发展的有在水泥净浆中加适量107胶，再向其表面粘彩色石渣的干粘石；有用特制模具把表面灰浆拉刮成柱形、弧形或不平整表面的拉条粉刷等。

装饰混凝土的特点是利用水泥和骨料自身的颜色、质感、线型来发挥装饰作用，把构件制作和装饰合为一体。目前应用较多的有清水装饰混凝土和露骨料装饰混凝土两类。清水装饰混凝土的制作方法是在混凝土墙板浇筑后，表面压轧出各种线条和花饰（称正打）；或在模底设衬模再行浇筑（称反打）。如墙板滑模现浇混凝土，可在升模内侧安置条形衬模，则形成直条形饰面。露骨装饰混凝土制作方法是用水喷刷除掉表面水泥浆，或用铺砂理石法，使混凝土中的骨料适当外露，通过骨料的天然色泽和排列组合来获得装饰效果。

（6）塑料制品。

1）塑料地板。塑料地板是聚氯乙烯树脂、增塑剂、填充料及着色剂等混合、搅拌、压延、切割而成的。当以橡胶作底层时，成双层；若在面层和底层间夹入泡沫塑料则成三层。塑料地板多为方块形。可用聚氨酯型405胶或氯丁橡胶型202胶粘贴。色彩花纹有很多种，耐磨、有弹性，是既实用又美观的地面材料。

2）化纤地毯与塑料地毯。化纤地毯有用丙纶、腈纶、锦纶等纤维，用黏结法或针刺黏结法制得的无纺化纤地毯。丙纶（聚丙烯）化纤地毯，强度高，耐腐蚀，但耐光差；腈纶（聚丙烯腈）化纤地毯，强度比羊毛高2~3倍，不霉不蛀，耐酸碱，但耐磨差；锦纶（尼龙）化纤地毯，强度很高，耐污染，但耐光和耐热性较差。塑料地毯是由聚氯乙烯树脂、增塑剂和其他助剂经混炼、塑制而成的成卷材料。化纤地毯和塑料地毯具有保温、吸声、脚感舒适，色彩鲜艳等优点，价格低于羊毛地毯，在实用上足以取代羊毛地毯。

3）塑料壁纸。塑料壁纸是以纸为基层，以聚氯乙烯塑料为面层，经压延或涂布以及印刷、轧花或发泡而成。塑料壁纸的花纹图案逼真，装饰效果好，具有一定的伸缩性和耐裂强度，使用寿命长，易维修保养和清洁，广泛用于室内墙面、顶棚和柱面的裱糊装饰。

4）塑料装饰板材。塑料装饰板材是以浸渍材料或以树脂为基材制成的具有装饰功能的普通或异形断面的板材。按原材料的不同可分为塑料金属复合板、硬质聚氯乙烯（PVC）板、三聚氰胺层压板、玻璃钢板、聚碳酸酯采光板、有机玻璃装饰板等类型。按结构和断面形式的不同可分为平板、波形板、实体异形断面板、中空异形断面板、格子板、夹芯板等类型。塑料装饰板质量轻、装饰性强、生产工艺简单、施工简便、易于保养、适于与其他材料复合，主要被用作护墙板、屋面板和平顶板。

5）塑料门窗。塑料门窗是以聚氯乙烯（PVC）树脂为主要原料，再加入一些助剂，经挤压加工成型材，然后通过切割、焊接的方式制成门窗框、扇，配装上橡塑密封条、五金配件而成。为增加型材的刚性，在型材空腔内添加钢衬，称为塑钢门窗。塑料型材为多腔式结构，具有良好的隔热性能，传热系数小，仅为钢材的 1/357，气密性、水密性、抗风压性、隔声性、防火性、耐候性等都较好，安全可靠。塑钢门窗与普通钢、铝窗相比，可节约能耗 30%～50%，经济、社会效益显著

（7）装饰涂料。

涂料是喷涂于物体表面后能形成连续的坚硬薄膜并赋予物体以色彩、图案、光泽和质感等以美化表面，且能保护物体，防止各种介质侵蚀，延长其使用寿命的材料。在对建筑物装饰和保护的多种途径中，采用涂料是最简便、经济和易于维护更新的一种方法。涂料由主要成膜物质、次要成膜物质和辅助成膜物质构成。涂料按主要成膜材料不同，分为无机涂料和有机涂料。用刷涂、滚涂或喷涂等施工工艺，应用于钢结构、木结构表面（多用溶剂型有机涂料）以及外墙、内墙、地面、屋面或吊顶等不同部位。

1）油漆。油漆是土木工程中采用较早的涂刷装饰材料，它主要用于木结构、钢及其他金属结构的表面装饰。油漆的品种有很多，根据其形成可分为天然漆和人工合成漆。天然漆使用性能优异，但耐环境侵蚀能力差，且来源受限制，成本也较高，主要应用于一些室内的高级装饰。人工合成漆又分为调和漆、清漆、滋漆、光漆、喷漆、防锈漆等。其中调和漆是由干性油、颜料、溶剂及其他辅助料等调和而成的，其质地均匀，稀稠容易调整，形成的漆膜耐环境侵蚀能力强，是工程中较为常用的油漆。

2）无机涂料。目前国内常用的有：以碱金属硅酸钾为主要成膜材料，加适量固化剂（缩合磷酸铝）、填料、颜料及分散剂制成的涂料；以胶态氧化硅为主要成膜材料的水溶性涂料，不需另加固化剂。此类涂料具有资源丰富、生产工艺简便、价格低、省能源、不污染环境等优点，对基材的适应性广，涂层耐水、耐碱、耐冻、耐沾污、耐高温、色彩丰富持久，但这种涂料抵抗基本开裂的性能较低。

3）丙烯酸酯类涂料。以丙烯酸树脂为主要成膜材料，常制成水乳液。有优异的耐水、耐碱、耐老化和保色保光性能。该类涂料适用范围广泛，即可作内墙涂料，也可作外墙涂料，是近年来发展最快、用量最大的建筑涂料。目前国内应用的主要品种如下。

a. 乳胶漆。乳胶漆以水为稀释剂，是一种施工方便、安全、耐水洗、透气性好的内墙涂料，可根据不同的配色方案调配出不同的色泽。乳胶漆主要由水、颜料、乳液、填充剂和各种助剂组成。

b. 彩砂涂料。其特点是采用着色骨料（即将石英砂加颜料高温烧结成色彩鲜艳而又稳定的骨料），再配以适量的石英秒、白云石粉来调节色彩层次，所构成的厚涂层。涂层有天然石材的质感和极好的耐久性。

c. 喷塑涂料。涂层由底油、骨架、面油三部分组成。其特点是通过喷涂、滚压工艺使骨架层形成立体花纹图案，通过加耐晒颜料美化面油层。分为有光、平光两种。

d. 各色有光凹凸乳胶漆。涂层由厚薄两种涂料组成。厚涂料经喷涂、抹轧制成凹凸面层，薄涂料则增色上光。涂层能显示不同底色上的各种图案，或在各种图案上显示不同的色彩，有很好的装饰效果。

e. 膨胀型防火涂料。在高温时能分解出大量惰性气体,形成蜂窝状炭化泡层。涂刷在易燃材料表面,有较好的防火效果。

4) 聚乙烯醇类及其他涂料。适用于外墙、地面、屋面的有二聚乙烯醇缩丁醛涂料、过氯乙烯涂料和苯乙烯焦油涂料,均属溶剂型。适用于内墙的有二聚乙烯醇缩甲醛涂料、聚乙烯醇水玻璃涂料和聚醋酸乙烯乳液涂料,属水溶性或乳胶型。

(8) 壁纸。

壁纸具有色彩多样,图案丰富,豪华气派、安全环保、功能多样、施工保养方便、使用寿命长、价格适宜等多种其他室内装饰材料所无法比拟的特点,因而广泛用于室内墙面装饰。一般来说壁纸是由基层和装饰层构成,基层材料有纸、布、塑料、石棉纤维、玻璃纤维等。通常以基层构成的"纸"或"布"称为壁纸或壁布。装饰面层有各种花色、图案,还可仿木材、仿石材、仿金属、仿各类织物、仿面砖等,并可有明显的凹凸质感。壁纸可以用不同的方法分类,按外观装饰效果可分为印花壁纸、压花壁纸、发泡壁纸、有光壁纸等;按功能可分为装饰性壁纸、防火壁纸、耐水壁纸等等;我国目前习惯上多按壁纸生产的原材料来进行分类,主要品种有:塑料壁纸、纸质壁纸、纺织纤维壁纸、麻草壁纸、金属壁纸、木片壁纸、静电植绒壁纸、玻璃纤维墙布、无纺贴墙布和化纤装饰贴墙布等。

(9) 金属装饰材料。

采用金属或镀金属的复合材料作为建筑装饰材料,在国内外日趋增多,这是因为金属材料具有独特的色泽,装饰效果庄重华贵,不但可减轻建筑物自重,而且经久耐用。

目前生产的金属装饰材料主要有铝合金和不锈钢及彩色钢板。如各种铝合金异型材制品(如门、窗,以及铝质装饰板)、不锈钢装饰板和彩色压型钢板等。

1) 铝合金装饰材料。固态铝具有很好的塑性,但强度和硬度较低,为了提高铝的实用价值,在铝中加入镁、锰、铜、锌、硅等元素组成铝基合金,即铝合金。铝合金的机械性能明显高于铝本身,并且仍然保持铝的轻量性,因此使用价值大为提高。铝合金材料除可直接制作门、窗异型材制品外,还可做成装饰板材。利用铝阳极氧化处理后可以着色的特点,做成装饰品;铝板表面可以进行防腐、轧花、涂装、印刷等二次加工。此外,近年来还出现了塑料铝合金复合板材,用作建筑物内部装饰材料。

2) 不锈钢材料。不锈钢装饰材料有装饰板材及各种管件、异型材、连接件等。表面经过加工处理,既可高度抛光发亮,也可无光泽。作为建筑装饰材料,室内外都可使用。可作为非承重的纯装饰品,也可作承重材料。不锈钢用于外墙、柱面,不仅具有强烈的金属质感,光亮夺目,而且经久耐用,是一种高档建筑装饰材料。

3) 彩色钢板。为了提高普通钢板的防腐性能和表面装饰效果,在钢板表面涂饰一层具有保护性的装饰膜,通常称之为彩色钢板。彩色钢板的生产工艺有静电喷漆、涂料涂敷和薄膜层压三种方法。目前在建筑上用的最多的是彩色压型钢板。这种钢板以镀锌钢板、冷轧薄钢板为原板,经成型轧制、表面涂敷而成。具有质量轻、抗震性能好、经久耐用、色彩鲜艳等优点,并且加工简单,安装方便,广泛用于外墙及屋面。

4) 复合板材。用于装饰的复合板材主要有塑料复合金属板、隔热夹芯板和复合隔热板等。塑料复合金属板是在镀锌钢板或铝板等金属板上用涂布法或贴膜法复合一层0.2~

0.4mm 厚的软质或硬质塑料薄膜而成的复合板材。它兼有金属板的强度、刚性和塑料表面层的优良装饰性和耐腐蚀性。塑料复合金属板不仅可用作室内墙面装饰板材和屋面板，还可用于制作家具，以及各种防腐制品。隔热夹芯板是用高强黏合剂把内外两层彩色钢板与聚苯乙烯泡沫板加压加热黏结固化而制成的。复合隔热板的内外两层均为镀锌钢板，表面涂以硅酮聚酯胶，中芯注入聚氨酯泡沫塑料作为隔热材料。隔热夹芯板和复合隔热板都可用于隔墙，使隔墙一次完成，即有分隔功能，表面又无需装饰，可广泛用在高层建筑和写字楼。

复 习 思 考 题

1. 何谓绝热材料？影响绝热材料绝热性能的因素有哪些？
2. 何谓吸声材料？影响多孔性吸声材料吸声效果的因素有哪些？
3. 建筑工程中常用的装饰材料有哪些？各有何特点？

第10章 建筑材料试验

工程中检验材料质量、确定设计施工依据、改善材料性能、研制和使用新材料及选择代用材料等，都需要进行建筑材料试验。因此，作为土木工程技术人员，为了能正确评价材料的质量，合理而经济地选择、使用材料，具备一定的建筑材料试验知识和技能是完全必要的。

进行建筑材料试验，应根据国家、行业、地方和企业颁布的技术标准及试验规程进行，一般包括如下过程：

1）选取试样。选取试样应按技术标准及试验规程进行，试样必须具有代表性。使从少量试样所得出的试验结果，能确切地反映整批材料的质量。试验前须对试样作检查，并应特别注意那些可能影响试验结果正确性的特征，做好记录。

2）确定试验方法。通过试验所测得的材料性能指标，都是按一定试验方法得出的有条件性的指标。试验方法不同，其结果也不一样。因此，试验方法必须能正确地反映材料的真实性能，并切实可行。当有国家、行业颁布的技术标准时，应采用统一的标准试验方法。

3）试验操作。在试验操作过程中，必须使仪器设备、试件制备、量测技术等严格符合试验方法的规定，以保证试验条件的统一，获得准确、具有可比性的试验结果。由于材料往往不很均匀，所以还必须对几个试件作平行试验，借以提高试验结果的精确度。在试验操作过程中，还应注意观察各种现象，做好记录，以便分析。

4）试验数据处理。试验数据计算应与测量的精密度相适应，并遵守《数值修约规则》（GB 8170—2008）的有关规定。对于平行试验，应按规定将所得数据计算出一个有意义的代表值。

5）试验结果分析。包括分析试验结果的可靠程度；说明所得成果的适用范围，将试验结果与材料质量标准相比较，并作出结论。

学习建筑材料试验应达到以下目的和要求：

1）掌握建筑材料试验方法的基本原理。

2）受到建筑材料试验基本操作技能的训练，并获得处理试验数据、分析试验结果、编写试验报告的初步能力。

3）培养严肃认真、实事求是的科学作风。同时，通过试验还可验证和巩固所学的理论知识，熟悉常用建筑材料的主要技术性质。

为了顺利地进行试验，必须做到如下6条。

1）在试验课前进行预习，准备好记录表格；

2）以严肃的态度、严格的作风、严密的方法进行试验；

3）遵守操作规程，爱护仪器设备，注意人身及仪器的安全；

4）遵守实验室规章制度，保持室内及仪器设备的整洁；

5）试验结束后，应将原始记录交指导教师检查；

6）课后及时、独立地完成试验报告。

10.1　建筑材料基本性质试验

在鉴定工程所用材料的质量时，通常须测定其密度、表观密度、孔隙率、吸水率、抗压强度、抗冻性及坚固性等。本试验内容以石料为例选编了密度、表观密度、吸水率和抗压强度等材料基本性质试验。

由于石料的质量很不均匀，不仅同一类石料在性能上有很大差异，即使同一产地的同种石料，其性能也很难一致。因此，在选取试样时，必须遵循一定的规则，使试样具有代表性。

石料的质量取决于矿物成分、结构、构造和风化程度等，故对所采石料在加工成试件前，应进行岩石学简易鉴定，以确定岩石的名称和种类。

所谓烘至恒量的试样，即在温度为 $105\sim110℃$ 的烘箱内，烘干时间一般为 $12\sim24h$。烘干期间相邻两次称量的质量差值不大于 0.05g（或试验精度要求）时的试样（两次称量间隔时间不少于 3h），即为烘至恒量。

10.1.1　密度试验

密度是指材料在绝对密实状态下单位体积的质量，以 g/cm^3 表示。密度是石料基本性质指标之一，根据密度和表观密度可以计算石料的孔隙率。

为了获得绝对密实状态的试样，须将石料磨成细粉，以排除其内部孔隙，再用排液置换法求出其绝对密实体积。

（1）主要仪器设备。

1）密度瓶：短颈量瓶，容积 100mL。

2）天平：最小分度值 0.001g。

3）轧石机、球磨机、研钵、筛子、恒温水槽、真空抽气设备、烘箱、干燥器、锥形玻璃漏斗和瓷皿、滴管、中骨匙和温度计等。

（2）试样制备。

将石样打碎并磨成细粉，使完全通过筛孔为 0.315mm 的筛子。再将细粉放入 $105\sim110℃$ 的烘箱内烘至恒量，烘干时间一般为 $6\sim12h$，然后置于干燥器内冷却至室温 $20\pm2℃$ 备用。

（3）试验步骤。

1）用四分法取两份岩粉，每份试样从中称取 m_1 15g，精确至 0.001g（本试验称量精度相同），用漏斗灌入洗净烘干的密度瓶中，并注入试液至瓶的一半处，摇动密度瓶使岩粉分散。

2）当使用洁净水作试液时，可采用沸煮法或真空抽气法排除气体。当使用煤油作试液时，应当采用真空抽气法排除气体。采用沸煮法排除气体时，沸腾时间自悬液沸腾时算起不得少于 1h；采用真空抽气法排除气体时，真空压力表读数宜为 100kPa，抽气时间维持 1～2h，直至无气泡溢出为止。

3）将经过排除气体的密度瓶取出擦干，冷却至室温，再向密度瓶中注入排除气体且同温条件的试液，使接近满瓶，然后置于恒温水槽［（20±2）℃］内。待密度瓶内温度稳定，上部悬液澄清后，塞好瓶塞，使多余试液溢出。从恒温水槽内取出密度瓶，擦干瓶外水分，立即称其质量 m_3。

4）倾出悬液，洗净密度瓶，注入经排除气体并与试验同温度的试液至密度瓶，再置于恒温水槽内。待瓶内试液的温度稳定后，塞好瓶塞，将溢出瓶外的试液擦干，立即称其质量 m_2。

（4）试验结果处理。

1）按式（10.1）计算岩石密度值（精确至 $0.01\mathrm{g/cm^3}$）

$$\rho = \frac{m_1}{m_1 + m_2 - m_3}\rho_{wt} \tag{10.1}$$

式中：ρ 为岩石的密度，$\mathrm{g/cm^3}$；m_1 为岩粉的质量，g；m_2 为密度瓶与试液的总质量，g；m_3 为密度瓶、试液与岩粉的总质量，g；ρ_{wt} 为与试验同温度试液的密度，$\mathrm{g/cm^3}$。采用煤油时，其密度按式（10.2）计算

$$\rho_{wt} = \frac{m_5 - m_4}{m_6 - m_4}\rho_w \tag{10.2}$$

式中：m_4 为密度瓶的质量，g；m_5 为密度瓶与煤油的总质量，g；m_6 为密度瓶与经排除气体的洁净水的总质量，g；ρ_w 为水的密度，一般取 $1\mathrm{g/cm^3}$。

2）以两个试样测值的算术平均值作为试验结果，当两个测值之差超过 $0.02\mathrm{g/cm^3}$ 时，应重新取样进行试验。

10.1.2 表观密度试验

表观密度是指材料在自然状态下（包含孔隙）单位体积的质量，以 $\mathrm{kg/m^3}$ 表示。表观密度对于计算材料的孔隙率、体积、质量以及结构物自重等都是必不可少的数据。

表观密度测定时，须测出试件的质量和自然状态下的体积。对于形状规则的试件，其体积可用量测试件尺寸，按几何公式计算的方法求得。对于形状不规则的试件，则须用排液置换法求得体积。如被测石料不溶于水或其吸水率小于 0.5%，试件可直接在水中称量。如被测石料溶于水或其吸水率大于 0.5%，则试件须先进行蜡封处理（蜡封法）。

现分别介绍形状规则和形状不规则试件的表观密度测定方法。

10.1.2.1 形状规则试件

（1）主要仪器设备。

1）游标卡尺：量程 200mm，最小分度值 0.02mm。

2）天平：称量大于 500g，最小分度值 0.01g。

3）钻石机、锯石机、磨石机、烘箱、干燥器等。

（2）试件制备。

将石样加工成圆柱体、方柱体或立方体，其尺寸应大于组成岩石最大矿物颗粒直径的 10 倍。将试件置于 105～110℃ 的烘箱内烘至恒量，置于干燥器内冷却至室温备用。

（3）试验步骤。

1）用游标卡尺量测试件两端和中间三个断面上互相垂直的两个直径或边长，精确至 0.02mm，按平均值计算截面积。

2）用游标卡尺量测两端面周边对称四点和中心点共五个高度，计算高度平均值。

3）称量干试件质量 m_0，精确至 0.01g。

（4）试验结果处理。

1）按式（10.3）计算石料干表观密度值 $\gamma_干$

$$\gamma_干 = \frac{m_0}{AH} \times 1000 \tag{10.3}$$

式中：$\gamma_干$ 为石料干表观密度，g/cm^3；m_0 为烘干试件质量，g；A 为试件截面积，cm^2；H 为试件高度，cm。

2）以 3 个试件测值的算术平均值作为试验结果；计算值精确至 0.01。

10.1.2.2　形状不规则试件（蜡封法）

（1）主要仪器设备。

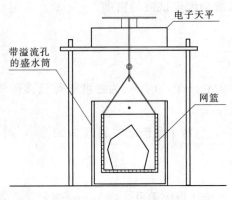

电子天平

带溢流孔
的盛水筒

网篮

图 10.1　液体静力天平

1）液体静力天平，称量不小于 1000g，最小分度值 0.01g（图 10.1）；

2）烘箱、干燥器和熔蜡设备等。

（2）试件制备。

将石样加工成边长 40～60mm 的浑圆形或近似立方体的试件至少 3 个。将试件置于 105～110℃ 的烘箱内烘至恒量，置于干燥器内冷却至室温备用。

（3）试验步骤。

1）称出烘干试件在空气中的质量 m，精确至 0.01g。

2）将试件置于熔融的石蜡中，1～2s 后取出，使试件表面均匀涂上一层蜡膜（膜厚不超过 1mm）。如蜡膜上有气泡，应用烧红的细针将其刺破，然后再用热针带蜡封住气泡口，以防水分渗入试件。

3）蜡层冷却后，准确称出蜡封试件在空气中的质量 m_1，精确至 0.01g。

4）用液体静力天平准确称出蜡封试件在水中质量 m_2，精确至 0.01g。

（4）试验结果处理。

1）按式（10.4）计算石料干表观密度 $\gamma_干$

$$\gamma_干 = \frac{m}{\dfrac{m_1 - m_2}{\rho_水} - \dfrac{m_1 - m}{\rho_蜡}} \times 1000 \tag{10.4}$$

式中：m 为烘干试件在空气中的质量，g；m_1 为蜡封试件在空气中的质量，g；m_2 为蜡封试件在水中的质量，g；$\rho_水$ 为水的密度，一般取 $1.0g/cm^3$；$\rho_蜡$ 为石蜡的密度，一般为 $0.93g/cm^3$。

2）试件测值的处理同"形状规则试件"。

10.1.3　吸水率试验

石料的吸水率通常是指它在常温 20℃±2℃、常压条件下，石料试件最大的（浸水至饱和状态时）吸水质量占烘干试件质量的百分率。

石料的吸水率反映了石料的孔隙率、孔隙特征和风化程度，以及在冻融及干湿变化过程中发生破坏的危险性。因此，有时把吸水率看作是石料耐久性的一个技术指标。

（1）主要仪器设备。

1）天平：称量 1000g，最小分度值 0.01g。

2）钻石机、切石机、磨石机、水槽、烘箱、真空抽气设备及干燥器等。

（2）试样制备。

将石样加工成圆柱体、方柱体或立方体，其尺寸应大于组成岩石最大矿物颗粒直径的 10 倍；如采用不规则试件，宜采用边长为 40～50mm 的浑圆或近似立方体岩块。每组试件的数量为 3 个。

试验前将试件置于 105～110℃ 的烘箱内烘至恒量，置于干燥器内冷却至室温备用。

（3）试验步骤。

1）从干燥器中取出试样，称其质量 m，精确至 0.01g。

2）将试件置于水槽中，试件之间应留 10～20mm 间隔，底部用玻璃棒垫起，避免与槽底直接接触。

3）注水入槽中，使水面至试件高度的 1/4 处。自注水起，2h 后加水至试件高的 1/2 处；4h 后再加水至试件高度的 3/4 处；6h 后将水加至高出试件 20mm 以上（逐步加水以利试件内空气逸出）。试件全部被淹没后，再自由吸水 48h 后，即为水饱和试件。试件强制饱水，可采用煮沸法或真空抽气法。

4）取出试件，用拧干的湿纱布轻按试件表面，吸去试件表面的水分（不得来回擦拭），随即称得试件质量为 m_1，精确至 0.01g。

（4）试验结果处理。

1）按式（10.5）计算石料吸水率 w

$$w = \frac{m_1 - m}{m} \times 100\% \tag{10.5}$$

式中：w 为石料吸水率，%；m 为干燥试件的质量，g；m_1 为水饱和试件的质量，g。

2）以 3 个试件测值的算术平均值作为试验结果，计算值精确至 0.01。

10.1.4　抗压强度试验

石料的抗压强度以饱和试件受压破坏时单位面积上所承受的最大荷载表示。它是评定石料质量的重要指标，主要用于岩石的强度分级和岩性描述，并为堆石、砌石工程的设计提供基本资料。

（1）主要仪器设备

1）压力试验机：预计破坏荷载应在试验机全量程的 20%～80% 之内，示值相对误差不大于±1%，并在检验合格的 1 年期间内。

2）游标卡尺：量程 200mm，最小分度值 0.02mm。

3）钻石机、切石机、磨石机、车床、烘箱和干燥器等。

（2）试件制备。

将石样加工成直径为 48～54mm 的圆柱体（试件高度与直径之比宜为 2.0～2.5）试件，3 个为一组，试件受力的两端面要磨平，并保持平行（不平行度应小于 0.05mm），且与试件轴线垂直（最大偏差不应超过 0.25°）。对于含大颗粒的岩石，试件的直径应大于岩石中最大颗粒直径的 10 倍。对于各向异性的岩石，应按要求的方向制取试件。

制备水饱和试件的方法与吸水率试验相同。

（3）试验步骤。

1）检验试件形状是否正确，有无缺陷及层理，将检查的结果连同加力方向等，一并记入记录表格中。

2）用游标卡尺量取试件尺寸（精确至 0.1mm）。在顶面和底面上分别量取两个相互垂直的直径，并以其各自的算术平均值分别计算顶面和底面的面积，取其顶面和底面面积的算术平均值作为计算抗压强度所用的截面积。

3）按照要求的受力方向（平行或垂直于试件的层理或片理），将试件置于压力试验机承压板的中央，对正上下承压板，不得偏心。开动机器，注意承压板与试件受压面的接触情况，如不密合而又无法纠正时，应记录下来。为了防止试件在破坏时石渣四飞，试件四周应加防护罩。

4）以 0.5～1.0MPa/s 的速率均匀加荷，直到破坏为止。记录破坏荷载及加载过程中出现的现象。

（4）试验结果处理。

1）按式（10.6）计算石料的抗压强度 $f_压$

$$f_压 = \frac{P}{A} \tag{10.6}$$

式中：$f_压$ 为石料的抗压强度，MPa；P 为破坏荷载，N；A 为试件截面积，mm^2。

2）取 3 个试件测值的算术平均值（取 3 位有效数字）作为试验结果，并注明试件的含水状态等。

10.2 水 泥 试 验

水泥试验包括水泥物理及力学试验和化学分析三个方面。工程中通常仅做物理、力学试验，其项目有细度、标准稠度用水量、凝结时间、体积安定性及强度等，其中体积安定性和强度为工程中的必检项目。此外，大体积混凝土工程中又常根据需要进行水化热试验。

10.2.1 水泥试验的一般规定

1）取样方法。按同一水泥厂相同品种、强度等级及编号的水泥为一取样单位；取样应具有代表性，可连续取样，亦可从 20 个以上不同部位取等量样品，总量不少于 12kg。

2）样品制备。将样品缩分成试验样和封存样。对试验样试验前将其通过 0.9mm 方孔筛，并充分拌匀，并记录筛余情况。必要时可将试样在 105±5℃烘箱内烘至恒量，置于干燥器内冷却至室温备用。封存样则应置于专用的水泥筒内，并蜡封保存。

3）试验用水。常规试验用饮用水；仲裁试验或重要试验须用蒸馏水。

4）试验的环境条件。试件成型室气温为（20±2）℃，相对湿度不低于50％（水泥细度试验可不作此规定）；试件带模养护的湿气养护箱或雾室温度为（20±1）℃，相对湿度不低于90％；试件养护池温度为（20±1）℃。

5）水泥试样、标准砂、拌和水及试模等的温度应与室温相同。

10.2.2 水泥细度试验

水泥的细度，直接影响水泥的凝结时间、强度、水化热等技术性质，因此水泥细度是否达到规范要求，对工程具有重要实用意义。

硅酸盐水泥和普通硅酸盐水泥以比表面积表示，不小于300m²/kg；矿渣硅酸盐水泥、火山灰质硅酸盐水泥、粉煤灰硅酸盐水泥和复合硅酸盐水泥以筛余表示，80μm方孔筛上筛余不大于10％或45μm方孔筛上筛余不大于30％。

10.2.2.1 筛析法

（1）主要仪器设备。

1）负压筛析仪：由筛座、负压筛、负压源及吸尘器组成。

2）天平：最小分度值不大于0.01g。

（2）试验步骤。

1）筛析试验前，将负压筛放在筛座上，盖上筛盖，接通电源，检查控制系统，调节负压至4000～6000Pa范围内。

2）称取试样（80μm筛析试验称取试样25g，45μm筛析试验称取试样10g），精确至0.01g，置于洁净的负压筛中，盖上筛盖，放在筛座上，开动筛析仪连续筛析2min（筛析期间如有试样附着在筛盖上，可轻轻地敲击筛盖，使试样落下）。

3）筛毕，用天平称量筛余物，精确至0.01g。

（3）试验结果处理。

1）水泥试样筛余百分数 F 按式（10.7）计算

$$F = \frac{R_1}{W} \times 100\% \tag{10.7}$$

式中：F 为水泥试样筛余百分数，％；R_1 为水泥筛余物的质量，g；W 为水泥试样的质量，g。

2）以两次筛余平均值作为筛析结果，精确至0.1％。若两次筛余结果绝对误差大于0.5％时（筛余值大于5.0％时可以放宽至1.0％），应重做一次试验，取两次相近结果的算术平均值作为试验结果。

3）最终试验结果应乘以试验筛修正系数❶修正计算结果。

10.2.2.2 比表面积试验（勃氏法）

水泥比表面积是指单位质量的水泥粉末所具有的表面积，以 m²/kg 来表示。其基本原理是根据一定量的空气通过具有一定空隙率和固定厚度的水泥层时，所受阻力不同而引

---

❶ 试验筛修正系数 $k = m_0/m$，式中：m_0 为标准样品筛余标准值，％；m 为标准样品筛余实测值，％。

起流速的变化来测定水泥的比表面积。在一定空隙率的水泥层中，空隙的大小和数量是颗粒尺寸的函数，同时也决定了通过料层的气流速度。

（1）主要仪器设备和实验室条件。

1）透气仪：应符合 JC/T 956—2005 的要求，图 10.2 为 U 形压力计示意图。

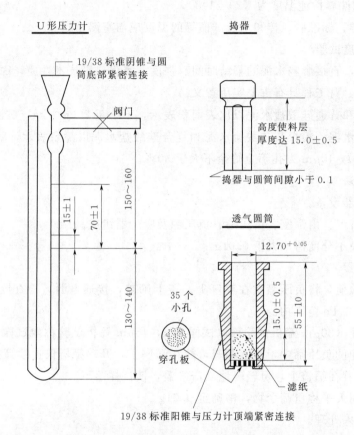

图 10.2　比表面积 U 形压力计示意图（单位：mm）

2）烘箱：控制温度灵敏度±1℃。

3）分析天平：分度值为 0.001g。

4）秒表：精确至 0.5s。

5）实验室条件：相对湿度不大于 50%。

（2）实验步骤。

1）试验前应先按 JC/T 956—2005 进行仪器的校准。

2）按 GB/T 208—1994 测定水泥密度。

3）漏气检查。将透气圆筒上口用橡皮塞塞紧，接到压力计上。用抽气装置从压力计一臂中抽出部分气体，然后关闭阀门，观察是否漏气。如发现漏气，可用活塞油脂加以密封。

4）空隙率 ε 确定。P·Ⅰ、P·Ⅱ型水泥的空隙率采用 0.500±0.005，其他水泥或粉料的空隙率选用 0.530±0.005。当按上述空隙率不能将试样压至步骤 6）规定的位置时，则允许改变空隙率。空隙率的调整以 2000g 砝码将试样压实至步骤 6）规定的位置为准。

5）确定试样量。试样量 m 按式（10.8）计算

$$m = \rho V (1-\varepsilon) \tag{10.8}$$

式中：m 为需要的试样量，g；ρ 为试样密度，g/cm^3；V 为试料层体积，cm^3；ε 为试料层空隙率。

6）试料层制备。将穿孔板放入透气圆筒的突缘上，用捣棒把一片滤纸放到穿孔板上，边缘放平并压紧。称取烘干试样量 m，精确至 $0.001g$，装入圆筒。轻敲圆筒边缘，使试料层表面平坦。再放入一片滤纸，用捣器均匀捣实试料直至捣器的支持环与圆筒顶边接触（捣实后的体积恰等于圆筒中试样层的体积），并旋转 1～2 圈，慢慢取出捣器。

穿孔板上的滤纸为 $\phi12.7mm$ 边缘光滑的圆形滤纸片。每次测定需用新的滤纸片。

7）透气试验。把装有试料层的透气圆筒下锥面涂一层活塞油脂，然后把它插入压力计顶端锥形磨口处，旋转 1～2 圈。要保证紧密连接不致漏气，并不振动所制备的试料层。

8）打开微型电磁泵，慢慢从压力计一臂中抽出空气，直到压力计内液面上升到扩大部下端时关闭阀门。当压力计内液体凹月面下降到第一条刻度线时开始计时（图 10.2），当液体的凹月面下降到第二条刻度线时停止计时，记录液面从第一条刻度线到第二条刻度线所需的时间。以秒记录，并记录下试验时的温度（℃）。每次透气试验，应重新制备试料层。

（3）试验结果处理。

1）试验时的温度与校准温度之差 ≤3℃ 时，按式（10.9）计算

$$S = \frac{S_S \rho_S \sqrt{T} \ (1-\varepsilon_S) \ \sqrt{\varepsilon^3}}{\rho \sqrt{T_S} \ (1-\varepsilon) \ \sqrt{\varepsilon_S{}^3}} \tag{10.9}$$

试验时的温度与校准温度之差 >3℃ 时，则按式（10.10）计算

$$S = \frac{S_S \rho_S \sqrt{\eta_S} \sqrt{T} \ (1-\varepsilon_S) \ \sqrt{\varepsilon^3}}{\rho \sqrt{\eta} \sqrt{T_S} \ (1-\varepsilon) \ \sqrt{\varepsilon_S{}^3}} \tag{10.10}$$

式中：S 为被测样的比表面积，cm^2/g；S_S 为标准样的比表面积，cm^2/g；T 为被测样试验时压力计中液面降落测得的时间，s；T_S 为标准样试验时压力计中液面降落测得的时间，s；η 为被测样试验温度下的空气黏度，$\mu Pa \cdot s$；η_S 为标准样试验温度下的空气黏度，$\mu Pa \cdot s$；ε 为被测样试料层中的空隙率；ε_S 为标准样试料层中的空隙率；ρ 为被测样的密度，g/cm^3；ρ_S 为标准样的密度，g/cm^3。

2）以两次测值的平均值作为试验结果，如两次试验结果相差 2% 以上时，应重新试验。计算结果保留至 $10cm^2/g$。

10.2.3 水泥标准稠度用水量试验

水泥标准稠度用水量以水泥净浆达到规定稀稠程度时的用水量占水泥用量的百分数表示。水泥浆的稀稠，对水泥的凝结时间、体积安定性等技术性质的试验结果影响很大。为了便于对试验结果进行分析比较，必须在相同的稠度下进行试验。所以水泥标准稠度用水量的测定，是水泥凝结时间、体积安定性试验的基础。

按《水泥标准稠度用水量、凝结时间、安定性检验方法》（GB/T 1346—2011），标准稠度用水量可用标准法或代用法，代用法中又有调整水量法和固定水量法两种。当发生争

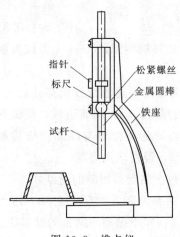

指针
标尺
试杆
松紧螺丝
金属圆棒
铁座

图 10.3　维卡仪

议时以标准法为准。

10.2.3.1　标准法

（1）主要仪器设备。

1）维卡仪：如图 10.3 所示，标准稠度试杆由有效长度为（50±1）mm、直径为 ϕ(10±0.05) mm 的圆柱形耐腐蚀金属制成；滑动部分的总质量为（300±1）g。试模为深（40±0.2）mm、顶内径 ϕ(65±0.5) mm、底内径 ϕ(75±0.5) mm 的截顶圆锥体。每个试模配备一块边长为 100mm、厚度为 4~5mm 的平板玻璃。

2）水泥净浆搅拌机：由搅拌叶片和搅拌锅组成，符合 JC/T 729—2005 的要求。

3）天平：称量大于 1000g，分度值不大于 1g。

4）量筒：精度±0.5mL。

（2）试验步骤。

1）试验前需进行仪器检查。维卡仪的金属圆棒应能自由滑动；将试模及玻璃板一起放在维卡仪上，调整至试杆接触玻璃板时指针对准标尺零点。

2）拌和加水量，可按经验初步确定加水量。

3）水泥净浆的拌制。先用湿布擦拭搅拌机叶片和搅拌锅，并立即将量好的拌和水倒入锅中，然后在 5~10s 内小心将称好的 500g 水泥加入水中（防止水和水泥溅出）。

将搅拌锅放入搅拌机座，升至搅拌位置，开动搅拌机，低速搅拌 120s、停机 15s，此时将叶片及锅壁上的水泥浆刮入锅中，接着高速搅拌 120s，停机。

4）取出搅拌锅，立即取适量水泥浆一次装入垫有玻璃板的试模内，浆体超过试模上端，用宽约 25mm 的直边刀轻轻拍打超出试模部分的浆体 5 次以排除浆体中的孔隙，然后在试模表面约 1/3 处，略倾斜于试模分别向外轻轻锯掉多余净浆，再从试模边沿轻抹顶部一次，使净浆表面光滑。在锯掉多余净浆和抹平的过程中，注意不要压实净浆；抹平后迅速将试模及玻璃板一起放在维卡仪上，轻轻放下试杆，使试杆与净浆表面中心恰好接触，拧紧止动螺丝。1~2s 后突然放松螺丝，试杆垂直自由沉入水泥净浆中，在试杆停止下沉（或下沉时间为 30s）时，拧紧止动螺丝，记录试杆至玻璃板之间的距离。升起试杆后，立即擦净；整个操作应在搅拌后 1.5min 内完成。

（3）试验结果处理。

以试杆沉入净浆并距玻璃板（6±1）mm 的水泥净浆为标准稠度净浆。其拌和水量与水泥试样质量之比即为该水泥的标准稠度用水量 P（以百分数计）。

如试杆至玻璃板距离不在上述范围，须另称试样、改变加水量、重新试验，直至达到（6±1）mm 时为止。

10.2.3.2　代用法

（1）主要仪器设备。

1）维卡仪：代用法与标准法不同的是用空心金属锥代替标准金属试杆，金属锥模代替截顶圆锥体试模，如图 10.4 所示。其仪器滑动部分的总质量仍为（300±1）g。

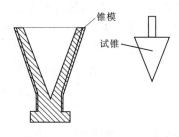

图 10.4 试锥及锥模（代用法）

2）水泥净浆搅拌机、天平、量筒等，与标准法相同。

（2）试验步骤。

1）试验前仪器检查：维卡仪的金属圆棒应能自由滑动；试锥尖降至锥模顶面时，指针应对准标尺零点。对其他仪器设备的检查与标准法相同。

2）拌和加水量：采用固定水量法时，加水量为142.5mL；采用调整水量法时，与标准法相同。

3）水泥净浆的拌制与标准法相同。

4）搅拌完毕后，立即将净浆一次装入锥模内，用宽约25mm的直边刀在浆体表面轻轻插捣5次，再轻振5次，刮去多余净浆，抹平后迅速放入维卡仪定位槽内。将试锥尖降至与净浆表面接触，拧紧螺丝，指针对零，1～2s后，突然放松螺丝，让试锥自由地沉入水泥净浆中，试锥停止下沉（或下沉时间为30s），记录试锥下沉深度。整个操作应在搅拌后 1.5min 内完成。

（3）试验结果处理。

1）用调整水量法测定时，以试锥下沉深度为（30±1）mm 时的净浆为标准稠度净浆，其拌和水量与水泥试样质量之比即为该水泥的标准稠度用水量 P（以百分数计）。

如试锥下沉深度超出上述范围，须另称试样，调整水量，重行试验，直至达到（30±1）mm 时为止。

2）用固定水量法测定时，根据测得的试锥下沉深度 S（mm），按式（10.11）计算标准稠度用水量 P（％）（也可从仪器对应标尺上读出 P 值）

$$P = 33.4 - 0.185S \tag{10.11}$$

当试锥下沉深度小于13mm时，应用调整水量法测定。

10.2.4 水泥凝结时间试验

水泥凝结时间有初凝与终凝之分。初凝时间是指从加水到水泥净浆开始失去塑性的时间；终凝时间是指从加水到完全失去塑性的时间。凝结时间以 min 来表示。

凝结时间的长短对施工方法和工程进度有很大的影响。进行凝结时间的测定，以检验水泥是否满足国家标准的要求。

（1）主要仪器设备。

1）凝结时间测定仪：将维卡仪中金属圆棒下端换为测定初凝用的试针，见图 10.5（a），或测定终凝用的带附件试针，见图 10.5（b）。

2）湿气养护箱、计时装置等。

（2）试验步骤。

1）测定前，将试模和玻璃板一起放到凝结时间测定仪上（在圆模内侧及

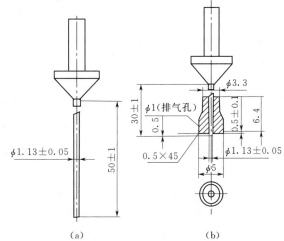

图 10.5 测定水泥凝结时间用的试针

（a）初凝用试针；（b）终凝用试针

玻璃板上稍稍涂上一薄层机油），调整指针，使初凝试针接触玻璃板时指针对准标尺零点。

2）水泥净浆的拌制和装模与“标准稠度用水量试验”方法相同，装模后立即放入湿气养护箱内。记录水泥加入水中的时刻作为凝结时间的起始时刻。

3）初凝时间测定。从湿气养护箱取出盛有净浆的试模，置于初凝试针下，使初凝试针与净浆表面刚好接触，拧紧螺丝。1～2s 后，突然放松螺丝，试针垂直自由沉入水泥净浆。试针停止下沉（或下沉时间为 30s）时，观测指针读数。

第一次（一般为自加水 30min）测试时，应轻轻挟持金属圆棒，使其徐徐下降，以防试针撞弯。到达初凝时，则必须以自由沉入试体的结果为准。临近初凝时，每隔 5min（或更短时间）测试 1 次，到达初凝状态时应立即复测一次，且两次结果必须相同。

测试过程中，试模应不受振动，每次测试不得让试针落入原针孔内，且试针沉入试体的位置至少要距圆模内壁 10mm。每次测试完毕，须将盛有净浆的试模放回养护箱，并将试针擦净。

在完成初凝时间测定后，立即将试模连同浆体以平移的方法从玻璃板上取下，并翻转 180°，底面朝上，放在玻璃板上。再放入湿气养护箱内养护，以供测定终凝时间。

4）终凝时间测定。从湿气养护箱取出试模，置于终凝试针下，使终凝试针针尖与净浆表面刚好接触，拧紧螺丝。1～2s 后，突然放松螺丝，让试针垂直自由沉入净浆试体中，在试针停止沉入试体（或下沉时间为 30s）后，提起金属圆棒，观察试样表面痕迹。

临近终凝时，每隔 15min 测试 1 次。到达终凝状态时应立即复测一次，且两次结果必须相同。

（3）试验结果处理。

1）当初凝试针沉至距玻璃底板（4±1）mm 时，水泥净浆达到初凝状态。自水泥完全加入水中至初凝状态所经历的时间为该水泥的初凝时间。

2）当终凝试针沉入净浆的深度为 0.5mm 时，即环形附件开始不能在试体上留下痕迹时，为水泥净浆达到终凝状态。自水泥完全加入水中至终凝状态所经历的时间为该水泥的终凝时间。

10.2.5　水泥体积安定性试验

水泥体积安定性是指水泥在凝结硬化过程中体积变化的均匀性。水泥中如果含有较多的 f—CaO、MgO 或 SO_3，可能导致安定性不良。

根据 GB/T 1346—2011 的规定，检验 f—CaO 危害性的方法是沸煮法，它可以用雷氏法（标准法）或饼法（代用法），有争议时以雷氏法为准。雷氏法是用装有水泥净浆的雷氏夹沸煮后的膨胀值来评定其安定性，饼法是以试饼沸煮后的外形变化来评定其安定性。

（1）主要仪器设备。

1）沸煮箱：符合 JC/T 955—2005 的要求。

2）雷氏夹如图 10.6 所示。当一根指针的根部先悬挂在一根金属丝或尼龙丝上，另一根指针的根部再挂上 300g 质量的砝码时，两根指针针尖的距离增加应在（17.5±2.5）mm 范围内，当去掉砝码后针尖的距离能恢复至挂砝码前的状态。

3）雷氏夹膨胀值测量仪如图 10.7 所示，标尺最小刻度为 0.5mm。

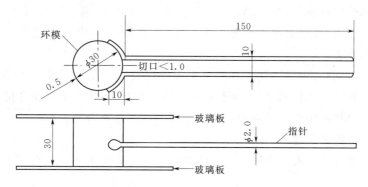

图 10.6　雷氏夹（单位：mm）

4）其他仪器设备与"水泥标准稠度用水量试验"相同。

（2）雷氏法试验步骤。

1）将雷氏夹置于专用玻璃板上，与水泥浆接触的表面均须涂上一薄层机油，每个试样成型 2 个试件。

2）将拌制好的标准稠度净浆装满雷氏夹圆环，一只手轻扶雷氏夹，另一只手用约 25mm 宽的直边刀在浆体表面轻轻插捣 3 次，然后抹平，顶面盖一涂油的玻璃板，立即将上、下盖有玻璃板的雷氏夹移到养护箱内，养护（24±2）h。

3）脱去玻璃板，用雷氏夹膨胀值测定仪测量试件指针尖端间的距离（A），精确到 0.5mm。

4）将试件放在沸煮箱内水中的试件架上，然后在（30±5）min 内加热至沸，并恒沸（180±5）min。在整个沸煮过程中，应使水面高出试件，且不能中途加水。

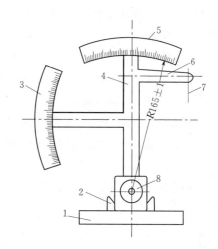

图 10.7　雷氏夹膨胀值测定仪
（单位：mm）

1—底座；2—模子座；3—测弹性的标尺；

4—立柱；5—测膨胀值的标尺；6—悬臂；

7—悬丝；8—弹簧顶枢

（3）饼法试验步骤。

1）从拌制好的标准稠度净浆中取出一部分分成两等份，使之成球形，放在涂少许机油的玻璃板上，轻轻振动玻璃板，使水泥浆球扩展成试饼。

2）用湿布擦过的小刀，从试饼的四周边缘向中心轻抹，试饼随着修抹略作转动即做成直径为 70～80mm、中心厚约 10mm、边缘渐薄、表面光滑的试饼。

3）立即将制好的试饼，连同玻璃板放入湿气养护箱内养护（24±2）h。

4）将养护好的试饼，从玻璃板上取下。在试饼无缺陷的情况下将试饼放在沸煮箱内水中的篦板上，然后在（30±5）min 内加热至沸，并恒沸（180±5）min。

（4）试验结果评定。

1）煮毕，将热水放掉，打开箱盖，使箱体冷却至室温。

2）对于雷氏法，取出煮后雷氏夹试件，测量试件指针尖端的距离（C），精确至

0.5mm，计算雷氏夹膨胀值（$C-A$）。当两个试件煮后膨胀值（$C-A$）的平均值不大于 5.0mm 时，即认为该水泥安定性合格，大于 5.0mm 时，应用同一样品立即重做一次试验。以复检结果为准。

3）对于饼法，取出煮后试饼。目测试饼未发现裂缝，用钢直尺检查也没有弯曲（使钢直尺和试饼底部紧靠，以两者间不透光为不弯曲）的试饼为安定性合格，反之为不合格。当两个试饼的判断结果有矛盾时，该水泥的安定性为不合格。

10.2.6 水泥胶砂强度试验

水泥胶砂强度反映了水泥硬化到一定龄期后胶结能力的大小，是确定水泥强度等级的依据。

（1）主要仪器设备。

1）行星式胶砂搅拌机：符合 JC/T 681—2005 的规定，水泥胶砂搅拌机叶片及搅拌锅如图 10.8 所示。

2）试模（图 10.9）：可同时成型 3 条尺寸为 40mm×40mm×160mm 的棱柱体试件。

3）振实台（图 10.10）：符合 JC/T 682—2005 的要求。

4）刮平直尺：300mm×30mm×2mm。

5）抗折强度试验机：应符合 JC/T 724—2005 的要求。

7）抗压强度试验机：试验机的最大荷载以 200～300kN 为佳，示值相对误差不超过 ±1%。

8）抗压夹具：抗压夹具应符合 JC/T 683—2005 的要求，试件受压面积为 40mm ×40mm。

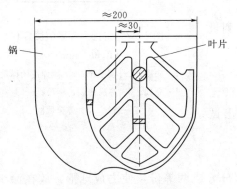

图 10.8 搅拌锅及叶片（单位：mm）

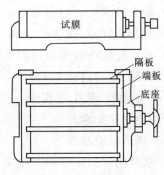

图 10.9 胶砂试模

（2）胶砂制备。

1）试验前，将试模擦净，用黄油等密封材料涂覆试模的外接缝，紧密装配，防止漏浆。内壁均匀刷一薄层机油。搅拌锅、叶片和下料漏斗（或播料器）等用湿布擦干净（更换水泥品种时，也须用湿布擦干净）。

2）配合比。水泥与中国 ISO 标准砂❶的质量比为 1∶3，水灰比为 0.5。一锅胶砂成型

---

❶ 中国 ISO 标准砂，应符合 GB/T 17671—1999 的质量要求。

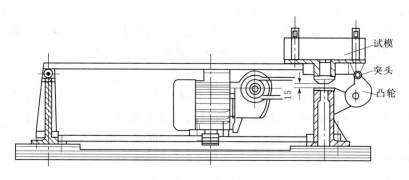

图 10.10　振实台

三条试件的材料用量：

水泥：（450±2）g；

中国 ISO 标准砂：（1350±5）g；

拌和水：（225±5）mL。

但火山灰质硅酸盐水泥、粉煤灰硅酸盐水泥、复合硅酸盐水泥和掺火山灰质混合材的普通硅酸盐水泥在进行胶砂强度检验时，其用水量按 0.50 水灰比和胶砂流动度不小于 180mm 来确定。当流动度小于 180mm 时，须以 0.01 的整数倍递增的方法将水灰比调整至胶砂流动度不小于 180mm。胶砂流动度试验按 GB/T 2419—2005 进行，其中胶砂制备按 GB/T 17671—1999 进行。

3）搅拌程序。先将量好的水加入锅内，再加入称好的水泥，把锅放在固定架上，上升至固定位置。立即开动机器，低速搅拌 30s 后，在第二个 30s 开始的同时均匀加入标准砂。标准砂全部加完（30s）后，把机器转至高速再拌 30s。接着停拌 90s，在刚停的 15s 内用橡皮刮具将叶片和锅壁上的胶砂刮至拌和锅中间。最后高速搅拌 60s。各个搅拌阶段时间误差应在 ±1s 以内，总搅拌时间为 4min。

（3）试件成型。

1）胶砂制备后立即进行成型。把空试模和模套固定在振实台上，用勺子将胶砂分两层装入试模。装第一层时，每个槽内约放 300g 胶砂，用大播料器垂直加在模套顶部，沿每个模槽来回一次将料层播平，接着振实 60 次；再装入第二层胶砂，用小播料器播平，再振实 60 次。

2）振实完毕后，移走摸套，取下试模，用刮平直尺以近似 90°的角度，架在试模模顶的一端，沿试模长度方向，以横向锯割动作向另一端移动，一次刮去高出试模的多余胶砂。最后用同一刮尺以近乎水平的角度，将试模表面抹平。

3）在试模上做标记或加字条，标明试件编号和试件相对于振实台的位置。

（4）试件养护。

1）脱模前的处理与养护。成型后立即将做好标记的试模放入雾室或湿气养护箱的水平架子上养护，养护时试模不应重叠。养护到规定的脱模时间时取出试模，用防水墨汁或颜料笔对试件进行编号和做其他标记。两个龄期以上的试件，在编号时应将同一试模中的三条试件分在两个以上龄期。

2）脱模。脱模应非常小心，以防损伤试件，脱模时可用塑料锤或橡皮榔头或专门的脱模器。对 24h 龄期的试件，应在强度试验前 20min 内脱模，并用湿布覆盖至试验；对 24h 以上龄期的试件，应在成型后 20～24h 之间脱模。硬化较慢的水泥允许延期脱模，但在试验报告中应予说明。

3）水中养护。将做好标记的试件立即水平或竖直放在（20±1）℃水中养护，水平放置时刮平面应朝上。养护期间，试件间隔和试件上表面的水深不得小于 5mm，且不允许全部更换养护水。每个养护池（或容器）内只能养护同类型的水泥试件。

4）试件龄期。试件龄期是从水泥加水搅拌开始时算起，至强度测定所经历的时间。不同龄期的试件，必须相应地在 24h±15min、48h±30min、72h±45min、7d±2h、大于 28d±8h 的时间内进行强度试验。到龄期的试件应在强度试验前 15min 从水中取出，揩去试件表面沉积物，并用湿布覆盖至试验开始。

（5）强度试验步骤及成果处理。

1）抗折强度试验。

a. 将抗折试验机夹具的圆柱表面清理干净，并调整杠杆处于平衡状态。

b. 用湿布擦去试件表面的水分和砂粒，将试件放入夹具内，使试件成型时的侧面与夹具的圆柱接触。调整夹具，使杠杆在试件折断时尽可能接近平衡位置。

c. 以（50±10）N/s 的速度进行加荷，直到试件被折断，记录破坏荷载 P（N）或抗折强度 $f_{折}$（MPa）。

d. 保持两个半截棱柱体处于潮湿状态直至抗压试验开始。

e. 按式（10.12）计算试件的抗折强度 $f_{折}$（计算至 0.1MPa）

$$f_{折} = \frac{3PL}{2bh^2} = 0.00234P \tag{10.12}$$

式中：$f_{折}$ 为试件的抗折强度，MPa；P 为破坏荷载，N；L 为支撑圆柱的中心距离，为 100mm；b、h 为试件断面的宽和高，均为 40mm。

f. 每组试件的抗折强度，以 3 条棱柱体试件抗折强度测定值的算术平均值作为试验结果。当 3 个测定值中仅有一个超出平均值的±10％时，应剔除这个结果，再以其余两个测定值的平均值作为试验结果；如果 3 个测定值中有两个超出平均值的±10％时，则该组结果作废。

2）抗压强度试验。

a. 抗压强度试验在半截棱柱体的侧面上进行。抗压试验须用抗压夹具，使试件受压面积为 40mm×40mm。试验前，应将试件受压面与抗压夹具清理干净、试件的底面应紧靠夹具上的定位销，断块露出上压板外的部分应不少于 10mm。

b. 在整个加荷过程中，夹具应位于压力机承压板中心，以（2400±200）N/s 的速率均匀地加荷直至破坏，记录破坏荷载 P（kN）。

c. 按式（10.13）计算每块试件的抗压强度 $f_{压}$（精确至 0.1MPa）

$$f_{压} = \frac{P}{A} = 0.625P \tag{10.13}$$

式中：$f_{压}$ 为试件的抗压强度，MPa；P 为破坏荷载，kN；A 为受压面积，40mm×40mm。

d. 每组试件的抗压强度，以 3 条棱柱体得到的 6 个抗压强度测定值的算术平均值作为试验结果。如 6 个测定值中有一个超出 6 个平均值的±10％，应剔除这个值，而以剩下 5 个的平均值作为试验结果。如果 5 个测定值中再有超过它们平均值的±10％者，则此组结果作废。如果 5 个测定值中再有超出它们平均值±10％的，则此组结果作废。

根据上述的抗折、抗压强度的试验结果，按相应的水泥标准确定该水泥强度等级。

10.2.7 水泥水化热试验（直接法）

水泥的水化热以 1g 水泥在凝结硬化过程中所放出的热量（J/g）来表示。可采用直接法进行测定，也可采用溶解热法。当试验结果有争议时，以溶解热法为准。

直接法是依据热量计在恒温条件下，直接测定热量计内水泥胶砂的温度变化，通过计算热量计内积蓄的和散失的热量总和，求得水泥水化 7d 的水化热。本试验仅介绍常用的直接法。

（1）主要仪器设备。

1）直接法热量计。

a. 广口保温瓶：容积约为 1.5L，散热常数测定值不大于 167.00J/(h·℃)。

b. 带盖截锥形圆筒：容积约为 530mL，用聚乙烯塑料制成。

c. 长尾温度计：量测范围为 0～50℃，分度值为 0.1℃。示值误差≤±0.2℃。

d. 软木塞：由天然软木制成。使用前中心打一个与温度计直径紧密配合的小孔，然后插入长尾温度计，深度距软木塞底面约 120mm，然后用热蜡密封底面。

e. 铜套管：由铜质材料制成。

f. 衬筒：由聚酯塑料制成，密封不漏水。

2）恒温水槽：水温应能控制在（20±0.1）℃。

3）胶砂搅拌机：符合 JC/T 681—2005 的要求。

4）天平：最大量程不小于 1500g，分度值为 0.1g。

5）捣棒、漏斗、量筒、秒表和料勺等。

（2）试验前的准备工作。

1）试验前应将广口保温瓶、软木塞、铜套管、截锥形圆筒和盖、衬筒、软木塞封蜡质量分别称量记录。热量计各部件除衬筒外，应编号成套使用。

2）热量计热容量的计算。按式（10.14）计算，计算结果保留至 0.01J/℃。

$$C = 0.84 \times \frac{g}{2} + 1.88 \times \frac{g_1}{2} + 0.40g_2 + 1.78g_3 + 2.04g_4$$
$$+ 1.02g_5 + 3.30g_6 + 1.92V \tag{10.14}$$

式中：C 为不装水泥胶砂时热量计的热容量，J/℃；g 为保温瓶质量，g；g_1 为软木塞质量，g；g_2 为铜套管质量，g；g_3 为塑料截锥筒质量，g；g_4 为塑料截锥筒盖质量，g；g_5 为衬筒质量，g；g_6 为软木塞底面的蜡质量，g；V 为温度计伸入热量计的体积，cm³。式中 1.92 是玻璃的容积比热，J/(cm³·℃)，其他各系数分别为所用材料的比热容，J/(g·℃)。

3）热量计散热常数的测定。

a. 测定前 24h 开起恒温水槽，使水温恒定在（20±0.1）℃范围内。

b. 试验前热量计各部件和试验用品在试验室中（20±2)℃温度下恒温 24h，首先在截锥形圆筒内放入塑料衬筒和铜套管，然后盖上中心有孔的盖子，移入保温瓶中。

c. 用漏斗向圆筒内注入温度为（45±0.2)℃的（500±10)g 温水，准确记录用水质量 W 和加水时间（精确到 min），然后用配套的插有温度计的软木塞盖紧。

d. 在保温瓶与软木塞之间用胶泥或蜡密封防止渗水，然后将热量计垂直固定于恒温水槽内进行试验。

e. 恒温水槽内的水温应始终保持（20±0.1)℃，从加水开始到 6h 读取第一次温度 T_1（一般为 34℃左右），到 44h 读取第二次温度 T_2（一般为 21.5℃以上）。

f. 试验结束后立即拆开热量计，再称量热量计内所有水的质量，应略少于加入水的质量，如等于或多于加入水的质量，说明试验时有水漏入了保温瓶，应重新测定。

热量计散热常数 K 按式（10.15）计算，计算结果保留至 0.01J/(h·℃)

$$K = (C + W \times 4.1816) \frac{\lg (T_1 - 20) - \lg (T_2 - 20)}{0.434 \Delta t} \tag{10.15}$$

式中：K 为散热常数，J/(h·℃)；W 为加水质量，g；C 为热量计的热容量，J/℃；T_1 为试验开始后 6h 读取热量计的温度，℃；T_2 为试验开始后 44h 读取热量计的温度，℃；Δt 为读数 T_1 至 T_2 所经过的时间，38h。

热量计散热常数应测定两次，两次差值<4.18J/(h·℃) 时，取其平均值；热量计散热常数 K<167.00J/(h·℃) 时允许使用；热量计散热常数每年应重新测定；已经标定好的热量计如更换任意部件应重新测定。

（3）水泥水化热试验步骤。

1）试验前 24h 开起恒温水槽，使水温恒定在（20±0.1)℃范围内。热量计各部件和试验材料预先在（20±2)℃温度下恒温 24h。

2）胶砂配合比。

每个样品称标准砂 1350g，水泥 450g，加水量按式（10.16）计算，计算结果保留至 1mL

$$M = (P + 5\%) \times 450 \tag{10.16}$$

式中：M 为试验用水量，mL；P 为水泥净浆标准稠度用水量，%；5% 为加水系数。

3）首先用湿布擦拭搅拌锅和搅拌叶，然后依次把称好的标准砂和水泥加入到搅拌锅中，把锅固定在机座上，开动搅拌机慢速搅拌 30s 后徐徐加入已量好的水，并开始计时，慢速搅拌 60s，整个慢速搅拌时间为 90s，然后再快速搅拌 60s，改变搅拌速度时不停机。加水时间在 20s 内完成。搅拌完毕后迅速取下搅拌锅并用勺子搅拌几次，然后用天平称取 2 份质量为（800±1)g 的胶砂，分别装入事先已放入塑料衬筒的 2 个截锥形圆筒内，盖上盖子，在圆筒内胶砂中心部位用捣棒捣一个洞，分别移入到对应保温瓶中，放入套管，盖好带有温度计的软木塞，用胶泥或蜡密封，以防漏水。

4）从加水时间算起第 7min 记录第一次温度，即初始温度 T_0。然后移入恒温水槽的支架上夹好，水槽内水面至少高于热量计上表面 10mm。根据温度变化情况确定记录温度时间，一般在温度上升阶段每隔 1h 记录一次，下降阶段每隔 2h 记录一次，当温度变化不大时，可改为 4h 或 8h 记录一次，每次记录温度时都要监测恒温水槽水温是否在（20±

0.1)℃范围内。试验从开始记录第一次温度时起进行 168h。

5）拆开密封胶泥或蜡，取下软木塞，取出截锥形圆筒，打开盖子，取出套管，观察套管中、保温瓶中是否有水，如有水，此瓶试验作废。

（4）试验结果处理。

1）曲线面积的计算。

根据所记录时间与水泥胶砂的对应温度，以时间为横坐标，温度为纵坐标绘制水泥水化热曲线，并画出 20℃水槽温度恒温线。计算恒温线与胶砂温度曲线间的总面积。

2）试验用水泥质量 G 按式（10.17）计算，计算结果保留至 1g

$$G=\frac{800}{4+（P+5\%）}\tag{10.17}$$

式中：G 为试验用水泥质量，g；P 为水泥净浆标准稠度用水量，%；800 为试验用水泥胶砂总质量，g；5% 为加水系数。

3）试验用水量 M_1 按式（10.18）计算，计算结果保留至 1mL

$$M_1=G（P+5\%）\tag{10.18}$$

式中：M_1 为试验用水量，mL。

4）总热容量 C_P 的计算。

根据水量及热量计的热容量 C，按式（10.19）计算，计算结果保留至 0.1J/℃

$$C_P=0.84\times（800-M_1）+4.1816M_1+C\tag{10.19}$$

式中：C_P 为装入水泥胶砂后的热量计的总热容量，J/℃；M_1 为试验用水量，mL。

5）总热量 Q_X 的计算。

在某个水化龄期时，试验所用水泥放出的总热量 Q_X 为积蓄在热量计内的热量和散失热量之和，可由式（10.20）计算

$$Q_X=C_p（t_X-t_0）+K\sum F_{0-X}\tag{10.20}$$

式中：Q_X 为某个龄期时水泥水化放出的总热量，J；t_0、t_X 为水泥胶砂初始温度和在龄期为 X 时的温度，℃；$\sum F_{0-X}$ 为 $0\sim X$ 小时水槽温度恒温线与胶砂温度曲线间的面积，h·℃。

6）水泥水化热 q_x 的计算。

水泥水化热 q_x（J/g）按式（10.21）计算，结果保留至 1J/g

$$q_X=\frac{Q_X}{G}\tag{10.21}$$

式中：q_X 为水泥某一龄期的水化热，J/g。

以两次测值的平均值作为试验结果，两次测值之差小于 12J/g，取平均值作为此水泥样品的水化热结果；两次试验结果相差大于 12J/g 时，应重做试验。

10.3 混凝土骨料试验

混凝土骨料试验的目的是评定骨料的品质，并为混凝土配合比设计提供资料。为了获得骨料品质的可靠资料，必须选取具有代表性的试样，并应遵守《建设用砂》（GB/T

14684—2011)、《建设用卵石、碎石》(GB/T 14685—2011)、《水工混凝土砂石骨料试验规程》(DL/T 5151—2014) 和《水工混凝土试验规程》(SL 352—2006) 的检验规则。

1) 检验项目。骨料的检验分为出厂检验与型式检验。出厂检验项目为标准规定的部分项目，型式检验项目为标准规定的全部项目。

2) 批量。按同分类、规格、类别及日产量每 600t 为一批，不足 600t 亦为一批；日产量超过 2000t，按 1000t 为一批，不足 1000t 亦为一批。

3) 抽样方法。当从料堆上抽样时，砂料可从料堆自上而下的不同方向均匀选取 8 点抽样（石料选取 15 个点）。

4) 试样缩分。将所抽试样倒在平板上，细骨料在潮湿状态下拌和均匀（粗骨料在自然状态下拌和均匀），铺成适宜厚度的圆饼（细骨料）或锥体（粗骨料），在铺好的圆饼（或锥体）上，用铲沿两相互垂直方向切一个"十"字，将试样四等分，取其对角的两份，重新拌匀，再铺成圆饼或锥体，重复上述过程。直至缩分后的试样略多于试验所需的数量为止。

5) 等级判定。经检验后，试验结果均符合本标准的相应类别规定时，可判为该批产品合格。若有一项指标不符合标准规定时，则应从同一批产品中加倍取样，对该项进行复验。复验后，若试验结果符合标准规定，可判为该批产品合格；若仍然不符合本标准要求时，则判为不合格。若有两项及以上试验结果不符合标准规定时，则判该批产品不合格。

6) 一般要求。

a. 试样烘至恒量。通常是指相邻二次称量间隔时间不小于 3h 的情况下，前后两次称量之差小于该项试验所要求的称量精度。

b. 试验环境温度。骨料试验允许在（20±5）℃室温下进行。

根据教学大纲的要求，本试验包括粗细骨料颗粒级配、视密度、堆积密度、吸水率的试验以及细骨料的表面含水率、含泥量试验等。

10.3.1 细骨料颗粒级配试验

细骨料颗粒级配试验的目的，是通过筛分析来检验细骨料的级配及其粗细程度是否符合规范要求。

(1) 主要仪器设备。

1) 方孔筛：标称直径为 10mm、5mm、2.5mm、1.25mm、0.63mm、0.315mm 及 0.16mm 的筛各一只，并附有筛底和筛盖。

2) 天平：称量 1kg，分度值 1g。

3) 摇筛机。

4) 鼓风干燥箱。

5) 搪瓷盘、毛刷等。

(2) 试样制备。

筛除大于 10mm 的颗粒（算出其筛余百分率并进行记录），然后用四分法缩分至每份不少于 550g 的试样两份，放在（105±5）℃烘箱中烘至恒量，冷却至室温备用。

(3) 试验步骤。

1）称取烘干试样两份，每份 500g，记为 G，分别进行试验。

2）将试样倒入标准筛中，其筛孔尺寸自上而下，由粗到细，顺次排列。

3）套筛用摇筛机摇 10min 后，按筛孔大小顺序，在清洁的搪瓷盘上再逐个用手筛，直至每分钟通过量不超过试样总量的 0.1% 时为止。通过的颗粒并入下一号筛中，并和下一号筛中的试样一起过筛。这样顺序进行，直至各号筛全部筛完为止。

称出各号筛的筛余量，精确至 1g，试样在各号筛上的筛余量大于 200g 时，应将该筛余试样分成两份分别筛分，并以两次筛余量之和作为该号筛的筛余量。

（4）试验结果处理。

1）计算分计筛余百分数：各号筛的筛余量与试样总量之比，精确至 0.1%。

2）计算累计筛余百分率：即该号筛与该号筛以上各筛的分计筛余百分率之和，精确至 0.1%。

3）根据各个筛的累计筛余百分率绘制筛分曲线，评定该细骨料的级配是否适用于拌制混凝土。

4）按式（10.22）计算细度模数 FM（精确至 0.01）

$$FM = \frac{(A_2 + A_3 + A_4 + A_5 + A_6) - 5A_1}{100 - A_1} \tag{10.22}$$

式中：FM 为细度模数；A_1、A_2、A_3、A_4、A_5、A_6 分别为标称直径 5mm、2.5mm、1.25mm、0.63mm、0.315mm、0.16mm 筛上的累计筛余百分率。

5）以两次测值的平均值作为试验结果，精确至 0.1。按细度模数的大小，评定该细骨料颗粒的粗细程度。

6）各筛筛余（包括筛底）的质量总和与原试样质量之差超过 1% 或两次测得的细度模数相差超过 0.2 时，须重做试验。

10.3.2　细骨料视密度及吸水率试验

细骨料视密度是包括内部封闭孔隙在内的颗粒的单位体积质量，以 g/cm^3 来表示。按照颗粒含水状态的不同，有干视密度与饱和面干视密度之分。前者是细骨料在完全干燥状态下测得的，后者是细骨料颗粒内部孔隙吸水饱和而外表干燥状态下测得的。测定细骨料的视密度和吸水率，主要供混凝土配合比设计和评定细骨料质量用，在应用时须注意两种不同含水状态的区别。

（1）仪器设备与砂样制备。

1）主要仪器设备。

a. 天平：称量 1kg，分度值 0.5g。

b. 容量瓶：容量 1000mL。

c. 饱和面干试模（图 10.11）：金属制，上口直径 38mm，下口直径 89mm，高 73mm。并附一捣棒，捣固端为平头，直径 25mm，质量 340g。

d. 电吹风机、烘箱、温度计、搪瓷盘、移液管、毛刷等。

2）试样制备。

a. 用四分法选取砂样，并置于（105±5）℃烘箱中烘至恒量，并在干燥器内冷却至室温备用。

图 10.11 饱和面干试模及捣棒

b. 饱和面干试样制备：称取 1500g 左右的试样装入搪瓷盘中，注入清水，水面应高出试样 20mm 左右，用玻璃棒轻轻搅拌，排出气泡。静置 24h 后，将清水倒出，摊开试样，用电吹风机缓缓吹拂暖风，并不时搅拌，使试样表面的水分蒸发，直至达饱和面干状态为止。

c. 饱和面干状态的判定方法：将试样分两层装入饱和面干试模内（试模放在厚 5mm 的玻璃板上），第一层装入试模高度的一半，一手按住试模不得移动，另一手用捣棒自试样表面高约 10mm 处自由落下，均匀插捣 13 次；第二层装满试样后，再插捣 13 次。然后刮平表面，轻轻将试模垂直提起。当试样呈现图 10.12 (b) 的形状，即为饱和面干状态。如试样呈图 10.12 (a) 的形状，说明尚有表面水分，应继续吹风。干燥；如试样呈图 10.12 (c) 的形状，说明试样已过分干燥，应喷水 5～10mL，将试样充分拌匀，加盖后静置 30min，再作判定。

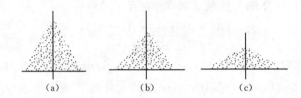

图 10.12 试样的坍落形状
(a) 偏湿状态；(b) 饱和面干状态；(c) 偏干状态

(2) 试验步骤及结果处理。

1) 视密度试验。

a. 称取烘干试样（或饱和面干试样）两份，每份 600g，记为 G_1。

b. 分别将试样装入盛水半满的容量瓶中，用手旋转摇动该瓶，使试样充分搅动，排除气泡。对于干试样，塞紧瓶盖，应静置 24h；对于饱和面干试样，静置 30min。

c. 测量瓶中水的温度，然后用滴管加水至容量瓶颈刻度线处，塞紧瓶盖，擦干瓶外部的水，称其质量 G_2（g）。

d. 倒出瓶内的水和试样，将瓶洗净，再注水至瓶颈刻度线处，擦干瓶外水分，塞紧瓶盖，称其质量 G_3（g）。

e. 按式 (10.23) 计算干试样视密度（或饱和面干试样视密度）（精确至 $10kg/m^3$）

$$\rho_干（或\ \rho_饱）=\frac{G_1}{(G_1+G_3-G_2)\ /\rho_水} \tag{10.23}$$

式中：$\rho_干$（或 $\rho_饱$）为干试样视密度（或饱和面干试样表观密度），kg/m^3；G_1 为干试样（或饱和面干试样）的质量，g；G_2 为瓶加干试样（或饱和面干试样）再加水的质量，g；G_3 为瓶加水的质量，g；$\rho_水$ 为水的密度，一般按 $1000kg/m^3$ 计算。

f. 以两次测值的算术平均值作为试验结果。如两次测值之差超过 $20kg/m^3$ 时，应重新取样进行试验。

2）吸水率试验。吸水率是试样在饱和面干状态时所含的水分，以质量百分率表示。通常以烘干试样质量为基准，也可用饱和面干试样的质量作基准，在应用时须注意其区别。

a. 称取饱和面干试样两份，每份 500g，记为 G_0。

b. 将试样在 $(105\pm5)℃$ 烘箱中烘至恒量，冷却至室温后，称出其质量 G。

c. 按式（10.24）或式（10.25）计算以干试样为基准的吸水率 $m_干$ 或以饱和面干试样为基准的吸水率 $m_饱$（精确至 0.1%）

$$m_干 = \frac{G_0 - G}{G} \times 100\% \tag{10.24}$$

$$m_饱 = \frac{G_0 - G}{G_0} \times 100\% \tag{10.25}$$

式中：$m_干$ 为以干试样为基准的吸水率，%；$m_饱$ 为以饱和面干试样为基准的吸水率，%；G_0 为饱和面干状态试样的质量，g；G 为烘干后试样的质量，g。

d. 以两次测值的算术平均值作为试验结果。如两次测值之差超过 0.2% 时，应重新取样进行试验。

10.3.3 细骨料表面含水率试验

潮湿状态细骨料的含水率和表面含水率，是现场拌制混凝土时修正用水量及细骨料用量需要的资料。含水率与表面含水率的区别是：含水率是潮湿状态细骨料烘至完全干燥状态时所测得的含水百分率；表面含水率是潮湿状态细骨料烘至饱和面干状态时，所测得的含水百分率。

（1）主要仪器设备。

1）天平：称量 1kg，分度值 0.5g。

2）容量瓶：容量 1000mL。

3）搪瓷盘、漏斗、温度计等。

（2）试验步骤。

1）称取潮湿状态试样 400g（G_1）两份，分别进行试验。

2）将潮湿状态试样通过漏斗倒入盛水半满的容量瓶内，用手旋转摇动容量瓶，排除气泡。

3）加水至容量瓶颈刻度线处，静置片刻，塞紧瓶盖，擦干瓶外水分，称其质量（G_2）。

4）倒出瓶中水和试样，将瓶洗净，再注水至瓶颈刻度线处，擦干瓶外水分，塞紧瓶盖，称其质量 G_3。两次注入容量瓶中的水，温度相差应不超过 2℃。

（3）试验结果处理。

1）按式（10.26）计算表面含水率 $m_表$（精确至 0.1%）

$$m_表 = \frac{(\rho_饱 - \rho_水)\dfrac{G_1}{\rho_饱} - (G_2 - G_3)}{G_2 - G_3} \times 100\% \tag{10.26}$$

式中：$m_表$ 为表面含水率，%；$\rho_饱$ 为细骨料饱和面干表观密度，kg/m^3；$\rho_水$ 为水在试验温度下的密度，一般取 $1000kg/m^3$；G_1 为潮湿状态试样的质量，g；G_2 为潮湿状态试样、水及容量瓶的总质量，g；G_3 为水及容量瓶的总质量，g。

2）以两次测值的算术平均值作为试验结果。如两次测值之差超过 0.5%，应重新取样进行试验。

10.3.4　细骨料堆积表观密度（也简称堆积密度）与空隙率试验

测定细骨料松散状态下的堆积密度，可供混凝土配合比设计用，也可用以估计运输工具的数量或堆场的面积等。根据细骨料的堆积密度和表观密度还可以计算其空隙率。

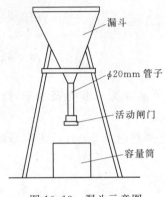

图 10.13　漏斗示意图

（1）主要仪器设备。

1）漏斗：如图 10.13 所示。

2）容量筒：容积为 1L 的金属圆筒。

3）天平：称量 5kg，分度值 1g。

4）烘箱、搪瓷盘等。

（2）准备工作。

1）称取 10kg 试样在 (105 ± 5)℃烘箱中烘至恒量，冷却至室温备用。

2）容量筒容积的校正：称取容量筒和玻璃板的总质量 g_1。将 (20 ± 2)℃的水装满容量筒，用玻璃板沿筒口推移使紧贴水面，盖住筒口（玻璃板和水面间不得带有气泡），擦干筒外壁的水，称其质量 g_2。g_2 与 g_1 之差除以水的密度（一般取 1kg/L），即得容量筒的容积 V（精确至 0.01L）。

（3）试验步骤。

1）取约 5kg 的烘干试样两份，分别进行试验。

2）称出空容量筒的质量 G_1。

3）将试样装入漏斗中。将容量筒置于漏斗下，打开漏斗的活动闸门，使试样从离容量筒上口 50mm 的高度处落入容量筒中，直至试样装满容量筒并超出筒口时为止。

4）将容量筒顶部多余的试样用直尺沿筒中心线向两侧方向轻轻刮平（注意不得振动或移动容量筒），然后称其质量 G_2。

（4）试验结果处理。

1）按式（10.27）计算细骨料的堆积密度 $\gamma_{干}$（精确至 $10kg/m^3$）

$$\gamma_{干}=\frac{G_2-G_1}{V}\times1000 \tag{10.27}$$

式中：$\gamma_{干}$ 为细骨料的堆积密度，kg/m^3；G_1 为容量筒的质量，kg；G_2 为容量筒和细骨料的总质量，kg；V 为容量筒的容积，L。

2）按式（10.28）计算空隙率 P_0（%）（精确至 1%）

$$P_0=\left(1-\frac{\gamma_{干}}{\rho_{干}}\right)\times100\% \tag{10.28}$$

式中：P_0 为空隙率，%；$\gamma_{干}$ 为试样的堆积密度，kg/m^3；$\rho_{干}$ 为试样的干表观密度，kg/m^3。

3）以两次测值的算术平均值作为试验结果。

10.3.5 细骨料黏土、淤泥及细屑含量试验

黏土、淤泥及细屑含量是细骨料出厂检验的一个质量指标，通常采用淘洗法。

（1）主要仪器设备。

1）天平：称量1kg，分度值0.1g。

2）烘箱。

3）筛：孔径为0.08mm及1.25mm筛各一只。

4）洗砂筒（要求深度大于250mm）、搅棒、搪瓷盘等。

（2）试样制备。

将约1500g试样放在（105±5）℃烘箱中烘至恒量，冷却至室温备用。

（3）试验步骤。

1）准确称取烘干试样500g两份，精确至0.1g。放入洗砂筒，注入清水，使水面高出试样150mm，充分搅拌后，浸泡2h。

2）用手在水中淘洗试样，把浑水慢慢倒入1.25mm及0.08mm的套筛上（1.25mm筛放在上面），滤去小于0.08mm的颗粒，在整个过程中应防止试样流失。

3）再次向洗砂筒中注入清水，重复上述操作，直至洗砂筒内的水目测清澈为止。

4）用水淋洗剩留在筛上颗粒。并将0.08mm筛放在水中来回摇动，以充分洗掉小于0.08mm的颗粒。然后将洗砂筒内及两只筛上剩余的颗粒一并倒入搪瓷盘中，置于（105±5）℃烘箱中烘至恒量，待冷到室温后，称取剩余砂样的质量G_1，精确至0.1g。

（4）试验结果处理。

黏土、淤泥及细屑含量Q按式（10.29）计算（精确至0.1%）

$$Q=（G-G_1）/G×100\%\qquad(10.29)$$

式中：Q为黏土、淤泥及细屑含量，%；G为实验前烘干试样的质量，g；G_1为试验后烘干试样的质量，g。

以两次试验测值的算术平均值作为试验结果。

10.3.6 粗骨料视密度及吸水率试验

粗骨料视密度是其颗粒（包括内部封闭孔隙）的单位体积质量。它可以反映骨料的坚实、耐久程度，是一项评价骨料品质的技术指标。同时，饱和面干视密度和吸水率还可供混凝土配合比设计之用。

（1）主要仪器设备。

1）液体静力天平（参见图10.1）。

2）网篮：孔径小于5mm，直径和高度均为200mm。

3）盛水筒：直径约400mm，高约600mm。

4）烘箱、搪瓷盘、毛巾、毛刷等。

（2）试样制备。

1）用四分法缩分至下述质量：当骨料最大粒径为20mm、40mm、80mm及150（120）mm时，分别称取不少于1.2kg、2kg、4kg、6kg的试样两份。

2）试样淘洗及浸泡。用自来水将骨料冲洗干净，除去表面尘土等杂质。然后在水中浸泡24h，水面至少高出试样50mm。

（3）试验步骤。

1）将空网篮全部浸入盛水筒后，称出空网篮在水中的质量。将浸泡后的试样装入网篮内，放进盛水金属筒中，升降网篮，排除气饱（试样不得露出水面）。称量试样和网篮在水中的质量。两者之差即为试样在水中的质量 G_2。两次称量时，水的温度相差不得大于 2℃。

2）将试样从网篮中取出，用拧干的湿毛巾擦去目视能看到的水膜使呈饱和面干状态，并立即称量 G_3。

3）将试样放在（105±5）℃烘箱中烘至恒量，冷却至室温后，称量干试样质量 G_1。

（4）试验结果处理。

按式（10.30）和式（10.31）分别计算视密度 $\rho_干$ 和饱和面干视密度 $\rho_饱$（精确至 10kg/m³），按式（10.32）和式（10.33）分别计算以干试样为基准的吸水率 $m_干$ 和以饱和面干试样为基准的吸水率 $m_饱$（精确至 0.01％）

$$\rho_干 = \frac{G_1}{G_1 - G_2}\rho_水 \tag{10.30}$$

$$\rho_饱 = \frac{G_3}{G_3 - G_2}\rho_水 \tag{10.31}$$

$$m_干 = \frac{G_3 - G_1}{G_1} \times 100\% \tag{10.32}$$

$$m_饱 = \frac{G_3 - G_1}{G_3} \times 100\% \tag{10.33}$$

式中：$\rho_干$ 为视密度，kg/m³；$\rho_饱$ 为饱和面干视密度，kg/m³；$m_干$ 为以干试样为基准的吸水率，％；$m_饱$ 为以饱和面干试样为基准的吸水率，％；$\rho_水$ 为水的密度，一般取 1000kg/m³；G_1 为烘干试样的质量，g；G_2 为试样在水中的质量，g；G_3 为饱和面干试样在空气中的质量，g。

以两次测值的平均值作为试验结果。若两次表观密度测值之差大于 20kg/cm³ 或两次吸水率试验值相差大于 0.2％时，须重新试验。

10.3.7 粗骨料堆积密度及空隙率试验

粗骨料的堆积密度有松散堆积密度和紧密堆积密度之分，供评定粗骨料品质、选择骨料级配之参考，且是混凝土配合比设计的必要资料。此外，还可根据它计算粗骨料的松散状态下的质量和体积，或用以估计运输工具的数量及堆场面积等。

（1）主要仪器设备。

1）振动台：振幅（0.35±0.05)mm，频率（3000±200）次/min，最大荷载 250kg。

2）磅秤：称量 50kg，分度值 50g（或称量 200kg，分度值为 200g）。

3）台秤：称量 10kg，分度值 5g。

4）容量筒：为金属圆筒，具有一定刚度，不变形，当粗骨料最大粒径为 20mm、40mm、80mm、150（120）mm 时，分别用 5L、10L、15L、80L 的容量筒。

容量筒容积的率定方法参见"细骨料堆积密度试验"。率定时，可用台秤称量容量筒质量 G_1，精确至 5g，体积计算精确至 0.01L。

（2）试验步骤。

1）对于（松散）堆积密度，用取样铲将试样从容量筒口上方50mm高度处均匀地以自由落体落入筒中，装满并使容量筒上部试样成锥体，然后用直尺沿筒口边缘刮去高出的试样，并用适合的颗粒填平凹凸处，使表面凸起部分与凹陷部分的体积大致相等。

2）对于紧密堆积密度，将容量筒置于坚实的平地上，在筒底垫一根$\Phi25mm$的钢筋，用取样铲将试样分3层自距容量筒上口50mm高度处装入筒中，每装完一层后，将筒按住，左右交替颠击地面25次。或用取样铲将试样自距容量筒上口50mm高度处1次装入筒中，试样装填完毕后稍加平整表面，用振动台振动2～3min。再加试样直至超过筒口，并按上述松散堆积密度的方法平整表面。

3）称量试样和容量筒的总质量G_2。

（3）试验结果处理。

1）按式（10.34）计算堆积密度（松散）或紧密堆积密度γ_0。（精确至10kg/m³）

$$\gamma_0 = \left(\frac{G_2 - G_1}{V}\right) \times 1000 \tag{10.34}$$

式中：γ_0为堆积密度（松散）或紧密堆积密度，kg/m³；G_1为容量筒的质量，kg；G_2为容量筒加试样的总质量，kg；V为容量筒的容积，L。

2）按式（10.35）计算空隙率P_0（精确至1%）

$$P_0 = \left(1 - \frac{\gamma_0}{\rho_{\mp} \times 1000}\right) \times 100\% \tag{10.35}$$

式中：P_0为空隙率，%；γ_0为试样的松散（或紧密）堆积密度，kg/m³；$\rho_{\mp}$为试样的表观密度，g/cm³。

3）取两次试验测定值的算术平均值作为试验结果。若两次测值的堆积密度相差大于20kg/m³，须重新取样试验。

10.3.8 粗骨料颗粒级配试验

本试验测定卵石或碎石的颗粒级配，供混凝土配合比设计时选择骨料级配。

（1）主要仪器设备。

1）粗骨料套筛：筛孔尺寸为150（120）mm、80mm、40mm、20mm、10mm及5mm的方孔筛，并附有筛底和筛盖。

2）磅秤：称量50kg，分度值50g。

3）台秤：称量10kg，分度值5g。

4）摇筛机。

（2）试验步骤。

1）用四分法选取风干（或烘干）试样两份，当骨料最大粒径为20mm、40mm、80mm及150（120）mm时，每份试样质量分别不少于10kg、20kg、50kg及200kg。

2）用摇筛机摇10min，取下套筛，依筛孔尺寸由大到小顺序逐个手工过筛，直到每分钟的通过量不超过试样总量的0.1%为止。通过的颗粒并入下一号筛中，一起过筛，直至各号筛全部筛完。在每号筛上的筛余平均层厚，应不大于试样的公称最大粒径值，如超过此值，应将该号筛上的筛余分成两份，分别进行筛分。

3）称出各号筛上的筛余量，精确至 1g。粒径大于 150mm 的颗粒，也应称出筛余量。

（3）试验结果处理。

1）计算分计筛余百分率，即各筛上的筛余量占试样总量的百分率，精确至 0.1%。

2）计算各号筛上的累计筛余百分率，即该号筛上的分计筛余百分率与大于该号筛上的分计筛余百分率的总和，精确至 0.1%。

3）取两次试验测定值的算术平均值作试验结果。筛分后，如所有筛余量之和与原试样总量相差超过 1%，则须重新试验。

4）根据各筛的累计筛余百分率，评定该试样的颗粒级配。

（4）粗骨料最优级配的选择。

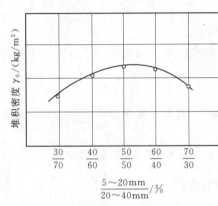

图 10.14　二级配骨料不同比例与
堆积表观密度的关系曲线

粗骨料最大粒径在 40mm 以上时，为了获得良好的级配以节约水泥，可将粗骨料分成若干粒级，如：5～20mm、20～40mm、40～80mm、80～150（120）mm。选取其中的二级、三级或四级进行配合使用。为了寻求分级组合的最佳比例，可根据骨料级配愈好，空隙率愈小、堆积密度愈大的原理，分别测定各级不同比例的粗骨料堆积密度，以确定其最优级配。例如：当最大粒径为 40mm 时，可分为 5～20mm、20～40mm 两级，按下列比例分别配合：40∶60、50∶50、60∶40、70∶30。将上述各组比例的骨料拌和均匀，分别测得它们的堆积密度，然后绘制出不同比例与堆积密度的关系曲线（图 10.14），堆积密度最大的一组，即认为是最佳比例。这个比例可以作为拌制混凝土时选择粗骨料最优级配的参考。

10.4　混凝土拌和物试验

混凝土拌和物的性能直接关系到混凝土施工工艺的选择及施工质量，对硬化混凝土的物理力学性能也有重大影响。本试验根据《水工混凝土试验规程》（DL/T 5150—2001）、《水工混凝土试验规程》（SL 352—2006）、《水工碾压混凝土试验规程》（DL/T 5433—2009）和《普通混凝土拌和物性能试验方法》（GB/T 50080—2002），选编了混凝土拌和物和易性、表观密度、含气量及凝结时间试验等。

10.4.1　混凝土拌和物的拌制

10.4.1.1　拌制混凝土拌和物的一般规定

1）在实验室制备混凝土拌和物时，室内温度应保持在（20±5）℃，所用材料的温度应与室温相同。

2）拌和混凝土用的各种用具（搅拌机、钢板和铁铲等），应事先清洗干净并保持表面润湿。

3）材料的用量以质量计。称量的精度要求：骨料为±0.5%；水及水泥（及掺和料）

和外加剂为±0.3%。

  4）粗细骨料用量以饱和面干状态为准（或以干燥状态为准）。

10.4.1.2 拌制混凝土拌和物的方法

  （1）人工拌和。

  人工拌和在钢板上进行。一般用于拌制数量较少的混凝土。

  1）将称好的细骨料、胶凝材料（水泥和掺和料预先拌均匀）按顺序倒在钢板上，用铁铲翻拌至颜色均匀，再放入称好的粗骨料与其拌和，至少翻拌 3 次，然后堆成锥形。

  2）在锥形中间扒成凹坑，加入拌和用水（外加剂一般先溶于水），小心拌和，至少翻拌 6 次。每翻拌一次后，用铁铲将全部混凝土拌和物铲切一遍。拌和时间从加水完毕时算起，应在 10min 内完成。

  （2）机械拌和。

  机械拌和在混凝土搅拌机（容量 50～100L，转速 18～22r/min）中进行，一次拌和量不宜少于搅拌机容量的 20%，也不宜大于搅拌机容量的 80%。

  1）拌和前，应先预拌少量同种混凝土拌和物（或与所拌混凝土水灰比相同的砂浆），使搅拌机内壁挂浆后将剩余料卸出。

  2）将称好的粗骨料、胶凝材料、细骨料和水（外加剂一般先溶于水中）依次加入搅拌机内，立即开动搅拌机，拌和 2～3min。

  3）将拌好的混凝土拌和物倒在钢板上，刮出黏附在搅拌机内的拌和物，再人工翻拌 2～3 次，使之均匀。

10.4.2 混凝土拌和物和易性试验

  混凝土拌和物和易性试验的目的是检验混凝土拌和物是否满足施工所要求的流动性、黏聚性和保水性。混凝土拌和物和易性试验常用的方法有：坍落度、维勃稠度（工作度）和扩散度试验。碾压混凝土拌和物用工作度 VC 值表示其干硬程度。

10.4.2.1 坍落度试验

  坍落度试验是以标准截圆锥形混凝土拌和物在自重作用下的坍陷值，来确定拌和物的流动性，并根据试验过程中的观察判定其黏聚性和保水性的好坏。这种方法适用于骨料最大粒径不超过 40、坍落度值为 10～230mm 的塑性和流动性混凝土拌和物。当骨料最大粒径超过 40mm 时，应用湿筛法❶将大于 40mm 的颗粒剔除再进行试验（并作记录）。

  （1）主要仪器设备。

  1）坍落度筒：用 2～3mm 厚的铁皮制成。筒内壁光滑，筒的上下面相互平行，并垂直于轴线。上口直径 100mm、下口直径 200mm、高 300mm。筒外壁上部焊有两只手柄，下部焊有两片踏脚板。

  2）弹头捣棒：直径 16mm、长 650mm 的金属棒，一端为弹头形。

  3）300mm 钢尺两把、40mm 孔径筛、装料漏斗、镘刀、小铁铲、温度计等。

---

  ❶ 湿筛法：系将混凝土拌和物用某指定筛孔尺寸的筛子过筛，将大于指定粒径的骨料筛除后，再用人工将筛下的混凝土拌和物翻拌均匀。

（2）试验步骤。

1）润湿坍落度筒的内壁及拌和钢板的表面，并将筒放在钢板上，用双脚踏紧踏脚板。

2）将拌好的混凝土拌和物用小铁铲通过装料漏斗分 3 层装入筒内，每层体积大致相等（底层厚约 70mm，中层厚约 90mm），装入的试样必须均匀并具有代表性。

3）每装一层，用弹头捣棒在筒内全部面积上，由边缘到中心，按螺旋方向均匀插捣 25 次（底层插捣到底，中、顶层应插到下一层表面以下 10～20mm）。

4）顶层插捣时，如混凝土沉落到低于筒口，则应随时添加（也不可添加过多，使砂浆溢出）。捣完后，取下装料漏斗，用镘刀将混凝土拌和物沿筒口抹平，并清除筒外周围的混凝土。

5）在 5～10s 内将坍落度筒垂直平稳地提起，不得歪斜。将坍落度筒轻放于试样旁边，当试样不再继续坍落时，用钢尺量出坍落度筒高度与试样顶部中心点之差，即为坍落度值，准至 1mm。

6）整个坍落度试验应连续进行，并在 2～3min 内完成。

7）提起坍落度筒后，若混凝土试体发生崩坍或剪坏，则应取其余部分试样再做试验。如第二次试验仍出现上述现象，则表示该混凝土粘聚性及保水性不良，应予记录备查。黏聚性及保水性不良的混凝土，所测得的坍落度值不能作为混凝土拌和物和易性的评定指标。

（3）试验结果处理。

1）混凝土拌和物的坍落度以毫米计，取整数。

2）测量坍落度的同时，应目测混凝土拌和物的下列性质：

a. 棍度：根据坍落度试验时插捣混凝土的难易程度分为上、中、下三级。上，表示容易插捣；中，表示插捣时稍有阻滞感觉；下，表示很难插捣。

b. 黏聚性：用捣棒在已坍落的混凝土锥体一侧轻打，如锥体渐渐下沉，表示黏聚性良好；如锥体突然倒坍、部分崩裂或发生粗骨料离析，即表示黏聚性不好。

c. 含砂情况：根据用镘刀抹平的难易程度分为多、中、少三级。多时用镘刀抹混凝土拌和物表面时，抹 1～2 次就可使混凝土表面平整无蜂窝；中时抹 4～5 次可使混凝土表面平整无蜂窝；少时抹面困难，抹 8～9 次后混凝土表面仍不能消除蜂窝。

d. 析水情况：根据稀浆从混凝土拌和物中析出的情况分大量、少量、无三级。大量，表示在坍落度试验插捣时及提起坍落度筒后有很多稀浆从底部析出；少量，表示有少量稀浆析出；无，表示没有明显的稀浆析出。

10.4.2.2　维勃稠度试验

维勃稠度是指按标准方法成型的截头圆锥形混凝土拌和物，经振动至摊平状态时所需的时间（s）。维勃稠度值小者，流动性较好。本试验适用于测定骨料最大粒径不超过 40mm、维勃稠度在 5～30s 之间的混凝土拌和物的稠度。当骨料最大料径超过 40mm 时，应用湿筛法剔除粒径大于 40mm 的颗粒（并作记录），然后进行试验。

（1）主要仪器设备。

维勃稠度测定仪（图 10.15）：由振动台（频率 50±3.3Hz，空载振幅 0.5mm±0.1mm）、容量筒、无踏脚板的坍落度筒、透明圆盘及旋转架等组成。

（2）试验步骤。

1）润湿一切与混凝土拌和物接触的工具。

2）将容量筒用螺母固定于振动台台面上。把坍落度筒安放在容量筒内并对中，将旋转架旋转至使漏斗位于筒顶位置，并把它坐落在坍落度筒的顶上，拧紧螺丝 A，以保证坍落度筒不能离开容量筒底部。

3）将拌好的混凝土拌和物分 3 层装入坍落度筒，装料及捣实方法与"坍落度试验"相同。顶层插捣完毕后，松开螺丝 A，将旋转架旋转 90°，再拧紧螺丝 A，用镘刀刮平顶面。

4）将坍落度筒小心缓慢地垂直提起，混凝土拌和物慢慢坍陷。然后，放松螺丝 A、B，把透明圆盘转到混凝土锥体上部，小心降下圆盘直至与混凝土的顶面接触，拧紧螺栓 B（此时可从滑杆上的刻度读出坍落度数值）。

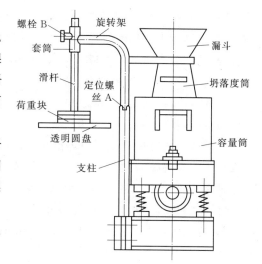

图 10.15　混凝土拌和物维勃稠度测定仪

5）重新拧紧螺丝 A，放松螺栓 B，开动振动台，同时用秒表记时，当透明圆盘的整个底面都与水泥浆接触时（允许存在少量闭合气泡），立即卡停秒表。秒表读数（精确至 0.5s）即为混凝土拌和物的维勃稠度值。

10.4.2.3　扩散度试验

混凝土拌和物的扩散度是指混凝土拌和物坍落度圆锥体在自重作用下逐渐扩散后的直径，用来评定拌和物的流动性。本试验适用于骨料最大粒径不超过 30mm、坍落度值大于 150mm 的流态混凝土。

（1）主要仪器设备。

1）500mm 钢尺。

2）其他仪器设备同坍落度试验。

（2）试验步骤。

1）按坍落度试验步骤 1）～4）步骤进行试验操作。

2）将坍落度筒垂直提起，拌和物在自重作用下逐渐扩散，当拌和物不再扩散或扩散时间达到 60s 时，用钢尺在不同方向量取拌和物扩散后的直径 2～4 个，精确至 1mm。

3）整个扩散度试验应连续进行，并在 4～5min 内完成。

（3）试验结果处理。

混凝土拌和物的扩散度以拌和物扩散后的 2～4 个直径测值的算术平均值作试验结果，以毫米计，取整数。

10.4.2.4　碾压混凝土拌和物工作度试验

碾压混凝土拌和物的工作度用 VC 值表示，即在规定振动频率、振幅及压强条件下，拌和物从开始振动至表面泛浆所需时间的秒数。本试验适用于 VC 值为 5～25s 的碾压混凝土拌和物。

（1）主要仪器设备。

1）维勃稠度仪：见图 10.15，测定碾压混凝土拌和物工作度（VC 值）时不使用坍落度筒，滑动圆盘上再加两块配重砝码，每块质量（7.5±0.05)kg。圆盘、滑杆及配重砝码组成的滑动部分总质量为（17.75±0.05)kg。

2）筛子：孔径 40mm 方孔筛。

3）其他：秒表、捣棒等。

（2）试验步骤。

1）试验前将容量筒、压板等擦净、润湿。

2）将拌和物筛去大于 40mm 粒径的骨料，拌和均匀，摊平。用四分法将拌和物分成4 份。取其对角线方向的两份，分两层装入容量筒，下层应超过半筒，上层装至与筒口齐平。每装一层用捣棒从容量筒周边开始向中心螺旋形均匀插捣 25 次。插捣下层时捣棒穿透该层，插捣上层时应插入下层 10～20mm。上层插捣完毕后，用捣棒沿筒口中心线向两侧方向轻轻刮平。

3）将装料的容量筒固定于振动台上。把透明塑料压板、滑杆及配重砝码加到拌和物表面。松动滑杆紧固螺栓，开动振动台同时计时。记下从振动开始到圆压板周边全部出现水泥浆所需的时间，读数精确到 0.1s。

4）工作度试验应在拌和物拌和完毕 20min 内完成。未进行试验的拌和物应用塑料薄膜或湿麻袋遮盖以免水分蒸发。

（3）试验结果处理。

以两次测值的平均值作为拌和物的 VC 值，精确至 1s。当碾压混凝土拌和物的 VC 值处于 2～8s、9～16s、17～25s 范围内，两次测试结果差分别不得超过 2s、3s、5s，否则试验应重做。

10.4.3 混凝土拌和物表观密度试验

混凝土拌和物的表观密度是混凝土的重要指标之一。并为混凝土配合比计算提供依据。当已知所用材料的密度时，还可由此推算出混凝土拌和物的含气量。

（1）主要仪器设备。

1）容量筒：金属制圆筒，筒壁应有足够的刚度，使之不易变形。对骨料最大粒径不大于 40mm 的混凝土拌和物，采用容积不小于 5L 的容量筒，其内径与净高均为（186±2)mm；当骨料最大粒径为 80mm 时，用 15L 的容量筒，其内径、净高均为 267mm；当骨料最大粒径为 150（120）mm 时，用 80L 的容量筒，其内径、净高均为 467mm。

2）磅秤：磅秤的称量范围应与容量筒大小相适应，选用称量 50～250kg、分度值50～100g 的磅秤。

3）弹头捣棒、厚玻璃板等。

（2）准备工作。

容量筒容积率定：方法参见"细骨料堆积密度试验"。

（3）试验步骤。

1）用湿布把容重筒内外擦干净，称出筒的质量 G_1。

2）混凝土拌和物的装料及捣实方法应根据拌和物的稠度而定。坍落度不大于 70mm

的混凝土，用振动台振实为宜；大于 70mm 的用捣棒捣实为宜。

3）采用振动台振实时，应一次将混凝土拌和物装入容量筒内，并略高于筒口。装料时可用捣棒稍加插捣，振动过程中如混凝土沉落到低于筒口，则应随时添加，振动至表面出浆为止。

4）采用捣棒捣实时，应分层装料，每层混凝土的厚度不超过 150mm，用捣棒在筒内由边缘到中心沿螺旋方向均匀插捣。底层插捣到底，上层则应插到下一层表面以下 10～20mm。每层的插捣次数按容量筒的容积分为：5L 的 15 次、15L 的 35 次、80L 的 72 次。

5）沿筒口刮除多余的拌和物，抹平表面，将容量筒外部擦净，称出混凝土加容量筒的总质量，记为 G_2，精确至 50g。

（4）试验结果处理。

1）按式（10.36）计算混凝土拌和物的实测表观密度 γ（精确至 $10kg/m^3$）

$$\gamma = \frac{G_2 - G_1}{V} \times 1000 \tag{10.36}$$

式中：γ 为混凝土拌和物的表观密度，kg/m^3；G_1 为容量筒的质量，kg；G_2 为容量筒加混凝土拌和物的总质量，kg；V 为容量筒的容积，L。

2）按式（10.37）计算混凝土拌和物的含气量 A

$$A = \frac{\gamma_0 - \gamma}{\gamma_0} \times 100\% \tag{10.37}$$

$$\gamma_0 = \frac{C + P + S + G + W}{\dfrac{C}{\rho_C} + \dfrac{P}{\rho_P} + \dfrac{S}{\rho_S} + \dfrac{G}{\rho_G} + \dfrac{W}{\rho_w}} \tag{10.38}$$

式中：A 为混凝土拌和物的含气量，%；γ 为混凝土拌和物的表观密度，kg/m^3；γ_0 为混凝土拌和物不含气时的理论表观密度，按式（10.38）计算，kg/m^3；W、C、P、S 和 G 分别为混凝土拌和物中水、水泥、掺和料、细骨料和粗骨料的质量，kg；ρ_w、ρ_C 和 ρ_P 分别为水、水泥和掺和料的密度，kg/m^3；ρ_S 和 ρ_G 分别为细骨料和粗骨料的表观密度，kg/m^3。

10.4.4 混凝土拌和物含气量试验

混凝土含气量的多少，对其和易性、强度及耐久性均有很大的影响，是控制混凝土质量的重要指标之一。本方法适用于骨料最大料径不大于 40mm 的混凝土拌和物。当骨料最大粒径超过 40mm 时，应用湿筛法剔除粒径大于 40mm 的颗粒，此时测出的结果不是原级配混凝土的含气量，需要时可根据配合比进行换算。

（1）主要仪器设备。

1）气压式含气量测定仪（图 10.16）或注水直读式气压含气量测定仪。

2）磅秤：称量 50kg，分度值 50g。

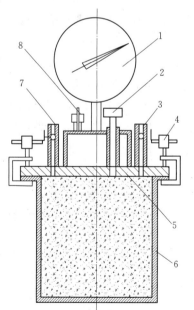

图 10.16 气压式含气量测定仪
1—压力—含气量表；2—操作阀气室；
3—进水阀；4—固定夹板；5—上盖；
6—钵体；7—排气阀；8—进气阀

3）振动台、捣棒、打气筒和镘刀等。

（2）试验步骤。

1）按说明书率定含气量测定仪。

2）用水润湿含气量测定仪内壁，将拌好的混凝土拌和物均匀适量地装入钵内。当坍落度不大于 70mm 时，用振动台振实，装料方法与表观密度试验相同，振动时间以 15～30s 为宜；当坍落度大于 70mm 时，用人工捣实，将拌和物分 3 层装入，每层用捣棒插捣 25 次。

3）刮去表面多余的混凝土拌和物，用镘刀仔细抹平，使表面光滑无气泡。

4）擦净容器边缘，垫好橡皮圈，盖严钵体。

5）关好操作阀，用打气筒往气室内打气加压。按含气量测定仪说明书规定测定混凝土拌和物的含气量。

（3）试验结果处理。

1）按式（10.39）计算混凝土拌和物的含气量 A（精确至 0.1%）

$$A = A_1 - C \tag{10.39}$$

式中：A 为混凝土拌和物的含气量，%；A_1 为仪器测得的混凝土拌和物的含气量，%；C 为骨料校正因素[❶]，%。

2）以两次测值的算术平均值为试验结果。如两次测值之差超过 0.5% 时，需找出原因，重做试验。

10.4.5 混凝土拌和物凝结时间试验（贯入阻力法）

测定不同原材料、不同配合比以及不同气温条件下混凝土拌和物的凝结时间，对施工现场控制生产流程具有重要意义。

（1）主要仪器设备。

1）贯入阻力仪：额定荷载 1kN，精度 ±1%，最小示值 0.1N。测针长 100mm，在距尖端 25mm 处刻有明显标记，测针的承压面积有 $100mm^2$、$50mm^2$、$20mm^2$ 三种。

2）砂浆筒：用钢板制成，上口内径 160mm、下口内径 150mm、净高 150mm。测定碾压混凝土凝结时间时可采用边长 150mm 不漏浆的立方体试模（要求不漏浆，试模内可加薄塑料袋），且附有套模。

3）孔径 5mm 的方孔筛及混凝土振动台、捣棒、吸液管、温度计、钟表和压重块等。

（2）试验步骤。

1）常态混凝土拌和物凝结时间的试验步骤。

a. 按混凝土拌和物室内拌和方法，拌制混凝土拌和物，加水完毕即开始计时。

b. 用 5mm 筛从混凝土拌和物中筛取砂浆，拌和均匀后，分别装入 3 只砂浆筒内，经振实或插捣 35 次，使其密实。砂浆表面应低于筒口约 10mm。编号加盖后，置于温度为

---

❶ 骨料校正因素 C 的测定：先根据混凝土配合比计算出装入钵体内的混凝土拌和物中所含粗骨料和细骨料的质量。称取此数量的粗骨料和细骨料，将其装入已盛水的钵体中，边加料边搅拌以排除气泡，加料过程中水面要始终淹没骨料，骨料全部加完后，最后排除表面泡沫并加水至满。再按拌和物含气量测定方法测出骨料的含气量，即为骨料校正因素。

（20±3）℃的环境中，以待试验。

c. 从混凝土拌和加水完毕起经 2h 开始贯入阻力测试。在测试前 5min 将砂浆筒底一侧垫高约 20mm，使筒倾斜，用吸液管吸出表面泌水。

d. 初凝时间的测试：将盛有试样的筒置于承压面积为 100mm² 的测针之下，使测针端部与试样表面接触，按动手柄，徐徐加压，经 10s 使测针贯入砂浆深度为 25mm 时，读记显示的最大阻力值（精度 0.1MPa）。此后，每隔 1h 测 1 次，或根据需要规定测试的间隔时间。临近初凝时，应适当缩短间隔时间。以不在同一试模中的 3 个测点贯入阻力的平均值作为该时刻的贯入阻力值，直至贯入阻力大于 3.5MPa 为止。

每个试样每次测 1～2 个点，测点间距应大于 15mm，测针与筒边缘之距离不小于 25mm。

e. 终凝时间的测试：初凝时间测试完毕后将盛有试样的筒置于承压面积为 20mm² 的测针之下，采用与测试初凝时间相同的方法读记贯入阻力值，直至贯入阻力大于 28MPa 为止。

2）碾压混凝土拌和物凝结时间的试验步骤。

a. 从碾压混凝土拌和物中筛取砂浆试样约 15L。通过套模将砂浆平均分装于 3 个边长 15cm 的立方体试模中（分两层装模，每层插捣 25 次）。将试模固定于振动台上，砂浆表面加压重块（按砂浆表面压强 2450Pa 计算）。开启振动台使试样振动密实（施振时间等于该碾压混凝土拌和物 VC 值的 2 倍），随后去掉压重块和套模，刮去试模表面多余的砂浆，抹平表面。试模置于（20±3）℃的环境中，用橡胶板或玻璃板遮盖。

b. 掺普通外加剂的在成型后 3～4h，掺缓凝剂的在成型后 4～6h 开始测定。试样在贯入阻力仪上用 20mm² 截面积的测针测定贯入阻力，以后每 1h（测试时间间隔可视初凝时间长短进行调整，但初凝前及初凝后宜分别有 5 次以上的测试数值）测定贯入阻力一次，以不在同一试模中的 3 个测点贯入阻力的平均值作为该时刻的贯入阻力值，直至砂浆试样的贯入阻力大于 28MPa 为止。

测试时，按照先周边后中心的顺序进行，每次测点应避开前一次测孔，其净距不小于 15mm。测点与试模间距离应不小于 20mm。

c. 测试时将砂浆试模置于仪器座板上，然后使测针端部与砂浆表面接触，转动贯入阻力仪手柄，徐徐加压，经 10s 使测针贯入砂浆深度 25mm。按使用的贯入阻力仪规定方法，读取贯入压力值。将贯入压力值除以测针截面积即得贯入阻力值。每次测试完毕，应将测针上黏附的砂浆擦净。将试样移放于（20±3）℃的环境中并用橡皮板或玻璃板遮盖。

（3）试验结果处理。

1）按式（10.40）计算贯入阻力 R

$$R=P/A \tag{10.40}$$

式中：R 为贯入阻力值，MPa；P 为贯入深度达 25mm 时所需的净压力，N；A 为贯入仪测针截面积，mm²。

2）以贯入阻力为纵坐标，以砂浆拌和加水至测定贯入阻力时所经历的时间为横坐标，将测试结果点绘于图上。

常态混凝土凝结时间的确定：以 3.5MPa 及 28MPa 划两条平行于横坐标的直线，直线与曲线交点的横坐标值即分别为初凝时间和终凝时间。

碾压混凝土凝结时间的确定：根据测点的具体分布情况，在转折点处将测点划分为两组（测点划分合适与否，可用两直线的相关系数是否均为最大进行判断）。用"最小二乘法"或"平均法"将两组测点分别用直线或直线方程表示，两直线的交点对应的时间即为碾压混凝土拌和物的初凝时间。从贯入阻力—历时第二段直线上查得贯入阻力为 28MPa 对应的时间为该碾压混凝土拌和物的终凝时间。

凝结时间用 h：min 表示，并修约至 5min。

10.5　混 凝 土 试 验

混凝土试验是确定混凝土配合比、控制混凝土质量的重要手段。主要包括混凝土的力学性能、热学性质及耐久性试验等。本试验根据《水工混凝土试验规程》（DL/T 5150—2001）、《水工混凝土试验规程》（SL 352—2006）、《水工碾压混凝土试验规程》（DL/T 5433—2009）和《普通混凝土力学性能试验方法》（GB/T 50081—2002），选编了混凝土抗压强度、劈裂抗拉强度、静力抗压弹性模量、抗渗性、抗冻性等试验。

10.5.1　混凝土试件成型与养护方法的一般规定

1）试模要求拼装牢固，不漏浆，振捣时不变形。边长误差不超过边长的 1/150，角度误差不超过 0.5°，平整度误差不超过边长的 0.05%。使用前应在拼装好的试模内壁刷一薄层矿物油。

2）如混凝土拌和物的骨料最大粒径超过试模最小边长的 1/3 时，应将大骨料用湿筛法剔除，并做记录。

3）试件的成型方法应根据混凝土拌和物的坍落度而定。当混凝土拌和物坍落度大于 70mm❶时，宜采用人工捣实。每层装料厚度不应大于 100mm，用弹头捣棒由边缘到中心，按螺旋方向均匀进行插捣。每 100cm² 面积上插捣次数不少于 12 次（以捣实为准）。插捣底层时，捣棒插捣到底；插捣上层时，捣棒要插入下层 20～30mm。当混凝土拌和物坍落度不大于 70mm 时，宜采用振动台振实（振动台频率为 50Hz±3Hz，空载时振幅为 0.5mm±0.1mm），此时装料可一次装满试模，装料时应用抹刀沿试模内壁略加插捣，并使混凝土拌和物高出试模，振至表面泛浆为止（一般振动时间约 20s）。

4）试件成型后，在混凝土初凝前 1～2h，需进行抹面，要求沿模口抹平。

5）成型后的带模试件宜用湿布或塑料薄膜覆盖表面，并在（20±5）℃的室内静置 24～48h，然后折模并编号。

6）采用标准养护的试件，拆模后立即送入标准养护室［室温（20±2）℃、相对湿度 95% 以上，《水工混凝土试验规程》（SL 352—2006）规定的标准养护室温度为（20±5）℃］中养护，在标准养护室内试件应放在架上，试件之间保持 10～20mm 的距离，并应避免用水

---

❶　《水工混凝土试验规程》（SL 352—2006）规定，当混凝土拌和物坍落度大于 90mm 时，宜采用人工捣实。

直接冲淋试件。当无标准养护室时，混凝土试件可在温度为室温（20±2）℃的不流动的饱和石灰水中养护。

7）对于与构件同条件养护的试件，成型后应覆盖表面，试件的拆模时间应与构件的拆模时间相同。同条件养护的试件拆模后仍需同条件养护。

8）每一龄期力学性能试验的试件个数，除特殊规定外，一般以3个试件为一组。

10.5.2 混凝土立方体抗压强度试验

测定混凝土抗压强度的目的是检验混凝土的抗压强度是否满足设计要求。以边长150mm的立方体试件为标准试件。

（1）主要仪器设备。

1）压力试验机：对压力试验机的要求与石料抗压强度试验相同。

2）钢制垫板：尺寸应比试件承压面稍大，平整度误差不大于边长的0.02%。

3）试模：边长为150mm×150mm×150mm的立方体试模为标准试模。制作标准试件所用混凝土骨料的最大粒径不应大于40mm。

（2）试验步骤。

1）试件到达试验龄期时，从养护室取出，并尽快试验。试验前须用湿布覆盖试件，防止试件内部的温、湿度发生显著变化。

2）测试前将试件擦拭干净，检查外观，测量尺寸，精确至1mm，并据此计算受压面积（当实测尺寸与公称尺寸之差不超过1mm时，可按公称尺寸计算受压面积）。试件承压面的不平度要求不超过边长的0.05%，承压面与相邻面的不垂直度偏差不大于±1°。当试件有严重缺陷时，应废弃。

3）将试件放在试验机下压板的正中央，上下压板与试件间宜加垫板，承压面与试件成型时的顶面（捣实方向）垂直。开动试验机，当上垫板与上压板行将接触时，如有明显偏斜，应调整球座，使试件均匀受压。

4）在试验过程中应连续均匀地加荷，混凝土强度等级小于C30时，加荷速度为0.3～0.5MPa/s；混凝土强度等级大于C30且小于C60时，加荷速度为0.5～0.8MPa/s；混凝土强度等级不小于C60时，加荷速度为0.8～1.0MPa/s。当试件接近破坏而开始迅速变形时，停止调整试验机油门，直至试件破坏。记录破坏荷载P。

（3）试验结果处理。

1）按式（10.41）计算混凝土立方体抗压强度f_{cc}（精确至0.1MPa）

$$f_{cc} = P/A \tag{10.41}$$

式中：f_{cc}为抗压强度，MPa；P为破坏荷载，N；A为试件承压面积，mm^2。

2）以3个试件测值的算术平均值作为该组试件的试验结果。当3个测值的最大值或最小值之一，与中间值的差超过中间值的15%时，取中间值。如两个测值与中间值之差均超过中间值的15%，则此组试验结果无效。

3）混凝土强度等级小于C60时，用非标准试件测得的强度值均应乘以尺寸换算系数，其值为对200mm×200mm×200mm试件为1.05；对100mm×100mm×100mm试件为0.95。当混凝土强度等级大于C60时，宜采用标准试件，使用非标准试件时，尺寸换算系数应由试验确定。

10.5.3 混凝土劈裂抗拉强度试验

混凝土抗拉强度，分为劈裂抗拉强度和轴心抗拉强度两种。本试验仅介绍劈裂抗拉强度试验方法。

（1）主要仪器设备。

1）试模：边长为 150mm×150mm×150mm 的立方体试模。制作标准试件所用混凝土骨料的最大粒径不应大于 40mm。

2）钢垫条：截面为 5mm×5mm，长度不小于试件边长的钢垫条，要求平直。《普通混凝土力学性能试验方法》（GB/T 50081—2002）规定劈裂抗拉强度试验应采用半径为 75mm 的钢制弧形垫块，垫块的长度与试件相同。垫条为 3 层胶合板制成，宽度为 20mm，厚度为 3~4mm，长度不小于试件长度，垫条不得重复使用。

3）压力试验机：与抗压强度试验要求相同。

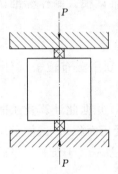

图 10.17　劈裂抗拉
试验受力示意图

4）劈裂试验垫条定位架。

（2）试验步骤。

1）试件养护至规定龄期从养护室取出后，应尽快进行试验。试验前，应用湿布覆盖试件。

2）测试前将试件擦拭干净，检查外观，测量尺寸（要求同混凝土抗压强度）。混凝土劈裂抗拉强度试验宜采用劈裂垫条定位架，或在试件成型时的顶面和底面中轴线处划出相互平行的直线，以准确定出劈裂面的位置。

3）将试件及钢垫条安放在压力机上下承压板的正中央，如图 10.17 所示。

4）开动试验机，连续而均匀地（不得冲击）加载。混凝土强度等级小于 C30 时，加荷速度为 0.02~0.05MPa/s；混凝土强度等级大于 C30 且小于 C60 时，加荷速度为 0.05~0.08MPa/s；混凝土强度等级不小于 C60 时，加荷速度为 0.08~0.10MPa/s，至试件接近破坏时，应停止调整试验机油门，直至试件破坏，然后记录破坏荷载。

（3）试验结果处理。

1）按式（10.42）计算劈裂抗拉强度 f_{ts}（精确至 0.1MPa）

$$f_{ts}=2P/\pi A=0.637P/A \tag{10.42}$$

式中：f_{ts} 为劈裂抗拉强度，MPa；P 为破坏荷载，N；A 为试件劈裂面面积，mm^2。

2）以 3 个试件测值的算术平均值作为该组试件的试验结果。对异常测值的处理与抗压强度试验相同。

3）当采用 100mm×100mm×100mm 非标准的立方体试件时，骨料的最大粒径不大于 20mm，劈裂抗拉强度值应乘以尺寸换算系数 0.85。当混凝土强度等级不小于 C60 时，宜采用标准试件；使用非标准试件时，尺寸换算系数应由试验确定。

10.5.4 混凝土轴心抗压强度与静力抗压弹性模量试验

在计算混凝土及钢筋混凝土结构变形及裂缝宽度等问题时，需要知道混凝土的弹性模量。将棱柱体或圆柱体混凝土试件，在轴向压应力作用下反复预压 3 次后，测定其应力与弹性应变的比值,称为混凝土静力抗压弹性模量(通常称为割线弹性模量)。

试验以 6 个试件为一组,其中 3 个用于测定轴心抗压强度,3 个用于测定静力抗压弹性模量。

(1) 主要仪器设备。

1)试模:150mm×150mm×300mm 的棱柱体或 ϕ150mm×300mm 的圆柱体(骨料最大粒径为 40mm)。

2)压力试验机:与混凝土立方体抗压强度试验相同。

3)应变量测装置:精度不低于 0.001mm。

4)应变片:长度不小于骨料最大粒径的 3 倍。

(2) 试验步骤。

1)到试验龄期后,从养护室取出试件,用湿布覆盖,并尽快试验。

2)测定轴心抗压强度 f_c:试验方法同混凝土立方体抗压强度试验。ϕ150mm×300mm 圆柱体试件的轴心抗压强度换算成 150mm×150mm×300mm 棱柱体试件的轴心抗压强度时,应乘以尺寸换算系数 0.95。

3)测定抗压弹性模量。

a. 将测量变形的仪表安装在试件两侧面的中心线上,测量标距 L_0 为 150mm。当用应变片测量变形时,试件从养护室取出后,应尽快在试件两侧中间部位贴电阻片,从试件取出到试验完毕应在 4h 内完成。试验前应将试件表面擦净,检查外观、测量尺寸(要求同立方体抗压强度试验)。

b. 开动试验机,进行预压,加荷速度为 0.2~0.3MPa/s,最大预压应力为试件破坏强度的 40%,即达到弹性模量试验的控制荷载值 P_2。并以同样速度卸荷至零。如此反复预压 3 次,直到相邻两次变形值之差不大于 0.003mm 为止,否则应重复上过程,直到相邻两次变形值相差符合要求为止。在预压过程中,观察试验机和变形仪表是否正常,当试件两侧读得的变形值之差大于两侧变形平均值的 20%时,应调整试件位置,直到符合要求为止。

c. 试件经预压后进行正式测试。加荷速度与预压时相同。先加荷到应力为 0.5MPa 的初始荷载 P_1,保持 60s,并读取初始变形值。然后依次增大荷载并测读变形值。记下各荷载(至少 6 个)下的变形值。当加荷应力到达轴心抗压强度的 50%时,卸下量表,以同样加荷速度加压至破坏。

(3) 试验结果处理。

1)按式(10.43)计算试件的轴心抗压强度 f_c(精确至 0.1MPa)

$$f_c = \frac{P}{A} \tag{10.43}$$

式中:f_c 为轴心抗压强度,MPa;P 为破坏荷载,N;A 为试件承压面积,mm^2。

以 3 个试件测值的平均值作为该组试件的轴心抗压强度值。结果处理方法同混凝土立方体抗压强度试验。

2)按式(10.44)计算试件静力抗压弹性模量 E_c(精确至 100MPa)

$$E_c = \frac{P_2 - P_1}{A} \frac{L_0}{\Delta L} \tag{10.44}$$

式中：E_c 为静力抗压弹性模量，MPa；P_1 为初始荷载（应力为 0.5MPa 时的荷载），N；P_2 为控制荷载（应力为 40％的极限破坏荷载），N；A 为试件承压面积，mm^2；ΔL 为应力从 0.5MPa 增加到 40％破坏应力时的试件变形值，mm；L_0 为测量变形的标距，mm。

弹性模量以 3 个试件测值的算术平均值作为试验结果。单个测值与平均值允许差值为 ±15％，超过时应将该值剔除，取余下两个试件测值的平均值作为试验结果。如有两个试件超过规定，则试验结果无效。

10.5.5　混凝土抗渗性试验和相对渗透性试验

混凝土的抗渗性是指混凝土抵抗压力水渗透的能力。通过抗渗试验，以确定混凝土的抗渗等级是否满足设计要求。混凝土的相对渗透性试验是测定混凝土在恒定水压下的渗水高度，计算相对渗透系数，比较不同混凝土的抗渗性。

（1）主要仪器设备。

1）混凝土渗透仪。

2）试模：上口内径 175mm，下口内径 185mm，高 150mm。

3）密封材料：可用石蜡加松香、水泥加黄油等种。

（2）试验步骤。

1）混凝土抗渗性。

a. 抗渗试验以 6 个试件为一组。试件成型后 24h 拆模，在试件拆模时，用钢丝刷刷去两端面的水泥浆膜，然后送入养护室养护。

b. 到达试验龄期时，取出试件，擦拭干净并晾干表面。在试件侧面滚涂一层熔化的密封材料。再用螺旋加压器或压力机将试件压入经预热的试模内（试模预热温度，以石蜡接触试模，即缓慢熔化，但不流淌为宜），使试件与试模底面平齐。待试模变冷后，方可解除压力。

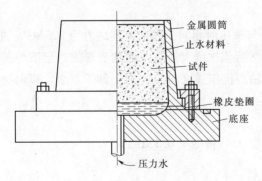

图 10.18　混凝土抗渗试验示意图

用水泥加黄油密封时，水泥与黄油的质量比例为（2.5～3）：1，试件表面晾干后，即可用三角刀将其刮涂于试件侧面，厚约 1～2mm。然后套上试模压入，并使试件与试模底齐平。

c. 排除渗透仪管路系统中的空气，并使水充满 6 个试位坑。将密封好的试件安装在试位坑上，如图 10.18 所示。

d. 试验开始时，施加 0.1MPa 的水压力，以后每隔 8h 增加 0.1MPa 的水压，并随时观察试件端面是否出现渗水现象（即出现水珠或潮湿痕迹）。

e. 当 6 个试件中有 3 个试件表面出现渗水或加至规定压力，在 8h 内 6 个试件中表面渗水的试件不超过 2 个时，即可停止试验，并记下此时的水压力。

在试验过程中，如发现水从试件周边渗出，则应停止试验，重新密封。

2）混凝土相对渗透性。

a. 试件的成型、养护、密封和安装等与混凝土抗渗性试验相同。

b. 将抗渗仪水压力一次加到 0.8MPa，同时开始记录时间（准确至 min）。在此压力下恒定 24h，然后降压，从试模中取出试件。在恒压过程中，如有试件端面出现渗水时，即停止试验，并记下出水时间（准确至分钟）。此时该试件的渗水高度即为试件的高度（15cm）。当混凝土较为密实，可将试验水压力改用 1.0MPa 或 1.2MPa，应在试验报告中注明。

c. 在试件两端面直径处，按平行方向各放一根 ϕ6mm 钢垫条，用压力机将试件劈开。将劈开面的底边 10 等分，在各等分点处量出渗水高度（试件被劈开后，过 2～3min 即可看出水痕，此时可用笔划出水痕位置，便于量取渗水高度）。以各等分点渗水高度的平均值作为该试件的渗水高度。

（3）试验结果处理。

1）混凝土的抗渗等级，以每组 6 个试件中 4 个未出现渗水时的最大水压力表示。抗渗等级按式（10.45）计算

$$W = 10H - 1 \qquad (10.45)$$

式中：W 为混凝土的抗渗等级；H 为 6 个试件中有 2 个渗水时的水压力，MPa。

若压力加至规定数值，在 8h 内，6 个试件中表面渗水的试件少于 2 个，则试件的抗渗等级大于规定值。

2）相对渗透性系数按式（10.46）计算

$$K_r = \frac{\alpha D_m^2}{2TH} \qquad (10.46)$$

式中：K_r 为相对渗透性系数，cm/h；D_m 为平均渗水高度，cm；H 为水压力，以水柱高度表示（1MPa 水压力以水柱高度表示为 10200cm），cm；T 为恒压时间，h；α 为混凝土的吸水率，一般为 0.03。

以一组 6 个试件测值的平均值作为试验结果。

10.5.6 混凝土抗冻性试验

混凝土的抗冻性是以混凝土试件在规定试验条件下能够经受的冻融循环次数为指标，来反映其抵抗冰冻破坏能力的，抗冻性是混凝土耐久性的重要指标之一。通过抗冻性试验可检验混凝土抗冻性能，评定混凝土抗冻等级。

（1）主要仪器设备。

1）冷冻设备应满足以下指标：

a. 试件中心温度（－18±2）～（5±2）℃；

b. 冻融液温度－25～20℃；

c. 冻融循环一次历时 2～4h（融化时间不少于整个冻融历时的 25%）；

d. 测温设备：采用热电偶测量试件中心温度时，精度达 0.3℃；当采用其他测温仪器时，应以热电偶为标准进行率定。

2）动弹性模量测定仪：频率为 100～10kHz。

3）试模：100mm×100mm×400mm 的棱柱体。

4）试件盒：4～5mm 厚的橡皮板制成，尺寸为 120mm×120mm×500mm。

5）台秤：称量 10kg，分度值 5g。

（2）一次冻融循环的技术参数。

1）降温冷冻的终点温度（以试件中心温度为准），控制在（−17±2）℃；升温融解的终点温度（以试件中心温度为准），控制在（8±2）℃。

2）一次冻融循环历时 2.5～4.0h。

3）降温［自（8±2）～（−17±2）℃］历时，1.5～2.5h。

4）升温［自（−17±2）～（8±2）℃］历时，1.0～1.5h。

5）试件中心和表面的温差小于 28℃。

（3）试验步骤。

1）试件的成型养护与混凝土抗压强度试验相同。到达试验龄期前的 4d，将试件放在（20±3）℃的水中浸泡（对于水中养护的试件，到达试验龄期即可直接用于试验）。如冻融介质为海水或其他含盐水，到了养护龄期，试件应风干两昼夜后再浸泡海水或相应的含盐水两昼夜。

2）将已浸水的试件擦去表面水后，称取试件质量，并用动弹性模量测定仪测出试件的横向（或纵向）自振频率，作为评定抗冻性的起始值。同时做必要的外观描述。

3）将试件装入试件盒，加入冻融介质淡（海、盐）水，使其没过试件顶约 20mm。将装有试件的试件盒放入冻融试验机中。

4）启动冻融试验机，按规定的冻融循环技术参数进行冻融循环试验。

5）通常每做 25 次冻融循环对试件测试一次，也可根据试件抗冻性的高低确定测试的间隔次数。测试时，小心将试件取出，冲洗干净，擦去表面水，进行称量及横向（或纵向）自振频率的测定，并做必要的外观描述或照相。测试完毕，将试件调头重新装入试件盒，注入冻融介质，继续试验。在测试过程中，应将试件用湿布覆盖，防止试件失水。

6）为保证试验条件的一致，当试验机内部分试件被取出，而出现空位时，应另用试件填补（如无正式试件，可用废试件代替）。

试验因故中断，应将试件在受冻状态下保存在试验机内。

7）达到下述情况之一时，试验即可停止。

a. 冻融至预定的循环次数；

b. 相对动弹性模量下降至 60%；

c. 质量损失率达 5%。

（4）试验结果处理。

1）相对动弹性模量按式（10.47）计算

$$P_n = \frac{f_n^2}{f_0^2} \times 100\% \tag{10.47}$$

式中：P_n 为 n 次冻融循环后相对动弹性模量，%；f_n 为试件 n 次冻融循环后的自振频率，Hz；f_0 为试件冻融循环前的自振频率，Hz。

以 3 个试件试验结果的平均值作为测定值。当最大值或最小值之一，与中间值之差超过中间值的 20%时，剔除该值，取其余两值的平均值作为测定值；当最大值和最小值都超过中间值的 20%时，则取中间值作为测定值。

2）质量损失率按式（10.48）计算

$$W_n = \frac{m_0 - m_n}{m_0} \times 100\%$$ (10.48)

式中：W_n 为 n 次冻融循环后试件质量损失率，%；m_0 为冻融前的试件质量，g；m_n 为 n 次冻融循环后试件的质量，g。

以 3 个试件试验结果的平均值作为测定值。但当 3 个试验结果中，出现负值时，改负值为 0 值，仍取平均值作为测定值。当 3 个试验结果中，最大值或最小值之一与中间值之差超过 1%时，剔除该值，取其余二值的平均值作为测定值；当最大值和最小值与中间值之差都超过 1%时，则取中间值作为测定值。

3）试验结果评定。

当相对动弹性模量下降至 60%或质量损失率达 5%时，即可认为混凝土试件已达破坏，并以相应的冻融循环次数作为该混凝土的抗冻等级（以 F 表示）。

若冻融至预定的循环次数，而相对动弹性模量或质量损失率均未达到上述指标，可认为该混凝土的抗冻性已经满足设计要求。

10.6 砂 浆 试 验

为了评定新拌砂浆的质量，必须试验其和易性，砂浆和易性包括砂浆的稠度和分层度等。为评定硬化砂浆的质量，须测定其抗压强度，如为水工砂浆，尚须进行抗渗性、抗冻性等试验［引自《建筑砂浆基本性能试验方法标准》（JGJ/T 70—2009）］。

10.6.1 砂浆拌和物的试验室拌制

（1）一般规定。

1）拌制砂浆所用的原材料，应符合质量标准，并要求提前 24h 运入试验室内，拌和时实验室温度应保持在 （20±5）℃。

2）砂应以 4.75mm 筛过筛。

3）拌制砂浆时，材料用量以质量计。称量精度：水泥、外加剂、掺和料等为±0.5%；砂为±1%。

4）在实验室搅拌砂浆时应采用机械搅拌，搅拌的用量宜为搅拌机容量的 30%～70%，搅拌时间不应少于 120s。掺有掺和料和外加剂的砂浆，其搅拌时间不应少于 180s。拌制前应将搅拌机、拌和铁板、拌铲、抹刀等工具表面用水润湿，拌和铁板上不得存积水。

（2）主要仪器设备。

1）砂浆搅拌机。搅拌机应符合《试验用砂浆搅拌机》（JG/T 3033—1996）的规定。

2）拌和铁板：约 1.5m×2m，厚度约 3mm。

3）磅秤：称量 50kg，分度值 50g。

4）台秤：称量 10kg，分度值 5g。

5）拌铲、抹刀、量筒、盛器等。

（3）拌和方法。

1）先拌适量砂浆（与正式拌和的砂浆配合比相同），使搅拌机内壁黏附一薄层水泥砂浆，使正式拌和时的砂浆配合比成分准确。

2）分别称出各项材料用量，先将砂、水泥装入搅拌机内。

3）开动搅拌机，将水徐徐加入（混合砂浆需将石灰膏或黏土膏用水稀释至浆状随水加入），搅拌约 3min（搅拌的砂浆量不宜少于搅拌机容量的 30%，搅拌时间不宜少于2min）。

4）将砂浆拌和物倒入拌和铁板上，用拌铲翻拌约两次，使均匀。

10.6.2 砂浆稠度试验

砂浆稠度对施工的难易程度有重要影响。砂浆稠度是以标准圆锥体在规定时间内沉入砂浆拌和物的深度表示，以 mm 计。

（1）主要仪器设备。

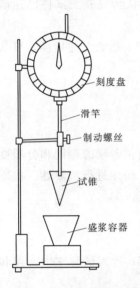

图 10.19 砂浆稠度测定仪

1）砂浆稠度仪由试锥、容器和支座 3 部分组成，如图10.19 所示。试锥高度为 145mm，锥底直径为 75mm，试锥连同滑杆的质量为（300±2）g；盛砂浆容器高为 180mm、上口内径为 150mm；支座分底座、支架及稠度显示盘 3 个部分。

2）捣棒（直径 10mm、长 350mm 一端呈半球形钢棒）、秒表等。

（2）试验步骤。

1）将盛浆容器和试锥表面用湿布擦干净，用少量润滑油轻擦滑杆，再将滑杆上多余的油用吸油纸擦净，使滑杆能自由滑动。

2）将砂浆拌和物一次装入容器，使砂浆表面低于容器口约10mm，用捣棒自容器中心向边缘插捣 25 次，然后轻轻地将容器摇动或敲击 5～6 下，使砂浆表面平整，随后将容器置于稠度测定仪的底座上。

3）放松试锥滑杆的制动螺丝，使试锥尖端与砂浆表面刚接触时拧紧制动螺丝，使齿条测杆下端刚接触滑杆上端，并将指针对准零点上。

4）拧松制动螺丝，同时计时，10s 时立即拧紧螺丝，将齿条测杆下端接触滑杆上端，从刻度盘上读出下沉深度（精确至 1mm），即为砂浆的稠度值。

5）圆锥形容器内的砂浆，只允许测定一次稠度，重复测定时，应重新取样测定。

（3）试验结果处理。

取两次试验结果的算术平均值作为砂浆稠度的测定结果（精确至 1mm）。若两次试验值之差大于 10mm，应重新取样测定。

10.6.3 分层度试验

分层度试验是用于测定砂浆拌和物在运输、停放、使用过程中的离析、泌水等内部组分的稳定性。

（1）主要仪器设备。

1）分层度筒：由金属制成，内径为 150mm，上节无底高度为 200mm，下节有底净高为100mm，由连接螺栓在两侧连接，上、下节连接处设有橡胶垫圈，如图10.20所示。

2）振动台：振幅（0.5±0.05)mm，频率（50±3）Hz。

3）砂浆稠度仪、木锤等。

（2）试验步骤。

1）将砂浆拌和物按砂浆稠度试验方法测定稠度。

2）将砂浆拌和物一次装入分层度筒内，待装满后，用木锤在分层度筒四周距离大致相等的四个不同地方轻击1～2下，如砂浆沉落到分层度筒口以下，应随时添加，然后刮去多余的砂浆，并用抹刀抹平。

3）静置30min后，去掉上节200mm砂浆，剩余的100mm砂浆倒出放在拌和锅内拌2min，再按砂浆稠度试验方法测定稠度。前后测得的稠度之差即为该砂浆的分层度值。

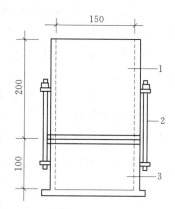

图10.20　砂浆分层度测定仪

（单位：mm）

1—无底圆筒；2—连接螺栓；

3—有底圆筒

4）也可采用快速法测定砂浆分层度。此时，将分层度筒预先固定在水泥胶砂振动台上，按上述步骤2）将砂浆拌和物一次装入分层度筒内，振动20s，以取代标准方法的静置30min。按步骤3）测定分层度值。如有争议时，以标准方法为准。

（3）试验结果处理。

取两次试验结果的算术平均值为砂浆分层度值。两次试验结果之差大于10mm时，应重新取样测定。

10.6.4　保水性试验

本方法适用于测定砂浆保水性，以判定砂浆拌和物在运输及停放时内部组分的稳定性。

（1）保水性试验所用仪器。

1）金属或硬塑料圆环试模：内径100mm，内部高度25mm。

2）可密封的取样容器，应清洁、干燥。

3）2kg的重物。

4）金属滤网：网格尺寸为45μm，圆形，直径为（110±1)mm。

5）超白滤纸，符合《化学分析滤纸》（GB/T 1914—2007）中速定性滤纸。直径110mm，200g/m^2。

6）2片金属或玻璃的方形或圆形不透水片，边长或直径大于110mm。

7）天平：量程200g，分度值0.1g；量程2000g，分度值1g。

8）烘箱。

（2）试验步骤。

1）称量下不透水片与干燥试模质量m_1和15片中速定性滤纸质量m_2。

2）将砂浆拌和物一次性填入试模，并用抹刀插捣数次，当填充砂浆略高于试模边缘时，用抹刀以45°角一次性将试模表面多余的砂浆刮去，然后再用抹刀以较平的角度在试模表面反方向将砂浆刮平。

3）抹掉试模边的砂浆，称量试模、下不透水片与砂浆总质量 m_3。

4）用金属滤网覆盖在砂浆表面，再在滤网表面放上 15 片滤纸，用不透水片盖在滤纸表面，以 2kg 的重物把不透水片压住。

5）静止 2min 后移走重物及不透水片，取出滤纸（不包括滤网），迅速称量滤纸质量 m_4。

6）从砂浆的配合比及加水量计算砂浆的含水率，若无法计算，可按下面标题（4）的规定测定砂浆的含水率。

（3）试验结果处理。

砂浆保水性应按式（10.49）计算

$$W = \left[1 - \frac{m_4 - m_2}{\alpha(m_3 - m_1)}\right] \times 100\% \tag{10.49}$$

式中：W 为砂浆保水率，％；m_1 为下不透水片与干燥试模质量，g；m_2 为 15 片滤纸吸水前的质量，g；m_3 为试模、下不透水片与砂浆总质量，g；m_4 为 15 片滤纸吸水后的质量，g；α 为砂浆含水率，％。

取两次试验结果的平均值作为结果，精确至 0.1％，且第二次试验应重新取样测定。当两个测值之差超出平均值的 2％时，此组试验结果无效。

（4）砂浆含水率测试方法。

称取（100±10）g 砂浆拌和物试样，置于一干燥并已称重的盘中，在（105±5）℃的烘箱中烘干至恒重，砂浆含水率应按式（10.50）计算

$$\alpha = \frac{m_6 - m_5}{m_6} \times 100\% \tag{10.50}$$

式中：α 为砂浆含水率，％；m_5 为烘干后砂浆样本的质量，g；m_6 为砂浆样本的总质量，g。

取两次试验结果的平均值作为结果，精确至 0.1％。当两个测值之差超出平均值的 2％时，则此组试验结果无效。

10.6.5 砂浆立方体抗压强度试验

本方法适用于测定砂浆立方体的抗压强度。

（1）主要仪器设备。

1）试模：尺寸为 70.7mm×70.7mm×70.7mm 的带底试模，应具有足够的刚度并拆装方便。试模的内表面应机械加工，其不平度应为每 100mm 不超过 0.05mm，组装后各相邻面的不垂直度不应超过±0.5°。

2）压力试验机：对压力试验机的要求与混凝土抗压强度试验相同。

3）垫板：试验机上、下压板及试件之间可垫以钢垫板，垫板的尺寸应大于试件的承压面，其不平度应为每 100mm 不超过 0.02mm。

4）振动台：空载中台面的垂直振幅应为（0.5±0.05）mm，空载频率应为（50±3）Hz，空载台面振幅均匀度不大于 10％，一次试验至少能固定（或用磁力吸盘）3 个试模。

5）钢制捣棒（直径为 10mm，长为 350mm，端部应磨圆）、刮刀等。

（2）试件制作及养护。

1）采用立方体试件，每组试件 3 个。

2）应用黄油等密封材料涂抹试模的外接缝，试模内涂刷薄层机油或脱模剂，将拌制好的砂浆一次性装满砂浆试模，成型方法根据稠度而定。当稠度大于 50mm 时，采用人工振捣成型，当稠度不大于 50mm 时采用振动台振实成型。

a. 人工插捣：用捣棒均匀地由边缘向中心按螺旋方式插捣 25 次，插捣过程中如砂浆沉落低于试模口，应随时添加砂浆，可用油灰刀插捣数次，并用手将试模一边抬高 5～10mm 各振动 5 次，使砂浆高出试模顶面 6～8mm。

b. 机械振动：将砂浆一次装满试模，放置到振动台上，振动时试模不得跳动，振动 5～10s 或持续到表面出浆为止，不得过振。

3）待表面水分稍干后，将高出试模部分的砂浆沿试模顶面刮去并抹平。

4）试件制作后应在室温为（20±5）℃的环境下静置（24±2）h，当气温较低时，可适当延长时间，但不应超过两昼夜，然后对试件进行编号、拆模。试件拆模后应立即放入温度为（20±2）℃，相对湿度为 90% 以上的标准养护室中养护。养护期间，试件彼此间隔不小于 10mm。

（3）试验步骤。

1）试件从养护地点取出后应及时进行试验。试验前将试件表面擦拭干净，测量尺寸，并检查其外观。并据此计算试件的承压面积，如实测尺寸与公称尺寸之差不超过 1mm，可按公称尺寸进行计算。

2）将试件安放在试验机的下压板（或下垫板）上，试件的承压面应与成型时的顶面垂直，试件中心应与试验机下压板（或下垫板）中心对准。开动试验机，当上压板与试件（或上垫板）接近时，调整球座，使接触面均衡受压。承压试验应连续而均匀地加荷，加荷速度应为 0.25～1.5kN/s（砂浆强度不大于 2.5MPa 时，宜取下限）。当试件接近破坏而开始迅速变形时，停止调整试验机油门，直至试件破坏，然后记录破坏荷载。

（4）试验结果处理。

1）砂浆立方体抗压强度应按式（10.51）计算（精确至 0.1MPa）

$$f_{m,cu} = K \frac{N_u}{A} \tag{10.51}$$

式中：$f_{m,cu}$ 为砂浆立方体抗压强度，MPa；N_u 为试件破坏荷载，N；A 为试件承压面积，mm^2；K 为换算系数，取 1.35。

2）以 3 个试件测值的算术平均值作为该组试件的砂浆立方体试件抗压强度平均值（精确至 0.1MPa）。当 3 个测值的最大值或最小值中如有一个与中间值的差值超过中间值的 15% 时，则把最大值及最小值一并舍除，取中间值作为该组试件的抗压强度值；如有两个测值与中间值的差值均超过中间值的 15% 时，则该组试件的试验结果无效。

10.7 沥 青 材 料 试 验

常用的沥青材料有石油沥青及焦油沥青，本试验仅介绍石油沥青针入度、延度、软化点等试验方法，并据此划分牌号。

10.7.1 沥青试样的选取及制备

（1）试样的选取。

沥青试样的选取按照《沥青取样法》（GB/T 11147—2010）进行。

（2）制备步骤。

根据《水工沥青混凝土试验规程》（DL/T 5362—2006），沥青试样的制备步骤如下。

1）所取来的沥青不得直接用电炉或煤炉明火加热。应将装有试样的盛样器带盖放入恒温烘箱中，烘箱温度为 80℃左右，加热至沥青全部熔化供脱水用。

2）沥青脱水。将装有已熔沥青的盛样器放在可控温的砂浴、油浴或电热套上加热脱水（不得已采用电炉、煤炉加热时，必须加放石棉垫），并用玻璃棒轻轻搅拌，防止局部过热，在沥青温度不超过 100℃情况下，仔细脱水直至无泡沫为止，时间不超过 30min。最后的加热温度石油沥青不超过软化点以上 100℃，煤沥青不超过软化点以上 50℃。

3）将盛样器中的沥青通过 0.6mm 的筛，滤除杂质。不等冷却立即一次灌入各项试验的模具中，制成试件。在灌模过程中如温度下降可放入烘箱中适当加热。试样反复加热的次数不得超过 2 次。

在沥青灌模时，不得反复搅拌沥青，以免混进气泡。

10.7.2 针入度试验

针入度试验主要根据《水工沥青混凝土试验规程》（DL/T 5362—2006）与《沥青针入度测定法》（GB/T 4509—2010）进行。本方法适用于测定针入度为（0～500）（0.1mm）的固体和半固体沥青材料的针入度。

沥青的针入度以标准针在一定的荷载、时间及温度条件下垂直穿入沥青试样的深度来表示，单位为 0.1mm。如未另行规定，标准针、针连杆与附加砝码的合重为（100±0.05）g，温度为（25±0.1）℃，时间为 5s。特定试验条件应参照表 10.1 的规定。并应在报告中应予注明。

表 10.1　　　　　　　　　　　针入度特定试验条件规定

温度/℃	荷载/g	时间/s
0	200	60
4	200	60
46	50	5

（1）主要仪器设备。

1）针入度仪：常用的形式如图 10.21（a）所示。标准针和针连杆能在无明显摩擦下垂直运动，由指针及刻度盘指示出的贯入深度准确至 0.1mm。针和针连杆组合总质量为（50±0.05）g，并附有（50±0.05）g 和（100±0.05）g 的砝码，可以组合成所需的荷载以满足试验要求。

2）标准针：形状及尺寸见图 10.21（b），由硬化回火的不锈钢制成，其洛氏硬度为54～60。每个针箍上打印单独编号，且经计量检定合格。

3）试样皿：金属或玻璃的圆柱形平底容器。针入度小于 200 时，用内径 55mm、深35mm 的小试样皿；针入度 200～350 时，用内径 70mm、深 45mm 的大试样皿；针入度

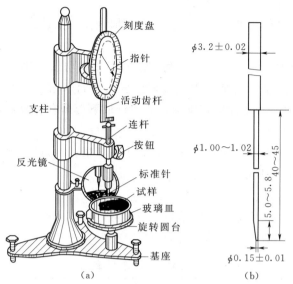

图 10.21 沥青针入度仪及标准针（单位：mm）

（a）针入度仪；（b）标准针

大于 350 时，用深度不小于 60mm，试样体积不少于 125mL 的特殊试样皿。

4）玻璃皿：平底，容量不小于 1.0L，深度不小于 80mm。内设一个不锈钢三脚支架。以保证试样皿的稳定。

5）恒温水槽：容量不小于 10L，温控准确度为在试验温度下达到 ±0.1℃。水中备有带孔支架，位于水面下不少于 100mm、距槽底不少于 50mm 处。在低温下测定针入度时，水槽中装入盐水。

6）温度计：测量范围 0～50℃，分度值为 0.1℃，定期进行校正。

7）计时器：刻度不大于 0.1s，60s 内的准确度达到 ±0.1s。

（2）试件制备。

1）将制备好的沥青试样倒入预先选好的试样皿中，试样深度应大于预计插入深度 10mm。

2）松松地盖住试样皿以防落入灰尘，在 15～30℃ 的空气中冷却 1～1.5h（小试样皿）或 1.5～2h（大试样皿）。然后将试样皿移入恒温水槽中（水面应没过试样表面 10mm 以上）。在规定的试验温度下小试样皿恒温 1～1.5h，大试样皿恒温 1.5～2h。

（3）试验步骤。

1）调整针入度仪的基座螺丝，使仪器水平。先用合适的溶剂将标准针擦干净，再用干净的布擦干，然后将针插入针连杆并固定。自恒温水槽中取出盛有沥青的试样皿，置于平底玻璃皿的三脚支架上，玻璃皿中的水温为 (25±0.1)℃，水深应使试样表面的水层深度不小于 10mm。再将平底玻璃皿置于针入度仪的旋转圆台上。

2）慢慢放下试针连杆，使针尖刚好与试样表面接触（必要时可通过反光镜观察）。拉下活动齿杆，使与针连杆顶端相接触，再调节刻度盘使指针指零。

3）开动秒表，当达到 5s 时，用手紧压按钮，使标准针自由下落贯入沥青试样，到

10s 时停压按钮，使标准指针停止移动。

4）按下刻度盘齿杆使与针连杆顶端接触。读取刻度盘指针读数即为该试样的针入度。精确至 0.5。

5）同一试样重复测试至少 3 次，各测点之间及测点与试样皿边缘之间的距离不小于 10mm。每次测试后应将带试样皿的平底玻璃皿放入恒温水槽中，下次测试前再从恒温水槽中取出。每次测试换一根干净的标准针，或将针取下用蘸有三氯乙烯或其他溶剂的棉球擦干净，再用干净布擦干。

6）测定针入度大于 200 的沥青试样时，至少用 3 根针，每次测试后将针留在试件中，直至测试完成后才能把针从试样中取出。

（4）试验结果处理。

1）以 3 次测试的平均值作为试验结果，取整数，以 0.1mm 为单位。试验结果的最大差值应不超过表 10.2 的数值。否则试验应重做。

表 10.2　　　　　　　　　　　　试 验 结 果 允 许 误 差

针入度/0.1mm	0～49	50～149	150～249	250～500
最大差值/0.1mm	2	4	12	20

2）精密度要求：当试验结果小于 50（0.1mm）时，重复性试验的允许差为 2%，再现性试验的允许差为 4%；当试验结果大于或等于 50（0.1mm）时，重复性试验的允许差为 4%，再现性试验的允许差为 8%。

10.7.3　延度试验

延度试验主要根据《水工沥青混凝土试验规程》（DL/T 5362—2006）和《沥青延度测定法》（GB/T 4508—2010）进行。延度是用规定的沥青试件，在一定温度下，以一定的速度拉伸至断裂时的长度，以 cm 表示。非经特殊说明，试验温度为（25±0.5）℃，延伸速度为（50±2.5）mm/min。

（1）主要仪器设备。

1）延度仪：常用的形式参见图 10.22。仪器开动时，滑板以（50±2.5）mm/min 的速度平稳移动。

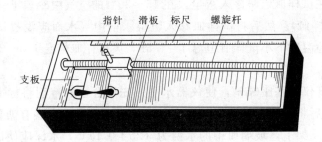

指针　滑板　标尺　螺旋杆

支板

图 10.22　沥青延度仪

2）试件模具：试件似"8"字形。模具用黄铜制造，由底板、两个端模和两个侧模组成，其形状和尺寸见图 10.23。

3）恒温水槽（要求同针入度试验）。

4）温度计：测量范围 0～50℃，分度值 0.1℃和 0.5℃各一支。

5）隔离剂：甘油：滑石粉＝2：1（按质量计）。

（2）试件制备。

1）将隔离剂均匀涂于磨光金属底板和铜模侧模的内表面（切勿涂于端模内侧面），并将试模组装在金属底板上。

2）将制备好的沥青试样呈细流状注入模具（自模具一端至另一端往返多次），使试样略高出模具。

3）试件在 15～30℃的空气中冷却 30min，再放入规定温度±0.1℃的恒温水槽中保持 30min 后

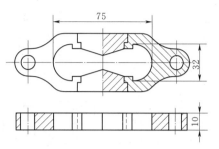

图 10.23　沥青"8"字形试模

（单位：mm）

取出。用热刀将高出模具的沥青刮去，使沥青面与试模面齐平。沥青的刮法应自模中间刮向两边，表面应刮得十分光滑。将试件连同金属底板再浸入恒温水槽中 60～90min。

（3）试验步骤。

1）检查延度仪的拉伸速度是否符合要求。拉伸速度的允许误差±5％，调整与滑板相连的指针，使其正对标尺零点。调整并保持延度仪内水槽中的水温在规定温度±0.5℃。

2）将试件连同底板自恒温水槽取出。并自金属底板上取下，移至延度仪水槽内，再将模具两端的孔分别套在滑板及槽端的金属柱上，最后去掉侧模。水面距试件表面应不小于 25mm。

3）开动延度仪（此时避免仪器振动、水面晃动），观察沥青试件的拉伸情况。如在测定时沥青细丝浮于水面或沉向槽底，则表明槽内水的密度与沥青的密度相差过大，应向水中加入乙醇或氯化钠，以调整水的密度，使与沥青密度相近，然后再进行测定。

4）试件拉断时指针所指标尺上的读数，即为试件的延度，以 cm 计。在正常情况下，试件被拉伸成锥尖状或极细丝，在断裂时实际横断面为零。如不能得到上述结果，则应认为在此条件下无测定结果，应在报告中注明。

（4）试验结果处理。

1）同一样品平行试验三次，如 3 个测值均大于 100cm，试验结果记作"＞100"，特殊需要也可分别记录实测值。如 3 个测值中，有一个以上的测值小于 100cm 时，若最大值或最小值与平均值之差满足重复性试验精密度要求，则取 3 个测定结果的平均值的整数作为延度试验结果，若平均值大于 100cm，记作"＞100cm"。

2）当试验结果小于 100cm 时，重复性试验的精密度为平均值的 20％，再现性试验的精密度为平均值的 30％。

10.7.4　软化点试验

软化点试验主要根据《水工沥青混凝土试验规程》（DL/T 5362—2006）与《沥青软化点测定法（环球法）》（GB/T 4507—2014）进行。沥青软化点是试样在测定条件下，因受热而下坠达 25mm 时的温度（℃）。

（1）主要仪器设备。

1）沥青软化点测定仪：常用的形式参见图 10.24。支架有上、中、下三个承板，用长

螺栓固定。用黄铜制成的试件环，可以水平地放在中承板的圆孔中；环的下缘距下承板为 25mm。钢球直径为 9.5mm，重量为（3.50±0.05）g，用钢球定位器使之定位于试件环中央。

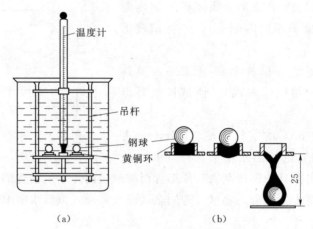

图 10.24 沥青软化点试验仪（单位：mm）

（a）仪器装置图；（b）沥青软化过程示意图

2）温度计：0～200℃，分度值为 0.5℃ 的全浸式温度计。

3）筛、刮刀、磨光金属板、烧杯、秒表、隔离剂等。

（2）试件制备及试验准备。

1）将试样环置于涂有隔离剂的金属板上。如估计软化点在 120℃ 以上时，应将环和金属板预热至 80～100℃。将制备好的沥青试样注入试件环内至略高出环面为止。然后在 15～30℃ 的空气中冷却 30min 后，用热刀刮去高出环面的试样，使与环面齐平。

2）估计沥青软化点低于 80℃ 时，将上述注有沥青试样的环和金属板置于盛满水的恒温水槽内，水温保持（5±0.5）℃，恒温 15min；估计试样软化点高于 80℃ 时，将上述注有沥青试样的环和金属板置于盛满甘油的恒温水槽内，甘油温度保持（32±1）℃，恒温 15min。或将注有沥青试样的环水平地安放在环架中承板的孔内，然后放在盛有水或甘油的烧杯中，恒温 15min，温度要求同恒温水槽。

3）烧杯内注入新煮沸并冷却至 5℃ 的蒸馏水（估计软化点不高于 80℃ 的试样），或注入预热至约（32±1）℃ 的甘油（估计软化点高于 80℃ 的试样），使水面或甘油面略低于环架连杆上的深度标记。

（3）试验步骤。

1）从恒温水槽中取出灌有试样的黄铜环，置于环架中承板的圆孔中，并套上钢球定位器，再将钢球放在试件上，然后把整个环架放入烧杯内。环架上任何部分均不得有气泡。将温度计由上承板中心孔垂直插入，使水银球底部与铜环下面齐平。

2）将烧杯移放至垫有石棉网的三脚架或电炉上（须使各环的平面处于水平状态）。立即加热，使烧杯内水或甘油的温度在 3min 内，以（5±0.5）℃/min 的速度上升（若测试全过程中，温度上升速度超出此范围，则试验应重做）。

3）试样受热软化下坠至与下承板面接触时的温度，精确至 0.5℃，即为该试样的软化点（℃）。

（4）试验结果处理。

1）取平行测试的两个试样的软化点平均值作为测定结果，精确至0.5℃。

2）试验精密度要求：两次试验结果之差，不应超过表10.3的数值。

表10.3　　　　　　　　　　　　软化点最大差值表　　　　　　　　单位:℃

软化点	<80		≥80	
	重复性	再现性	重复性	再现性
最大差值	1	4	2	8

10.8 沥青混凝土试验

本试验参照《水工沥青混凝土试验规程》（DL/T 5362—2006）介绍沥青混凝土马歇尔稳定度及流值试验、沥青混凝土渗透试验和沥青混凝土孔隙率试验。

10.8.1 沥青混凝土马歇尔稳定度及流值试验

沥青混凝土马歇尔试验用来测定稳定度和流值，这是两个可以表征沥青混凝土温度稳定性和塑性变形能力的指标，已用于沥青混凝土的配合比设计和现场质量检查。马歇尔试验所用骨料的最大粒径，一般不大于26.5mm。

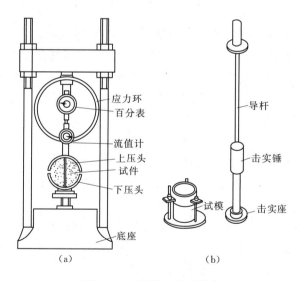

图10.25　马歇尔试验设备

（a）马歇尔试验机示意图；（b）试模及击实器

（1）主要仪器设备。

1）马歇尔试验机：马歇尔试验机如图10.25（a）所示。试件装在上下压头内，试验时的垂直上升速率为（50±5）mm/min，试件所受荷载可以由应力环百分表读数求得，试件纵向变形由流值计读出。

2）试模及击实器：每组需要三套试模，其为内径（101.6±0.2)mm、高76.2mm的圆筒钢模，配有套环及底座垫块各一个。击实器由金属锤和导杆组成，锤重为（4536±9)g，可沿导杆自由下落，落距为 (457.2±1.5)mm；导杆底端与一圆形击实座相连，可放入试模内进行击实。试模及击实器见图 10.25（b）。

3）脱模器：电动或人工。

4）拌和设备、加热设备等。

（2）试验准备。

1）将矿料按设计要求，筛分成不同的粒径组，并在烘箱中烘至恒重。拌制沥青混合料时，各种矿料加热至 140～145℃备用。

2）脱水后的沥青加热至 140～150℃备用。

3）试模加热至 (105±5)℃备用。

（3）试件制备。

1）根据规定的配合比，称出每个试件所需的各种矿料，倒入拌和锅或搅拌机中，并继续加热搅拌，再加入所需数量的热沥青，迅速拌和均匀。

2）从烘箱中拿出钢模、底座垫块、套模，将钢模放在底座垫块上，并在底座垫块及钢模内侧涂刷一层脱模剂。称取拌好的混合料约 1200g，倒入试模中，用热刀沿试模周边插捣 15 次，中间插捣 10 次。

3）在装好混合料的试模固定在击实仪的平台上进行击实。试件正、反面各击实 35 次或 20 次，击实次数根据沥青混凝土配合比或通过试验确定。击实时沥青混合料的温度不宜低于 140℃。

4）击实后的试件连同试模自然冷却到室温，用脱模器脱模。

5）击实后的试件高度应为 (63.5±1.3)mm，如高度不符合要求时，可调整热混合料的用量，并重新制备试件。如果试件上、下面不平行，或有裂纹缺角等缺陷，应作为废品。在室温中放置 24h 后，方可进行试验。每组试件不少于 3 个。

（4）稳定度及流值测定。

1）将试件置于 (6±1)℃的恒温水槽中保持 3～40min。

2）将马歇尔试验仪上、下压头放于 (60±1)℃恒温水槽中恒温，将上、下压头从恒温水槽中取出擦干。从水槽中取出试件放在下压头上，盖上上压头，然后移至马歇尔试验机加荷设备上。

3）将流值计安装在加荷压头的导杆上，调整指针读数使其为零。

4）开动加荷设备对试件加荷。以 (50±5)mm/min 速率加荷。当达到最大荷载的瞬间，读取应力环的百分表读数和流值计的百分表读数。试件从恒温水槽取出到测试完毕，应不超过 30s。

（5）试验结果处理。

1）根据应力环标定曲线，将最大荷载时的应力环百分表读数换算为荷载，即得试样的稳定度，以 kN 计。以 3 个以上试件的平均值作为试验结果，准至 0.01kN。当 3 个测值的最大值或最小值之一与中间值的差超过中间值的 15%时，取中间值。如两个测值与中间值之差均超过中间值的 15%时，应重做试验。

2）流值计的百分表读数即为试件的流值，以 0.1mm 计。以 3 个以上试件的平均值作为试验结果，准确至 0.01mm。

3）如现场钻取芯样高度与标准相差较大时，稳定度的测定结果应进行修正，修正系数见表 10.4。

表 10.4　　　　　　　　　　稳 定 度 修 正 系 数 表

试件的高度/mm	修 正 系 数	试件的高度/mm	修 正 系 数
50.0～51.5	1.47	64.5～66.0	0.96
51.6～53.1	1.39	66.1～67.3	0.93
53.2～54.6	1.32	67.4～68.9	0.89
54.7～56.2	1.25	69.0～70.6	0.86
56.3～58.0	1.19	70.7～72.1	0.83
58.1～59.4	1.14	72.2～73.7	0.81
59.5～61.0	1.09	73.8～75.4	0.78
61.1～62.6	1.04	75.5～76.9	0.76
62.7～64.4	1.00		

10.8.2　沥青混凝土的渗透试验

为了评定沥青混凝土的抗渗性能，必须测定其渗透系数。这里只介绍一种比较简便的低水压、变水头测定渗透系数的方法。

（1）主要仪器及设备。

1）渗透试验装置（图 10.26）。

2）真空泵。

（2）试验步骤。

1）将用真空抽气法吸水饱和的直径为 100mm、高为 64mm 的沥青混凝土试件，放入渗透仪中，用 1∶1 的石蜡和沥青的热混合物将四周密封。

2）渗透仪中装有直径为 2.0cm、1.0cm、0.6cm 的 3 种测压管，可根据试件渗透系数的大小选用。渗透系数小的可选用细测压管。

3）试验开始前应备够一次试验所需用水，试验时水温宜高于室温 3～4℃，将水送入贮水瓶，再通过连通管将水送到测压管内（注意排除测压管内的气泡）。随后打开进水和排气的管夹，当排气管溢水时，关闭排气管。

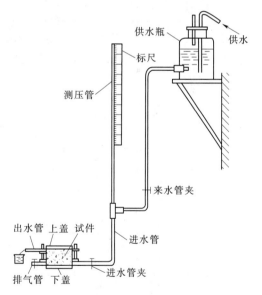

图 10.26　沥青混凝土渗透试验装置

4）待试件渗出水后，并经过试测已达到渗流稳定时，关闭来水管夹，立即开动秒表进行测定。记录初始水头和时间，经时间 t 后，测记最终水头和时间。一般应测 4 次以上。

（3）试验结果处理。

1）按式（10.52）计算沥青混凝土的渗透系数

$$K_T = \frac{Ha}{At} \cdot \ln\frac{h_1}{h_2} \tag{10.52}$$

式中：K_T 为温度 T℃时的渗透系数，cm/s；H 为试件高度，cm；a 为测压管断面面积，cm^2；A 为试件渗透面积，cm^2；t 为渗水时间，s；h_1 为初始水头，cm；h_2 为最终水头，cm。

2）单个试件几次测试算出的渗透系数，取平均值作为该试件的渗透系数。应平行测定 3～5 个试件，渗透系数小于 1.0×10^{-4} cm/s 时，给出渗透系数的范围；渗透系数大于等于 1.0×10^{-4} cm/s 时，取其平均值。

3）K_T 可按式（10.53）换算为 K_{20}

$$K_{20} = K_T\,\frac{\eta_T}{\eta_{20}} \tag{10.53}$$

式中：K_{20} 为温度 20℃时的渗透系数，cm/s；η_T 为温度 T℃时水的动力黏滞系数，Pa·s；η_{20} 为温度 20℃时水的动力黏滞系数，Pa·s；$\dfrac{\eta_T}{\eta_{20}}$ 可以通过表 10.5 查得。

表 10.5　　　　　　　　　　水的动力黏滞系数、黏滞系数比、温度校正系数

温度/℃	动力黏滞系数 $\eta/(\times 10^{-3}\mathrm{Pa\cdot s})$	η_T/η_{20}	温度校正系数 T_D	温度/℃	动力黏滞系数 $\eta/(\times 10^{-3}\mathrm{Pa\cdot s})$	η_T/η_{20}	温度校正系数 T_D
5.0	1.516	1.501	1.17	18.0	1.061	1.050	1.68
6.0	1.470	1.455	1.21	19.0	1.035	1.025	1.72
7.0	1.428	1.414	1.25	20.0	1.010	1.000	1.76
8.0	1.387	1.373	1.28	21.0	0.986	0.976	1.80
9.0	1.347	1.334	1.32	22.0	0.963	0.953	1.85
10.0	1.310	1.297	1.36	23.0	0.941	0.932	1.89
11.0	1.274	1.261	1.40	24.0	0.919	0.910	1.94
12.0	1.239	1.227	1.44	25.0	0.899	0.890	1.98
13.0	1.206	1.194	1.48	26.0	0.879	0.870	2.03
14.0	1.175	1.163	1.52	27.0	0.859	0.850	2.07
15.0	1.144	1.133	1.56	28.0	0.841	0.833	2.12
16.0	1.115	1.104	1.60	29.0	0.823	0.815	2.16
17.0	1.088	1.077	1.64	30.0	0.806	0.798	2.21

10.8.3　沥青混凝土孔隙率试验

孔隙率表征沥青混凝土的密实程度，是影响沥青混凝土性能的重要因素，也是沥青混凝土的技术指标之一。沥青混凝土的孔隙率根据其表观密度和密度计算求得。

（1）主要仪器设备。

1）天平。称量 3000g，分度值 0.1g。

2）液体静力天平。称量 3000g，分度值 0.1g。

3）石蜡、水桶、毛刷等。

（2）试验步骤。

1）试件准备。可用马歇尔试验所用的试件来测定孔隙率。将选取的试件表面清理干净，如试件边角有浮松颗粒，应仔细加以清除。如试件孔隙率较大，在水中能很快吸入水分时，应在试件表面涂刷薄层石蜡覆盖，防止水分渗入。

2）试件表观密度测定。

a. 将试件放在天平上称出其在空气中的质量。如试件表面用石蜡封涂时，涂蜡后须再次称其质量。

b. 用液体静力天平称出试件在水中的质量，并记录所测水温。

c. 试件表观密度计算。

表面未涂石蜡的试件按式（10.54）计算

$$\gamma = \frac{G}{G - G_1} \rho_w \tag{10.54}$$

表面涂石蜡的试件按式（10.55）计算

$$\gamma = \frac{G}{\dfrac{G_2 - G_3}{\rho_w} - \dfrac{G_2 - G}{\rho_p}} \tag{10.55}$$

式中：γ 为试件表观密度，g/cm^3；G 为试件在空气中质量，g；G_1 为试件在水中质量，g；G_2 为涂蜡试件在空气中质量，g；G_3 为涂蜡试件在水中质量，g；ρ_p 为石蜡的密度，一般取 $0.93g/cm^3$；ρ_w 为试验水温下水的密度，一般取 $1g/cm^3$。

3）沥青混凝土密度测定。

a. 测定沥青及各种矿料的密度，测定方法可参照有关试验方法。

b. 沥青混凝土的密度按式（10.56）计算

$$\rho = \frac{100 + G_a}{\dfrac{G_1}{\rho_g} + \dfrac{G_2}{\rho_s} + \dfrac{G_3}{\rho_f} + \dfrac{G_a}{\rho_a}} \tag{10.56}$$

式中：ρ 为沥青混凝土的理论密度，g/cm^3；G_a 为沥青用量，以干矿料的百分数计，%；G_1、G_2、G_3 分别为粗骨料、细骨料、矿粉占矿料总量的百分率，%；ρ_g、ρ_s、ρ_f、ρ_a 分别为粗骨料、细骨料、矿粉及沥青的密度，g/cm^3。

4）孔隙率计算。试件孔隙率按式（10.57）计算

$$P = \left(1 - \frac{\gamma}{\rho}\right) \times 100\% \tag{10.57}$$

式中：P 为试件的孔隙率，%；γ 为试件的表观密度，g/cm^3；ρ 为试件的密度，g/cm^3。

10.9　砌墙砖抗压强度试验

按《砌墙砖检验规则》[JC 446—1992（1996）]的规定，对实心砖、多孔砖和空心砖等各类砌墙砖均要求检验的项目有：尺寸偏差、外观质量、强度等级和抗冻性能；对某类砌墙砖由于原料、工艺和结构不同而特设的检验项目还包括吸水率、饱和系数、泛霜、石

灰爆裂、干燥收缩、碳化系数、体积密度及孔洞率等。本试验依据为《砌墙砖试验方法》（GB/T 2542—2012），仅介绍砌墙砖抗压强度试验。

（1）主要仪器设备。

1）压力试验机：要求与混凝土抗压强度试验相同。

2）钢直尺：分度值不应大于 1mm。

3）锯砖机或切砖机、镘刀及试件制作平台等。

（2）试样数量。

试样数量为 10 块。

（3）试样制备。

1）一次成型制样。一次成型制样适用于采用样品中间部位切割，交错叠加灌浆制成强度试验试样的方式。

a. 将试样锯成两个半截砖，两个半截砖用于叠合部分的长度不得小于 100mm。如果不足 100mm，应另取备用试样补足。

b. 将已切割开的半截砖放入室温的净水中浸 20～30min 后取出，在铁丝网架上滴水 20～30min，以断口相反方向装入制样模具中。用插板控制两个半砖间距不应大于 5mm，砖大面与模具间距不应大于 3mm，砖断面、顶面与模具间垫以橡胶垫或其他密封材料，模具内表面涂油或脱膜剂。

c. 将净浆材料按照配制要求，置于搅拌机中搅拌均匀。

d. 将装好试样的模具置于振动台上，加入适量搅拌均匀的净浆材料，振动时间为 0.5～1min，停止振动，静置至净浆材料达到初凝时间（约 15～19min）后拆模。

2）二次成型制样。二次成型制样适用于采用整块样品上下表面灌浆制成强度试验试样的方式。

a. 将整块试样放入室温的净水中浸 20～30min 后取出，在铁丝网架上滴水 20～30min。

b. 按照净浆材料配制要求，置于搅拌机中搅拌均匀。

c. 模具内表面涂油或脱膜剂，加入适量搅拌均匀的净浆材料，将整块试样一个承压面与净浆接触，装入制样模具中，承压面找平层厚度不应大于 3mm。接通振动台电源，振动 0.5～1min，停止振动，静置至净浆材料初凝（约 15～19min）后拆模。按同样方法完成整块试样另一承压面的找平。

3）非成型制样。非成型制样适用于试样无需进行表面找平处理制样的方式。

a. 将试样锯成两个半截砖，两个半截砖用于叠合部分的长度不得小于 100mm。如果不足 100mm，应另取备用试样补足。

b. 两半截砖切断口相反叠放，叠合部分不得小于 100mm，即为抗压强度试样。

（4）试样养护。

一次成型制样、二次成型制样在不低于 10℃的不通风室内养护 4h。非成型制样不需养护，试样气干状态直接进行试验。

（5）试验步骤。

1）测量每个试件连接面或受压面的长、宽尺寸各两个（精确至 1mm），分别取其平均值。

2）将试件平放在压力机加压板的中央，垂直于受压面加荷，以 2～6kN/s 的加荷速度均匀平稳加荷，不得发生冲击或振动，直至试件破坏，记录最大破坏荷载 P。

（6）试验结果处理。

每块试样的抗压强度测定值 f_i 按式（10.58）计算（精确至 0.1MPa）

$$f_i = \frac{P}{ab} \tag{10.58}$$

式中：f_i 为抗压强度，MPa；P 为最大破坏荷载，N；a 为受压面（连接面）的长度，mm；b 为受压面（连接面）的宽度，mm。

试验结果以试样抗压强度的算术平均值和标准值或单块最小值表示。

附录一　工业与民用建筑工程普通混凝土的几项技术指标

（一）混凝土浇筑时的坍落度

混凝土坍落度宜按附表 1-1 选用。[引自《混凝土结构工程施工质量验收规范》（GB 50204—2011）]。

附表 1-1　　　　　　　　　　　　混凝土浇筑时的坍落度

项　　次	结　构　种　类	坍落度/mm
1	基础或地面等的垫层 无配筋的厚大结构（挡土墙、基础或厚大的块体等）或配筋稀疏的结构	10~30
2	板、梁和大型或中型截面的柱等	30~50
3	配筋密列的结构（薄壁、斗仓、桶仓、细柱等）	50~70
4	配筋特密的结构	70~90

注　1. 本表系采用机械振捣混凝土时的坍落度；当采用人工捣实混凝土时，其值可适当增大。
　　2. 当需要配制大坍落度混凝土时，应掺用外加剂。
　　3. 曲面或斜面结构混凝土的坍落度应根据实际需要另行选定。
　　4. 轻骨料混凝土的坍落度，宜比表中数值减少 10~20mm。

（二）混凝土结构的环境类别

根据《混凝土结构设计规范》（GB 50010—2010）的规定，混凝土结构的环境分为五类，见附表 1-2。

附表 1-2　　　　　　　　　　　　混凝土结构的环境类别

环　境　类　别		条　　件
一		室内干燥环境；无侵蚀性静水浸没环境
二	a	室内潮湿环境；非严寒和非寒冷地区的露天环境；非严寒和非寒冷地区与无侵蚀性的水或土壤直接接触的环境；严寒和寒冷地区的冰冻线以下与无侵蚀性的水或土壤直接接触的环境
	b	干湿交替环境；水位频繁变动环境；严寒和寒冷地区的露天环境；严寒和寒冷地区冰冻线以上与无侵蚀性的水或土壤直接接触的环境
三	a	严寒和寒冷地区冬季水位变动区环境；受除冰盐影响环境；海风环境
	b	盐渍土环境；受除冰盐作用环境；海岸环境
四		海水环境
五		受人为或自然的侵蚀性物质的环境

注　室内潮湿环境是指构件表面经常处于结露或湿润状态的环境。

（三）普通混凝土的最低强度等级、最大水灰比

为保证结构混凝土耐久性，根据环境条件和使用年限的不同，混凝土最低强度等级、最大水胶比等应分别满足以下要求（引自 GB 50010—2010）。

（1）设计使用年限为 50 年的混凝土结构，其混凝土材料宜符合附表 1-3 的要求。

附表 1-3   **结构混凝土材料的耐久性基本要求**

环 境 等 级	最大水胶比	最低强度等级	最大氯离子含量/%	最大碱含量/(kg/m³)
一	0.60	C20	0.30	不限制
二 a	0.55	C25	0.20	3.0
二 b	0.50(0.55)	C30(C25)	0.15	
三 a	0.45(0.50)	C35(C30)	0.15	
三 b	0.40	C40	0.10	

注   1. 氯离子含量系指其占胶凝材料总量的百分比；

     2. 预应力构件混凝土中的最大氯离子含量为 0.05%；最低混凝土强度等级应按表中的规定提高两个等级；

     3. 素混凝土构件的水胶比及最低强度等级的要求可适当放松；

     4. 有可靠工程经验时，二类环境中的最低混凝土强度等级可降低一个等级；

     5. 处于严寒和寒冷地区二 b、三 a 类环境中的混凝土应使用引气剂，并可采用括号中的有关参数；

     6. 当使用非碱活性骨料时，对混凝土中的碱含量可不作限制。

（2）一类环境中，使用年限 100 年的结构，为保证混凝土耐久性，对混凝土的基本要求如下：

1）钢筋混凝土结构的最低强度等级为 C30；预应力混凝土结构的最低强度等级为 C40；

2）混凝土中的最大氯离子含量为 0.05%；

3）宜使用非碱活性骨料，当使用碱活性骨料时，混凝土中的最大碱含量为 3.0kg/m³；

4）混凝土保护层厚度应比常规结构增大 40%，当采取有效的表面防护措施时，混凝土保护层厚度可适当减小；

5）在设计使用年限内，应建立定期检测、维修的制度。

（3）二、三类环境中，设计使用年限 100 年的混凝土结构应采取专门的有效措施。

附录二   水工混凝土的几项技术指标

（一）混凝土拌和物在浇筑地点的坍落度

混凝土坍落度应按附表 2-1 选取［引自《水工混凝土施工规范》（DL/T 5144—2015）］。

附表 2-1   **混凝土拌和物在浇筑地点的坍落度（使用振捣器）**

建 筑 物 性 质	标准圆锥坍落度/mm
水工素混凝土或少筋混凝土	10～40
配筋率不超过 1% 的钢筋混凝土	30～60
配筋率超过 1% 的钢筋混凝土	50～90

注   有温控要求或低温季节浇筑混凝土时，混凝土的坍落度可根据具体情况酌量增减。

（二）水工混凝土结构所处的环境条件类别

根据《水工混凝土结构设计规范》（SL 191—2008）的规定，混凝土结构所处环境分为四类，见附表 2-2。

附表 2-2　　　　　　　　水工混凝土结构所处的环境条件类别

类　　别	环　境　条　件
一	室内正常环境
二	室内潮湿环境;露天环境;长期处于水下或地下的环境
三	海上大气区;轻度盐雾作用区;海水水位变化区;中度化学侵蚀性环境
四	使用除冰盐的环境;海水浪溅区;重度盐雾作用区;严重化学侵蚀性环境

注　1. 海上大气区与浪溅区的分界线为设计最高水位加 1.5m;浪溅区与水位变化区的分界线为设计最高水位减
　　　1.0m;水位变化区与水下区的分界线为设计最低水位减 1.0m。重度盐雾作用区为离涨潮岸线 50m 内的陆上
　　　室外环境;轻度盐雾作用区为离涨潮岸线 50～500m 内的陆上室外环境。
　　2. 冻融比较严重的二类、三类环境条件下的建筑物,可将其环境类别分别提高为三类、四类。
　　3. 化学侵蚀性程度的分类见附表 2-3。

附表 2-3　　　　　　　　　化 学 侵 蚀 程 度

化学侵蚀 程度	水中 SO_4^{-2} 含量/(mg/L)	土中 SO_4^{-2} 含量/(mg/kg)	水中 Mg^{2+} 含量 /(mg/L)	水的 pH 值	水中 CO_2 含量
轻度	200～1000	300～1500	300～1000	5.5～6.5	15～30
中度	1000～4000	1500～6000	1000～3000	4.5～5.5	30～60
严重	4000～10000	6000～15000	≥3000	4.0～4.5	60～100

(三) 混凝土抗渗等级的最小允许值

水工混凝土抗渗等级的允许值见附表 2-4［引自《水工混凝土结构设计规范》(SL
191—2008)］。

附表 2-4　　　　　　　　　混凝土抗渗等级的最小允许值

项　　次	结构类型及运用条件		抗　渗　等　级
1	大体积混凝土结构的下游面及建筑物内部		W2
2	大体积混凝土结构的挡水面	$H<30$	W4
		$30 \leqslant H<70$	W6
		$70 \leqslant H<150$	W8
		$H \geqslant 150$	W10
3	素混凝土及钢筋混凝土结构构件的背水面可自由渗水者	$i<10$	W4
		$10 \leqslant i<30$	W6
		$30 \leqslant i<50$	W8
		$i \geqslant 50$	W10

注　1. 表中 H 为水头 (m),i 为水力梯度。
　　2. 当结构表层设有专门可靠的防渗层时,表中规定的混凝土抗渗等级可适当降低。
　　3. 承受侵蚀水作用的结构,混凝土抗渗等级应进行专门的试验研究,但不得低于 W4。
　　4. 埋置在地基中的结构构件(如基础防渗墙等),可按照表项次 3 的规定选择混凝土抗渗等级。
　　5. 对背水面能自由渗水的素混凝土及钢筋混凝土结构构件,当水头小于 10m 时,其混凝土抗渗等级可根据表中项
　　　次 3 降低一级。
　　6. 对严寒、寒冷地区且水力梯度较大的结构,其抗渗等级应按表中的规定提高一个等级。

（四）混凝土抗冻等级

各类水工结构和构件的混凝土抗冻等级按附表 2－5 选定，在不利因素较多时，可选用提高一级的抗冻等级［引自《水工建筑物抗冰冻设计规范》（GB/T 50662—2011）］。

附表 2－5 　　　　　　　　　　　　水工结构和构件混凝土抗冻等级要求

气候分区	严寒		寒冷		温和
年冻融循环次数/次	≥100	<100	≥100	<100	—
结构重要、受冻严重而且难于检修部位： 1）水电站尾水部位，蓄能电站进出口冬季水位变化区的构件、闸门槽二期混凝土、轨道基础； 2）坝厚小于混凝土最大冻深 2 倍的薄拱坝、不封闭支墩坝的外露面、面板堆石坝水位变化区及其以上部位的面板和趾座； 3）冬季通航或受电站尾水位影响的不通航船闸的水位变化区的构件、二期混凝土； 4）流速大于 25m/s、过冰、多沙或多推移质过坝的溢流坝、深孔或其他输水部位的过水面及二期混凝土； 5）冬季有水的露天钢筋混凝土压力水管、渡槽、薄壁充水闸门井	F400	F300	F300	F200	F100
受冻严重但有检修条件的部位： 1）混凝土坝上游面冬季水位变化区； 2）水电站或船闸的尾水渠，引航道的挡墙、护坡； 3）流速小于 25m/s 的溢洪道、输水洞（孔）、引水系统的过水面； 4）易积雪或结霜或饱和的路面，平台栏杆、挑檐、墙、板、梁、柱、墩、廊道或竖井的单薄墙壁	F300	F250	F200	F150	F50
受冻较重部位： 1）混凝土坝外露阴面部位； 2）冬季有水或易长期积雪结冰的渠系建筑物	F250	F200	F150	F150	F50
受冻较轻部位： 1）混凝土坝外露阳面部位； 2）冬季无水干燥的渠系建筑物； 3）水下薄壁杆件； 4）水下流速大于 25m/s 的过水面	F200	F150	F100	F100	F50
表面不结冰和水下、土中、大体积内部混凝土	F50				

注　1．根据最冷月平均气温确定气候分区，分区标准为
　　　严寒：最冷月平均气温 $t_a < -10℃$；
　　　寒冷：最冷月平均气温 $-10℃ \leqslant t_a \leqslant -3℃$；
　　　温和：最冷月平均气温 $t_a > -3℃$。
　　2．年冻融循环次数，分别按一年内气温从 $+3℃$ 以上降至 $-3℃$ 以下，然后回升到 $+3℃$ 以上的交替次数和一年中日平均气温低于 $-3℃$ 期间设计预定水位的涨落次数统计，并取其中的大值。
　　3．冬季水位变化区指运行期内可能遇到的冬季最低水位以下 0.5～1.0m，冬季最高水位以上 1.0m（阳面）、2.0m（阴面）、4.0m（水电站尾水区）。
　　4．阳面指冬季大多为晴天，平均每天有 4h 以上阳光照射，不受山体或建筑物遮挡的表面，当不满足条件时，均为阴面。
　　5．最冷月平均气温低于 $-25℃$ 地区的混凝土抗冻级别宜根据具体情况研究确定。

（五）混凝土最大水灰比

（1）钢筋混凝土与预应力混凝土结构的混凝土水灰比不宜大于附表 2－6 所列数值。

素混凝土的最大水灰比可按表中所列数值增大 0.05 ［引自《水工混凝土结构设计规范》(DL/T 5057—2009)］。

附表 2-6　　　　　　　混凝土最大水灰比

环 境 类 别	一	二	三	四	五
最大水灰比	0.60	0.55	0.50	0.45	0.40

注　1. 结构类型为薄壁或薄腹构件时，最大水灰比宜适当减小。
　　2. 处于三、四、五类环境条件又受冻严重或受冲刷严重的结构，最大水灰比应按照 DL/T 5082 的规定执行。
　　3. 承受水力梯度较大的结构，最大水灰比宜适当减小。

（2）水工混凝土水胶比（或水灰比）最大允许值应符合附表 2-7 的数值［引自《水工混凝土施工规范》(DL/T 5144—2015)］。

附表 2-7　　　　混凝土的分区及最大允许水胶比（或水灰比）

分　区	最大允许水灰比		
	严 寒 地 区	寒 冷 地 区	温 和 地 区
1. 上、下游水位以上坝体外部表面混凝土	0.50	0.55	0.60
2. 上、下游水位变化区的坝体外部表面混凝土	0.45	0.50	0.55
3. 上、下游最低水位以下坝体外部表面混凝土	0.50	0.55	0.60
4. 基础混凝土	0.50	0.55	0.60
5. 坝体内部混凝土	0.60	0.65	0.65
6. 抗冲刷部位的混凝土(如溢流面、泄水孔、导墙和闸墩等)	0.45	0.50	0.50

注　在环境水有侵蚀的情况下，外部水位变化区及水下混凝土的水灰比应减少 0.05。

（六）抗冻混凝土的最大水灰比及含气量

大中型工程抗冻混凝土的材料和配合比均应通过试验确定。

抗冻混凝土的配合比，宜根据抗冻等级分别按附表 2-8 及附表 2-9 选用水灰比及含气量［引自《水工建筑物抗冰冻设计规范》(GB/T 50662—2011)］。

附表 2-8　　　　　　抗冻混凝土的适宜水灰比

冰 冻 等 级	F300	F200	F150	F100	F50
水 灰 比	<0.45	<0.50	<0.52	<0.55	<0.58

附表 2-9　　　　　　抗冻混凝土的适宜含气量

最大骨料粒径(mm) ＼ 混凝土抗冻等级	≥F200	≤F150
20	(6±1)%	(5±1)%
40	(5.5±1)%	(4.5±1)%
80	(4.5±1)%	(3.5±1)%
150	(4±1)%	(3±1)%

注　如含气量试样须经湿筛时，按湿筛后最大骨料粒径取用相应的含气量。

（七）环境水对普通混凝土腐蚀评价判定标准

见附表 2-10［引自《水利水电地质勘察规范》(GB 50287—99) 和《水工混凝土结

构设计规范》（DL/T 5057—2009）〕。

附表 2-10　　　　　　　　　　环境水对混凝土腐蚀判定标准表

腐 蚀 性 类 型		腐蚀性特征判定依据	腐 蚀 程 度	界 限 指 标	
分解类	溶出性	HCO_3^- 含量 /(mmol/L)	无腐蚀	$HCO_3^- > 1.07$	
			弱腐蚀	$1.07 \geqslant HCO_3^- > 0.70$	
			中等腐蚀	$HCO_3^- \leqslant 0.70$	
			强腐蚀	—	
	一般酸性型	pH 值	无腐蚀	$pH > 6.5$	
			弱腐蚀	$6.5 \geqslant pH > 6.0$	
			中等腐蚀	$6.0 \geqslant pH > 5.5$	
			强腐蚀	$pH \leqslant 5.5$	
	碳酸型	侵蚀性 CO_2 含量 /(mg/L)	无腐蚀	$CO_2 < 15$	
			弱腐蚀	$15 \leqslant CO_2 < 30$	
			中等腐蚀	$30 \leqslant CO_2 < 60$	
			强腐蚀	$CO_2 \geqslant 60$	
分解结晶复合类	硫酸镁型	Mg^{2+} 含量 /(mg/L)	无腐蚀	$Mg^{2+} < 1000$	
			弱腐蚀	$1000 \leqslant Mg^{2+} < 1500$	
			中等腐蚀	$1500 \leqslant Mg^{2+} < 2000$	
			强腐蚀	$2000 \leqslant Mg^{2+} < 3000$	
结晶类	硫酸盐型	SO_4^{2-} 含量 /(mg/L)		普通水泥	抗硫酸盐水泥
			无腐蚀	$SO_4^{2-} < 250$	$SO_4^{2-} < 3000$
			弱腐蚀	$250 \sim 400$	$3000 \sim 4000$
			中等腐蚀	$400 \sim 500$	$4000 \sim 5000$
			强腐蚀	$500 \sim 1000$	$5000 \sim 10000$

注　1. 当采用本表进行环境水对混凝土腐蚀性判别时，应符合下列要求：
　1）所属场地应是不具有干湿交替或冻融交替作用的地区和具有干湿交替或冻融交替作用的半湿润、湿润地区。
　2）混凝土一侧承受水压力，另一侧暴露于大气中，最大作用水头与混凝土壁厚之比大于 5。
　3）混凝土建筑物所采用的混凝土抗渗等级不应小于 W4，水灰比不应大于 0.6。
　4）混凝土建筑物不应直接接触污染源。有关污染源对混凝土的直接腐蚀作用应专门研究。
　2. 当所属场地为具有干湿交替或冻融交替作用的干旱、半干旱地区以及高程 3000m 以上的高寒地区，应进行专门论证。

附录三　水运工程混凝土的几项技术指标
〔引自《水运工程混凝土施工规范》（JTS 202—2011）〕

（一）混凝土拌和物在灌筑地点的坍落度选用值
混凝土拌和物在灌筑地点的坍落度按附表 3-1 选用。

附表 3-1　　　　　　　　　　混凝土坍落度选用值　　　　　　　　　　单位：mm

混 凝 土 种 类	坍 落 度
素混凝土	$10 \sim 40$
配筋率不超过 1.5% 的钢筋混凝土、预应力混凝土	$50 \sim 70$
配筋率超过 1.5% 的钢筋混凝土、预应力混凝土	$70 \sim 90$

（二）混凝土抗渗等级选定标准

混凝土抗渗等级应符合附表 3-2 的规定。

附表 3-2   **混凝土抗渗等级选定标准**

最大作用水头与混凝土壁厚之比	抗 渗 等 级	最大作用水头与混凝土壁厚之比	抗 渗 等 级
<5	W4	15～20	W10
5～10	W6	>20	W12
10～15	W8	—	—

（三）混凝土抗冻等级选定标准

混凝土抗冻等级应符合附表 3-3 的规定。

附表 3-3   **混凝土抗冻等级选定标准**

建筑物所在地区	海 水 环 境		淡 水 环 境	
	钢筋混凝土 预应力混凝土	素 混 凝 土	钢筋混凝土 预应力混凝土	素 混 凝 土
严重受冻地区（最冷月月平均气温 低于−8℃）	F350	F300	F250	F200
受冻地区（最冷月月平均气温在 −4～−8℃）	F300	F250	F200	F150
微冻地区（最冷月月平均气温在 0～−4℃）	F250	F200	F150	F100

注 1. 试验过程中试件所接触的介质，应与建筑物实际接触的介质相同。
    2. 开敞式码头和防波堤等建筑物混凝土，宜选用比同一地区高一级的抗冻等级或采用其他措施。

（四）水运工程混凝土按耐久性要求规定的水胶比最大允许值

水运工程混凝土的水胶比值应符合附表 3-4 及附表 3-5 的要求。

附表 3-4   **海水环境混凝土按耐久性要求的水胶比最大允许值**

环 境 条 件		钢筋混凝土 预应力混凝土		素 混 凝 土	
		北方	南方	北方	南方
大 气 区		0.55	0.50	0.65	0.65
浪 溅 区		0.50	0.40	0.65	0.65
水位变动区	严 重 受 冻	0.45	—	0.45	—
	受 冻	0.50	—	0.50	—
	微 冻	0.55	—	0.55	—
	不 冻	—	0.50	—	0.65
	无水头作用	0.55	0.55	0.65	0.65
水下区	最大作用水头与混凝土壁厚之比<5	0.55			
受水头 作 用	最大作用水头与混凝土壁厚之比 5～10	0.50			
	最大作用水头与混凝土壁厚之比>10	0.45			

注 除全日潮型港口外，其他海港有抗冻性要求的细薄构件水胶比最大允许值应酌情减小。

附表 3-5　　　　　　　淡水环境混凝土按耐久性要求的水胶比最大允许值

环境条件			钢筋混凝土 预应力混凝土	素混凝土
水上区	受水气积聚或通风不良		0.60	0.65
	不受水气积累或通风良好		0.65	
水位变动区	严重受冻		0.55	0.55
	受　冻		0.60	0.60
	微　冻		0.65	0.65
	不　冻		0.65	0.65
水下区	无水头作用		0.65	0.65
	受水头 作用	最大作用水头与混凝土壁厚之比<5	0.60	
		最大作用水头与混凝土壁厚之比5~10	0.55	
		最大作用水头与混凝土壁厚之比>10	0.50	

（五）海水环境按耐久性要求的最低胶凝材料用量

在不掺减水剂的情况下，混凝土最低胶凝材料用量不得低于附表3-6的规定。

附表 3-6　　　　　海水环境按耐久性要求的最低胶凝材料用量　　　　　单位：kg/m³

环境条件		钢筋混凝土、预应力混凝土		素混凝土	
		北方	南方	北方	南方
大气区		300	360	280	280
浪溅区		400	400	280	280
水位变动区	F350	400	360	400	280
	F300	360		360	
	F250	330		330	
	F200	300		300	
水下区		320	320	280	280

注　有耐久性要求的大体积混凝土，水泥用量应按混凝土的耐久性和降低水泥水化热综合考虑。

参 考 文 献

［1］ 赵品，谢辅洲，孙振国．材料科学基础教程．哈尔滨：哈尔滨工业大学出版社，2002.

［2］ 刘孝敏．工程材料的微细观结构和力学性能．合肥：中国科学技术大学出版社，2003.

［3］ 郑水林．超微粉体加工技术与应用．北京：化学工业出版社，2005.

［4］ 王培铭，王新友．绿色建材的研究与应用．北京：中国建材工业出版社，2004.

［5］ 袁润章．胶凝材料学．武汉：武汉工业大学出版社，1996.

［6］ Ghosh. S. N. 水泥技术进展．杨南如，等译．北京：中国建筑工业出版社，1985.

［7］ 胡曙光．特种水泥（第二版）．武汉：武汉工业大学出版社，2010.

［8］ 郭俊才．水泥及混凝土技术进展．北京：中国建筑工业出版社，1993.

［9］ ［加］Mindess. S，Yong. J. F. 混凝土（第二版）．吴科如，等译．北京：化学工业出版社，2005.

［10］ P. K. Mehta. 混凝土的结构、性能与材料．祝永年，沈玮，陈志源，译．上海：同济大学出版社，1991.

［11］ ［法］de Larrard. F. 混凝土混合料的配合．廖欣，叶枝荣，李启令，译．北京：化学工业出版社，2004.

［12］ 赵洪义．全国水泥及混凝土外加剂应用技术文集．北京：中国建材工业出版社，2003.

［13］ 陈建奎．混凝土外加剂原理与应用（第二版）．北京：中国计划出版社，2004.

［14］ 张雄．建筑功能外加剂．北京：化学工业出版社，2004.

［15］ 冯乃谦．高性能混凝土．北京：中国建筑工业出版社，1996.

［16］ 林宝玉，吴绍章．混凝土工程新材料设计与施工．北京：中国水利水电出版社，1998.

［17］ 黄晓明，吴少鹏，赵永利．沥青与沥青混合料．南京：东南大学出版社，2002.

［18］ 张德庆，张东兴，刘立柱．高分子材料科学导论．哈尔滨：哈尔滨工业大学出版社，1999.

［19］ 贺曼罗．建筑胶粘剂．北京：化学工业出版社，1999.

［20］ 沈春林，杨军，苏立荣，等．建筑防水卷材．北京：化学工业出版社，2004.

［21］ 沈春林，苏立荣，李芳．建筑防水密封材料．北京：化学工业出版社，2003.

［22］ 土工合成材料编写委员会．土工合成材料工程应用手册．北京：中国建筑工业出版社，1994.

［23］ 徐瑛，陈友治，吴力立．建筑材料化学．北京：化学工业出版社，2005.

［24］ 陈长明，刘程．化学建筑材料手册．南昌：江西科学技术出版社，1997.

［25］ 邓钫印．建筑工程防水材料手册（第二版）．北京：中国建筑工业出版社，2001.

［26］ 王福川．简明装饰材料手册．北京：中国建筑工业出版社，1998.

［27］ 梁正平，符芳．建筑材料习题集．南京：河海大学出版社，1993.

［28］ A. M. Neville. Properties of Concrete，Longman GroupLimited，England，1995.